多角形百科

細矢治夫・宮崎興二　編

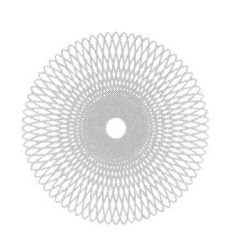

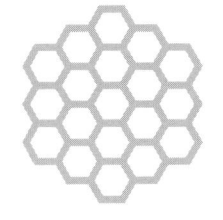

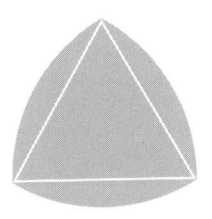

丸善出版

編集にあたって

　本書の企画は,「身のまわりにある3角形から多角形までの全体像をぜひ知りたい」というかたちの愛好家とかたちの利用者から出された要望を, 3角形の七不思議を世に紹介した細矢と, 多角形の行きつく先にある多面体に熱心な宮崎の二人が受けて始まった.

　といっても事はそう簡単には運ばない. 3角形から始まって限りなく円に近い多角形まで, 無限に種類のある多角形の中で, 辺の長さを決めればかたちが一定になって安心して研究や遊びの対象にできるのは3角形だけで, 辺だけで表現する場合の4角形以上は理論上も実際上も千変万化して取り留めがなくなる. 3角形でさえ, 辺の長さや内角を変えればどんなかたちにでもなる.

　それで話題が散逸するのを恐れて, 各辺の長さも内角も一定の「正多角形」に的を絞って, その正多角形の百面相を「正多角形"を"」「正多角形"で"」「正多角形"に"」でまとめることが本書の骨子になっている.「自然界"に"見られる正多角形」もできるだけ多く取り入れた.

　任意の多角形に枠を拡げると, 身の回りのいろいろなかたちとか, 絵画や彫刻といった芸術作品などのほか, 数学上知られるものとしては, 一目ですべての壁面を見渡せる部屋の平面形を捜す「美術館問題」や地図を塗り分ける「四色問題」などにも発展するのだが, それらは割愛せざるを得なかった. また正多角形に絞っても, ハイレベルの段階では, 数学的あるいは科学的に興味深いことが山ほどあるのだが, それらの多くもあえて封印した. またの出番をひそかに期待していてほしい.

　33名の執筆者については, 科学畑から芸術畑までの多分野で活躍されている研究者や実務家あるいは多角形愛好家の中から, これぞと思われる方を選ばせていただいた. さいわい編者二人は, 長年ともに,「パズル懇話会」と「形の科学会」という極めて質の高い異能者集団の会員なので, 両会の多くの有力会員に協力を仰ぐことができ, おかげで他の類書にはとても見られないような内容の項目を数多く盛り込むことができた. この場を借りて執筆者諸氏に感謝を申し述べるとと

もに，読者諸氏には，編者の予想をはるかに超える素晴らしい多角形の世界の広がりを満喫していただきたい．

　さて，編集作業を進めるうちに，細矢にとっては，夏目漱石の数学的思考や興味のもち方が明らかになってきたのが収穫だった．番外編として収録したのでお楽しみ頂きたい．この番外編も含めて，すべての原稿は，一冊の書物として統一感を持たせるためもあって，細矢が大まかな観点から，宮崎が細部に目を光らせるという役割分担で，かなり強引な整理の仕方をした．そのため，各執筆者のユニークな個性が失われ，またオリジナルな原稿内容も歪曲してしまった部分があるかと思われるが，その乱暴な編集結果を各執筆者には快諾していただいた．宮崎にとっての収穫は，多角形を愛する人の心の豊かさを知ったことである．

　書物の体裁については，百科事典風になっているが，できるだけ多くの方々に楽しんでいただきたいという願いもあってなるべく廉価にすべく，ページ数の圧縮とモノクロ化をはかった．目玉記事の一つとして多角形にあふれる絢爛豪華な美術作品の紹介も考えたが，カラーでないと無意味という意見が出て取りやめになった，という経過もある．その点についての「窮屈さ」については，読者諸氏ならびに執筆者諸氏の双方のご諒解を願いたい．

　最後になったが，本書誕生の礎となり，また編集作業の頑丈な足場となった丸善出版の小林秀一郎氏に深甚の謝意を表する．

2015 年 4 月

細　矢　治　夫
宮　崎　興　二

執　筆　者

秋山久義	神戸政秋	野島武敏
阿部楽方	北岡明佳	藤井康生
石井源久	草場　純	細矢治夫
伊藤裕之	小林壽雄	本多久夫
岩井政佳	蔡　安邦	三浦謙一
岩沢宏和	斎藤幸恵	三谷　純
植松峰幸	佐藤健太郎	宮崎興二
奥谷喬司	塩崎　学	宮本好信
小髙直樹	鈴木広隆	三好潤一
川勝健二	髙木隆司	山崎　昶
川崎敏和	高島直昭	横山弥生

(五十音順)

目 次

I 多角形を

●1 使う
① コイン　　　　　　　　2
② 切手　　　　　　　　　6
③ 凧　　　　　　　　　　10

●2 折る
① 伝承折り紙　　　　　14
② 未来折り紙　　　　　22
③ 立体折り　　　　　　26
④ らせん折り　　　　　30

●3 切る
① 正多角形のダイセクション　36
② 正三角形のダイセクション　42
③ 額縁ダイセクション　48

●4 描く
① 正多角形の作図　　　50
② 曲線多角形　　　　　54
③ 万華多角形　　　　　60

④ 立体多角形　　　　　62
⑤ 3次元CG多角形　　 66

●5 知る
① いろいろな多角形　　70
② 正多角形のシンメトリー　74
③ 正多角形のプロポーション　76
④ 多角数　　　　　　　80
⑤ 正奇数角形　　　　　82
⑥ シュレーゲル図　　　86
⑦ 正多角形ネット情報　88
⑧ 正多角形データ集　　92

●6 解く
① 学校入試問題　　　　94
② 公務員試験問題　　　102
③ 和算　　　　　　　　104
④ 算額　　　　　　　　110

II 多角形で

●1 遊ぶ
① 麻雀卓　　　　　　　116
② 囲碁将棋盤　　　　　118
③ ボードゲーム　　　　122
④ ボードゲーム攻略法　128
⑤ 数学遊戯　　　　　　134
⑥ 三角万華鏡　　　　　140
⑦ カラーマッチングパズル　142
⑧ 魔方陣　　　　　　　146
⑨ 知恵の正方形板　　　150
⑩ 知恵の正多角形板　　154

●2 飾る
① 周期的タイル貼り　　156
② 双対タイル貼り　　　162
③ 五角タイル貼り　　　166
④ 非周期的タイル貼り　168
⑤ 回転渦巻タイル貼り　172
⑥ 正五角形パターン　　174
⑦ 台形分割正五角形　　176
⑧ 多角らせん　　　　　178
⑨ 菱形充填正多角形　　182

III 多角形に

- ●1 頼る
  - ① 国旗　　　　　　　　186
  - ② 県章　　　　　　　　190
  - ③ 家紋　　　　　　　　192
  - ④ 八卦　　　　　　　　200
  - ⑤ 護符　　　　　　　　204
- ●2 迷う
  - ① だまし絵　　　　　　208
  - ② 錯視多角形　　　　　214
  - ③ 新案錯視多角形　　　218
- ●3 住む
  - ① 社寺建築　　　　　　222
  - ② 社寺施設　　　　　　230
  - ③ 星形城址　　　　　　234
  - ④ 現代建築　　　　　　236
- ●4 見る
  - ① 花　　　　　　　　　242
  - ② 草木　　　　　　　　246
  - ③ 生物　　　　　　　　248
  - ④ 海洋生物　　　　　　254
  - ⑤ 有機化合物　　　　　258
  - ⑥ 無機化合物　　　　　266
  - ⑦ 結晶と準結晶　　　　272
  - ⑧ 物理現象　　　　　　282

番　外　編

七角神巡り　290　　ピタゴラス襲来　294　　漱石，お前もか　296

【コラム】

手裏剣	13	アラベスク	161
七金三パズル	21	バガンの正五角仏塔	181
カンタベリー・パズル	47	星形七角形の神秘	203
正多角形の箸と酒枡	103	星形のバラ窓	213
算額の例	113	ウイルスに見る正多角形	253
正多角形の連結	121	ヘッケルの海洋微生物図	257
ステンドグラスの分析	139		

● 事項索引・人名索引　　301

I

多角形を

- ●1 使う
  - ① コイン（三浦謙一） … 2
  - ② 切手（小林壽雄） … 6
  - ③ 凧（細矢治夫） … 10
- ●2 折る
  - ① 伝承折り紙（川崎敏和） … 14
  - ② 未来折り紙（三谷 純） … 22
  - ③ 立体折り（野島武敏） … 26
  - ④ らせん折り（野島武敏） … 30
- ●3 切る
  - ① 正多角形のダイセクション
    （小髙直樹） … 36
  - ② 正三角形のダイセクション
    （植松峰幸） … 42
  - ③ 額縁ダイセクション
    （三好潤一） … 48
- ●4 描く
  - ① 正多角形の作図（宮崎興二） … 50
  - ② 曲線多角形（鈴木広隆） … 54
  - ③ 万華多角形（小髙直樹） … 60
- ④ 立体多角形（三谷 純） … 62
- ⑤ 3次元CG多角形（横山弥生） … 66
- ●5 知る
  - ① いろいろな多角形（宮崎興二） … 70
  - ② 正多角形のシンメトリー
    （宮崎興二） … 74
  - ③ 正多角形のプロポーション
    （宮崎興二） … 76
  - ④ 多角数（細矢治夫） … 80
  - ⑤ 正奇数角形（細矢治夫） … 82
  - ⑥ シュレーゲル図（細矢治夫） … 86
  - ⑦ 正多角形ネット情報
    （宮本好信） … 88
  - ⑧ 正多角形データ集（石井源久） … 92
- ●6 解く
  - ① 学校入試問題（川勝健二） … 94
  - ② 公務員試験問題（川勝健二） … 102
  - ③ 和算（藤井康生） … 104
  - ④ 算額（藤井康生） … 110

【コラム】
手裏剣 13／七金三パズル 21／カンタベリー・パズル 47／
正多角形の箸と酒枡 103／算額の例 113

コイン

　日本では明治以降コイン（硬貨）のかたちは丸いものとされてきたが，世界的に見ると円以外のかたち，特に正多角形をベースにしたものが多数存在する．実際には世界のコインの種類のうち5%が非円形といわれている．そのかたちは正三角形に始まり，正方形，正五角形と続いて，さまざまのものが見受けられる．ここではそのすべてをカバーすることはできないが，筆者のコレクションを中心にこれらのコインを紹介する．

●**基本形態**　実用上の理由から，正多角形といっても辺あるいは頂点が丸くなっているものが多い．

　まず奇数個の角をもつ正奇数角形について見ると，たんに多角形をそのまま使用する，角を丸くする，ルーローの多角形に変形するなどの種類がある．ルーローの多角形とは，正奇数角形において，各頂点を中心とし，その対辺を挟む二つの頂点への距離を半径とする円弧をつなぎ合わせた図形である．このルーローの多角形の特徴は，円と同じように，どの部分の幅も一定で，転がしても高さが変わらないことである．定幅曲線と呼ばれるゆえんである．中でも一番有名なのは『曲線多角形』（I・4 ②）でも説明されているルーローの三角形であろう．

　偶数角をもつ正偶数角形の場合も頂点あるいは辺に丸みをもたせたものが多いが，頂点と対辺という関係が成り立たないため，幅は一定にならず転がすと高さが変化する．

　なお多角形コインの中には単なるデザインだけでなく，角数に意味をもたせたものがあることに注意すべきである．

●**多角形のコイン**　以上を基本形態として，実例には以下のようなものがあり，それぞれユニークな特徴を見せる．

　先に述べたルーローの三角形のものはバーミューダとスロバキアのコインしか例がないようである．前者はバーミューダ・トライアングル（不思議な海難事故が

バミューダ（1998）　スロバキア（2001）　クック島（2010）

図1　正三角形コイン

マン島（2008）　ウガンダ（2000）

図2　二等辺三角形コイン

数多く起こるとされているバーミューダ島近辺の 3 角形の海域を指す）にちなんでいるのかと推測される．後者は 3 回目の千年紀を記念したものである．一方，オーストラリア，クック島には正三角形の角を丸めただけのコインが存在する．また正三角形ではないが珍しいコインとして二等辺三角形のものがある．マン島のコインはツタンカーメン王を記念してピラミッドを模しており，ウガンダのコインはピタゴラスの定理を記念した直角二等辺三角形となっている．

　正方形については角を丸めた正方形のコインが旧英領マラヤをはじめ，南アジアの諸国に数多く見られる．また菱形あるいはダイヤモンド形と呼ばれる，正方形を 45°回転したかたちのものもインドをはじめ南アジアに数多く見られるが，バハマをはじめ中米のいくつかの国にも存在する．

　正五角形のコインは珍しい部類に入るが，フィジー，バーミューダ，スロバキア，イェーメンに存在する．バーミューダ，スロバキアのコインはルーローの五角形である．バーミューダのコインは発見 500 年を記念したものである．

　正六角形も珍しい部類で，インドが多く，ほかにはエジプトにも存在する．

　正七角形はイギリスの 20 ペンス，50 ペンスが有名である．ほかにバルバドス，ウガンダ，ヨルダンにも存在する．いずれもルーローの七角形である．

　正八角形としてここに示したのは辺が下になったマルタとバルバドスのコインと，頂点が下になったマカオのコインである．

　正九角形のコインは非常に珍しい．ここではオーストリアとツバルのコインを示す．オーストリアのコインに九角形のものがあるのは，同国が八つの州とウィーンからなることに由来する．ここに示したのはモーツァルトを記念したものであ

旧英領マラヤ（1939）　　インド（1943）　　バハマ（1972）
図 3　正方形コイン

フィジー（1999）　　バーミューダ（2005）　　スロバキア（2004）
図 4　正五角形コイン

インド（2000）　　エジプト（2000）
図 5　正六角形コイン

るが，他にも指揮者カラヤン，ウィンナワルツ等のデザインもある．
　正十角形も非常に珍しい部類で，ここではジャマイカ，チリ，ガンビアの例を示す．
　正十一角形は種類が多いがインド，カナダ，チェコなどが代表的である．
　正十二角形のものにはオーストラリアとアルゼンチン，ウガンダの例がある．
　オーストラリアのコインはキャプテンクックによるオーストラリアの発見200年を記念したものである．
　正十三角形以上は非常に例が少なく，正十三角形がチェコに，正十四角形がマレーシア，オーストラリアに，正十五角形がUAE（アラブ首長国）に存在する程度である．そのうちマレーシアの正十四角形は州の数を表している．

●**多角形コインの利点**
まず第一の利点として，奇数角形のルーローの多角形の場合，その定幅性のために自動販売機向きである，ということがあげられる．なぜならばコインをどのような角度で投入しても円と同じように一定の幅が保たれるからである．一方，偶数多角形のコインの場合には，向きにより幅が変わるため自動販売機の中で認識に問題が生じ誤動作したりすると思われる．ところが実際十二角形ぐらいになると，そのかたちはほぼ円に近いので実

イギリス（1997）　　バルバドス（1973）　　ウガンダ（1987）
図6　正七角形コイン

マルタ（1975）　　バルバドス（1999）　　マカオ（1998）
図7　正八角形コイン

オーストリア（2006）　　ツバル（1985）
図8　正九角形コイン

ジャマイカ（1976）　　チリ（2007）　　ガンビア（1999）
図9　正十角形コイン

害はないようである．たとえばオーストラリアの自動販売機は図 11 の 50 セントコインを受け付ける（筆者確認済）．

　第二の利点として，落下して転がる際に重心の上下移動を伴うため遠くまで行くことがないことがあげられよう．

　さらに第三の利点として，イギリスのように，目の不自由な人が区別をしやすいよう正多角形のコインを導入した例がある．　　　　　　　　　　　　［三浦謙一］

📖 World of Coins：http://www.worldofcoins.eu/

インド（1997）　　カナダ（1993）　　チェコ（1993）
図 10　正十一角形コイン

オーストラリア（1994）　アルゼンチン（1977）　ウガンダ（1987）
図 11　正十二角形コイン

チェコ（2004）　　マレーシア（1978）　オーストラリア（2014）
図 12　正十三角形コイン　　　　図 13　正十四角形コイン

UAE（1981）
図 14　正十五角形コイン

切手

　切手が初めて発行されたのは，イギリスで 1840 年のことである．その後，世界で発行されている切手の通常のかたちは縦長の長方形になっている．このように，普通切手，特殊切手にかかわらず長方形の切手は数多い．ただ，日本で最初に発行されたのは 1871 年でそのときの龍文四八文切手などは 19.5 mm 四方の正方形だった．といっても龍文切手は料額の異なる 4 種が発行されたのち翌年からは長方形の切手に変っていった．こんな中で，多角形，特に正多角形の切手を探してみる．

●**正三角形の切手**　世界最初の 3 角形の切手は，1853 年にイギリスのケープタウン（喜望峰）植民地で発行された直角二等辺三角形のものである．直角二等辺三角形の切手は変形切手の中でも数多く，いろいろな国から発行されている．

　正三角形の切手になると，ジブチ，ロシア，モナコ，モンゴル，スエーデンなどの国から発行されていて，日本でも 2002 年に，ふみの日の記念として逆正三角形のものが出された．そのほか，外国では，鋭角二等辺三角形，鈍角二等辺三角形，ピタゴラス三角形などの切手も発行されている．

図1　正三角形の切手

●**正方形の切手**　切手の多くは 4 角形の中の長方形になっているが，それに次ぐのが正方形である．龍文切手以後，日本でもいくつかの正方形切手が発行された．いずれも特殊切手であるが，1954 年の国民体育大会記念が最初で，1957 年のアジア競技大会記念，1961 年の東京オリンピック記念，1991 年の水辺の鳥シリーズ切手などと続き，その後も数多く発行されている．なお，正方形を 45° 回転させたかたちの切手も各国で発行されていて，日本でも 1964 年の東京オリンピックの切手はその一種だった．

　世界では，長方形，正方形以外の 4 角形の切手も発行されていて，台形切手，平行四辺形切手などがある．美しいのは菱形切手であろう．日本では 1999 年に天皇陛下御在位十年記念切手として発行された．

●**正五角形以上の切手**　5 角形の切手で，きれいなものは正五角形である．インドネシアで最初に発行されたが，日本でも，2000 年に発行された 20 世紀デザイ

図2　正方形の切手（いずれも日本）

図3　正五角形の切手

図4　正六角形の切手

ン切手シリーズ第16集の中にハレーすい星接近として含まれている（図3）．その他，外国では不等辺五角形や，ホームベース形五角形などが発行されている．

　正六角形の切手は，最初にベルギーで発行され，続いてマカオ，ニューカレドニア，インドなど多くの国で発行されている（図4）．いずれも正六角形であるが，ベルギー，マカオは上下が辺であるもの，ニューカレドニア，インドは上下が頂点であるものになっている．日本では縦長の6角形はあるが正六角形というのはまだ出されていない．

　正七角形の切手は，2011年にタイで発行された．国王の84歳を祝ったもので，干支が7回回ったことにちなんでいるそうだ（図5）．ほかでは見られない珍しいかたちの切手である．

　正八角形の切手は，1898年にトルコの占領地で発行されたものが最初で，

図5 正七角形の切手（2011年）

タイ

図6 正八角形の切手

トルコ　　オマーン　　モロッコ　　韓国

1991年にオマーンがほぼ1世紀ぶりに発行し，続いてモロッコ，韓国でも発行された．ほかにカナダからは長八角形の切手が発行されている（図6）．

多角形以外の変形切手もある．その中で多いのは円形，続いて楕円形，半円形，半楕円形などであるが，そのほかにも，ハート形，十字形，まゆ毛形，ひょうたん形，小判形，釣鐘形などいろいろなかたちの切手が発行されている．

●**正多角形を描いた切手**　切手収集家は，それぞれテーマを決めて切手を収集する．筆者はパズル関連のものを集めているが，その中に図形を描いた切手や正多角形を描いた切手がある．ただしその多くは部分的に多角形が見られるだけで，多角形だけというのは少ない．その中からいくつかを紹介する（図7）．

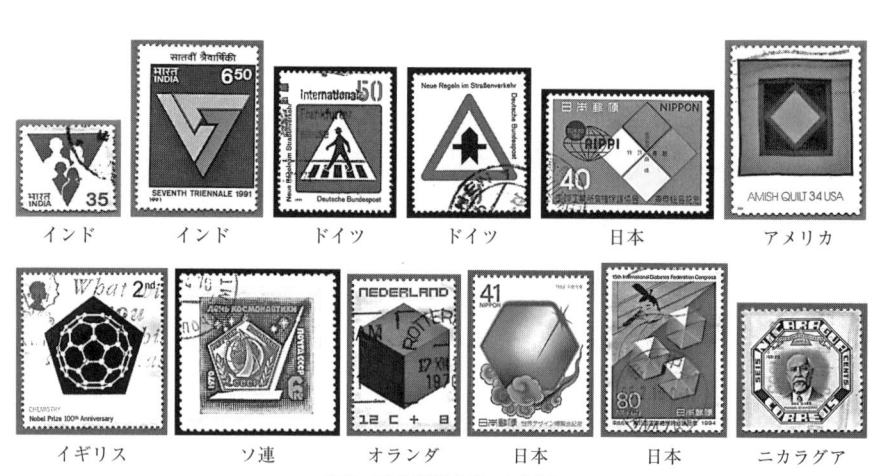

インド　　インド　　ドイツ　　ドイツ　　日本　　アメリカ

イギリス　　ソ連　　オランダ　　日本　　日本　　ニカラグア

図7　正多角形を描いた切手

I・1 多角形を使う ②

100	310	8	260	400	150	70	15
430	120	10	55	50	600	18	30
52	9	200	20	270	60	2	700
190	80	280	420	175	35	41	92
25	14	500	210	300	90	170	4
62	40	75	3	45	6	1000	62
24	350	110	140	72	360	7	250
410	390	130	205	1	12	5	160

図8 切手八方陣（定和＝1313）　　図9 切手六角陣（定和＝400）

●**切手多角形方陣**　パズルに関心をもっている筆者は，切手を使った方陣を作って楽しんでいる．たとえば，三方陣では，1から9までの数の代りに1円から9円の切手を使えば，切手三方陣ができる．方陣というのは1から始まる連続整数を使って作るのがふつうであるが，切手の料額の数は連続ではない．たとえば日本では1円から10円切手まではあるが，11円切手や13円切手はない．それらの不便な数を使って切手方陣を作るのである．

筆者は，64種類の異なる料額の切手を使った切手八方陣を作っている．日本切手の料額でできないときは，外国切手の料額数を使って作ることもある．たとえば1から19までの数を使えば六角陣を作ることができるが，日本の切手では作れない．アメリカの大統領切手では，1セントから22セントまで連続した数の切手が発行されているし，イギリスのマーチン・デシマル切手では，1ペニーから20ペンスまで連続した数の切手が出されているので便利である．

ここでは，筆者が数多く作った切手方陣の中で，正方形の八方陣と正六角形の六角陣の例を紹介する．

図8の切手八方陣は，これまでに日本で発行された円単位の普通切手の料額の種類65種から65円1種を除く64数を使って作ったものである．縦8列，横8行，斜め2方向の8数の和（定和）はすべて同じで1313になる．なお，普通切手の料額の種類は，2014年3月に52円，82円，92円，205円，280円の5種が新しく発売されたことで65種になったが，これまでは，普通切手の料額だけで八方陣を作ることはできなかった（実際の切手方陣は数字が読みにくいのでここでは数字だけを示した）．

図9の切手六角陣は，日本で発行された210円以下の10円単位の切手料額のうち，130円を除く19数で作ったものである．各列の3数和，4数和，5数和が，15方向いずれも同じ400になる．　　　　　　　　　　　　　　　［小林壽雄］

📖「世界の変った切手たち」http://www.aramaki.com/home/stamp/STAMP.HTM

凧

　多角形の晴れがましい姿は，大昔から左右対称という高貴な姿で大空に浮んで天下を見下ろしてきた凧にありありと見られる．ここではこの凧の幾何学的なかたちについて紹介したい．

●**凧はどこから来たか**　ものの本によれば，最も古い凧の歴史は中国で，今から二千数百年前のことだという．その背景には，丈夫な絹としなやかな竹を使いこなす文化が支えていたといわれている．初めは鳥や蝶を模した中国の凧が世界中に伝わり，それが国や地方ごとに，それぞれ独特の発達を遂げて今日に至った．しかし，どの時代にどういう経路で，ということは，いくつかの例外を除いてよくわかっていない．

　わが国への凧の伝来は少なくとも2回あった．最初は中国からで，いつごろかははっきりしないが，奈良平安朝よりも古いと信じられている．そうでなければ，全国的に広がっている地方色豊かな独特の凧の文化は存在しなかったであろう．

　ヨーロッパに凧が伝わったのは16世紀以降と伝えられている．その後の経過はよくわからないが，19世紀以降のヨーロッパでは，カイト（kite）といえば，「エディー凧」とか「マレー凧」と呼ばれる「凧形」のものが主流になり，今日に至っている．それでも，日本の長方形の和凧の存在もよく知られていた．

　一方，長崎を中心に「はた」と呼ばれる正方形に近いかたちの凧が発達しているが，それは，幕末に出島を通してオランダから伝えられた「けんか凧」で，その源流はインドらしい．これがわが国への2度目の凧の渡来である．つまり，インドから出た同じ物が，日本では「はた」となり，ヨーロッパでは「カイト」になったのである．

●**伝統的な凧のかたち**　以上のようなことを頭に入れて図1のいろいろな凧のかたちの間の関係に思いをはせてほしい．図 (d) はともかく，図 (a)〜(c) がどれも正方形になっていないのは，空気力学的な理由からであろう．また，インドのけんか凧の下部にある突起は凧のけんかの際の武器になる．

　また，九州の西側にある五島列島には「バラモン凧」，平戸には「鬼洋蝶」，北

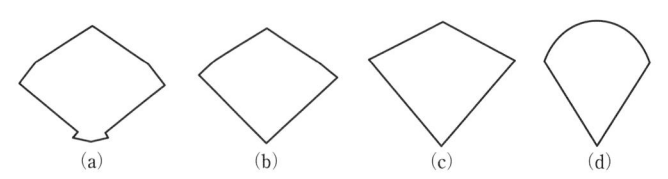

図1　(a) インドの「けんか凧」，(b) 長崎の「はた」，(c) 欧米の典型的なカイト（「マレー凧」あるいは「エディー凧」），(d) 19世紀にイギリスで上がった凧

I・1 多角形を使う ③   11

側にある壱岐の島には「鬼凧」という名の凧が伝わっている（図2）．それらはいずれも赤鬼の顔が上にあり，複雑なかたちをしているが，よく見ると全体の輪郭は西洋の凧形になっていることが共通している．長崎の「はた」よりも古い歴史をもっているのかも知れない．非常に興味深いことである．

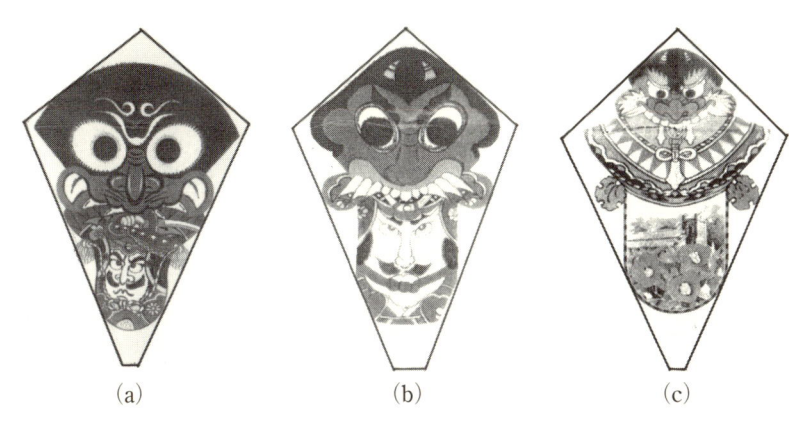

図2　(a) 五島列島の「バラモン凧」，(b) 平戸の「鬼洋蝶」，(c) 壱岐の「鬼凧」．全体の輪郭が「凧形」になっている

●**多角形の凧**　ここまで出てきたのは，ほぼ四角形の凧だけである．それ以外の多角形の凧を探してみよう．わが国ではいろいろな地方で「六角凧」が見られるが，新潟の三条のものが最も有名である（図3(a)）．図柄は，昔の武将，歌舞伎役者，龍などの文字がほとんどである．ただし正六角形ではなく，ほんのわずかに縦長になっている．

上半分が4角で，下半分が5角，全体で7角になっている武者絵のものも，静

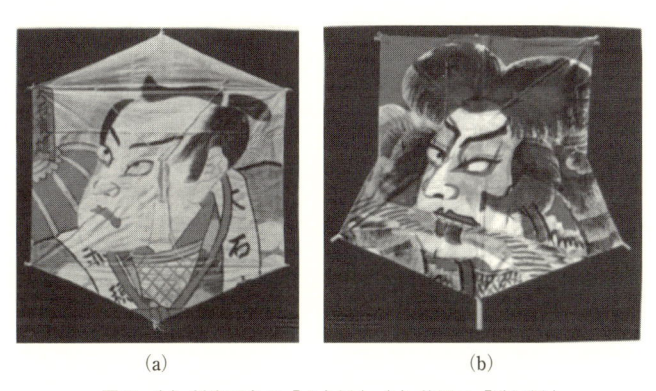

図3　(a) 新潟三条の「六角凧」，(b) 静岡の「駿河凧」

岡などにいくつか見られる（図3(b)）．それ以外の多角形のものは，日本ではあまり見られない．

大西洋の北にバーミューダ諸島というのがあるが，そこで毎年の春に行われる凧のフェスティバルでは正八角形の凧がかなり多く揚げられる．十角形や，それより辺の多いものもある（図4(a)）．

こういう伝統的な行事とは別に，最近は意図的に正多角形に作り上げた凧もかなり人気が出てきている．そのいくつかを図4(b)に示した．

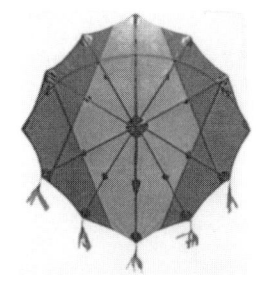

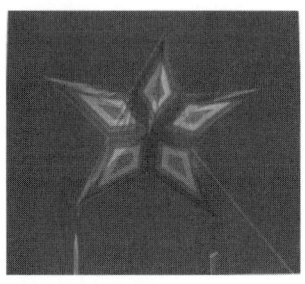

(a) バーミューダ諸島の伝統的な多角形の凧

(b) 最近のネット記事から
図4 正多角形の凧

●**新しい凧**　そういう現状に飽き足らない「凧揚げ師」ともいわれる大橋栄二氏は，さまざまなかたちの「変形連凧」に挑戦していて，正多角形に限れば，正三，四，五，六，八角形の連凧の揚げ方を工夫している．図5には，それらの凧を作る場合に，その強度を支える竹棒の入れ方と，連凧にする場合のつなぎのひもを通す場所を，それぞれ，太線と黒丸で記してあるので，自作する人は参考にしてほしい．力学的な考察にも役立つだろう．　　　　　　　　　　　　　　　　　　［細矢治夫］

📖 D. Pelham, "The Penguin Book of Kites", Penguin Books (1976) / 広井力『凧をつくる』大月書店（1990）/ 大橋栄二『よくあがる創作連凧』立風書房（1981）

Ⅰ・1 多角形を使う ③

(a) 大橋氏ネット記事より

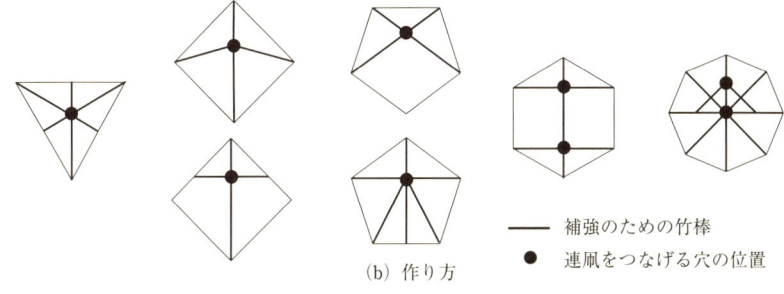

―― 補強のための竹棒
● 連凧をつなげる穴の位置

(b) 作り方

図5　大橋栄二氏の正多角形の創作連凧

【コラム】　手裏剣

上2段は鏡映対称性と回転対称性があるもの，下2段は回転対称性だけがあるもの（構成：細矢治夫）

伝承折り紙

　日本人の多くは「折り紙」という言葉から折り鶴や兜(かぶと)を思い浮かべて子供の遊びと考えるが，今ではその枠を越えて幾何学の世界に浸透し，中学・高校入試問題集には折り紙を使った幾何問題があふれるまでになっている．こうした折り紙の魅力は今や世界中に知れわたり，1989年からは折り紙の科学についての国際会議が開催されるまでになった．わが国でも2回にわたって開催されている．ここでは，この折り紙の世界での多角形の活躍ぶりを見ていく．

●**正八角形を折る**　折り鶴を折るとき，途中に「正方基本形」ができる（図1(a)）．これをもとに(b)から(e)の手順で正八角形を折ることができる．つまり基本形をまず表と裏でフチを中心線に合わせて折り，次にフチに沿って折り目をつけてから広げて，四隅の3角を折ると正八角形ができる．この正八角形は，カドとフチや，折り筋などの目安となる点や線を合わせて折るので，だれが折っても同じものができる．正方形の色紙の1辺の長さを1とすると正八角形の1辺の長さは $\sqrt{2}-1$ になるから，正八角形を折ることは $\sqrt{2}-1$ という無理数を作図したことでもある．ただ，紙の厚さや折りのずれがあるため，この値は理論上のものである．

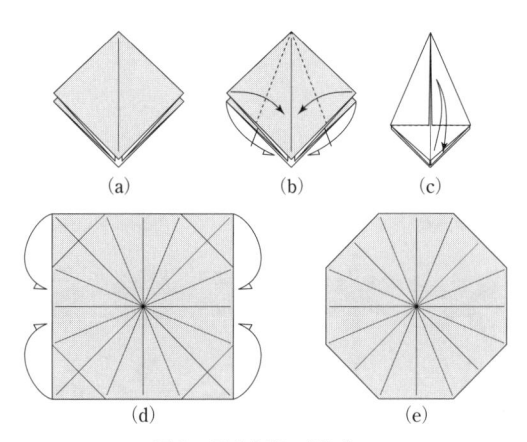

図1　正八角形の折り方

●**正三角形を折る**　図2は正三角形の標準的な折り方である．(a)色紙を半分に折って中心線をつけてから，Bが中心線のB′に乗るようにAを通る線を折る．(b)フチAB′に沿って折り目をつけてから開き，BとB′を結ぶ折り線をつける．そうすると(a)でABがAB′に移ったのでAB＝AB′，またAB′とBB′は線対称

だから3角形ABB'は正三角形になる．

図3は面積がもっとも大きい正三角形の折り方である．(a) 図2(a) と同じ折り目をつけてから対角線で折る．(b) 2枚重ねて (a) の折り目にフチを合わせて折ってから広げる．(c) •を結ぶ線を折る（『正奇数角形（Ⅰ•5 ⑤）』参照）．

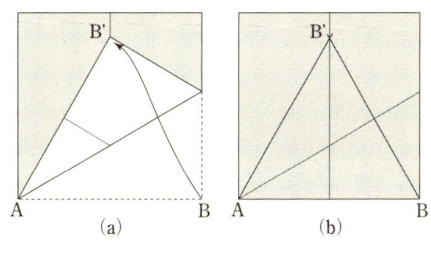

図2　正三角形の折り方

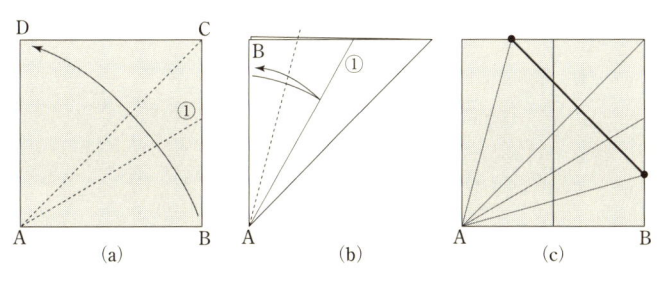

図3　最大面積の正三角形の折り方

●**正六角形を折る**　正六角形はふつう図4のように折る．(a) 色紙を半分に折った直角三角形のカドを合わせて，斜辺の中点に短い印をつける．(b) aとbとcがほぼ同じ大きさになるように (a) の印を通る線を折る．(c) 折り線を微調整してフチのずれをなくす．(d) 破線を折ってから広げる．(e) 完成．

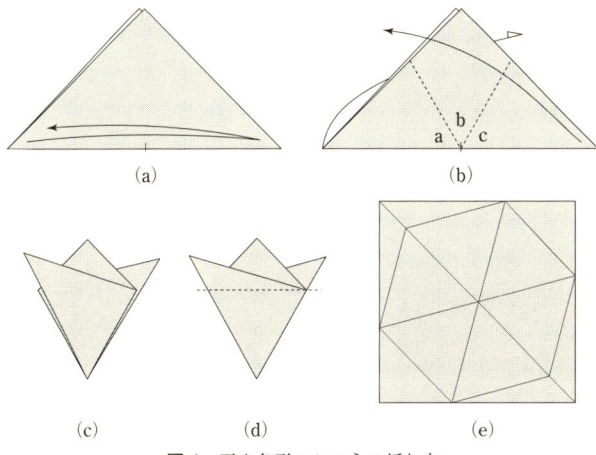

図4　正六角形のふつうの折り方

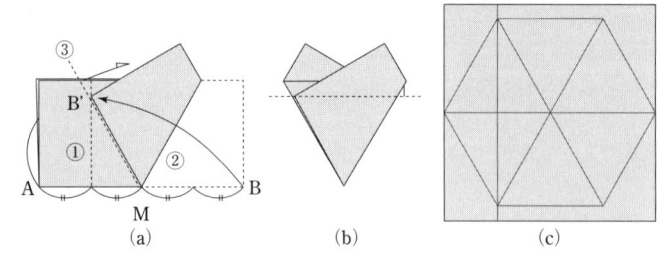

図5 微調整不要の正六角形の折り方

微調整が不要な折り方もある（図5）．MA = MB = MB′なので，∠AMB′ = 60°になる．これを利用すると，図4の折り方が改良できる（図6）．まず，点Aを中点Mに合わせて底辺に垂直な折り線をつける．これを上方に延長した線をイメージして，点Bがこの線に乗るように点Mを通る線を折るとc = 60°になる．

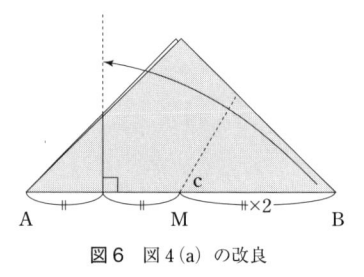

図6 図4(a)の改良

●ねじって正三角形を作る　正三角形は紙をねじっても作ることができる（図7）．(a) カドを合わせて3本の中心線をつける．(b) カドを中心に合わせてAの折り目をつける．Aを中心線に合わせてBの折り目をつける．斜め方向も同様にする．(c) 太線をつまんで濃い部分で3本のヒ

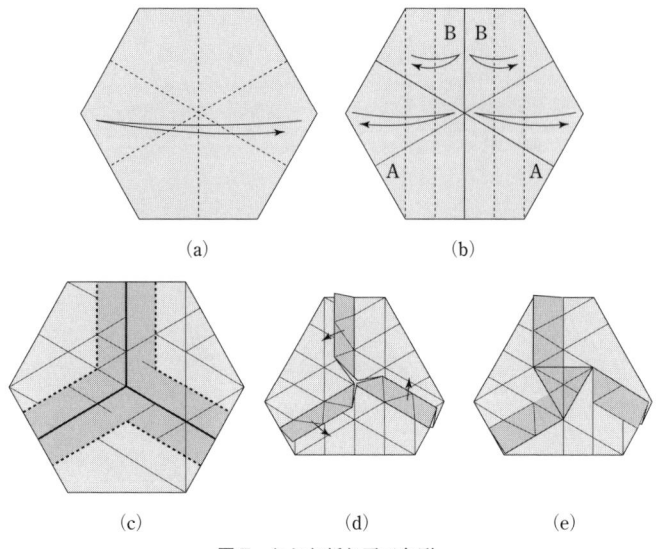

図7 ねじり折り正三角形

I・2 多角形を折る ①　　　　　　　　17

図8　6個のねじり折り正三角形 (a) からなる平織り (b)　　　図9　図8の展開図

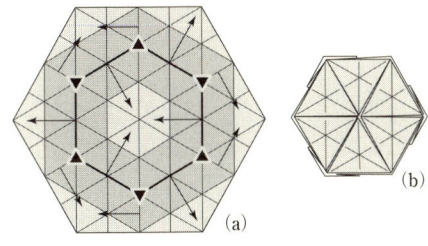

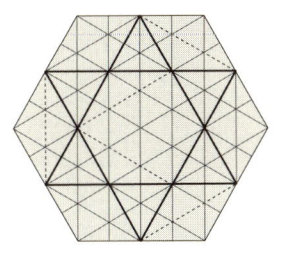

ダを立てる．(d) 矢印方向にヒダを倒しながら，中央をていねいにつぶすと正三角形ができる．(e) 完成．このような折りを「ねじり折り」という．

　図8の太線をつまんで作ったひだを矢印方向に倒して▲でねじり折りすると，正三角形が6個できる．広げると規則的な折り線がついている（図9）．このように規則的な折り線で折り畳んだものは「平織り」とよばれる．詳細は藤本修三著「創造する折り紙遊びへの招待」による．

● **ねじって正六角形と正方形を作る**　6本のひだでねじり折りすると正六角形ができる (図10)．また直交する4本のひだでねじり折りすると正方形ができる (図11)．

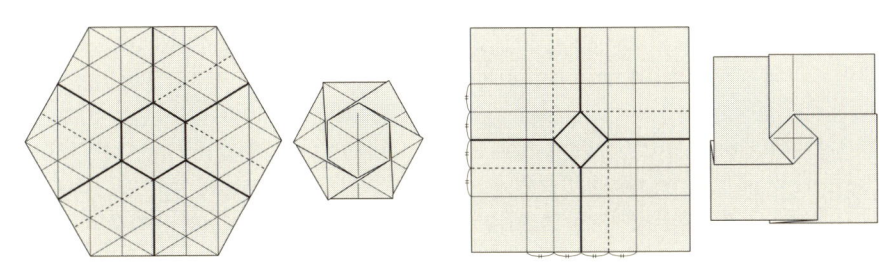

図10　ねじり折り正六角形　　　　　　図11　ねじり折り正方形

● **正五角形を折る**　目安となる点や線を合わせる折りをくり返して，任意角の3等分や辺を整数比分割することを「折紙作図」という．通常の折り紙と違って，「折り」と「開き」を繰り返してつけた折り筋が作図結果となる．

　この折紙作図で3次方程式が解けることがわかっている．つまり $x^3 = 2$ が解けるので，定規とコンパスで作図不可能だった立方体の体積倍増問題が解ける．

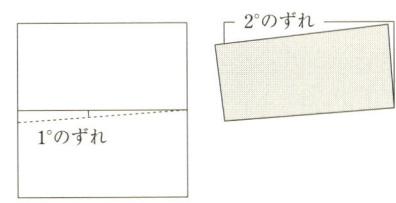

図12　折り線のずれの2倍だけ紙がずれる

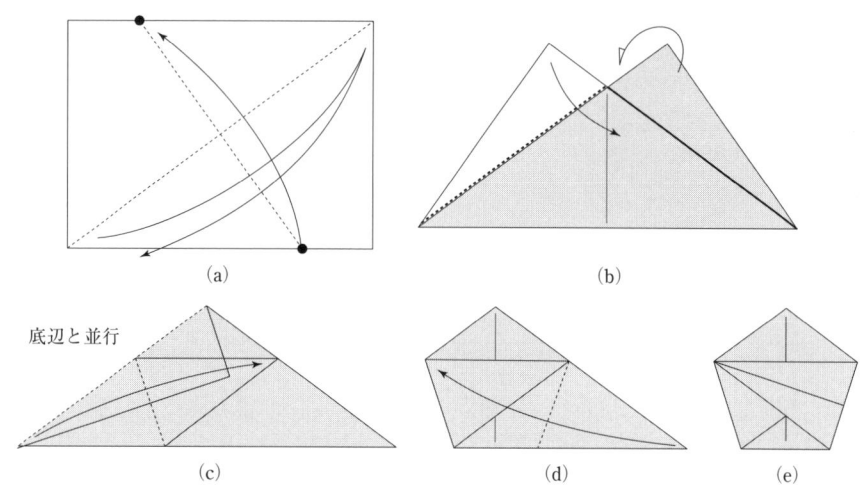

図13 縦横の比が $1:\sqrt{5}-1$ の長方形から正五角形を折る方法

また辺の長さが平方根や立方根で表される正多角形はすべて折ることができる．$\tan(180°/5)=\tan 36°=\cot 54°=(1+\sqrt{5})/2$ は5の平方根しか使われていないので正五角形は折れる．

正五角形の折り方はいろいろ考案されているが，その多くは折り線がたくさんついていて実用的ではない．たとえば図12のように折り線が1°傾くとフチが2°ずれる．折り線が増えると，誤差がネズミ算的に増大する．作図理論としては正しくても実用的ではない．そのような中，縦横の比が $1:\sqrt{5}-1=1:1.236$ の長方形で折る阿部恒の方法は実用的である（図13）．(a) 角を合わせて折り目をつけ，その両端●を合わせて折る．(b) はみ出た三角を折って二等辺三角形にする．(c) フチが底辺と平行になるように斜めに折る．(d) カドを合わせて折る．(e) 完成．

●**ラッキースターを折る** 星形の「ラッキースター」（図14）はふつうの折り紙とは趣を異にするが，紙ならではの造形で，図14の (a) から (n) のように折る．ふつうの色紙を16等分した帯で折ると，カラフルで可愛い星になる．

まず，細長い帯で結び目を作り，引っ張りながら少しずつたるみをとって正五角形に畳む．帯の余った部分を巻きつけて厚くしていく．厚みが足りないときは帯を追加する．隙間に端を差し込んでほどけないようにしてから，5角形の辺の中点に爪を立てて，甘栗の皮を割るようにへこませるとコロンとした可愛い星ができる．考案者や考案時期は不明である．欧州の伝承折り紙という説がある．

●**任意角の三等分折り** 阿部恒による任意角の三等分折りは，藤田文章が提唱した折紙作図の原点である．図15の (a) から (e) のように折るもので，とくに (b) では，点Aを直線 m に乗せると同時に点Bを直線 n に乗せるように折る．この

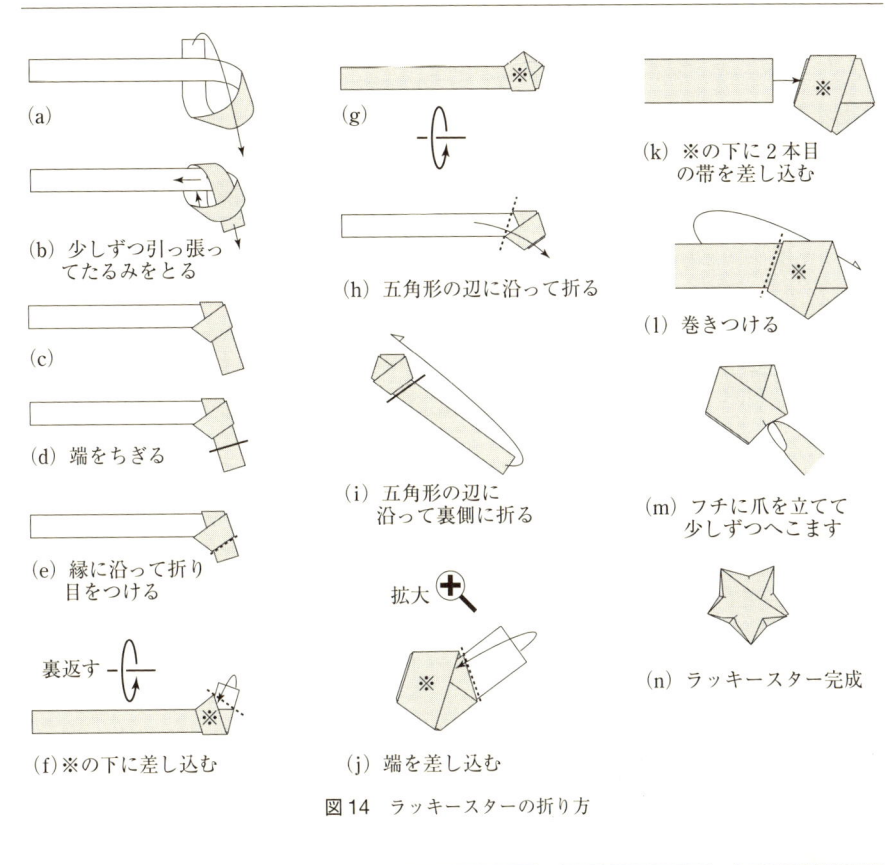

I • 2 多角形を折る ①

(a)
(b) 少しずつ引っ張ってたるみをとる
(c)
(d) 端をちぎる
(e) 縁に沿って折り目をつける
(f) ※の下に差し込む　裏返す

(g)
(h) 五角形の辺に沿って折る
(i) 五角形の辺に沿って裏側に折る
拡大
(j) 端を差し込む

(k) ※の下に2本目の帯を差し込む
(l) 巻きつける
(m) フチに爪を立てて少しずつへこます
(n) ラッキースター完成

図14　ラッキースターの折り方

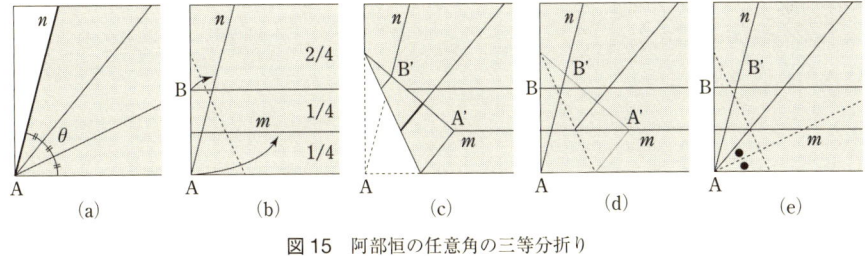

図15　阿部恒の任意角の三等分折り

折りにより，折紙作図はコンパスと定規による作図を超えるものとなった．つまり，(b) は超定規である．藤田はこのような折りを用いた幾何学の構築を夢見て，目安のある折りを「公理」とよんだ．しかし，点や直線の位置によっては折れないことがあるので，現在では「操作」とよばれている．

●**正九角形を折る**　角の3等分折りを用いて，定規とコンパスで作図不能な正九

角形を作ることができる（図 16）．アイデアは単純で，$360°/3 = 120°$ を阿部の方法で三等分するだけである．

●**正十七角形も折れる** $17 = 2^4 + 1$ なので，『正多角形の作図』（I・4 ①）によると正十七角形は定規とコンパスで作図できる．定規・コンパスよりもっと強力な作図道具である折り紙でも作図できる．折り方は R. ゲレトシュレーガー著，深川英俊訳『折紙の数学 POD 版』（森北出版）による．

分度器を 1 回使って作図することもできる（図 17）．まず，$360° \div 17$ を分度器で測る．次に余りの角を半分ずつ折っていくと 16 等分されて，$360°$ が 17 等分される．

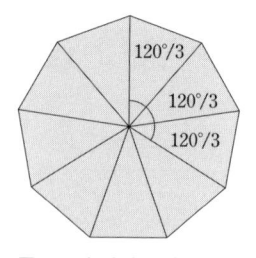

図 16　任意角 3 等分による正九角形

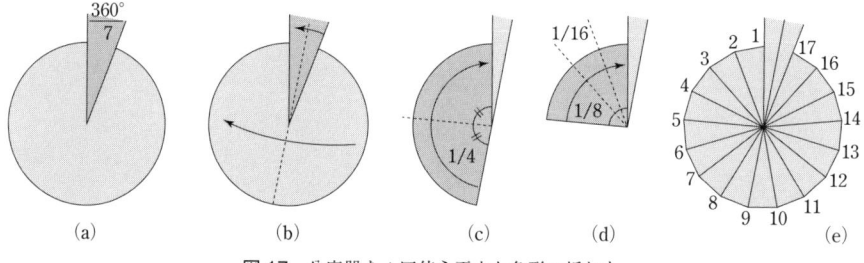

図 17　分度器を 1 回使う正十七角形の折り方

●**正多角形の箱**　複数の折り紙パーツを，糊を使わずに組み立てて幾何立体や平面紋様を作ったものを「ユニット折り紙」という．図 18(a) はユニット折り紙の原点である薗部光伸作「カラーボックス」，図 (b) は 8 パーツからなる布施知子作の八角箱「花矢車」である．ユニット折り紙では，紙の表裏が生む幾何紋様も重要な要素となる．

［川崎敏和］

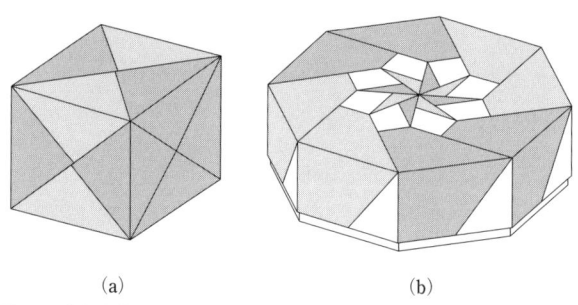

図 18　薗部光伸作「カラーボックス」(a) と布施知子作「花矢車」(b)

【コラム】 七金三パズル

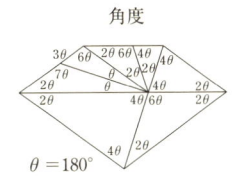

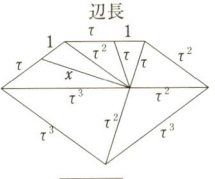

角度　　　　　　　　辺長　　　　　　　　面積

$\theta = 180°$

$x = \sqrt{5+2\sqrt{5}} = 3.078\cdots$　　　$x = \sqrt{5+2\sqrt{5}}/4 = 0.7694\cdots$

座るラクダ　カンガルー　渡り鳥　犬　官女　佐渡おけさ　阿波踊り

イロハニホヘ
トチリヌルヲワ
カヨタレソツネ
ナラムウヰノ
オクヤマケフ
コエテアサキ
ユメミシヱヒ
モセスン

A B C D E
F G H I J K
L M N O P
Q R S T U
V W X Y Z

1 2 3 4 5
6 7 8 9 0

一 二 三 四 五
六 七 八 九 十

最上段のダイヤモンド形を作る、「七」枚の、黄「金」比に関係する「三」角形でできるシルエットパズル。いろいろな自然界や人工界のかたちはもちろんのこと、カタカナやひらがな、アルファベットや数字も作ることができる。黄金比については『正奇数角形』（I・5 ⑤）参照

（考案：細矢治夫）

未来の折り紙

　日本の伝統的な遊びである折り紙では，正方形の紙を使うのが一般的である．店頭でも正方形に切り出された紙が販売されており，ほとんどの折り紙の本は正方形の紙を折ってかたちを作る方法を説明している．それに対して，正三角形や正五角形など正方形以外の正多角形の紙を使うとすればどのようなものが作れるだろうか．

　ここでは，それを一般的に考えるため，正多角形の回転対称性を生かした折り紙を紹介する．

●ねじり折り　図1に示すように，紙をねじるようにして折りたたむ構造を「ねじり折り」と呼ぶ．慣れるまでは折るのがむずかしいが，一度すべての折り線を完全に折りたたむと平坦になる．それをよく見ると，中央部分以外は紙が互いに重なり合い，紙の重なり順にサイクルがある．つまり，ある場所からスタートして，上に重なっている部分を順番にたどっていくと，もとの場所に

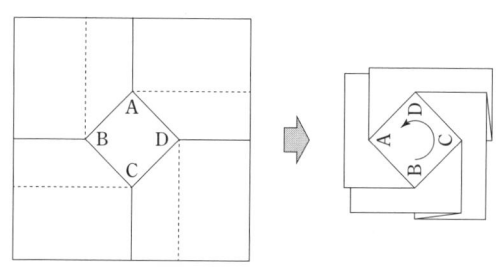

図1　正方形を基本としたねじり折り：実線を山折り，破線を谷折りにする

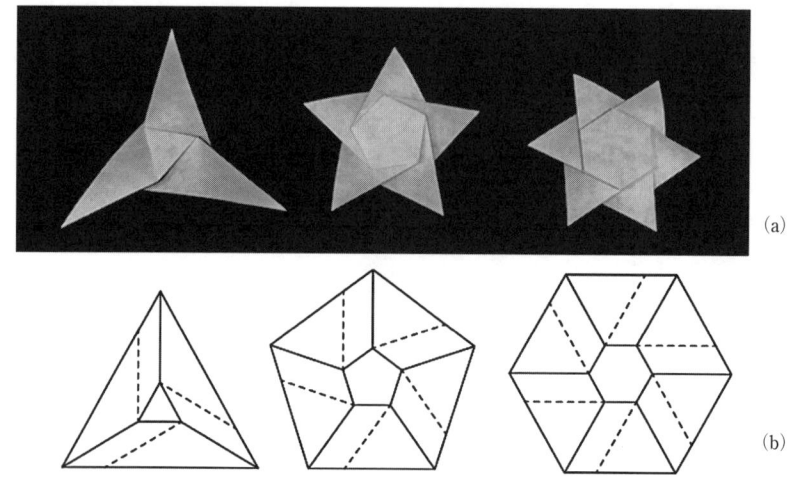

図2　中央部が正三角形，正五角形，正六角形のねじり折り (a) とそれぞれの展開図 (b)

I • 2 多角形を折る ②

戻ってくる．このような構造は，畳紙（たとうがみ），花紋折り，平織りと呼ばれる紙の折り方によく登場する．

このねじり折りは，中央部分を正方形に限定する必要はない．図2上段の写真は中央部分のかたちが正三角形，正五角形，正六角形の例であり，下段に示す展開図から作ることができる．

●**正多角形の紙で正方形の作品を折る**　正方形以外の正多角形の紙が与えられたときに，まったく新しい折り紙のかたちを考え出すのは，なかなかむずかしい．そこで，すでに見た「ねじり折り」の例のように，すでに知られている正方形の紙で作ることを考えてみよう．ここでは，正方形の紙から折られる回転対称なかたちに着目し，それを正多角形の紙で折った例を紹介する．

図3はねじり折りの構造を含む「風車」という4回転対称性をもった作品である[1]．この場合，図中央の正方形に広がる展開図を4分割すると，直角二等辺三角形の中の折り線の配置は右端に示すように4回転対称性の基本構造を見せる．この基本構造を頂角が $360°/N$ の二等辺三角形で作成し，それを並べることで正 N 角形の折り線パターンを作ることができる．図4に $N=5$ つまり正五角

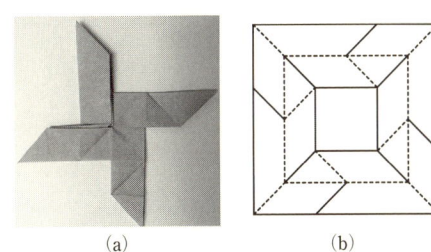

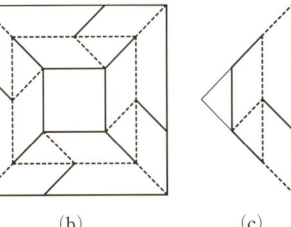

図3　(a) 正方形の風車，(b) その展開図，(c) 4等分したユニット　　図4　正五角形用に変換したユニット

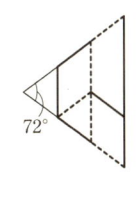

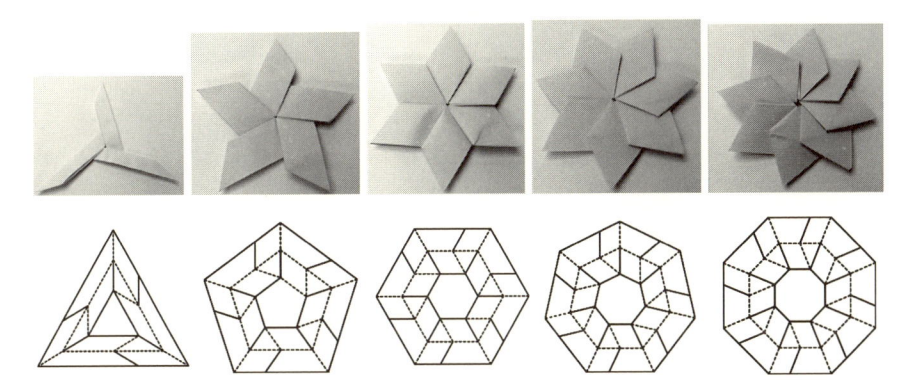

図5　正方形を除く正三角形から正八角形までの紙で作った風車とその展開図

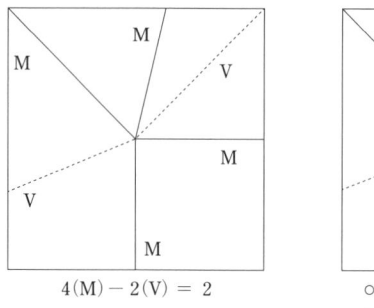

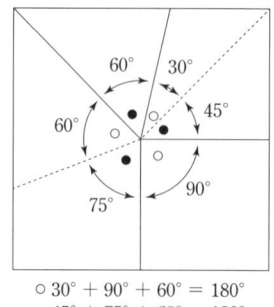

図6 平らに折りたたむことができる折り線の配置の条件

$4(M) - 2(V) = 2$

○ $30° + 90° + 60° = 180°$
● $45° + 75° + 60° = 180°$

形用の基本構造を示す．図5は，この方法によって作成した，正方形を除く正三角形から正八角形までの風車とその展開図である．

ただし，このアプローチはどんな場合にも機能するわけではなく，複雑なかたちの場合には，平らに折りたためなかったり，折るときに紙が衝突してうまく折りたためないこともある．平らに折りたためるためには，折り線が交わる点について，次の二つの条件を受け入れる必要がある（図6）．一つは前川定理で，「山折り」と「谷折り」の数の差は±2である，という (a) の条件，もう一つは川崎定理で，一つおきの内角の和は180°である，という (b) の条件である．

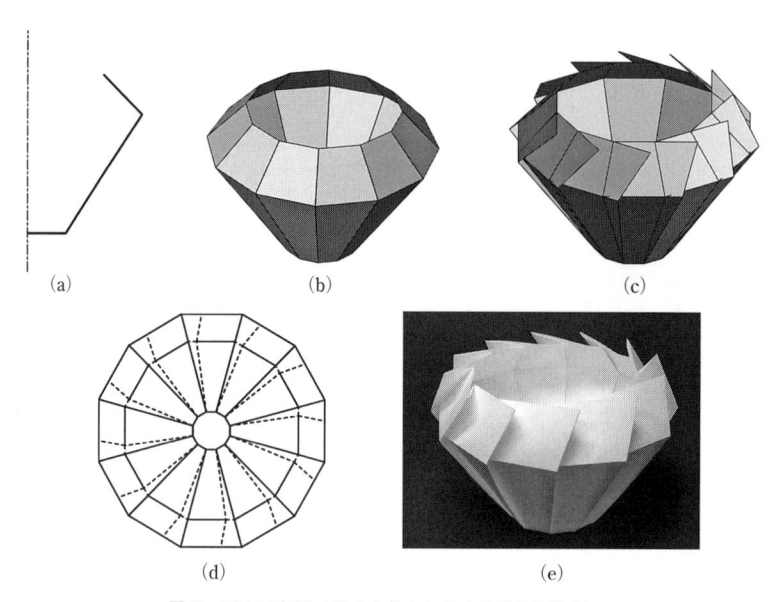

図7 正十二角形の紙から作られる立体的な折り紙

●**正多角形の紙で立体を折る**　紙を折るときには，真っ直ぐな線で平らに折ることが多いが，適当な角度を付けて折り曲げることで立体的なかたちを作ることができる．ここでは，コンピュータを使って正多角形の紙から作る立体的なかたちを紹介する．

立体的なかたちを手作業で設計するのはむずかしいが，コンピュータを使うと簡単である．図7で紹介するものは ORI-REVO というソフトウェア[2]で設計されたものである．縦に置かれた回転軸（一点鎖線）に対して，立体の断面の右半分を表す折れ線を入力して (a)，その折れ線を，軸に対して $360°/N$ 度ずつ回転させることで，真上から見たときに正 N 角形のかたちをした立体が得られる (b)．図の例では $N = 12$ である．このようにして作った立体の外側にヒダを付けたかたち (c, e) は，(d) のような展開図を使えば，正 N 角形の紙から作ることができる．

断面線を曲線にすることで，滑らかな曲面をもつかたちを作ることもできる．図8は正六角形の紙から，図9は正八角形の紙から作った，曲面をもつ折紙の例である．　　　　　　　　　　　　　　　　　　　　　　　　　　　　［三谷　純］

📚 1) 笠原邦彦『おりがみ新発見2 キューブの世界』日貿出版社 (2005) / 2) http://mitani.cs.tsukuba.ac.jp/ori_revo/

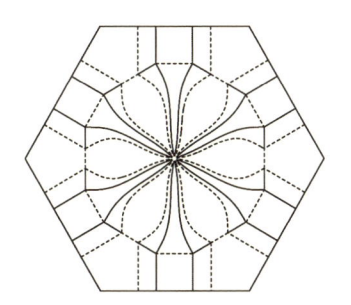

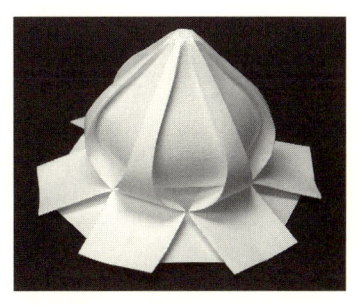

図8　正六角形の紙から作った曲面をもつ立体

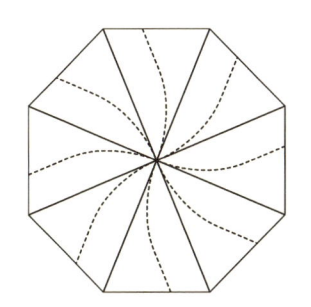

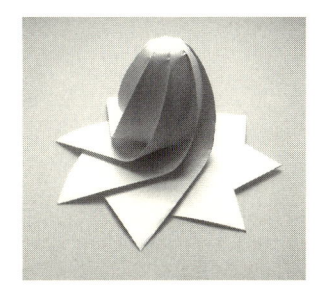

図9　正八角形の紙から作った曲面をもつ立体

立体折り

折り畳みの基本は折り線の対称性にある．たとえば，鶴を折って元に戻すと，対称な折り線を多数見出だすことができる．折り畳みを考慮して立体構造の展開図を作ることはかなり面倒であるが，この貼り合わせ法を用いると接合部での折り畳みの条件が自動的に満たされ，難題が一挙に軽減されることになる．それを前提にここでは，折り畳める立体折紙構造のモデル化の簡便手法の開発をめざして考案した対称2枚貼り折紙の手法を紹介する．

●**多面体と筒形の簡便折り畳み模型** 対称2枚貼り手法で設計した多面体の折り畳み模型を図1(a)(b)に示す．展開図は中央の垂直線で対称，白抜き部が多面体の面になり，薄墨部が内部に押し込まれる．図2,3は2枚貼りによって作られる四角断面筒と浮き輪形の円環である．これらは角筒を斜め切断したパーツを繋ぎ合わせる考えに基づくもので，スマートに折り畳まれることがわかる．図4(a)のように，角錐状の筒模型を頂角 θ の二等辺三角形2個からなる展開図を貼り合

(a)

(b)

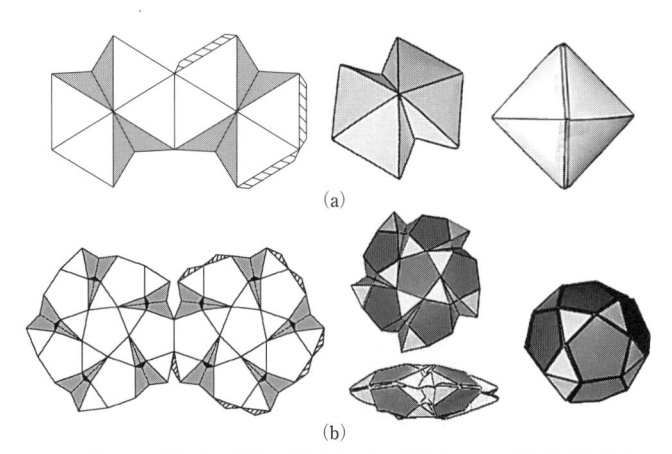

図1 多面体の折り畳み模型（展開図中央の対称軸で折り返し周辺糊付け）

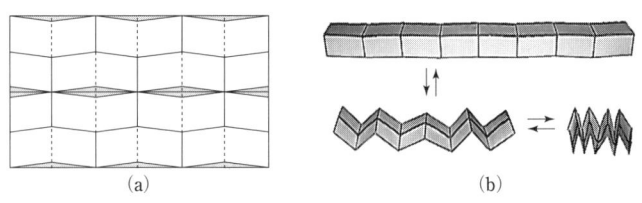

(a) (b)

図2 折り畳みのできる4角断面筒の展開図（中央で折り返して上下を接合）とその折紙模型の折り畳まれる様子

わせて作る．$2\theta + \alpha + \beta = 180°$ を満たすよう図中の α と β を定め，屈曲した線分 DEF で切断する．この式により DE と EF の長さが等しくなるため図4(b) のように上部を反転させてつなぐことができる．この反転を繰り返して得た展開図と模型の例が図5で，紙面に垂直方向に折畳まれる．図6, 7のように屈曲切断を2種類組み合わせたり同方向につなぐことにより，巻貝状の模型をジグザグに折り畳んだり巻き取ったりする模型もデザインできる．

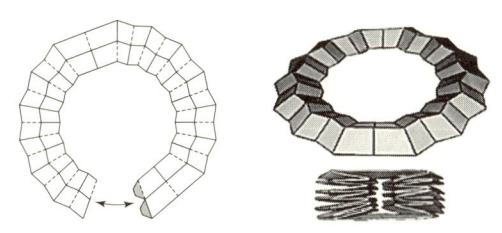

図3　展開図を2枚貼りした後に矢印部を接合して作られる浮き輪

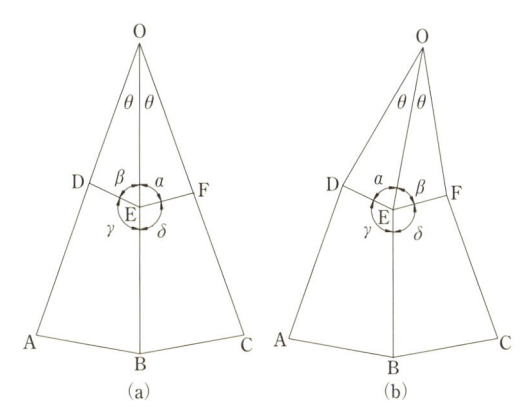

図4　角錐を作る展開図（頂角 2θ）と切断線 DEF の上部を反転させた展開図

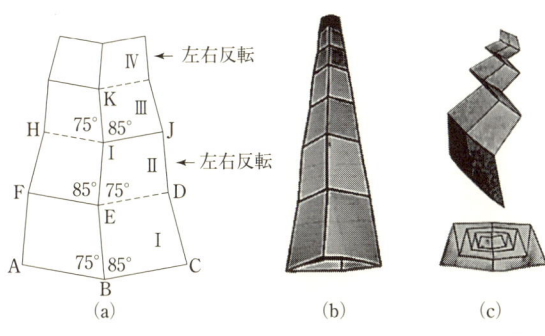

図5　切断した上部を交互反転させて作った展開図の例と模型

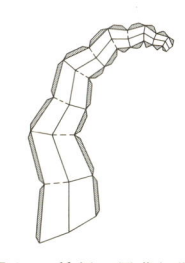

図6　2種類の屈曲切断を組んで作った展開図

(a) (b)

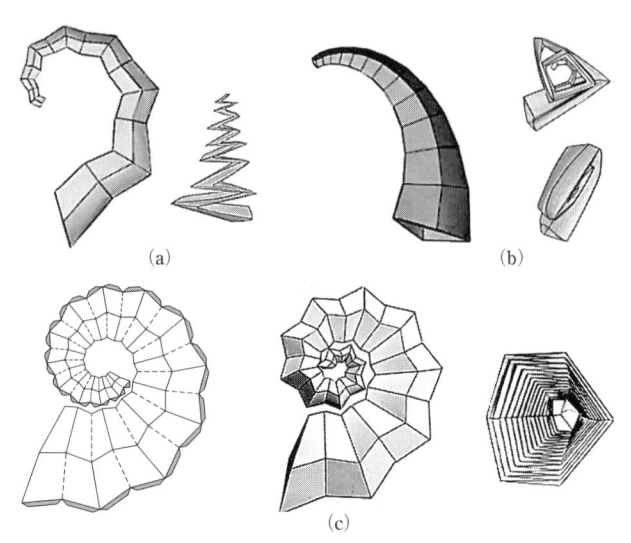

(c)

図7 らせん模型と巻貝模型（平坦に折り畳み）

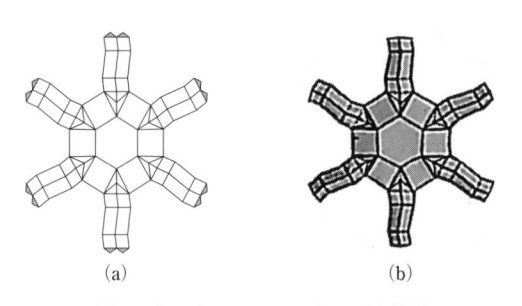

(a) (b)

図8 亀の子モジュールの展開図と模型

●**折り畳み可能な亀の子モジュールと正八面体状モジュール**　図8, 9に，円周方向と半径方向に収縮する分枝の中心部を中央に設けて枝部を図2の技法を用いて折り畳みにした亀の子状の分枝模型の展開図とその折紙模型，ならびにこれを接合して作った網目構造やその折り畳みの様子を示す．図10には，正八面体の頂点近傍を2枚の展開図を貼り合わせて作るモジュールの展開図を，図11にその折紙模型を示す．図11(a) のモジュールを6個繋げると，図12のように，管状の骨格からなる折り畳み型の正八面体を作ることができる．また図11のモジュールを逆方向に繋ぎ合わせてゆくと図13(a) のジグザグの網目が得られ，これを積み上げると図13(b) のような管状の3次元の網目構造になる．　　　［野島武敏］

📖 野島武敏『ものづくりのための立体折紙』日本折紙協会（2015）

I・2 多角形を折る ③   29

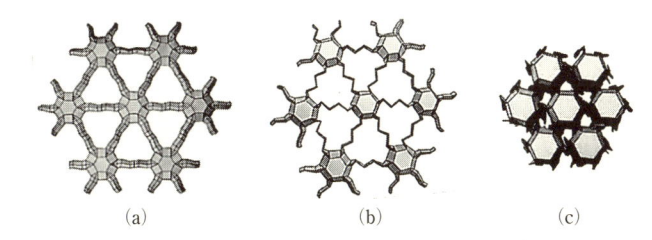

(a)　　　　　　　　　(b)　　　　　　　　　(c)

図 9　モジュールをつないだ模型と折り畳みの様子

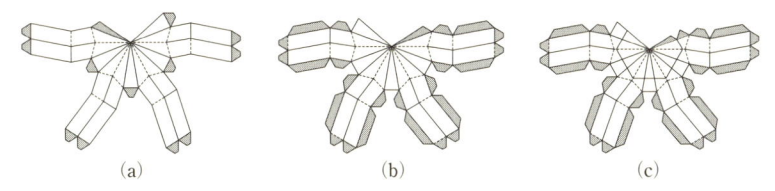

(a)　　　　　　　　　(b)　　　　　　　　　(c)

図 10　正八面体の頂点を作る表と裏のパーツの展開図と，作られたモジュール模型．
(a)(b) は (b)(c) の貼り合わせで製作（前面のみ糊付け前の状態を表示）

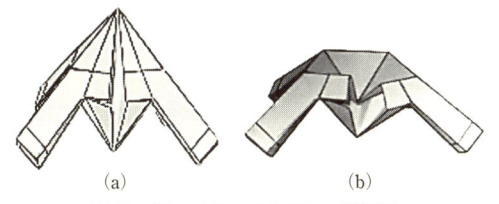

(a)　　　　　　　(b)

図 11　図 10(c) のそれぞれの展開図

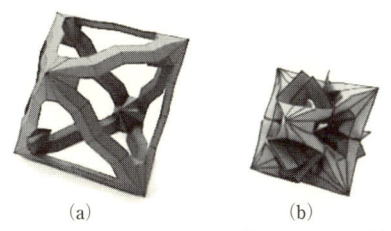

(a)　　　　　　(b)

図 12　折り畳みのできる正八面体と折り畳みの様子

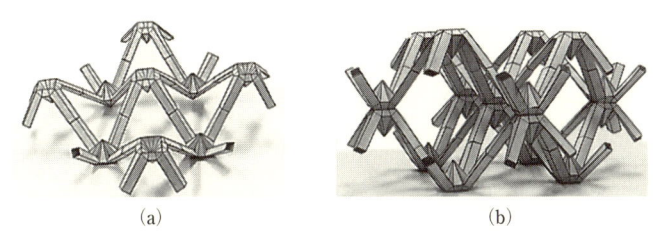

(a)　　　　　　　　　(b)

図 13　モジュールを逆方向に繋いで作られるジグザグの網目構造とそれを積
み重ねた 3 次元構造

らせん折り

よく知られているように，花や葉の配列には，フィボナッチ数列に関連して決められる非対称のらせん模様がたびたび現れる．また DNA やコラーゲンなどのたんぱく質はらせん構造で巧妙に折りたたまれている．このように見ると，らせんで構成される構造は変形や変化，成長などと強い関連があるといえる．ここでは，折紙によって，このような非対称のらせんを，対称な構造と対比させて相互の関連を考えるとともに，折紙技術を用いた平面図形の立体化や3次元構造の創出による物づくりについて考える．

●**等角らせんと自己相似** 図1(a) に示すヒマワリの小花は平面上で時計回りと反時計回りの等角らせん群で配列されている．図(b) の野鶏頭（のけいとう）の小花は円錐形のらせん状を呈し，こぶしの実は円筒状のらせん模様に配される．図(c) の綿帽子がとれたタンポポの半球状の坊主頭にはらせん模様が見られ，小花の花托がらせん状に配されていたことをうかがわせる．このような植物組織のらせんは成長に伴い平面的ならせん配列から3次元の円錐状のらせんなどに姿を変える場合が多いが，基本的には等角らせんで表されると考えられる．

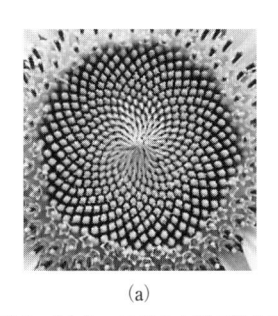

図1 (a) ヒマワリの小花の描くらせん，(b) 野鶏頭の円錐状らせん，(c) タンポポの坊主頭に見るらせん

また，図2(a) のサザエの蓋には等角らせんが見られ，ハート貝は図2(b) のように等角らせんが対称に組み合わされたかたちを呈す．いずれにしても貝殻や動物の角などの成長は相似形の組織を積み重ねていって大きくなる．かたちで見れば，相似な図形を中心から配列したものになっていて，こうした模様に見られる規則性を自己相似と呼ぶ．

ここで図3(a) に示すように，全体がもともと二等辺三角形になっている対称図形を相似形の四角形のパーツが得られるように交互に斜め切断し，これを段ごとに反転させ積み上げると図3(b) のようならせん模様になる．これを数理的に

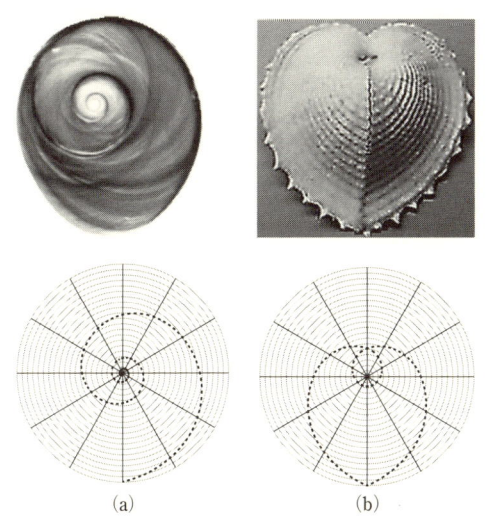

図2 サザエの蓋ならびにハート貝に対応する等角らせん

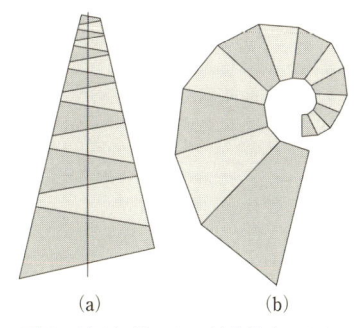

図3 斜め切断による対称構造かららせんの模様への変換

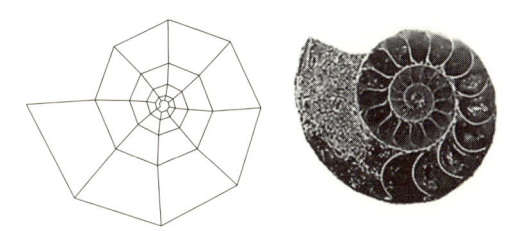

図4 隙間なく配置された展開図とアンモナイトの切断面

組み直すと，隙間なく配置され図4のようなアンモナイトのらせん模様をまねた図形を得る．同じような手順で，図5(a) のように木製の正八角錐を斜め切断して各部分を回転するジョイントでつなぐと，平面上や空間内で折り畳まれたうずまき状やつるまき状の立体らせんが得られ，ときには図5(b) に示すようなアンモナイトの異常巻きのような模型が製作できる．

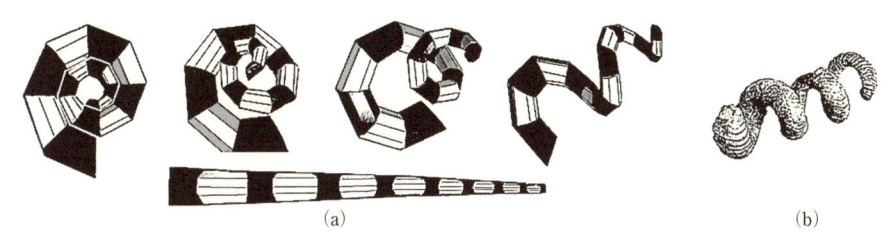

図5 正八角錐を切断して回転ジョイントでつないだ木製模型（設計：野島・杉山）の形状変化とアンモナイトの異常巻きの立体螺旋

●円筒座屈と折り畳みのできる折紙パターン　円柱の折り畳み模型としてたびたび引用される図6(a) のヨシムラパターンは，側面が直角二等辺三角形になった正多角反柱を図6(b) のように積み上げたものの展開図となっている．これは軸方向には折り畳むことができないような強度をもつ．この折り畳み可能なパター

ンは円筒の塑性座屈（粘土細工のように元に戻らない崩壊）試験で見られる．図7(a)(b)に比較的厚い塩化ビニル管と少し薄いものを塑性座屈させたときの様子と展開図を示す．厚い場合は，上から見ると二角形状（木の葉形）になるように，また薄くなると正三角形状になるように折り畳まれる．極めて薄い円筒は，図7(c)のように上から見るとほぼ正四角形状で折り畳まれる．円錐殻の場合の折り畳み模型は図8のように，図7(b)を台形要素にして極座標変換した展開図で作られる．

図6 ヨシムラパターン

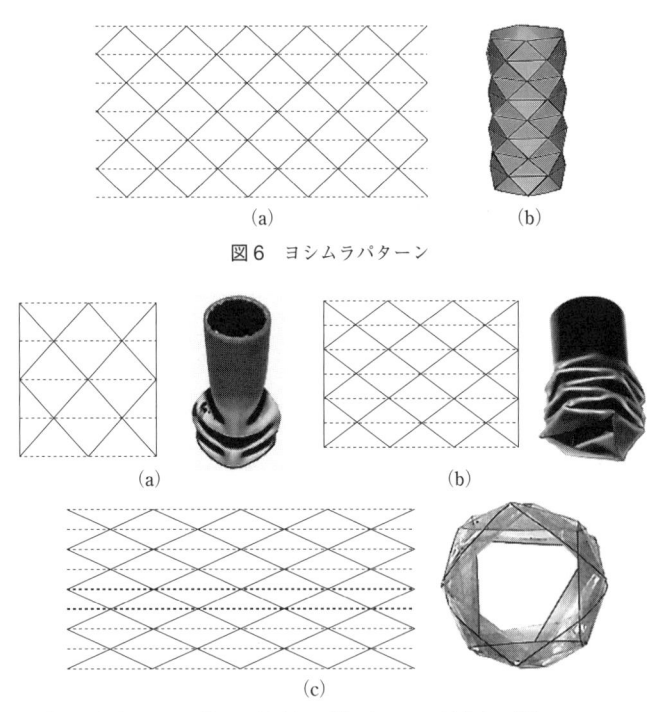

図7 実験による円筒の圧縮座屈の様子とそれに対応する折紙パターン

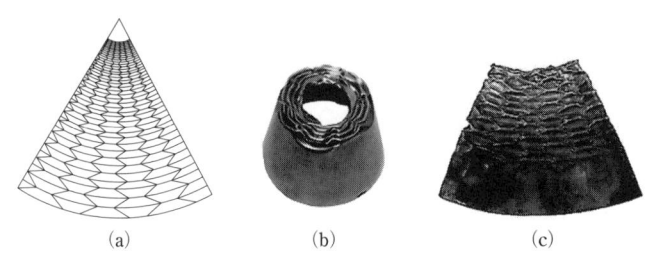

図8 (a) 円錐殻の折り畳みパターン，(b) 円錐殻の座屈後の形状，(c) (b)を平面に引き戻した様子

●らせん状折り線を用いた円筒と円錐の折り畳みモデル 図9は，水平方向の平行4辺形のパーツの数 N が6の場合の円筒の折り畳みモデルについて，その基本の展開図の例と折紙模型を示す．図中，β は任意で，$a = 360°/2N = 30°$ のとき折り畳むことができる．

一方，折り畳み可能な円錐殻モデルの基本形は図10のように等角らせんで表され，Θ を円錐殻の展開図の頂角とすると図中の角 a を $(360° - \Theta)/2N$ とすることでモデル化できる．

図11(a)(b) の左図は各段正方形として折り畳まれる模型で上段の正方形の頂点がその下段の正方形の辺上に折り畳まれるように $a = \beta$ として設計したものである．折紙模型を図11(a)(b) の中央に示し，折り畳まれた状態を図11(a)(b) の右図に示す．このように特別形で折り畳む場合には，角 a と β は，角 Θ を与えて数値計算で算出せねばならず，整数値ではなくなる．

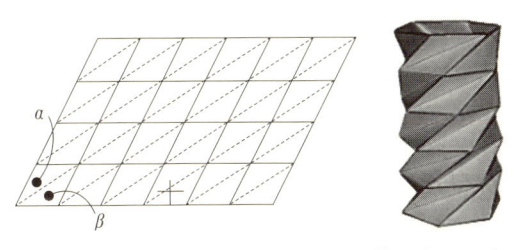

図9 らせんによる円筒の折り畳み展開図と模型（$a = 30°$）

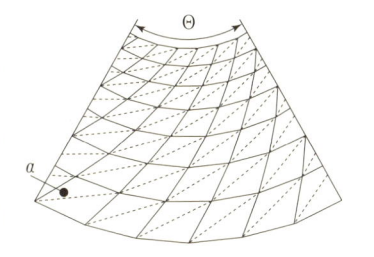

図10 円錐の折り畳み展開図と模型
（$\Theta = 60$，$a = 25°$，$N = 6$）

(a)

(b)

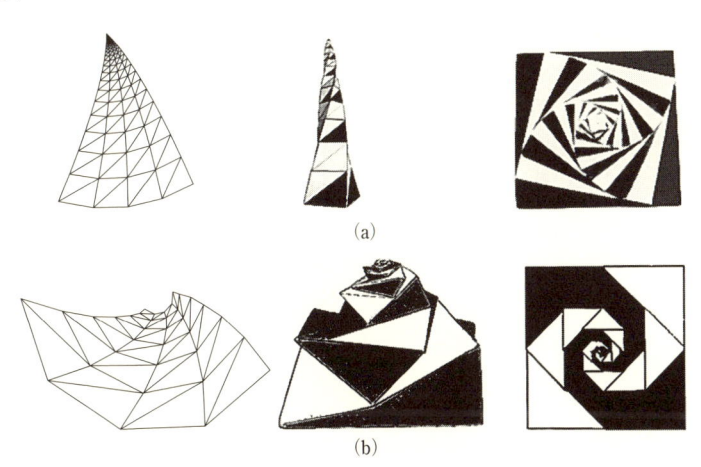

図11 特別の等角らせん模様で折り畳む円錐模型の展開図と模型

●折り畳み展開図の相互関係　対称形とらせん形の折り畳み展開図には相互の関連性がある．

たとえば図12(a) に対称形の座屈パターンの $N=6$ の場合を示すが，これを傾斜した線分 AB で切断し，上辺 AE を下辺 CD の下に接合すると図(b) になり，さらに矢印に従う移動で図(c) のらせん形の展開図を得る．図(d) は図(b) に点 A～I（C, E は省略）を定めた図で，線分 FD, AG で切断し，先と同じ手順で配列し直すと，図(e) の 1 段上がり（段上り数 $S=1$）の展開図，図(f) の AI と HD で切断すると，図(g) の 2 段上がり（$S=2$）の展開図になる．図(e)(g)

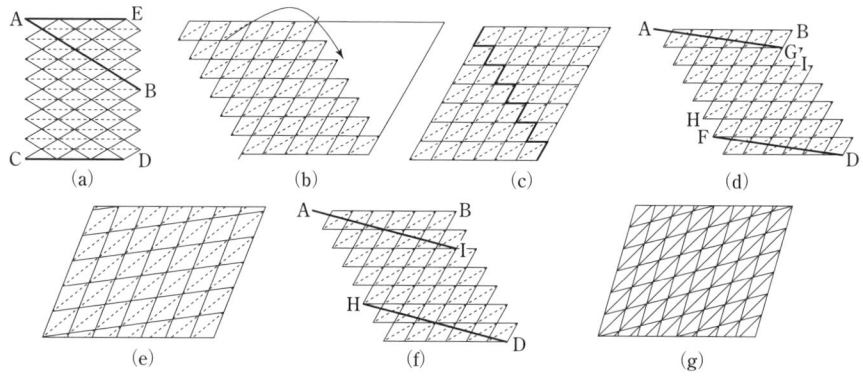

図 12　対称形の展開図からからせん形および段上がりらせん形の展開図への変換（底角 30°の二等辺三角形を基本とする）

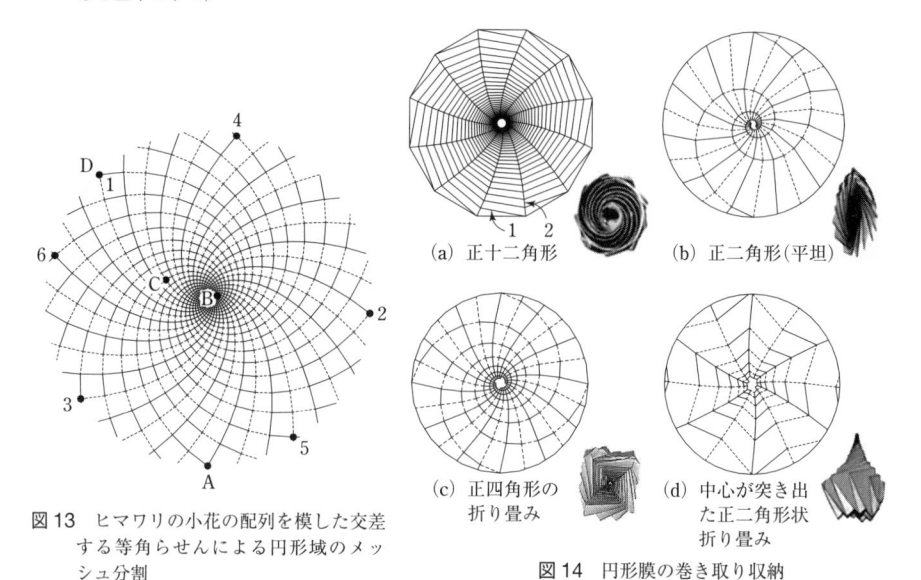

図 13　ヒマワリの小花の配列を模した交差する等角らせんによる円形域のメッシュ分割

(a) 正十二角形

(b) 正二角形（平坦）

(c) 正四角形の折り畳み

(d) 中心が突き出た正二角形状折り畳み

図 14　円形膜の巻き取り収納

は水平方向のパーツの数がそれぞれ 7, 8 となるが, もとの図(a)(c) と同じ正六角形状で折り畳まれる. パーツ数 N と段上がり数 S は自由に選べるから, 種々の組合せの折り畳み型のらせん円筒が作られる. 円錐のらせん模型も同じ手順で設計できる. 円錐の展開図の頂角 Θ を $360°$ にすると折り畳み型の円形の模型を得る.

● **等角らせんを用いた円形膜の巻き取り収納モデル** 植物の種子の配列には時計回りと反時計回りの等角らせんで構成される模様が見られる. 図 13 は円形域を 21 本と 34 本のらせんでメッシュ分割したもので円形の面は相似な凧形の四角形で充填されている. この図で最下点 A から時計回りのらせん上で網目を 34 段上がると, 点 A から反時計回りのらせん上を 21 段進んだ点で合流する. このらせんの交点で折り畳み条件を満たすように数理的に考えると, 巻き取り収納できる折り畳み模型が一般形で定式化される.

図 14 にこの定式化の例を示す. たとえば円形膜を 12 等分して 12 段上がり(番号 1 の網目を進むと番号 2 の網目を 12 段上がった点で合流) となる等角らせん状に描いた展開図と模型を図 14(a) に示す. 図 14(b)(c) は 1 の等角らせん状折り線を 2 および 4 本として円状の正二および正四角形に巻き取る展開図である. また図 14(d) はジグザグ状の 2 段上がりの巻き取り展開図である. このようにして得られた図 15(a)(b) に示したような平坦に折り畳む模型や多角形に折り畳む折紙モデルは, 図 15(c) に見るように, 世界的なデザイナーらによりエレガントな服飾品に変身し, 新たな命を与えられている.　　　　　　　　　　［野島武敏］

図 15　正二角形や正十二角形に平坦に折り畳む等角らせんの展開図やその一部を用いた服飾製品（Issei MIYAKE 服飾カタログより抜粋）

📖 野島武敏ほか編『折紙の数理とその応用』共立出版（2012）

正多角形のダイセクション

一つの平面図形を小さなピースに分割して別のかたちに並べ替えるパズルをダイセクション（図形の裁ち合わせ）という．ここではそのうち簡単な正多角形を分割する例を紹介する．

●**ダイセクション入門**　ダイセクションは世界の各国で昔から楽しまれてきた．たとえば，もともと中国で考案され日本でも江戸時代に大流行したタングラムもその一つである．タングラムでは正方形を七つに分割してできたピースを組み合わせていろいろなかたちに似せる（図1）．現代では正方形のほかに正三角形や正六角形のものなども考えられて，一般にシルエットパズルと呼ばれている（図2）．似せるかたち（シルエット）は何十種類もあって，売り出されているキットにはふつう種明かしの説明書は付けられていない．そのため，たいていの場合，全課題を，だれの力も借りずに独力でしかもできるだけ早くやり遂げなければならない．そこがおもしろいのである．

課題は簡単なものばかりではない．頭を抱え込んでしまうほどの難問もある．文献によると，かのナポレオンやエドガー・アラン・ポーなどもタングラムに興じたらしい．単なる暇つぶしや遊びの域を超えて，きっと，柔軟な発想の訓練に格好の知的玩具だったに違いない．

といっても一般によく目にするシルエットパズルは，狐に似せるにせよ，馬に似せるにせよ，かたちの構成においては人間の想像力（創造力）に頼るところがあり，あえていえば明快さに欠けるところがある．その点，以下に示す正多角形を適当に分割してできたピースを過不足なく使って，大きさの異なる正多角形を再構成するダイセクションは，人間のへたな創造性など跳ね除けてしまうほどの明快さと美しさを兼ね備えているといえるだろう．

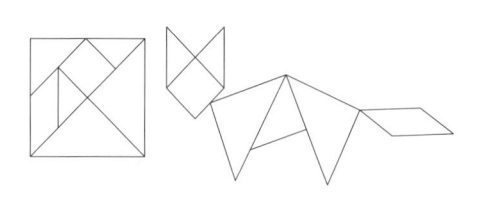

図1　正方形を分割するタングラム

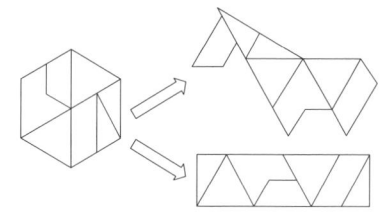

図2　正六角形を分割するシルエットパズル

●**正三角形のダイセクション**　図3は，左端の大きな正三角形を分割線に沿って五つのピースに分割し，それらを並べ替えて，最終的に右端の大きさの異なる二

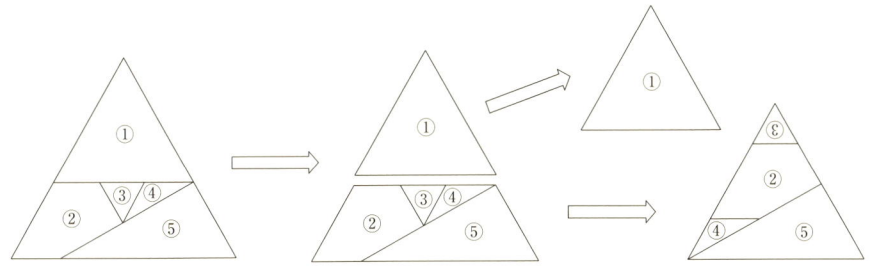

図3　5枚のピースによる正三角形のダイセクション

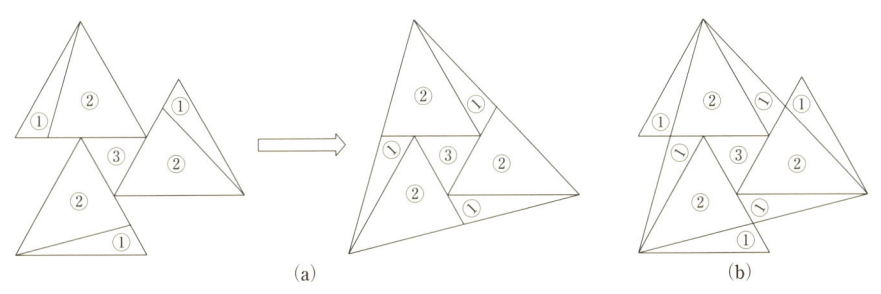

図4　4枚のピースによる正三角形のダイセクション

つの正三角形を作るダイセクションの過程を示したもので，一つの正三角形から大きさの異なる二つの正三角形が構成されている．

　図4では，四つの正三角形（①＋②からなる合同な三つの正三角形と一つの小さな正三角形③）から一つの大きな正三角形を構成する．図4(b)はその原理を示したものである．

●**正方形のダイセクション**　図5(a)は，一つの大きな正方形を分割して，小さな二つの同じ大きさの正方形を作るもっとも簡単と思われるダイセクションの例である．この場合，できた小さな二つの正方形を，図のような対角線を入れたままつないでいくと，図(b)のようなパターンができるが，これは，灰色で示した正方形の周期的パターンの上に細線で示した別の正方形の周期的パターンを重ね合わせたかたちをしている．

　このような周期的パターンの重ね合わせを応用すると，さらに複雑なダイセクションを作ることができる．図6は，2種類の大きさの正方形から構成される周期的パターンに，合同な正方形からなるパターンを，頂点が一致するように重ねた場合に得られるもの，図7は，上記と同じ周期的パターンの大きい正方形の中心にもう一方の頂点を置いた場合に得られるもの，図8は，もっとずらして重ねた場合に得られるものである．

I・3 多角形を切る ①

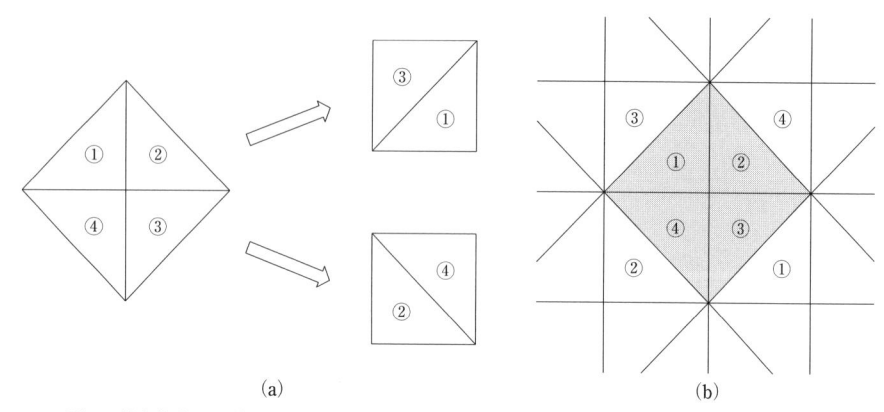

図5 最も簡単な1種類のユニットからなる正方形のダイセクション (a) と，それから導かれる正方形による周期的パターンの重ね合わせ (b)

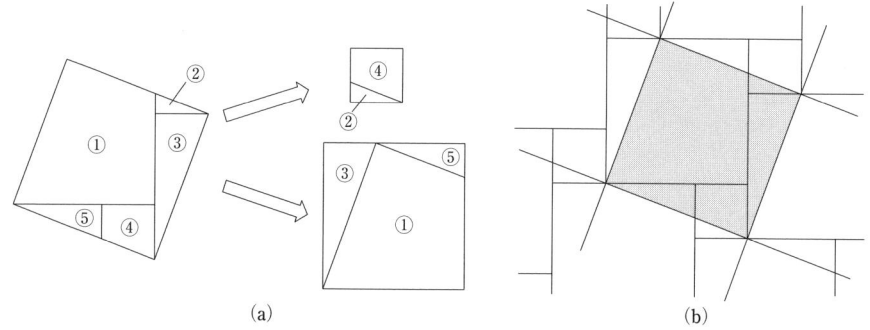

図6 5種類のユニットからなる正方形のダイセクション (a) と，それを導く周期的パターンの重ね合わせ (b)

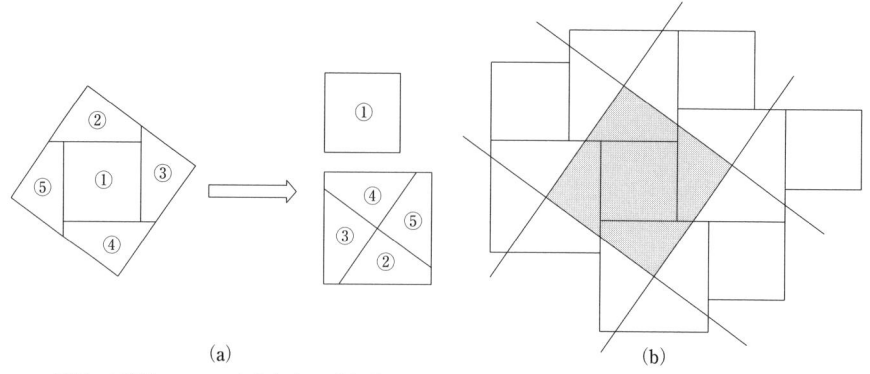

図7 2種類のユニットからなる正方形のダイセクション (a) と，それを導く周期的パターンの重ね合わせ (b)

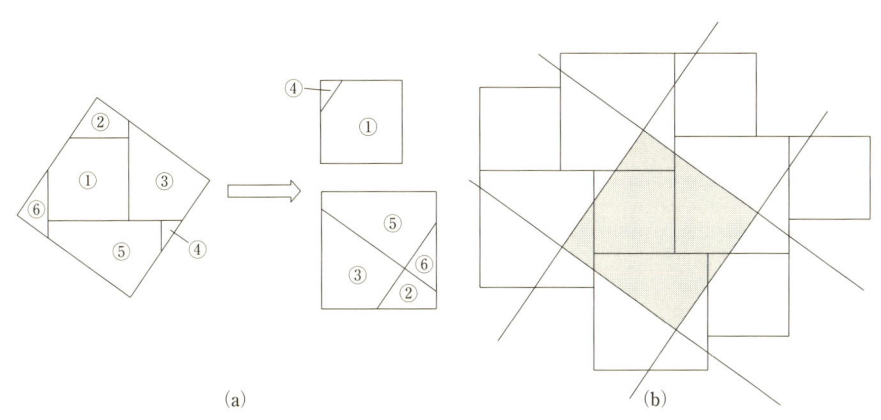

図8 6種類のユニットからなる正方形のダイセクション（a）と，それを導く周期的パターンの重ね合わせ（b）

●**正五角形のダイセクション**　正五角形の場合，重ね合わせの方法は使えない．正五角形だけで平面を隙間なく敷き詰めることができないからである．それでここでは別の方法で正五角形のダイセクションを作ってみる．

　図9(a)は，左側の大きな正五角形を分割線で分解して組み替えると，右のような，合同な正五角形が6個（そのうち5個は内部に同じ模様をもつ）できるこ

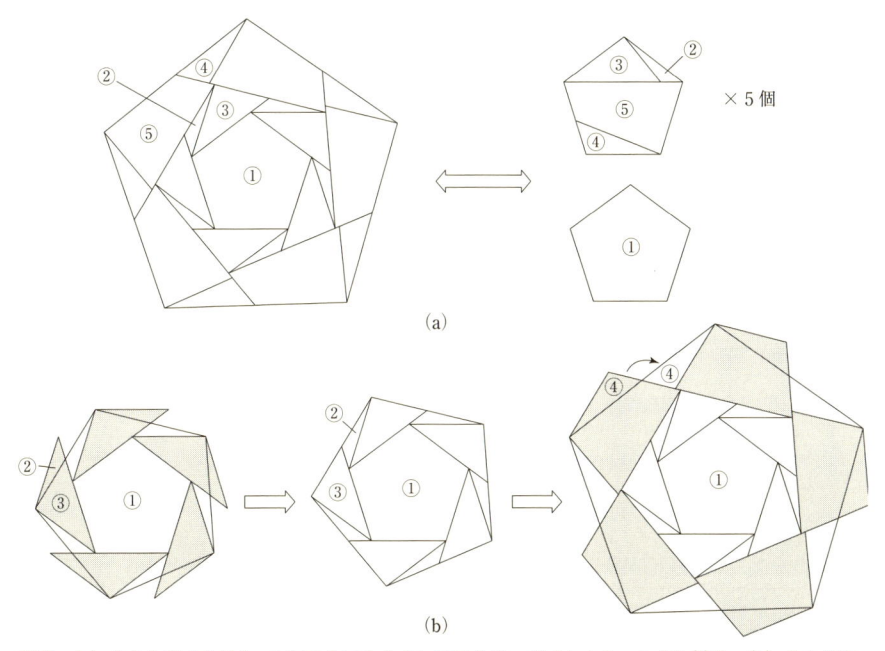

図9　(a) 大きな正五角形を，2個の合同な小さい正五角形へダイセクションする様子，(b) その原理

とを示している．図(b)は，なぜそうなるかの理由を示したものである．

図9(b)でまず左図において，①の正五角形の周囲に，②と③でできる二等辺三角形を5個置き，②を移し替えると，中央に示した①，②，③でできる正五角形が作られる．次に右図に示すように，その正五角形の周囲に④を部分にもつ台形を5個置き，④を移し替えると，最初に与えられた大きな正五角形が作られる．

●**正六角形のダイセクション**　正六角形のダイセクションを作る場合には二つの周期的パターンの重ね合わせを利用することができる．

図10(b)の右端は，小さな正六角形を敷き詰めたパターンの上に，別の大きな正六角形を敷き詰めたパターンを，頂点を合わせて重ねたもので，これをもとに，図10(a)のように，一つの大きな正六角形が合同な三つの正六角形に分割される．

図11は，(b)に示すような正六角形と正三角形の周期的パターン（ただし下

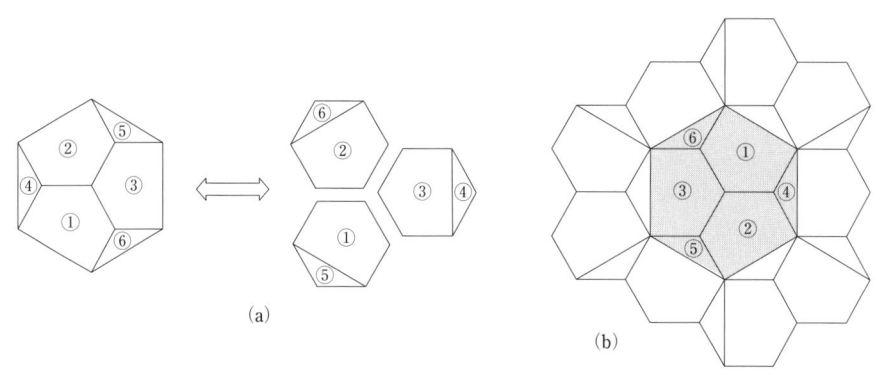

図10　正六角形の，三つの合同な正六角形へのダイセクション（a）と，それを導く周期的パターンの重ね合わせ（b）

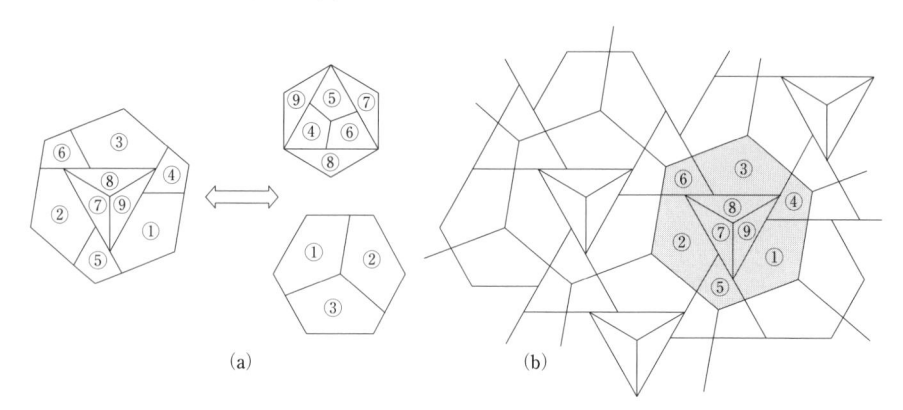

図11　正六角形の，異なる2種類の正六角形へのダイセクション（a）と，それを導く周期的パターンの重ね合わせ（b）

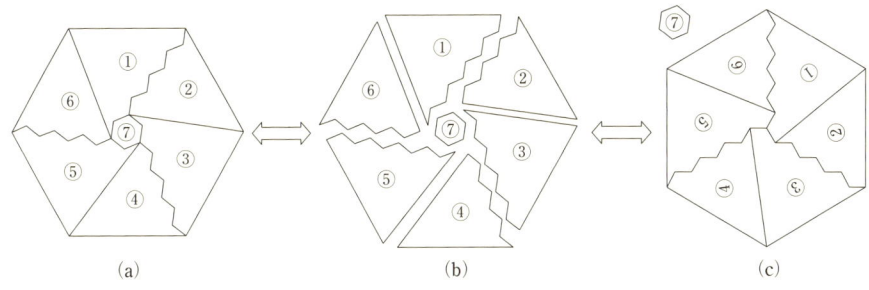

図12 風変わりな正六角形のダイセクション

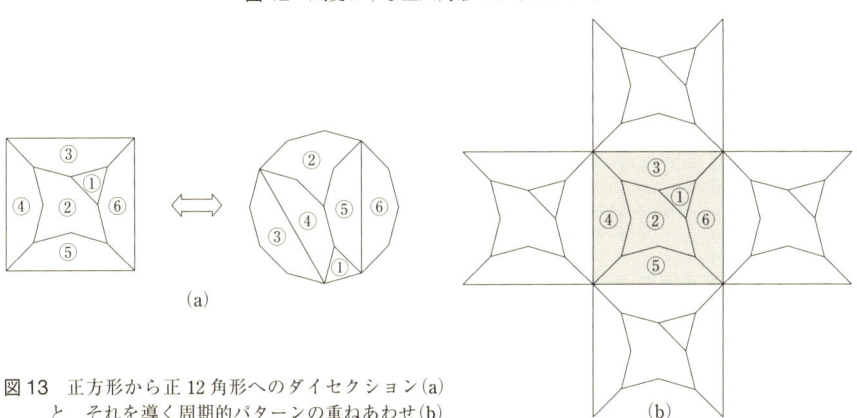

図13 正方形から正12角形へのダイセクション(a)と，それを導く周期的パターンの重ねあわせ(b)

向きの正三角形には3本の線でY形の分割線が描かれている）と，別の正六角形のパターンの重ね合わせを使う例で，図(a)のように，一つの正六角形が大きさの異なる二つの正六角形にダイセクションされる．

●**風変わりな正六角形のダイセクション** 少し風変わりな正六角形のダイセクションを紹介したい．

図12において，まず図(a)の正六角形をギザギザの分割線に沿って分解すると，図(b)のように小さな正六角形(⑦)と扇子のようなピース六つ(①〜⑥)になる．⑦の正六角形を取り除いて，残りのピースをその向きを変えながら組み替えると，図(a)の正六角形より少しだけ小さな正六角形が図(c)のようにできる．ピースの向きをどのように変えるかは，対応するピースの番号の向きを変えてあるので，参考にしながらぜひ試みて欲しい．

これまでは，正多角形からそれに相似の正多角形へのダイセクションの事例を紹介した．最後に，周期的パターンの重ね合わせを応用して正多角形から異なる正多角形へとダイセクションした一例を図13に示す．図13(a)において，左端の正方形を分割線に沿って六つのピースに分割し，それらを並べかえると正十二角形が構成される．

［小髙直樹］

正三角形のダイセクション

平面図形のダイセクション（裁ち合わせ）を考えるとき，そこにはいくつかの暗黙の約束事がある．ここではそうした約束事を確認した上で，「1個の正三角形を裁ち合わせて N 個の合同な正三角形をつくる」という問題について，その解の例を紹介する．

●**ダイセクションの約束事** まず，裁ち合わせでは，並べかえるときにピース（片）を重ねることはしない．だから当然，裁ち合わせの前後の図形の面積は等しいわけで，これがダイセクションの問題に取り組む際の大前提となる．

次に，切り分けた片の個数が多くてもよいなら，どの問題についても解は無数にあるが，それらの中で片数が最も少ない裁ち合わせが，より優れた上位解と見なされる．さらに，一つの問題について，片数が同じでも，一部の片を裏返す必要がある解とどの片も裏返す必要のない解がある場合は，後者のほうが上位である．

図1は，筆者が創作した，アルファベットのA，Bに見立てた図形を裁ち合わせて，それぞれ正方形にする問題の解である．Aの問題は3片裏返しなし，Bは

図1 裁ち合わせの問題例（右図で＊印をつけた片はBの字に使ったものの裏返しになっている）

4片裏返しありとなっている．もしもBの問題に4片裏返しなしの解があるならば，そちらの方が上位解となるわけだが，筆者はそれぞれの問題について，図に示した分割が最善かつ唯一の解であろうと考えている．

ところで，いま「唯一の解」と書いたが，最善解がただ一つしかない

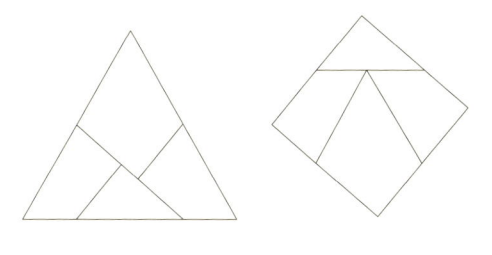

図2　正三角形を正方形にする裁ち合わせ

裁ち合わせの問題というのは，実はそう多くはない．創作された問題の場合，解の個数が少なければ少ないほど，よりよい問題ということができる．裁ち合わせの問題の作者は，できるだけ解が唯一となるような問題づくりを目指すわけだが，そうした作問は決してたやすくはなく，作問者が意図しなかった別解がひそんでいて複数解となることが多々ある．

なお，解の個数を数えるときには，片の組が異なるものだけを別の解と考える．これも，ダイセクションの約束事の一つである．図形内で片の配置をかえられるケースはよくあるが，それらを別の解とは数えない．

図2は，有名なパズル作家のデユードニーが1902年に見つけたとされている非常に優れた裁ち合わせの例である．正三角形を正方形にするというシンプルかつオーソドックスなこの問題で，4片裏返しなしの解は，筆者が知るかぎり，これ以外には見つかっていない．これはまれな例であり，このような正多角形同士の裁ち合わせでは同じ片数の解が複数見つかることの方が多い．

● 1個の正三角形を裁ち合わせてN個の合同な正三角形に　前述の約束事に基づいて，「1個の正三角形を裁ち合わせてN個の合同な正三角形をつくる」という問題について考えてみる．

この問題は，過去，多くの裁ち合わせ好き（研究者や愛好家）が，より片数の少ない解やそのバリエーションを探し求めてきたオーソドックスなものである．そうした先人たちの取り組みの成果に筆者がさらなる別解を加えることができるか，そう考えながらこれまでに検討して得られた結果を，正三角形の個数Nが2から7までの場合について，順次，紹介していく．図3から図9まで，図中に影を付けた解は筆者が見つけたものであり，それ以外は，ブラッドレイ，リンドグレン，ステインハウス，コリソンら先駆者の研究ならびにいくつかのウェブ記事を参考にして構成した．なお，図4から図8までのいずれの図も，上段の大きな正三角形を下段の小さな正三角形に裁ち合わせている．ただし，図7と図8の下段については，1ピースがそのまま小正三角形となっている片の図を省いた．

最初に，図3は，Nが4を含む平方数（自然数を平方した数）の場合で，これらには明らかに最少片数であると認められる解が存在するので，これより先の検

図3 Nが平方数の場合の最善解

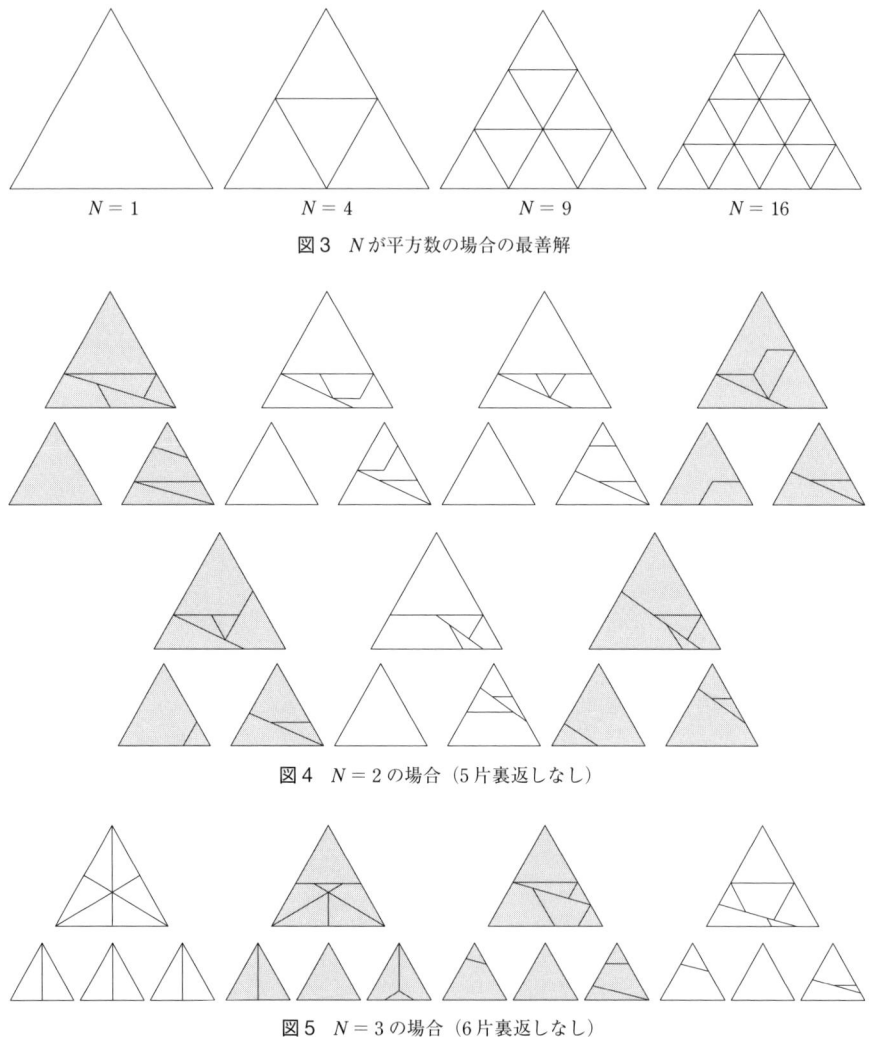

図4 N=2の場合（5片裏返しなし）

図5 N=3の場合（6片裏返しなし）

討は不要である．

　図5のN=3の場合については，左端のような，だれでもが容易に思いつきそうな解が存在する．そのため，この問題についてさらなる別解を求めて取り組んだ先人はほとんどいないようである．しかし，いざ検討してみると，無数の解が存在するという，筆者が予期していなかった結果となった．紙数の関係で，図5には代表的な4解だけを挙げたが，左から2番目の解の分割方法には無数のバリエーションが存在する．それらがどのようなものであるかについては読者自身

図6　$N=5$の場合（9片裏返しなし）

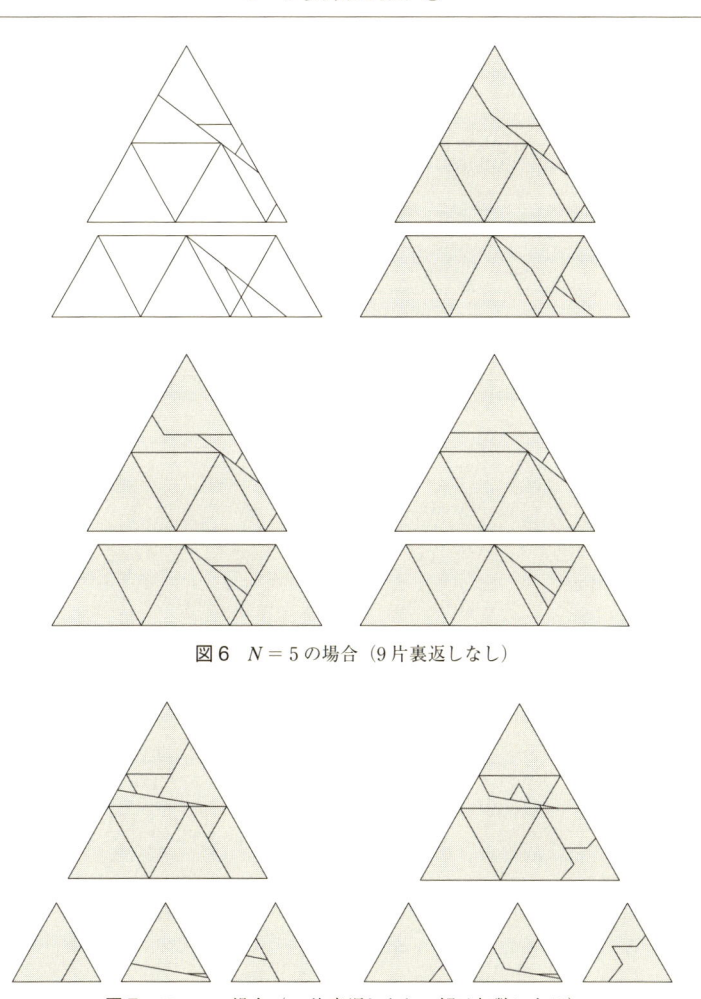

図7　$N=6$の場合（11片裏返しなし．解は無数にある）

でぜひ解き明かしていただきたい．

　図6の$N=5$の最善解が見つかったのはごく近年のことである．1989年に「9片裏返しあり」の解が見つかっており，それが「9片裏返しなし」に記録更新されたのは2000年前後のようである．

　図7の$N=6$については，既存の解の情報が皆無であった．筆者が検討してみたところ，11片裏返しなしの解が非常にたくさんあり，しかも無数のバリエーションが考えられる解も複数見つかっている．しかし，あまりにも解が多いために整理し切れておらず，10片解が存在する可能性もまだ残っているので，ここでは2例を紹介するだけにとどめておく．

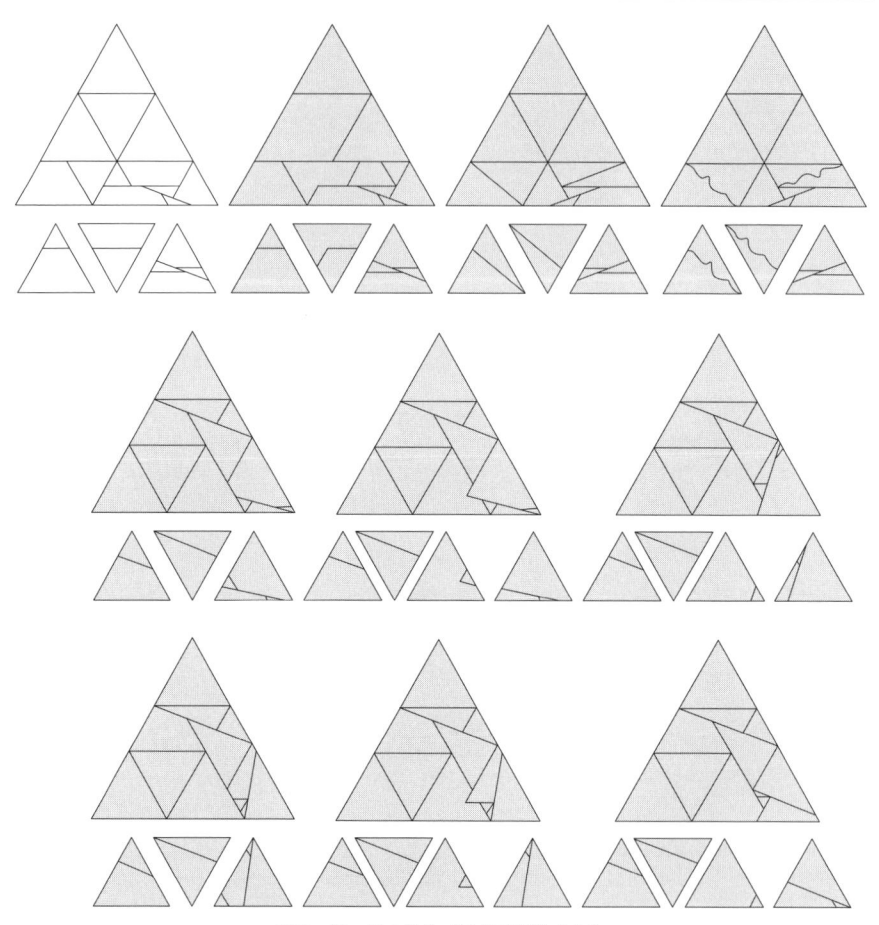

図8 $N=7$の場合（12片裏返しなし）

図8の$N=7$も先人の検討は十分ではなかったといえるだろう．筆者の検討により，解が無数に存在することがわかった．

● 1個の3角形を裁ち合わせて2個の合同または相似な3角形にする問題　やや本題からそれるが，最後の図9は，図4から，任意の3角形に拡張できる裁ち合わせ手法だけを取り出したものである．図9の最上段は図4に示した正三角形の場合であり，中段は「任意の1個の3角形から2個の合同な3角形をつくる」場合，最下段は「任意の1個の3角形から2個の相似な3角形をつくる」場合である．これらは，さまざまな多角形の裁ち合わせにおいていろいろ応用が利く手法であるといえる．

[植松峰幸]

I・3 多角形を切る ② 47

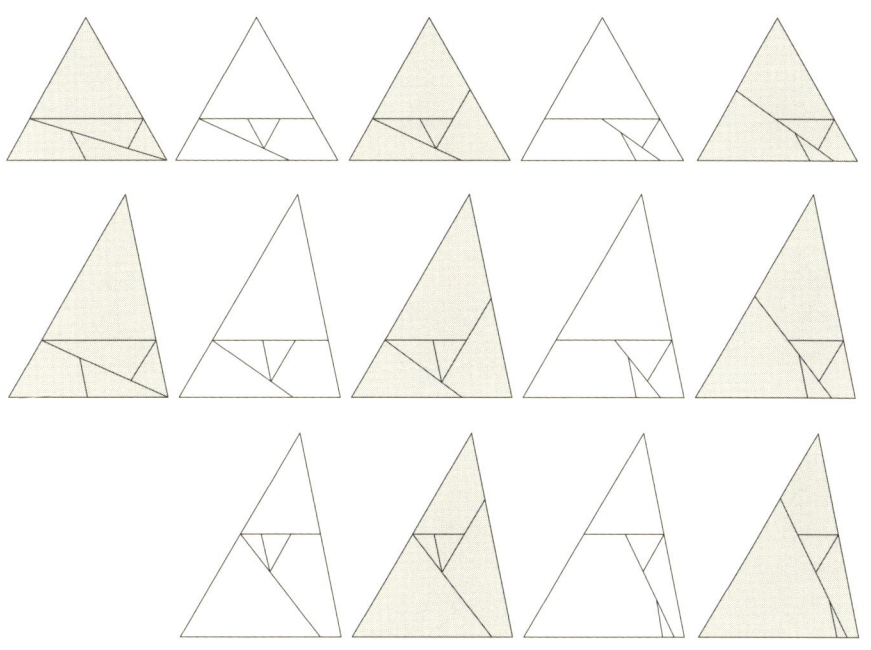

図9 任意の1個の3角形を2個の合同または相似な3角形に裁ち合わせる分割手法

📖 G. N. Frederickson, "Dissections: Plain & Fancy", Cambridge U. P.（1997）/ Harry Lindgren, "Recreational Problems in GEOMETRIC DISSECTIONS & How to Solve Them", Dover Publications, Inc.（1964）

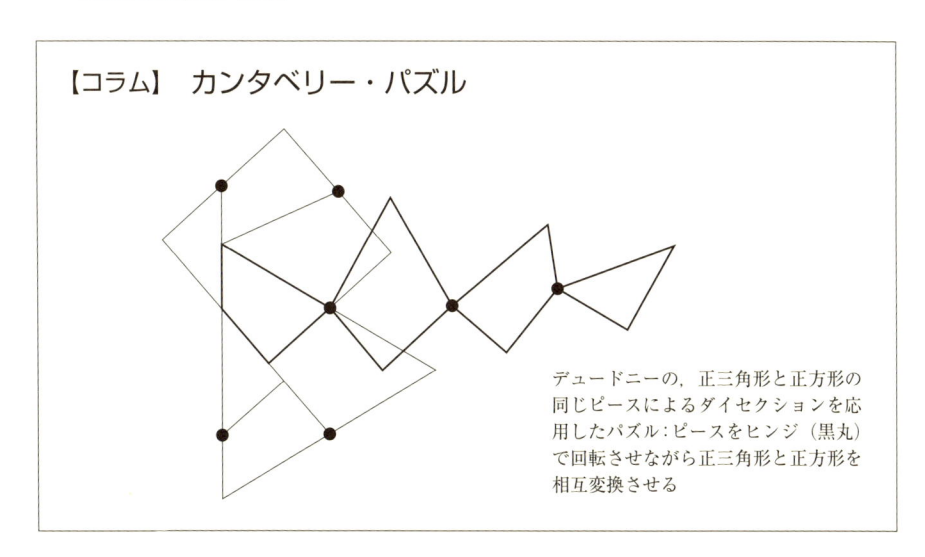

【コラム】 カンタベリー・パズル

デュードニーの，正三角形と正方形の同じピースによるダイセクションを応用したパズル：ピースをヒンジ（黒丸）で回転させながら正三角形と正方形を相互変換させる

額縁ダイセクション

ダイセクションでは，一つの図形Aをいくつかのピースに分割し，並べ替えて別の図形Bを作る．その場合，Aを一つの絵画とし，Bを，Aを囲む一定幅の額縁と考えるとどうなるだろうか．ここでは，このように図形の内側と外側が入れ替わる裁ち合わせを，共同研究者の植松峰幸氏の助けを借りて考える．

● **正多角形の額縁ダイセクション** 絵画が正方形の場合，8ピースの裁ち合わせで額縁ができる．解は無数にあるが，そのうちの6種類を図1に示す．外側の白い額縁と，内側の灰色の絵画は同じピースでできている．

裁ち合わせの前後では面積が等しくなければならないので，内側の正方形の1辺を1とすると，正方形の額縁の外側の1辺は$\sqrt{2}$となる．よく知られているように$\sqrt{2}$と45°は仲が良く，ピースの中には，内側から外側へ45°回転しながら移るものがある．絵が正方形以外のさまざまな正多角形になっている場合は図2のような例が考えられる．

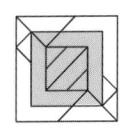

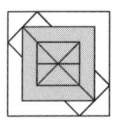

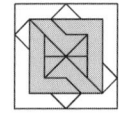

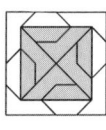

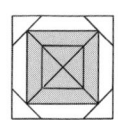

図1 正方形の額縁を作る裁ち合わせ

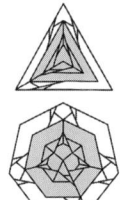

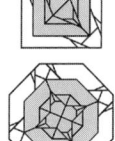

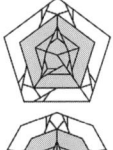

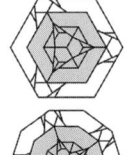

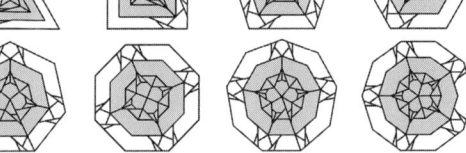

図2 さまざまな正多角形の額縁を作る裁ち合わせ

● **正多角形の額縁ダイセクションの作り方** 正多角形の額縁ダイセクションは図3のようにして作ることができる．(a) はリンドグレンによる一つの正三角形を合同な二つの正三角形に裁ち合わせる問題の解の応用である．この (a) のコピーを回転させながら配置すると (b) ができる．また (a) のコピーを一つおきに反転させると (c) ができる．隣のピースとのつながり方が外側と内側とで同じものを一つのピースにして，ピース数を節約したのが (d) の一般解である．

ではピースはそれぞれいくつ必要だろうか．正n角形版について，最少の分割数（ピース数）を$p(n)$という記号で表すことにすると，さきほどの一般解の

(a) (b) (c) (d)

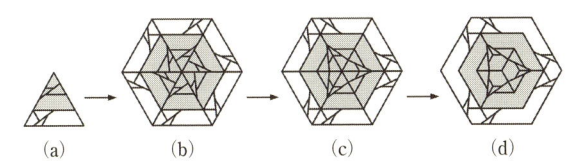

図3 正多角形の額縁の作り方

作り方に従って，n が偶数のときは $p(n) \leq 3n$，n が奇数のときは $p(n) \leq 3n+1$ であることがわかる．

ところで，$n=4$ のとき（正方形のとき）は，さきほど見たように8ピースの解がある．つまり，$p(4) \leq 8$ であり，一般解の $p(4) \leq 12$ よりもかなり少ない．実は $n=6, 8$ についても一般解が最少ではなく，ピース数の改良が可能で $p(6) \leq 12$，$p(8) \leq 12$ であることがわかっている．これを図4に示す．おそらく $n=4, 8$ でピース数を改良できたのは，内外の辺の比である $\sqrt{2}$ が，正方形や正八角形と縁が深いからであろう．一方，正六角形の改良では，平行四辺形同士の裁ち合わせが鍵になっている．ピース数を改良できた理由は平行四辺形の作りやすさにあったのかもしれない．

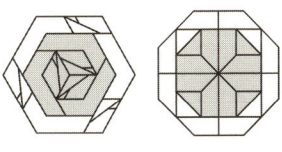

図4 正六角形と正八角形の額縁の例

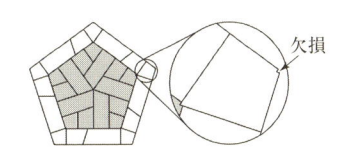

図5 正五角形の額縁へのトライ結果

ほかの正多角形ではどうだろうか．図5は $n=5$ でのトライであり，$p(5) \leq 15$ を目指したものである．しかし，拡大図を見るとわかるように，これは残念ながら，正五角形ではない．結局，一般解で示した $p(5) \leq 16$ が今のところの最良の結果である．

●一般的多角形の額縁ダイセクション　図6に正多角形以外の額縁のダイセクションの例を示す．左は，辺の長さが $2+\sqrt{2}$ と $2+4\sqrt{2}$ となる長方形でピース数が7のもの，右は，内角がすべて $120°$ で，辺の長さが時計回りに $\sqrt{3}, 3+\sqrt{3}, \sqrt{3}, \sqrt{3}, 3+\sqrt{3}, \sqrt{3}$ となる6角形で，ピース数が10のものである．

多角形の裁ち合わせについては「面積の等しい多角形同士はいつでも裁ち合わせ可能」というボヤイ・ゲルヴィンの定理が知られている．この定理をベースにすると，額縁に限らずいろいろなダイセクション問題に挑戦することができる． ［三好潤一］

📚 Greg N. Frederickson "Hinged Dissections: Swinging & Twisting", Cambridge U. P. (2002) / http://puzzle-of-mine. at.webry.info/201402/article_2.html

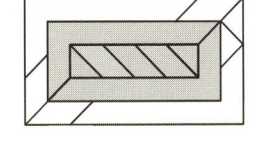

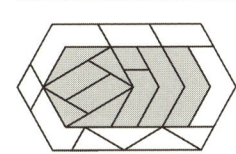

図6 一般的多角形の額縁の例

正多角形の作図

正多角形をコンパスと定規でどのように作図するか．幾何学が芽生えて以来，この問題に夢中になる数学者や芸術家は多い．分度器やパソコンを使って簡単に作図できるようになった現代になってもその伝統は変わらない．機械文明以前の手作業を懐かしむため，あるいは現代的道具がない場合でも多角形が使えるようにするため，だろうか．あるいは人間の手によるコンパスと定規を使ったたどたどしい作図には，分度器やパソコンによる精密な機械的作図と違って間違いやインチキが紛れ込みやすく，そのカラクリを暴く楽しみがあるからだろうか．

●**特殊な正多角形の作図** かたちの代名詞ともいえる○や△や□の模様は紀元前数千年の人類の文化の夜明け時代から見られる．それに対して，各辺の長さが等しく内角も一定で円に内接ならびに外接するという正多角形の知識が広まったのは，コンパスと定規を使う幾何学が生まれた紀元前数百年の古代ギリシア時代以後だったようである．一説によると，そのころからすでに，正二〇角形以内では，正三，四，五，六，八，十，十二，十五，十六，二〇角形の，コンパスと定規による正確な作図方法が知られていた．図1にユークリッドが原案を考えたという正十五角形の作図法を示す．

ずっと後のガウスは，18世紀末，正十七角形が正確に作図できることを見つ

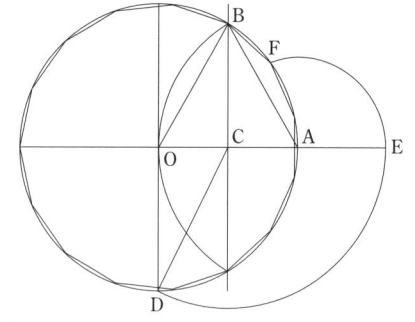

図1 ユークリッドによる1辺 FB の正十五角形の作図（OAB は正三角形，CD=CE，AE=AF）

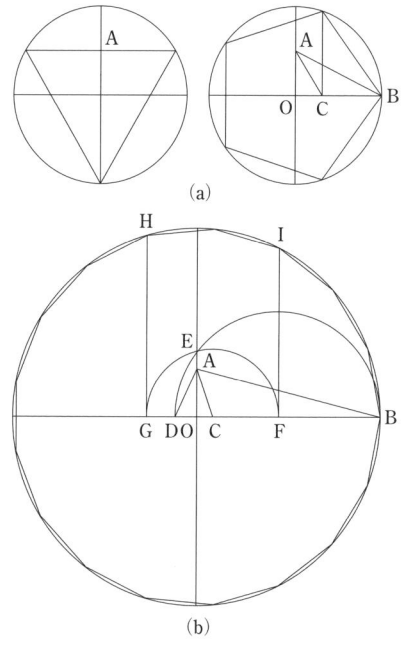

図2 (a) は正三角形と正五角形の作図（A は半径の中点，CA は∠BAO の 2 等分線），(b) は (a) を拡張した H.W. リッチモンド（1893年）による正十七角形の作図（OA は半径の 1/4，CA は∠BAO の 4 等分線，∠CAD =45°，DF=FB=FE，CE=CF=CG，HI は正十七角形の 2 辺を決める）

け，同時に，辺の数が 2^k（kは自然数）か，フェルマ素数か，異なるフェルマ素数の積か，それらの 2^k 倍かになっている場合，作図できることを証明した．フェルマ素数とは1と自分自身でしか割り切れない数つまり素数のうち，$2^n + 1$（$n = 2^m$，mは自然数）のかたちをしているもので，現在でも $m = 0, 1, 2, 3, 4$ の場合の 3, 5, 17, 257, 65537 の五つしか知られていない．図2にこのうちの 3, 5, 17 本の辺をもつ正多角形の作図を示す．つまり正二〇角形以内では，$2^2 = 4$，$2 \times 3 = 6$，$2^3 = 8$，$2 \times 5 = 10$，$2^2 \times 3 = 12$，$3 \times 5 = 15$，$2^4 = 16$，$2^2 \times 5 = 20$ の辺数をもつ場合，古代ギリシア時代から知られているとおり，コンパスと定規で作図できる．

●**一般的な正多角形の作図**　正多角形の作図が話題になっていたころの古代ギリシアの信仰の世界では，図3のような，同じ半径の円を互いの中心を通るように重ねたヴェシカ・パイシス（Vesica Piscis：魚の浮き袋）というマークが象徴的に使われ始め，ついには魚座と深い関係をもつキリスト教のシンボル図形になった．キリストの後光の表現にもされたという．

このヴェシカを，あらゆるかたちの誕生の場と考える現代の思想家もいる．幾何学者のマイケル・シュナイダーもその一人で，『宇宙作図法入門』の中で，点，線，面から出発して自然界や人間界に見るさまざまな幾何学的なかたちをヴェシカから導いている．その基礎になるのが，ヴェシカの中にコンパスと定規を使って作図される正三角形から正十角形までの正多角形である（図4）．コンパスと定規では作図できない正七角形と正九角形は近似作図されている

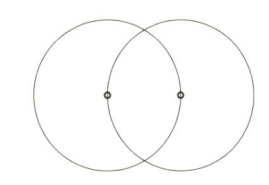

図3　ヴェシカ・パイシス

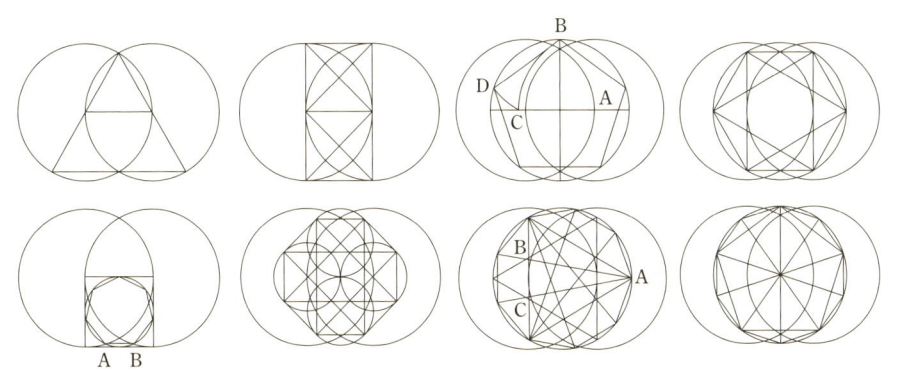

図4　ヴェシカ・パイシスの中の正三角形から正十角形までの作図（正七角形と正九角形は近似作図）：正五角形の場合は，中央の円の半径の中点をA，頂上の点をBとして，AB＝AC，BC＝BD（原案：プトレマイオス）．正七角形は図の正方形に内接する円がヴェシカによって切り取られる部分ABを1辺とする．正九角形は正六角形の中に見られる星形正六角形の腕の付け根B，Cとその反対側にある正三角形の頂点Aとを結んで円を九等分する．(図法原案：マイケル・シュナイダー；正五，六，九，十角形は筆者が一部変形)

が，そんなことは気にしないとすると何角形でもヴェシカから誕生する．たとえば筆者の思いつきによると，キリストに関係の深い正十三角形は三位一体を見せる三つの円を使って図5のようにインチキ作図できる．まさにキリストの奇跡のようである．

いずれにしろ，ヴェシカに埋め込まれた正多角形のうち多くは円に内接する．それに対して，アンドルー・サットンは『定規とコンパス』の中で，対角線の長さが与えられた場合，正方形に内接す

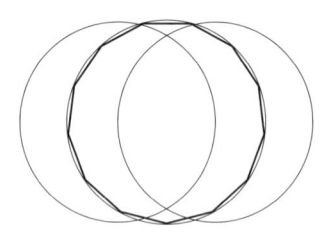

図5 ヴェシカ・パイシスに埋め込まれた近似正十三角形：ヴェシカによって切り取られる中央の円の上部の弦を1辺とする（原案：筆者）

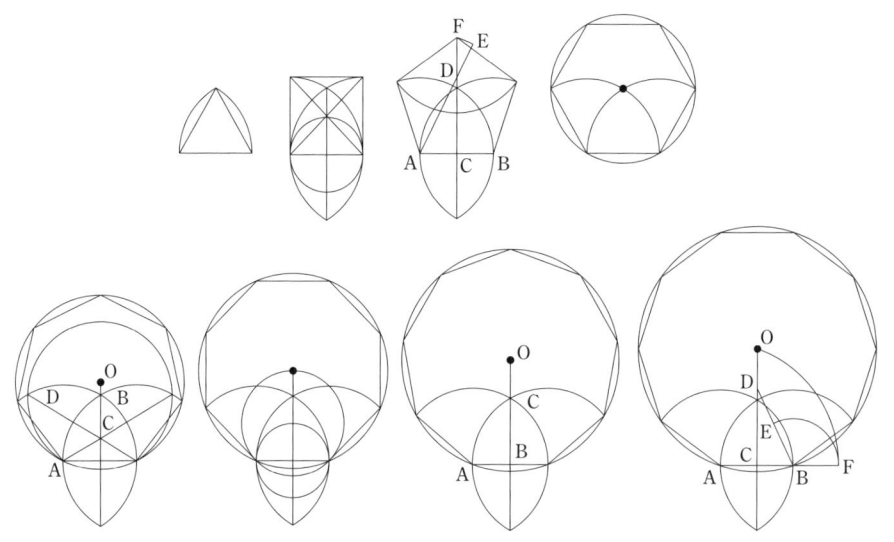

図6 1辺が同じ長さで与えられた正三角形から正十角形までの作図：辺が等長の場合，辺数に応じて図のように大きくなっていく．黒丸は外接円の中心．正五角形の場合，AB＝CD，DE＝AC，AE＝AF（原案：ユークリッド）．正七角形の場合，BA＝BD，CD＝OA．正九角形の場合，AB＝OC．正十角形の場合，AB＝CD，AC＝DE，BE＝BF，AF＝AO．ほかは図に従う（原案：アンドルー・サットン）

る場合，面積が与えられた場合などに応じたさまざまな作図法を紹介している．そのうち1辺の長さが与えられた正三角形から正十角形までは，たとえば図6のように作図される．正七角形と正九角形は近似作図である．

それらとは別に，製図家の間では，近似作図に徹して任意の正多角形を作図する方法がいくつか知られている（図7）．これらが実際に役立てられたかどうかは別として，わが国でも明治以後，図を描く訓練に使われた．

I・4 多角形を描く ①

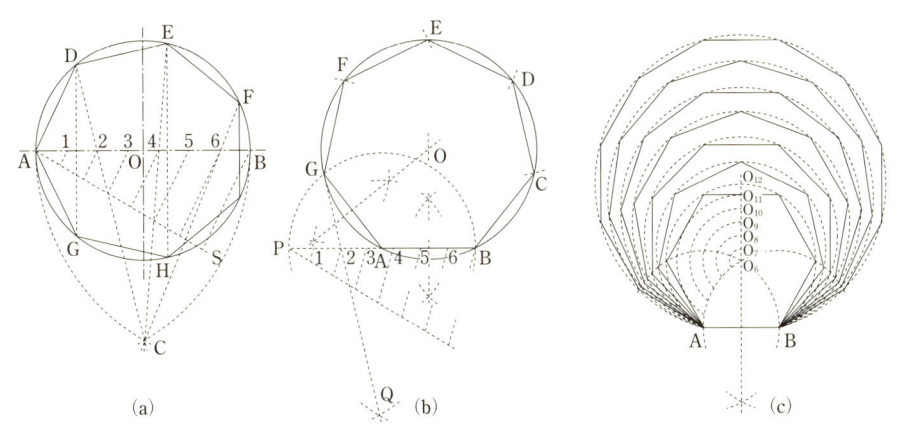

(a)　(b)　(c)

図7　正 n 角形の近似作図：(a) は円 O に内接する場合．直径 AB を n 等分する（A より任意の斜線 AS を引きそれを n 等分したあと，n 番目の等分点と B を結び，その線に各等分点から平行線を引いて AB との交点を求める）．ABC は正三角形．(b) は 1 辺 AB が与えられた場合．AB=AP．PB を n 等分する．PQB は正三角形．(c) は 1 辺 AB が与えられた場合の正六角形から正十二角形までの近似作図．円弧 AO_6 を 6 等分する

　実際に役立てることを目的とする近似作図法もある．その一つが，曲尺を使う日本の伝統的な大工の規矩術に見られる．規矩術では，作図しようとする正多角形の中心 O が与えられた場合，図8のように曲尺を置く．この場合，OA を 1 尺として AB の長さが正多角形によって秘伝として決められている．

●**作図で見る正多角形の謎**　無数にある正多角形の中で正七角形や正九角形はコンパスと定規では作図できない．それを数学的に考えると，どんなにハイテクのコンピュータを使っても正確な正七角形や正九角形は作図できないということを意味する．つまり正七角形や正九角形は正多角形ではないのであり，理論の世界での「一般に正 n 角形では」といった説明は疑わしくなる．

　とはいえ，実際の人工界には，適当に作図されたいろいろな正 n 角形の品物があふれている．ここには，「マイクロメーターで測って，チョークで印をつけて，斧でカットしろ」というマーフィーの法則の一つが生きているようである．

図8　規矩術による正多角形の作図：OA は 1 尺，AB は，正三，四，五，六，七，八角形の場合，1.077 尺，1.00 尺，0.727 尺，0.577 尺，0.482 尺，0.414 尺．OA=OD，OB=OC

［宮崎興二］

📖 Michael S. Schneider, "A Begineer's Guide to Constructing the Universe", Harperperennial, (1995) / Andrew Sutton, "Ruler & Compass", Walker (2009)（邦訳：渡辺滋人訳『コンパスと定規の数学』創元社）

曲線多角形

ごつごつした多角形と滑らかな曲線には，一見して男と女のような大きな違いがある．数学的に見ても，多角形は座標をもつたくさんの頂点を数多くの線分で結ぶとき決まるのに対して，曲線にはたった一つの方程式ですっきり決まるものもある．ところが中には正多角形風の曲線や，曲線を組み合わせた多角形パターンが存在する．

●正多角形風曲線パターン　いま，頂角 $\theta = 2\pi/n$（n は 3 以上の整数）の二等辺三角形を考える（図1）．この二等辺三角形を頂角のまわりに θ ずつ n 回回転すると底辺はちょうど一周し，頂点数 n の正多角形を構成する．このような正多角形の作り方を応用すると，底辺を線分から曲線セグメントに置き換えることで，正多角形を基準としたさまざまな曲線パターンを作り出すことができる．

たとえば，曲線セグメントとして円弧を用いることとして，円弧を外側に凸とすれば花柄のパターン，内側に凸とすれば傘状のパターンが得られる（図2）．円弧の代わりに放物線を用いれば，より出入りの激しい花柄パターン・傘状パターンが現れる（図3）．

その場合の特殊例がルーローの三角形と呼ばれるおむすび状の曲線パターンである．つまり二等辺三角形の頂角を $2\pi/3$ として，それを3枚集めて正三角形を作り，その各辺を，相対する頂点を中心とする円弧の曲線セグメントに置き換えた正三角形風曲線をルーローの三角形という（図4）．この図形は，どのような向きに幅を測定しても常に値が曲線セグメントの円弧の半径に等しく一定のため，円と同じく定幅曲線といわれる．

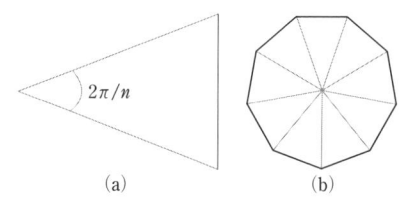

図1　頂角 $2\pi/n$（この例では $n=9$）の二等辺三角形(a)と，その回転による正九角形(b)

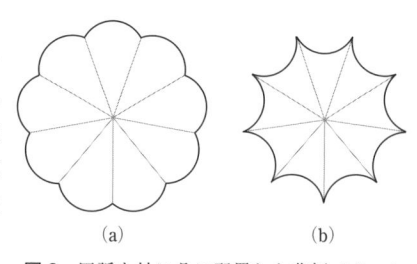

図2　円弧を外に凸に配置した花柄パターン(a)と，内に凸に配置した傘状パターン(b)（ともに $n=9$）

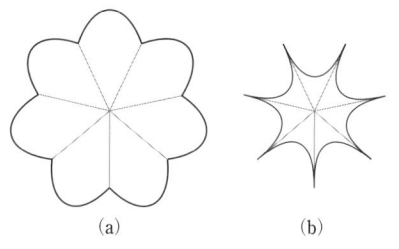

図3　放物線を外に凸に配置した花柄パターン(a)と，内に凸に配置した傘状パターン(b)（ともに $n=7$）

I • 4 多角形を描く ②

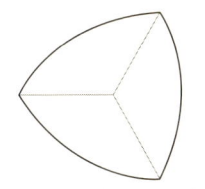

図4 正三角形風曲線パターンとしてのルーローの三角形

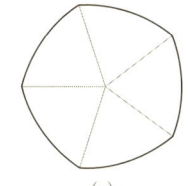

図5 ルーローの五角形 (a) とルーローの七角形 (b)

図6 ルーローの七角形を用いたコインの例

　頂点数が5以上の奇数の正多角形からも同じ方法でルーローの多角形を作成することができる（図5）．いずれも定幅図形となるため，コインやマンホールの形状としても用いられている（図6）．

●**星形正多角形風曲線パターン**　それでは，二等辺三角形の頂角 $\theta = 2\pi/n$ の n の値を有理数 n_1/n_2（n_1 と n_2 はともに正の整数で，$n_1 > n_2$ かつ n_1/n_2 は既約分数）とした場合はどうなるか．この場合，二等辺三角形を θ ずつ n_1 回回転することにより二等辺三角形の底辺は頂点数 n_1 の星形正多角形を構成する（図7）．ただし，$n_2 = 1$ もしくは $n_2 = n_1 - 1$ の場合は正 n 角形になってしまうので，$n_2 \neq 1$ かつ $n_2 \neq n_1 - 1$ とする必要がある．

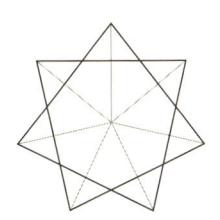

図7　頂角 $\theta = 2\pi/n$ の場合に出現する星形正 n 角形（図では $n = 7/2$）

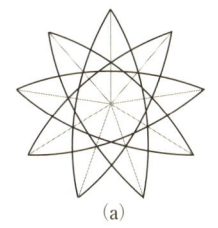

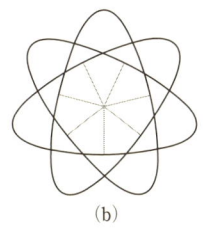

図8　$n = 9/4$ として円弧を外に凸に配置した場合の星形正九角形風曲線パターン (a) と，$n = 7/3$ として放物線を外に凸に配置した場合の星形正七角形風曲線パターン (b)

　この場合も，二等辺三角形の底辺を曲線セグメントに置き換えることにより星形正多角形風曲線パターンを得ることができる（図8）．

●**周期模様風曲線パターン**　動径と偏角による極座標（図9）の数式を用いると，1つの式から正多角形風の周期模様を作ることができる．

　動径を r，偏角を θ とした場合，円は $r(\theta) = $ 一定（半径）という式で表現することができるが，$f(\theta)$ を周期 2π の周期関数 $f(\theta) = f(\theta + 2\pi)$ とすると

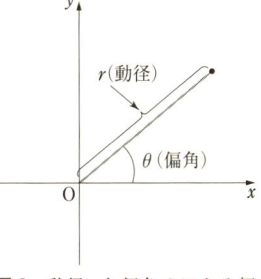

図9　動径 r と偏角 θ による極座標系

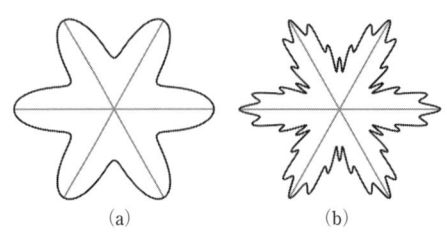

図10 $r=90+30\cos(n\theta)$ とした場合のパターン (a) と, $r=80+10\cos(6n\theta)+30\cos(n\theta)$ とした場合のパターン (b) (図では, ともに $n=6$)

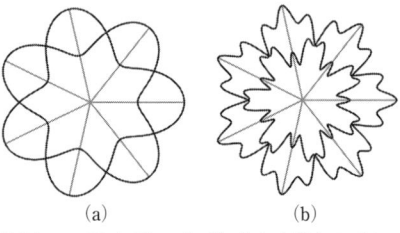

図11 $r=90+30\cos(n\theta)$ とした場合のパターン (a) と, $r=80+10\cos(6n\theta)+30\cos(n\theta)$ とした場合のパターン (b) (図では, ともに $n=7/2$)

き, n を整数として $r(\theta)=f(n\theta)$ とすると, $r(\theta)$ は周期 $2\pi/n$ の周期関数 ($r(\theta)=r(\theta+2\pi/n)$) となって, n 回回転対称性を見せる正 n 角形風曲線パターンを得ることができる. たとえば, $n=6$ として, $r=90+30\cos(n\theta)$ とした場合のパターンを図10(a)に, $r=80+10\cos(6n\theta)+30\cos(n\theta)$ とした場合のパターンを図10(b)に示す. このように, 極座標系で $r(\theta)=r(\theta+2\pi/n)$ となる周期関数で表される曲線は, 正 n 角形風曲線パターンとなる.

また, 二等辺三角形の底辺を曲線セグメントで置き換えた場合と同様に, n の値を有理数とした場合には星形正多角形風曲線パターンが現れる. 図11は, 図10のパターンと同じ $r(\theta)$ を用い, n の値のみを6から7/2に変更した場合に出現するパターンである.

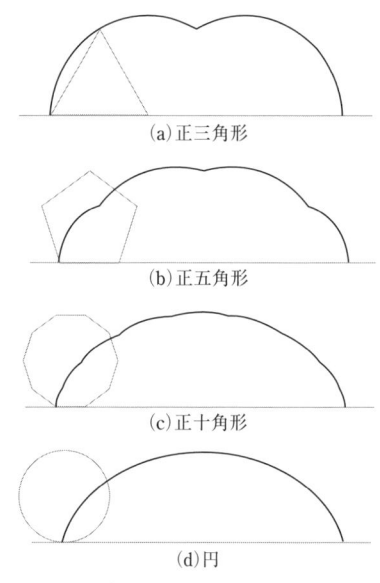

(a) 正三角形

(b) 正五角形

(c) 正十角形

(d) 円

図12 直線に沿って転がる正多角形の頂点が描く折れ線のような多角形パターン. 円を転がした場合はサイクロイドとなる

● サイクロイド風多角形パターン　ここで見方を変えて, 正多角形を直線に沿って転がすときの頂点 (動点) の軌跡を考えてみる. この軌跡は円弧の組合せによる折れ線のような多角形パターンとなる. つまり正 n 角形を転がした場合, $n-1$ 本の円弧からなる多角形パターンが得られるが, n が大きくなるにつれて櫛形に近い多角形パターンを見せ, n が無限大になったときは曲線の世界のサイクロイドとなる (図12).

同じように正多角形を正多角形のまわりで転がすと, 転がる正多角形の頂点の軌跡は, 円弧を組み合わせた閉じた多角形パターンを描く (図13). このパター

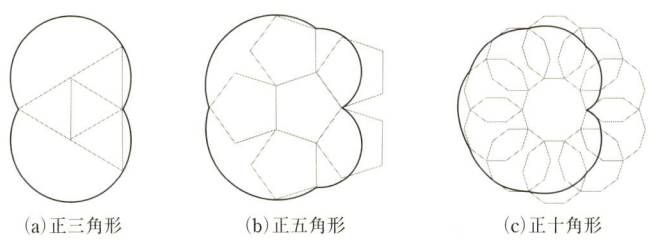

(a)正三角形 (b)正五角形 (c)正十角形

図13 正多角形のまわりを同じかたちの正多角形が転がる場合の頂点が描く軌跡としての閉じた多角形パターン

(a)1:1(カージオイド) (b)3:1 (c)1:3

図14 定円と転円の半径の比を変化させた場合の外転サイクロイド

ンは，正三角形を正三角形のまわりに転がす場合の8の字のようなかたちからスタートして，正多角形の頂点数が増えるにつれて次第にハート形に近づき，頂点数が無限になったときは後述する曲線の世界のカージオイドとなる．

●外転・内転サイクロイド風多角形パターン

上述した正多角形のまわりに正多角形を転がすときの頂点（動点）の軌跡は，頂点の数を増やしていくと，結局は，円（定円）のまわりを転がる別の円（転円）の上の点が描く軌跡となる．そのうち転円が定円の外側を転がるとき得られるものを

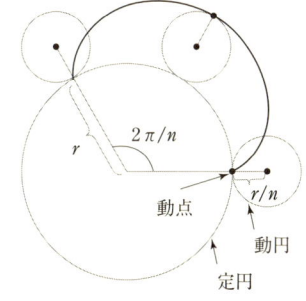

図15 外転サイクロイドにおける定円と転円の半径比と動点の位置の関係

外転サイクロイド，定円の内側を転がるとき得られるものを内転サイクロイドという．これらは定円と転円の半径の比によってさまざまな形状となる．

図14に外転サイクロイドの例を示す．そのうち左端の，半径の比が1:1の場合のハート形は特にカージオイドと呼ばれている．また中央の，半径の比が3:1となっているものは，先述したルーローの三角形と同じく正三角形風曲線パターンとなっている．これは，図15に示したように，転円の半径＝定円の半径$/n$として転円を定円に沿ってすべらないように転がした場合，転円が定円の周りを$2\pi/n$回転するごとに動点の位置が正n角形の頂点の位置にくるためである．$n=n_1/n_2$（先述した有理数）の場合は星形正n_1角形風曲線パターンとなる（図16）．

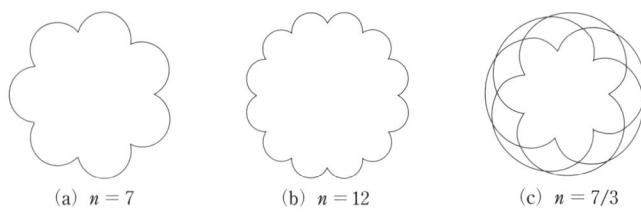

(a) $n=7$ (b) $n=12$ (c) $n=7/3$

図16　動円の半径が定円の半径の $1/n$ の場合の外転サイクロイド

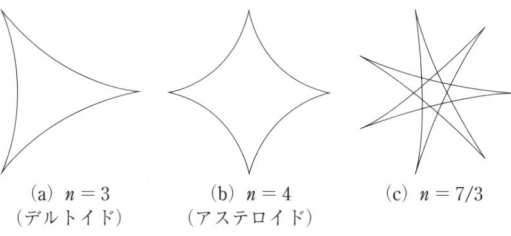

　内転サイクロイドについては，転円の半径が定円の $1/n$ である場合に，n の値を 3, 4, 7/3 とする例を図17に示す．内転サイクロイドが正多角形風や星形正多角形風曲線パターンとなる条件は，外転サイクロイドの場合と同じである．

(a) $n=3$（デルトイド）　(b) $n=4$（アステロイド）　(c) $n=7/3$

図17　転円の半径が定円の半径の $1/n$ の場合の内転サイクロイド

●**外転・内転トロコイド風多角形パターン**　外転および内転サイクロイドは動点を転円の円周上に配置しているが，この動点は転円の外側あるいは内側に配置することもできる．その場合に得られる曲線を高トロコイド（転円の外側）あるいは低トロコイド（転円の内側）という．ただし，この場合も，転円が定円の外側を転がる外転と内側を転がる内転があって，前者の場合は外転高トロコイドや外転低トロコイド，後者の場合は内転高トロコイドや内転低トロコイドが得られることになる．

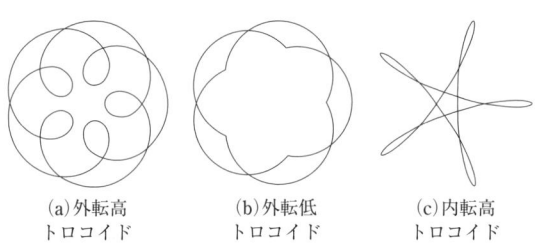

(a)外転高トロコイド　(b)外転低トロコイド　(c)内転高トロコイド

図18　外転・内転トロコイドの例（定円と転円の半径比はすべて 5:2）

　図18にいくつかの例を示す．いずれも，外転・内転サイクロイドの場合に尖点であった部分が丸みを帯びて波形になったりループしたりしている．

　こうした外転・内転トロコイドが正多角形や星形正多角形風の曲線パターンとなる条件は，外転サイクロイドの場合と同じである．

図19　内転高トロコイドにおいて動点が定円の中心を通過する場合の様子

　ここで，内転高トロコイドにおいて，図19のように，動点が定円の中心を通

過する場合，定円と転円の半径の比を3:1，3:2や4:1.5，4:2.5など$n:n/2 \pm 0.5$（nは正の整数）とすると，図20に示すような花びら模様が出現する．この曲線は，極座標表現で，動径をr，偏角をθとした場合に$r(\theta) = a\cos(n\theta)$（$a$は一定値）で表されるバラ曲線と同一のものである．この場合，nが奇数の場合は正n角形風の曲線となるが，nが偶数の場合は正$2n$角形風となる．

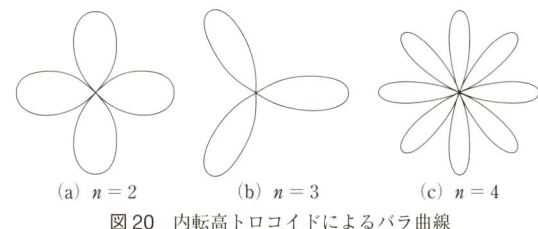

(a) $n = 2$　　(b) $n = 3$　　(c) $n = 4$
図20　内転高トロコイドによるバラ曲線

●**サイクロイド風多角形パターンの不思議**　内転サイクロイドの転円が定円よりも大きい場合には面白い現象が起こる．図21は，転円の半径と定円の半径の比が5:4の場合

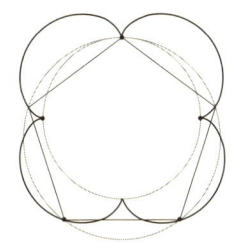

図21　内転サイクロイドの転円に内接する正五角形の頂点がすべて同一の正四角形風内転サイクロイド上を通過している例（定円の半径：内転サイクロイドの転円の半径＝4:5）

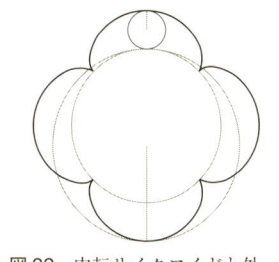

図22　内転サイクロイドと外転サイクロイドが一致する例（定円の半径：内転サイクロイドの転円の半径＝4:5）（定円の半径：外転サイクロイドの転円の半径＝4:1）

であるが，この場合には転円に内接する正五角形の頂点はすべて同一の正四角形風の内転サイクロイド上を通過する．頂点数無限大の正多角形である円を転がして描く内転サイクロイドであるが，そこには頂点数が有限の正多角形の秩序が隠されている．

より一般的には，定円と転円の半径の比が$n-1:n$（nは4以上の整数）である場合，転円に内接する正n角形の頂点がすべて同一の正$n-1$角形風の内転サイクロイド上を通過する．

また，図22は内転サイクロイドと外転サイクロイドを同時に描いたものであるが，この図のように定円と転円の半径の比を内転サイクロイドの場合4:5，外転サイクロイドの場合4:1とすると，何と両曲線は一致してしまう．

一般的には，定円と転円の半径の比を内転サイクロイドの場合$n-1:n$，外転サイクロイドの場合$n-1:1$（nは4以上の整数）とすると，両サイクロイドは正$n-1$角形風のサイクロイドとなる．転がる円の大きさも転がり方も大きく異なるのに，内転も外転もなくまったく同一の曲線となってしまうのである．

［鈴木広隆］

万華多角形

　数学的に見ても美術的に見ても，正多角形の大きな魅力は，鏡に映したとき自分自身に重なる鏡映対称の美と，中心のまわりに回転させたとき自分自身と重なる回転対称の美が何重にも見られるところにある．子供でも手作りできる万華鏡は，そのうち鏡映対称の美を楽しむ道具であるといえる．それに対して，ここでは，回転対称の美を，コンピュータの力を借りて簡単に味わう方法を紹介する．

●**回転対称美を見る**　どの辺も同じ線分からできる正多角形には鏡映対称と回転対称が同時に見られるが，その回転対称が消えないようにして，辺を対称性のない自由な線模様に置き換えれば，回転対称だけを見せるさまざまな飾り付き正多角形つまり万華多角形が得られる．

　このような変形をコンピュータで行った例を図1から図4までに示す．それぞれ最上段に示した波形の曲線を，2段目のようにねじらせ，それを正三角形から正六角形までの辺に置き換えてある．図5は，さらに豪華な万華正六角形で各図上段に示すような線模様を辺としている．

●**回転対称美を作る**　各図の辺は，三角関数を用いて作られた周期的な幾何学模様の部分となっていて，作図は，基本的には，図1から4までの3段の図に示すように，

　　第一ステップ　$x = F_1(t)$, $y = F_2(t)$
　　第二ステップ　$x_1 = G_1(x, y)$, $y_1 = G_2(x, y)$
　　第三ステップ　$x_2 = H_1(x_1, y_1)$, $y_2 = H_2(x_1, y_1)$

の3ステップに分けて行う．

　まず第一ステップでは，媒介変数 t の三角関数として $x = F_1(t)$, $y = F_2(t)$ を設定し，原型となる直線状の帯を作る．直線状にするには，x または y を t の一次式を含む形式にすればよい．

　次に第二ステップで，第一ステップで作った帯を変換する．ここでの関数 G_1 および G_2 の設定が，最終的に得られる装飾模様の局所的特徴に大きな影響を与える．たとえば，帯を回転変換するには第二ステップで以下に示すような変換を行えばよい．

$$x_1 = G_1(x, y) = (a + y)\cos(x/b) + cx$$
$$y_1 = G_2(x, y) = (a + y)\sin(x/b) \quad (a, b, c は定数)$$

　最後に第三ステップにおいて，関数 H_1 および H_2 を設定して，第二ステップで生成した帯にさらに回転変換を行う．

$$x_2 = H_1(x_1, y_1) = (d + y_1)\cos(x_1/e)$$
$$y_2 = H_2(x_1, y_1) = (d + y_1)\sin(x_1/e) \quad (d, e は定数)$$

I・4 多角形を描く ③

ここで最終的に生成される模様が正多角形状になるようにするため，ちょうど一周で完結するように，角数に応じて諸係数や定数を調整すればよい．［小髙直樹］

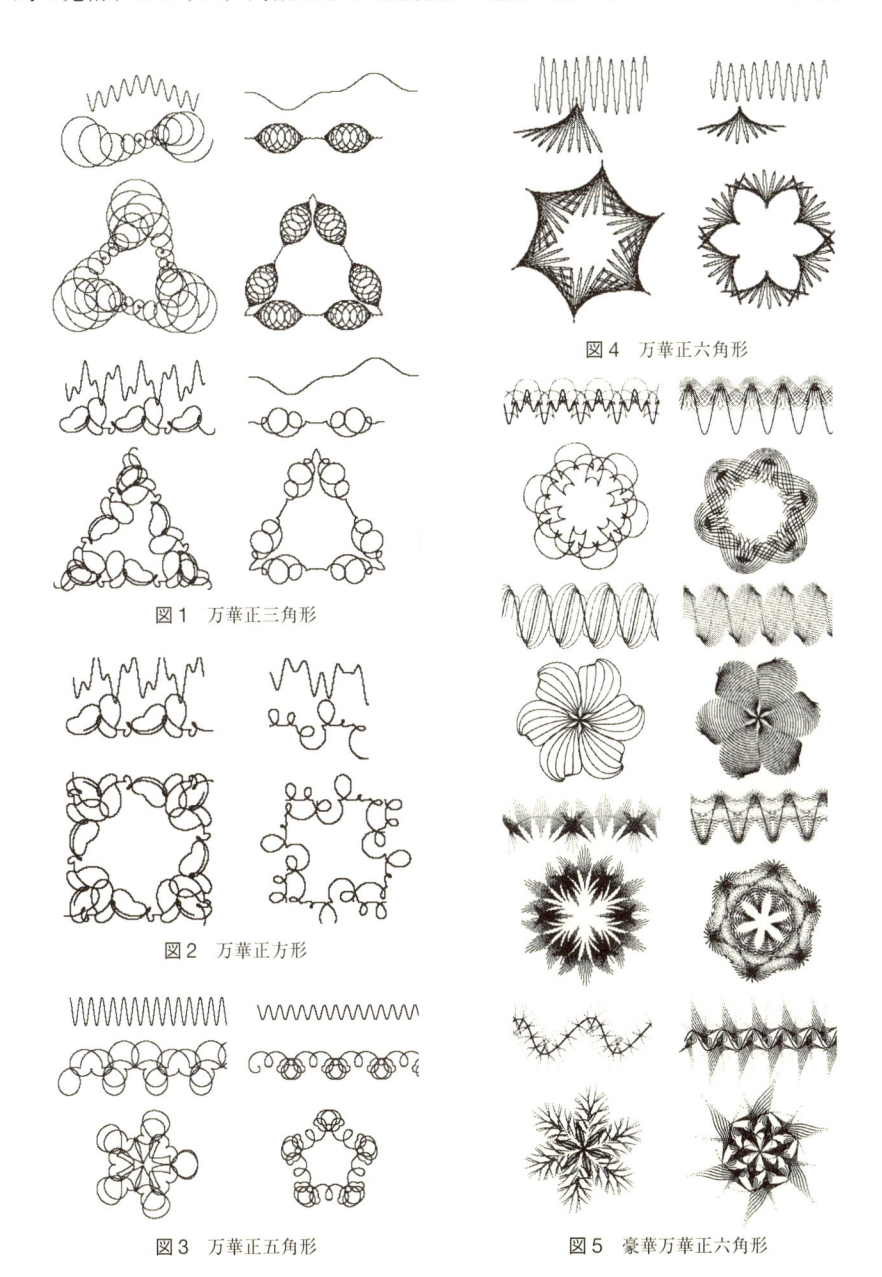

図1 万華正三角形

図2 万華正方形

図3 万華正五角形

図4 万華正六角形

図5 豪華万華正六角形

立体多角形

　球の輪郭はどこから眺めても円になるが，球以外の立体は，眺める方向によって異なるかたちの輪郭が見える．それでは，複数の正多角形が輪郭に現れるような立体，つまり「立体正多角形」はあるだろうか．あるとしたら，どのようにしてその立体は作れるだろうか．

●**正三角形と正方形が見える立体**　図1に示した正三角柱は，真上から眺めると正三角形が見え，正面から眺めると正方形が見える．つまり，真上から眺めたときに見える図形を「上面図」正面から眺めたときに見える図形を「正面図」と呼ぶことにすると，「上面図が正三角形で，正面図が正方形の立体」ということになる．

　この立体のかたちは，図2に示すように，垂直に置かれた側面が長方形の正三角柱と水平に置かれた正四角柱の両方に含まれる共通部分と一致する．ここでポイントとなるのは，正三角柱と正四角柱の幅（この場合は辺の長さ）が同じだという点である．もしも正四角柱の幅が正三角柱の幅よりも狭い場合には正三角柱の角が削り取られてしまうし，正三角柱の幅の方が狭い場合には長方形が見えてしまう．

　このように同じ幅の二つの角柱を垂直と水平に置いて，両方に共通して含まれる部分を取り出すことで，上から眺めたときと正面から眺めたときで，異なる正多角形が現れる立体を作ることができる．

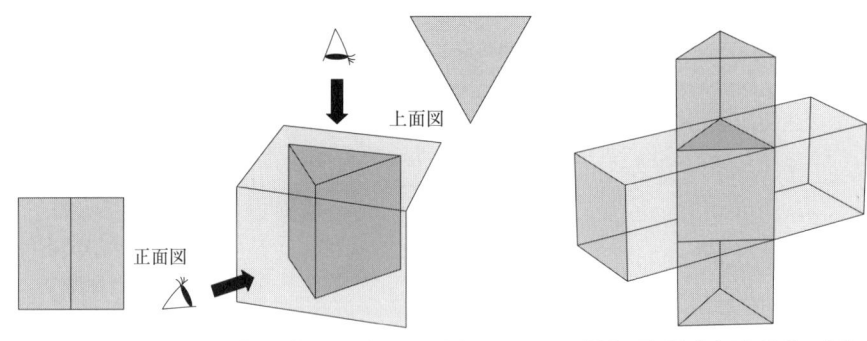

図1　正面からは正方形の輪郭が見える正三角柱

図2　正三角柱と正四角柱の交差

●**二つの立体の共通部分**　二つの立体を足し合わせたり，一つの立体から別の立体を取り除いたり，または共通部分だけを取り出すような方法で，新しいかたちを作りだすことができる．このような操作をまとめて「立体のブール演算」と呼

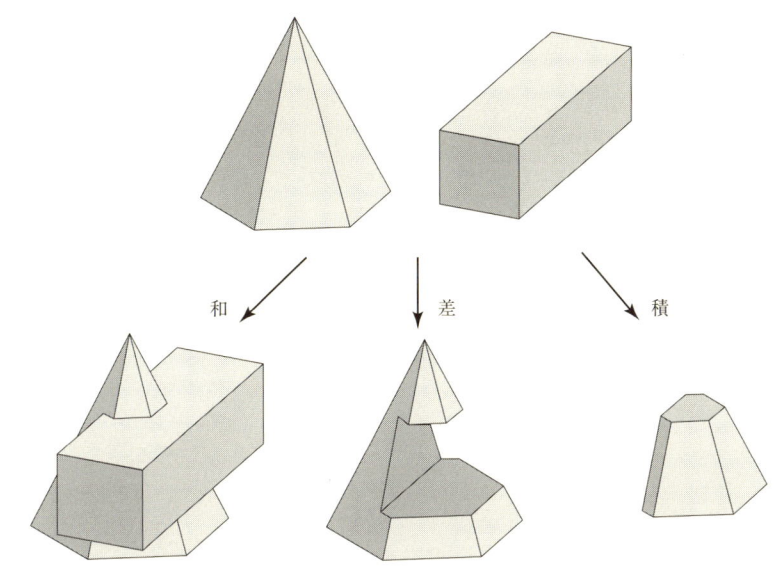

図3 正六角錐と直方体のブール演算

び，それぞれ，二つの立体の「和」「差」「積」と呼ぶ．この演算はコンピュータで機械部品などの設計を行うときにも用いられる．

たとえば正六角錐と直方体に対して，それぞれの演算を行った結果が図3である．最初に紹介した二つの角柱の共通部分を取り出す操作では二つの角柱の積を求めたことになる．

●二つの異なる正多角形が見える立体　異なる二つの正多角形が見える立体を作るには，同じ幅で，角数の異なる正多角柱を，縦および横向きに置いて，積の演算を施せばよい．図4に示すように，さまざまな角柱の組み合わせで，異なる二つの正多角形が見える立体を自由に作りだすことができる．

●三つの異なる正多角形が見える立体　これまでの方法で，正面図と上面図に異なる正多角形が現れる立体を作ることができるが，たとえば横から眺めたときの図である「側面図」に，もう一つ異なる正多角形が現れるようにできるだろうか．

これはむずかしい問題で，簡単に実現することはできない．その理由は，正面図と上面図だけを考える場合は，幅だけ共通であれば，高さも奥行も自由に決められたが，側面図に現れる図形は，高さを，正面図に現れる図形と共有し，奥行きを，上面図に表れる図形と共有するため，高さと奥行きの大きさを自由には決められないからである．

それだけではなく，三つの多角柱から積の演算で共通部分を取り出すとき，それぞれの多角形の角が削り取られないようにする必要がある．

これらのことに注意すると，三つの正多角柱をそれぞれ少しずつ傾けるなどし

て工夫して配置することで，その積から，正三角形，正四角形，正五角形が見える立体を作ることができる（図5）．

図5(b) にあげたCGで示した立体の展開図は，図6(a) のようになる．それを紙で組み立てると図6(b) のような立体ができる．この立体は，ちょうど真正面と真うしろから眺めたときだけ正五角形（図7(c)）が見えて，ちょうど真上と真下から眺めたときだけ正三角形（図7(a)）が，そして左右のちょうど真横から眺めると正方形（図7(b)）が見える． ［三谷 純］

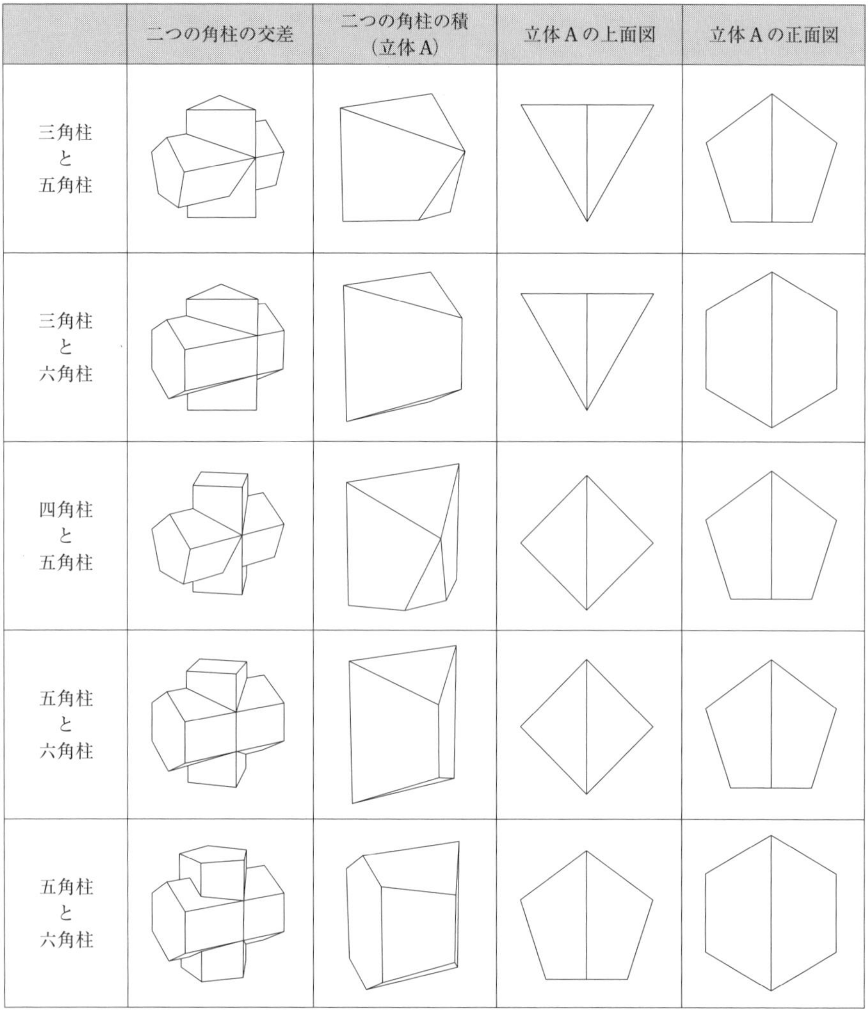

	二つの角柱の交差	二つの角柱の積（立体A）	立体Aの上面図	立体Aの正面図
三角柱と五角柱				
三角柱と六角柱				
四角柱と五角柱				
五角柱と六角柱				
五角柱と六角柱				

図4 さまざまな角柱の組合せでできる，異なる二つの正多角形が見える立体

I • 4 多角形を描く ④　　　65

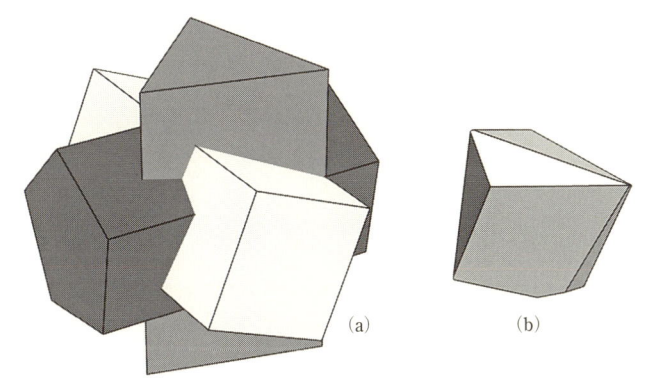

図5 (a) は正三角柱，正四角柱，正五角柱を上面図に正三角形，正面図に
正五角形，側面図に正方形が現れるように配置した様子．(b) はその
積によって求めた立体

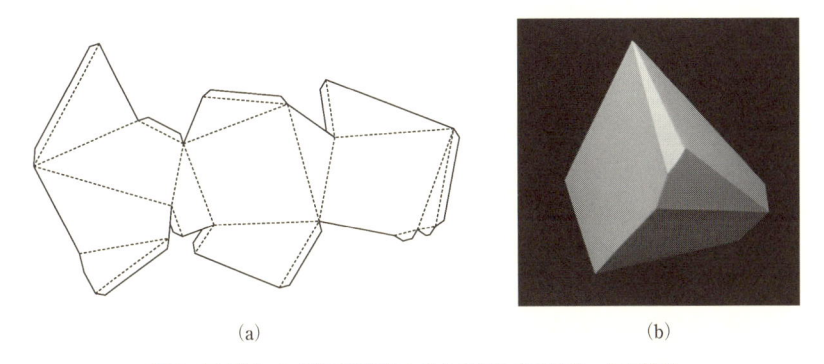

図6 図5(b) の立体の展開図とそれを組み立てて作った紙模型

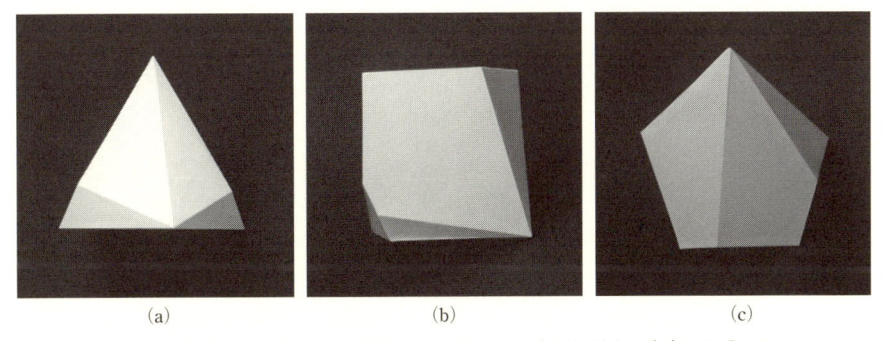

図7 図6(b) の立体を，正三角形，正方形，正五角形が見える方向から眺める

3次元CG多角形

　3次元コンピュータグラフィックスつまり3DCGを用いて形状を作成する方法には2種類ある．一つは現在主流になっているイメージした形状をマウスなどの入力機器を用いて直感で形状を作成する「形状記述法」で，現在のアプリケーションソフトのほとんどはこの方法をとっている．もう一つはプログラミング主体であった時代から今なお使用されている「手続き記述法」で，これは，かたちの生成の仕方を発想し，その手続きを考え，数式を入力して形状を作成する方法である．この方法によると，従来立体として表示が不可能であった形状も3D仮想空間を利用して作成できることから，コンピュータならではの方法といえるであろう．

　ここでは，見る方向によって美しい正多角形が現れる形状を作るため，「手続き記述法」を利用して生成した立体について，「パラメータによる生成」と「回転操作による生成」を試みてみる．

●**パラメータによる生成**　数多くの数理的な造形を生み出すことができるコンピュータはいわばかたち生成の宝庫ともいえる．オリジナルのかたちを正確に一つずつ増やしていったり重ねていったりすることも簡単であり，さらにパラメータを変更することにより，多くの形態バリエーションを自動的に生成できる．

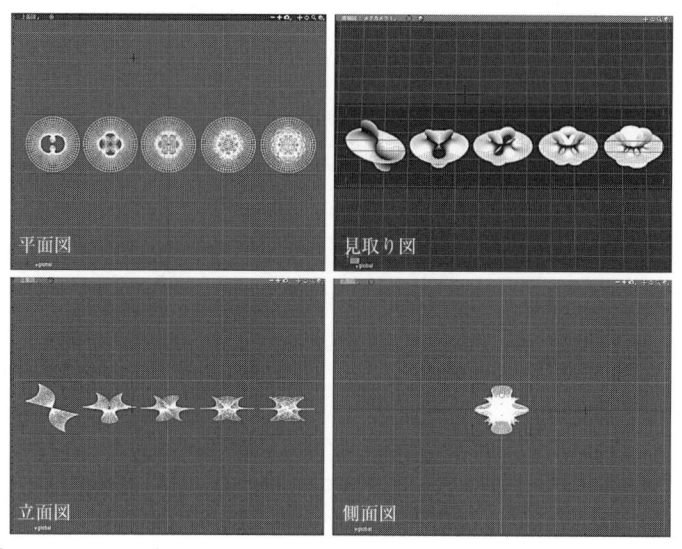

図1　パラメータの変更によりかたちの変わる曲線の積み重ねで生成された立体形状の三面図と見取り図

I・4 多角形を描く ⑤

　その例を三面図（平面図，立面図，側面図）で見てみるとたとえば図1のようになる．上から下へと重なる曲線は1，2，3…とパラメータの数を増やしていくことでかたちが変わる．得られた見取り図をレンダリングした図2では，立体としては多角形を感じさせなくても，平面図のレンダリング画像である図3では，重なり具合で美しい正多角形が見られる．

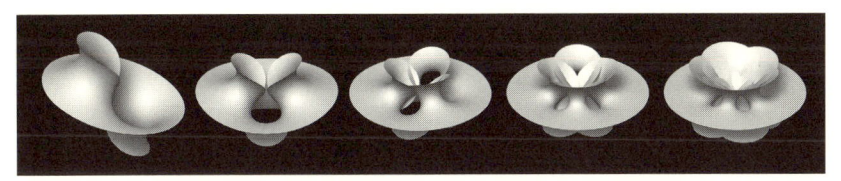

図2　図1の立体の見取り図をレンダリングした図

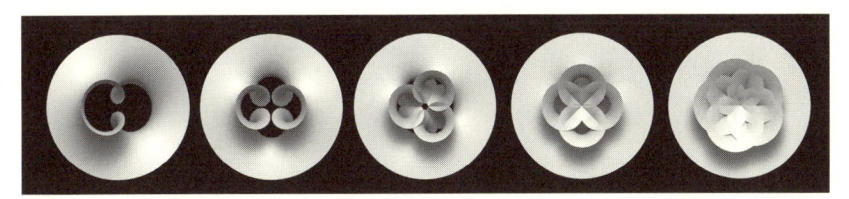

図3　図1の立体の平面図をレンダリングした図

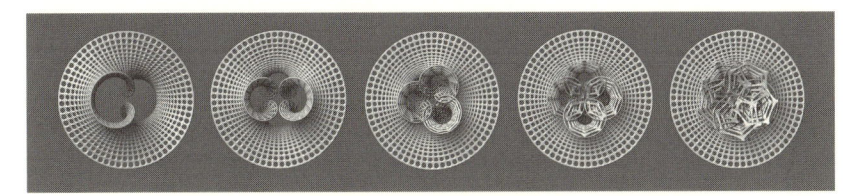

図4　作品「Funny Face」

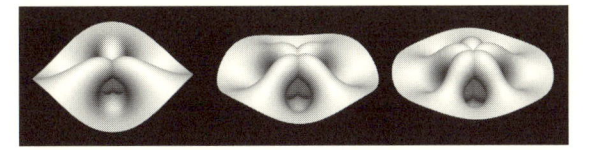

図5　パラメータの変更により生成された立体形状のレンダリング図（その1）

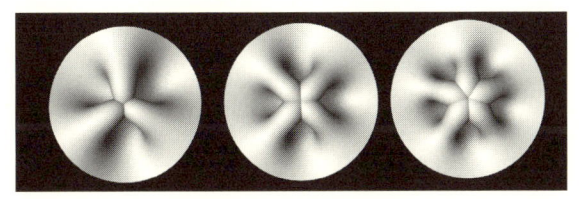

図6　図5の形状の平面図のレンダリング図

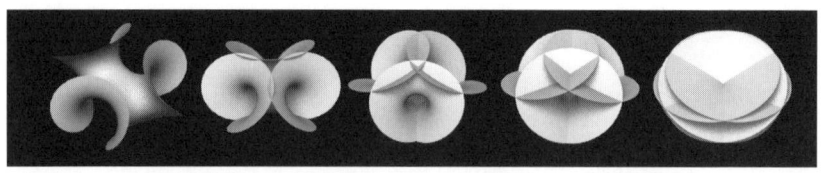

図7 パラメータの変更により生成された立体形状のレンダリング図（その2）

図8 図7の形状の平面図のレンダリング図

図9 左端の形状を回転させながら重ねて行って生成した立体のレンダリング図

図10 図9の立体の平面図をレンダリングした図

図11 左端の形状を回転させながら重ねて行って生成した立体のレンダリング図

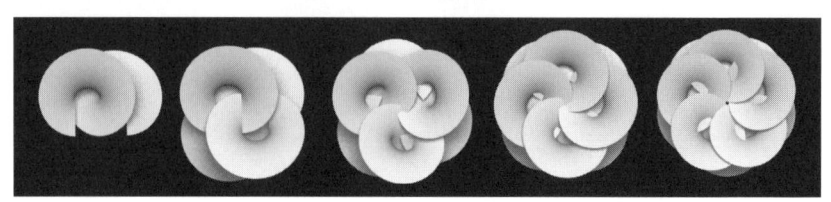

図12 図11の立体の平面図をレンダリングした図

さらに得られた立体をポリゴンで滑らかにフレーム化する操作を行った作品が図4である．
　その他同様の方法によって制作した形状を図5～8に示す．図4は図3を作品化したものである．
●回転操作による生成　コンピュータ上のバーチャルな3次元空間の中でパラメータの変更によって生成された魅力的なかたちに，直交3座標軸に従った移動，回転，拡大縮小といった操作を加えると，最初のイメージを超える形状が生まれる．ここでは回転操作を利用した例を示す．
　図9から図12までは，各図の左端の立体を，120°，72°，60°，…と次第に減っていく角度で回転させながら重ねていって得られた花がイメージできるような美しい多角形を示す．
　以上のようにして得られた立体をポリゴンで滑らかにフレーム化してレンダリングした作品が図13である．
　コンピュータは多くの形状バリエーションを自動的に生成できることから，人間の思考を超えた新たな造形の可能性を秘めている．従来の芸術・デザインの手法とは異なる造形方法であるがゆえに，新しい造形方法といえるだろう．

[横山弥生]

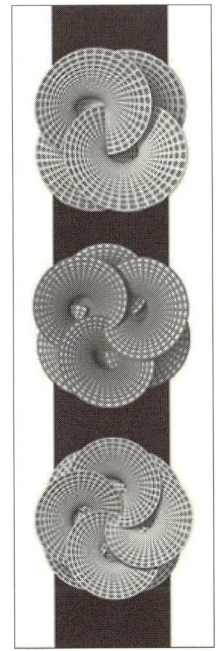

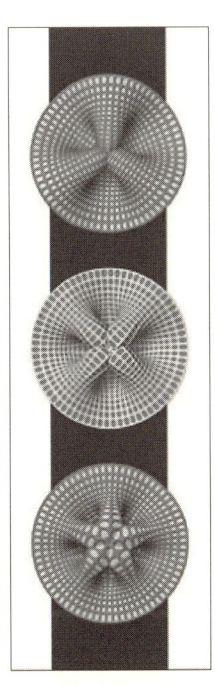

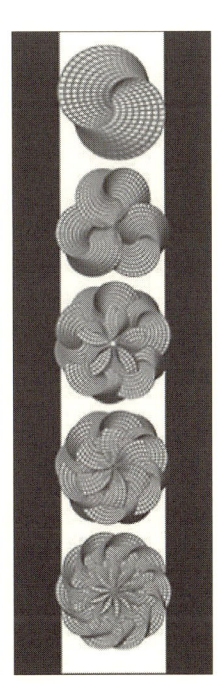

図 13　作品「Cherry Blossom」

いろいろな多角形

　多角形とか n 角形という言葉はだれでも知っていて，立ち話などで100角形というと，だれの頭にも，100本の短い線で囲まれた平たい円盤のようなかたちが浮かぶ．1000角形でも10000角形でもますます丸くなるだけで大差はない．しかも，ほとんど無条件に正多角形である．では一般的な多角形と正多角形はどこが違うか，それらにはどんなものがあるか．ここでは，この常識的な問いにひそむ落とし穴を探ってみる．

●**多角形とは**　多角形とは，ふつう，平面上で何本かの線分つまり辺が2本で1個ずつの端点つまり頂点を共有し合いながら集まって平面の一部分を切り取ったかたちを指す．辺の数も頂点の数も同じで，頂点のまわりには2本の辺で挟まれた角（内角）ができる．したがって角の数ならびに辺の数が n の場合は n 角形という．ただし辺の数だけに注目する場合は多角形でなく多辺形という．

　多角形と多辺形はふつうあまり区別せず，合わせて多角形と呼ぶことが多い．本書でも特別のことがない限り，その慣習に従う．しかし両者の違いはかなり大きい．たとえば多角形は3本以上の辺で切り取られた2次元の面を指すのに対して，多辺形は面を切り取るかどうかによらず，2本以上が折れ線のようにつながった1次元の線を指す．また，2次元の平面上で決められる多角形に対して，多辺形は3次元の空間の中に入り込むこともある．

　それだけに多角形と多辺形を取り違えると，ときには大変なことになる．多角形としての正方形のハンカチで覆われる土地は人間が一人立つぐらいしかないが，そのハンカチを作っている糸をつないで多辺形にすれば，ほとんど無限大の土地を囲むことができる．その理屈を使って，小さな牛の皮で覆われる面積の土地だけ頂ければ十分といいながら，牛の皮を糸状に切ってつないで多辺形を作り，それで囲まれる巨大な国土を全部手に入れた女王のおとぎ話が西洋には伝わっている．

　その辺の曲り方にも問題がある．もし直線でなくたとえば円弧だとしたら，木の葉形の2角形ができ，最小の多角形は3角形という常識が崩れてしまう．その常識を守るため，二つの頂点を結ぶ辺は1本に限る，と決めることがあるが，われわれの住んでいる地球の表面では二つの頂点は，かならず，たとえば東回りと西回りの2本の辺で結ばれている．

　その矛盾の謎解きは数学者にまかせることにして，本書では，原則として辺は直線の部分に限る，とする．

●**いろいろな多角形**　辺の長さや内角の大きさ，あるいはそれらの組合せ方などを考えると，多角形には数限りない種類が考えられるが，代表的には凸多角形と

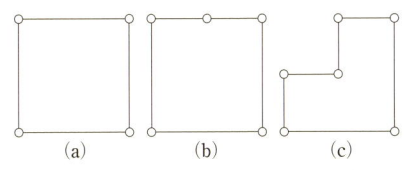

図1 代表的な多角形：(a) 凸多角形，(b) 2辺が1直線上にくる多角形，(c) 凹多角形

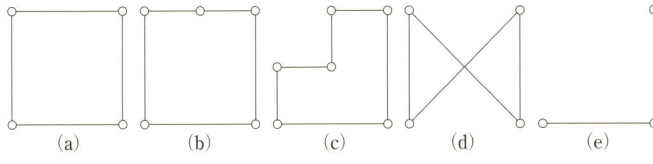

図2 代表的な多辺形：(a) 凸多辺形，(b) 2辺が1直線上にくる多辺形，(c) 凹多辺形，(d) 辺が交差する多辺形，(e) 開いた多辺形

凸でない多角形に二分される（図1）．

内角がすべて180°未満の多角形を凸多角形という．その場合，異なる辺上の2点を結ぶ線分はすべて内部にある．正多角形はその代表例である．凸でないものには，内角の少なくとも一つがちょうど180°になっているものや，180°になっていないものの中には少なくとも一つが180°を超えるものがあり，後者を特に凹多角形ということがある．いずれにしても多角形の辺は，辺上のどの点から出発しても自分自身に帰る一周路があるため閉じているといわれる．

それに対して多辺形には，平面上にあるものに限ると，閉じているものと開いているものがある（図2）．閉じているものには多角形の辺となるもののほか，辺同士が頂点以外で交わるものがある．

多角形のうち，最小のものは3角形で，多角形の中で唯一すべて凸多角形になっている．この三角形には辺の長さや内角の違いに従って代表的には，正三角形，鋭角二等辺3角形，鈍角二等辺三角形，直角二等辺三角形，直角不等辺三角形，鋭角不等辺三角形，鈍角不等辺三角形の7種類があり，すべてを一つの長方形の中に嵌め込むことができる（図3）．ただし対称性の違いに従うと，3回回転対称性と3本の鏡映軸をもつ正三角形，1本の鏡映軸だけをもつ二等辺三角形，対称性をもたない不等辺三角形の3種類になる．

その次が正方形を含む4角形で，3角形とは違って凸のものと凸でないものがあり，凸に限ると，対称性の違いに従って図4のような7種類が考えられる．た

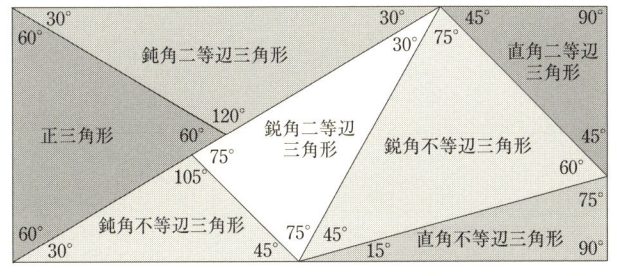

図3 長方形の中に入れられた代表的な7種類の三角形（角度算定ならびに作図：石井源久）

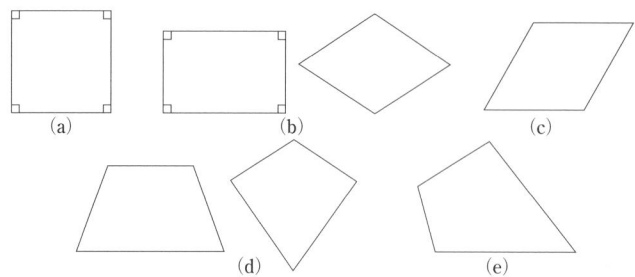

図4 代表的な7種類の凸四角形：(a) 4回回転対称性と4本の鏡映軸をもつ自己双対の正方形，(b) 2回回転対称性と2本の鏡映軸をもつ長方形とそれに双対な菱形，(c) 2回回転対称性だけをもつ自己双対の平行四辺形，(d) 1本の鏡映軸だけをもつ等脚台形とそれに双対な凧形，(e) 対称性をもたない自己双対の不等辺四角形

だし，3角形の場合と同じように角度の大小，平行線や直角の有無，辺長の違いなどを加味して分類するともっと複雑になる．

5角形以上になると種類はきわめて多くなり扱いにくくなるが，ふつう，多角形といわれるのはこの5角形程度以上のもので，3角形と4角形は，ことさら多角形というまでもないほどのふつうのかたちになる．ここには多角形がときには人に嫌われる理由がある．

●**正多角形** わずか5角形でも取り留めがなくなる多角形の世界で，ただ一つ明快な姿を見せるのが正多角形で，立ち話で100角形というと，間違いなく正百角形を指す．本書でも，多角形といえばふつう正多角形を意味する．

正多角形とは，辺の長さと内角の大きさが，それぞれにおいてすべてたがいに等しい凸多角形で，すべての辺に接する内接円とすべての頂点を通る外接円をもつ．n が3以上の任意の正 n 角形があって，数学の世界ではシュレーフリ記号 $\{n\}$ が与えられている（図5）．ただしコンパスと定規では正確な作図ができない正七角形や正九角形は正多角形ではないという考え方もある．逆に理論上は木の葉形を正二角形，1点を正一角形とすることがある．いずれにしても，頂点と辺を置き換えると自からと同じ正多角形が得られる．これを自己双対という．またすべて『正多角形のシンメトリー』（I・5②）で触れる回転対称性と鏡映対称性をもっている．

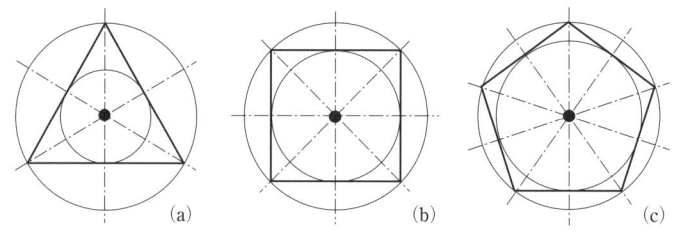

図5 円に内接ならびに外接する正多角形（黒丸は回転対称性の中心，一点鎖線は鏡映対称軸）：(a) 正三角形 $\{3\}$ (b) 正方形 $\{4\}$ (c) 正五角形 $\{5\}$

●**星形正多角形**　正多角形のうち，nが5以上の正n角形の辺を延長していくと，それまで頂点を共有していた辺とは別の辺の延長線と交わって正n角形に内接する星形を作ることがある．

　そのうち辺が一つながりになったものを星形正n角形といい，辺同士の交差点は頂点とは考えなければ，正多角形と同じ規則性をもつ（図6）．数学上は，m個ごとの頂点を結ぶとき，いいかえれば辺が中心にm回まわるとき，シュレーフリ記号$\{n/m\}$が与えられている．星形正五角形は$\{5/2\}$である．星形七角形には$\{7/2\}$と$\{7/3\}$の2種類がある．それに対して星形の正六角形は2個の正三角形に分かれる．このような2個以上の正多角形に分かれながらも正多角形と同じ規則性をもつものは複合正多角形という．

●**半正多角形**　正多角形についで高い規則性を誇るのが半正多角形とその双対図形である（図7）．半正多角形は，一つの正多角形において各頂点まわりから一定の二等辺三角形を切り取って得られる偶数多角形で，切頂正多角形ともいえる．辺の長さは2種類になるが内角は一定になっている．つまり正多角形に比べて規則性は半減する．また外接円しかもたない．

　この半正多角形の辺の中点を結んで得られる多角形が双対半正多角形である．正多角形の双対が自らと同じ正多角形となるのに対して，双対半正多角形の場合は，辺の長さは一定で内角は2種類になる．内接円だけをもつ．　　　　　　　［宮崎興二］

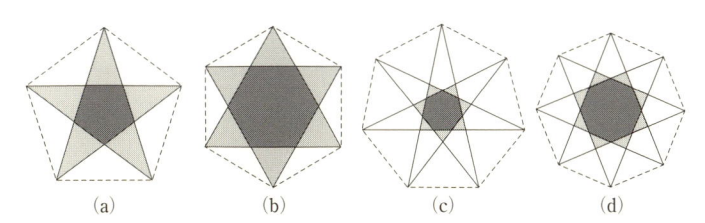

図6　正多角形に内接ならびに外接する星形の正多角形：(a) 星形正五角形$\{5/2\}$，(b) 2個の正三角形に分かれる複合正六角形，(c) 2種類の星形正七角形としての$\{7/2\}$（灰色）と$\{7/3\}$，(d) 星形正八角形$\{8/3\}$と2個の正方形に分かれる複合正八角形（灰色）

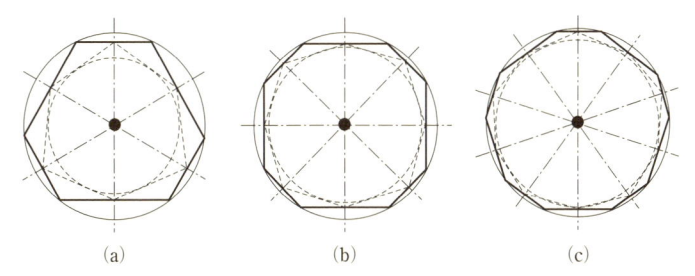

図7　円に内接する半正多角形(実線)と円に外接する双対半正多角形(破線)：(a) 半正六角形とその双対，(b) 半正八角形とその双対，(c) 半正十角形とその双対（黒丸は回転対称性の中心，一点鎖線は鏡映対称軸）

正多角形のシンメトリー

　正多角形とその仲間は，それぞれのもつ対称性つまりシンメトリーに基づく美しさによって，数学的理論上も芸術的美観上も高い評価を受ける．ここでいう対称性には，1点のまわりの回転によって自分自身に重なる回転対称性と，鏡に映すことによって自分自身に重なる鏡映対称性がある．

●**正多角形の対称性**　回転対称性については，正 n 角形に見られるように，1点のまわりに回転させたとき n 回自分自身に重なる場合，n 回回転対称性をもつといわれ，回転の中心つまり回転軸の位置は白い正 n 角形（正二角形は木の葉形）で示される．1点としての正一角形に見る1回回転対称性は360°回転させたとき自分自身と重なることを意味している．つまり，ふつうにある何の対称性もないかたちの回転対称性のことである．

　鏡映対称性については，鏡の位置を鏡映軸といい，正 n 角形の場合，1点を中心として放射状に n 本の鏡映軸が考えられる．その場合，必然的に n 回回転対称性が現れるため，鏡映軸の交点は黒い正 n 角形で示される．鏡映軸が1本の場合は1回回転対称性が現れることになる．

●**対称性の分類**　図1に，正一角形から正四角形までの対称性を見せるように配列したコンマ形を示す．上段は回転対称性のみを見せる場合，下段は回転対称性に鏡映対称性が加わる場合で，任意の正多角形に拡張することができる．図2には図1のそれぞれに対応する日本の伝統的な家紋を示す．n が16のときは菊の紋，n が無限大のときは日の丸となる．

　コンマ形を，白と黒に塗り分け，同じ色は重ねてはいけない，あるいは白と黒は重ねてはいけない，と決めて対称性（カラー・シンメトリー）を調べることも

図1　左列から，正一，二，三，四角形の対称性を見せるコンマ形の配列（上段は回転対称性のみを，下段は回転対称性と鏡映対称性を見せる）

図2　図1のそれぞれに対応する家紋

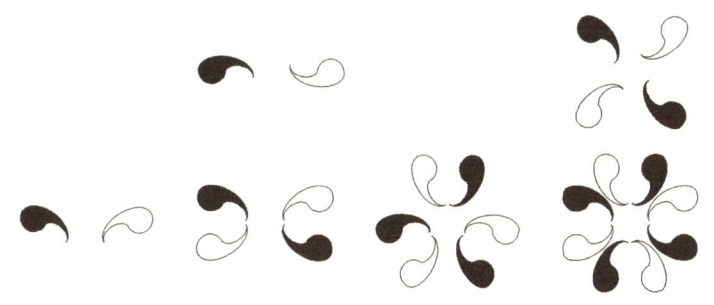

図3　左列から，正一，二，三，四角形の対称性を見せる白と黒のコンマ形の配列（奇数角形の場合，上段はない）

ある．そうすると，図3のように，重ね方によって図1の回転対称性や鏡映対称性の数が減ったりなくなったりする．たとえば同じ色を重ねてはいけない，つまり白と黒を重ねる場合は，図1において上段の奇数回の回転対称性がなくなるほか，下段の回転対称性がすべてなくなる．極め付きの家紋ともいえる古代中国の太極図（図4）は図3の上段左に一致している．

●**正多角形恐るべし**　われわれがふだん目にする平面上のかたちは，家紋でも見るように，すべて図1や図3のようにまとめられる正多角形のもつ対称性を見せる．つまり図1でいうと，サルでも描くことのできる1回回転対称性のあるかたちと，神でないと描けない無限回回転対称性のある完全な円が，正多角形の翼の下で一つの仲間になることになる．正多角形恐るべし．

図4　太極図

[宮崎興二]

正多角形のプロポーション

　画家であり科学者でもあったダ・ヴィンチやデューラーが活躍したルネッサンス時代のころ，芸術（art）と科学（science）は一体化していてアルス（Ars）と呼ばれていたという．その後，科学の急速な発展により，この二つは別れて，学術文化の世界を陰と陽のように二分するようになった．ところがその両方に通用するコンピュータが生まれるや，現代では，しばしば科学と芸術の再統合がうたわれるようになっている．その統合をかたちで見る場合，強力な接合剤の一つとなるのが，物のかたちの比例つまりプロポーション，特に数学的な美の権化ともいえる正多角形に見られる比例，に違いない．

●**黄金比と白銀比**　正多角形に見られる比例の美しさにいち早く注目したのは，夏目漱石の「吾輩は猫である」にも登場する19世紀中ごろのドイツの美学者ツァ

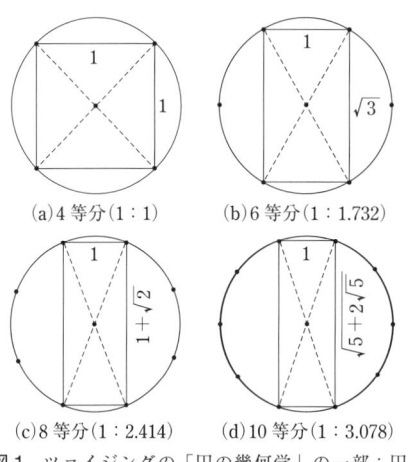

(a) 4等分 (1:1)　(b) 6等分 (1:1.732)
(c) 8等分 (1:2.414)　(d) 10等分 (1:3.078)

図1　ツァイジングの「円の幾何学」の一部：円を4等分から10等分まで偶数に等分．（　）内はその等分点を頂点とする長方形の2辺の比

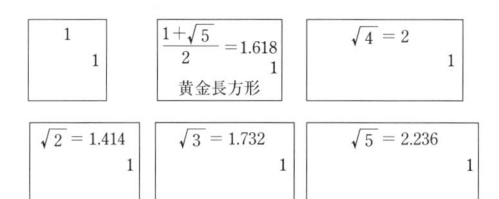

図2　フェヒナーによる長方形選択実験：黄金長方形が最も好まれた

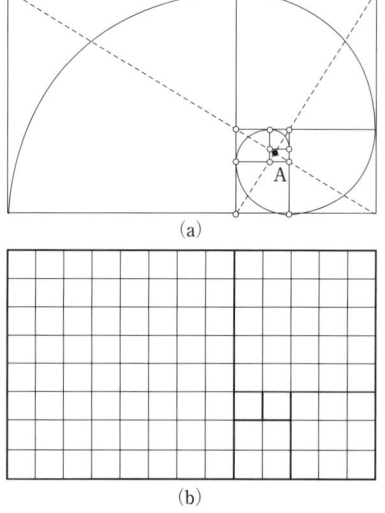

$\dfrac{1+\sqrt{5}}{2}=1.618$　黄金長方形

$\sqrt{4}=2$，$\sqrt{2}=1.414$，$\sqrt{3}=1.732$，$\sqrt{5}=2.236$

図3　黄金比と正方形の関係：(a) では，黄金長方形の片隅から正方形を取り去れば残った部分がまた黄金長方形になる．同じ操作を続ければ残る黄金長方形は次第に小さくなり，ついには全体の黄金長方形の対角線の交点A（神の目）に一致する．(b) では，黄金比を後述するフィボナッチ数列の隣り合わせの数の比に近似させて碁盤目で表示．三畳や七畳半の畳敷きの部屋は近似的には黄金長方形となる

イジングで，さまざまな偶数正多角形に内接する長方形の2辺の長さの比で古今の名画や名建築を分析した．その方法を「円の幾何学（クライス・ジオメトリー）」と呼ぶ（図1）．

教えを受けた弟子のフェヒナーは，さまざまな正方形や長方形の中でどれが最も美しいと思うかというアンケート調査をドイツ人相手に実施し，2辺の長さが黄金比になった黄金長方形が最高だったという結果を報告している（図2）．

黄金比とは $1:(1+\sqrt{5})/2$ ＝約 $1:1.618$ のことで，正方形とは図3のように，また正三角形とは図4のように関係する．

●**正多角形の中の黄金比** 古代ギリシアのユークリッドは，幾何学についての「原論」第十三巻で正五角形の辺と対角線の長さの比が黄金比になることを証明している．

もしそうなら，ほかの正多角形の辺と対角線の長さの比はどうなるだろうか．

図5(a)に正三角形から正五角形までの場合，図5(b)にそれぞれの2倍の辺数をもつ正六角形から正十角形までの場合の，すべての対角線を示す．コンパスと定規による作図ができない正七角形と正九角形は除かれている．

この図からわかるように，無限種類ある正多角形の中で辺と対角線の長さの比が一つに決まるのは，奇跡的に正方形と正五角形しかない．正三角形には対角線はなく，正六角形以上では2種類以上の対角線が現れて一

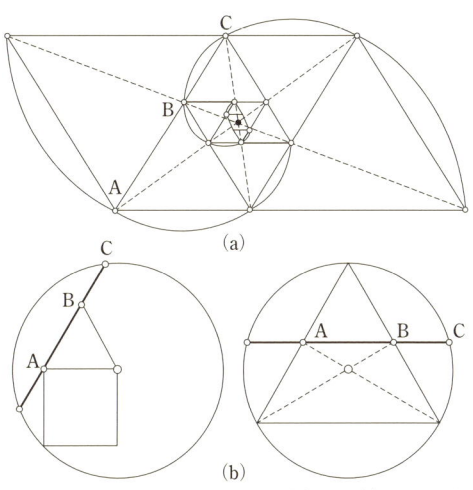

図4 黄金比と正三角形の関係．(a) 図3(a)の正三角形版．AB：BC は黄金比．(b) は，正三角形と円周の間に現れる黄金比 AB：BC

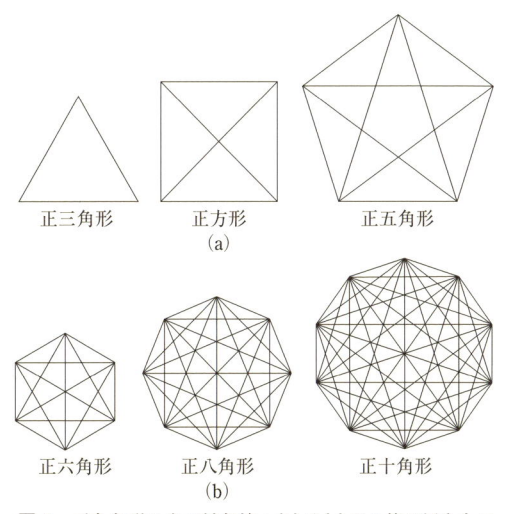

図5 正多角形の中の対角線：(b)は(a)の2倍の辺をもつ

つの比を決めることはできない．そのうち正五角形に見られるのが黄金比である．それに対して正方形に見られる比 $1:\sqrt{2}=$ 約 $1:1.414$ をここでは白銀比といい，白銀比で決められる長方形を白銀長方形という．

　白銀長方形と黄金長方形は正方形を使って図6のようによく似た作図をすることができるが，両者の違いは陰と陽ほども大きい．たとえば，白銀比は命のない鉱物のかたちや和風の実用美に関係し，黄金比は命ある動植物のかたちや洋風の理想美に関係すると説明されることもよくある．

　実際に，日本美の原点ともいえる法隆寺の平面図は白銀長方形で決められ，西洋美の原点ともいわれるギリシアのパルテノン神殿の立面図は黄金長方形にうまく入る．もっと図形的にいえば，白銀比を決める正方形は平面を隙間なく埋めつくすうえ，図7(a)のように対角線で切ると完全に切り分けることができるが，黄金比を決める正五角形は平面を埋めつくさず，また正五角形を対角線で切っていけば，図7(b)のようにどこまでも果てしなく小さい正五角形が得られ完全に切り分けることはできない．

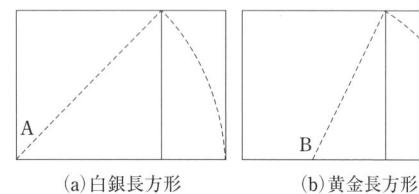

(a)白銀長方形　　(b)黄金長方形

図6　正方形を使った作図（A：は正方形の頂点，B：正方形の1辺の中点）

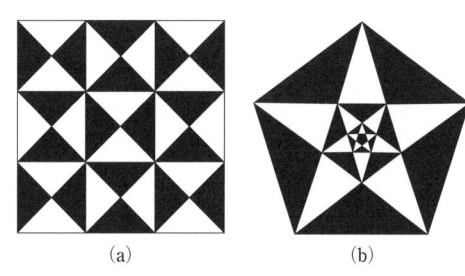

(a)　　(b)

図7　(a)は正方形の対角線による隙間のない切り分け．(b)は正五角形の対角線による正五角形状の隙間を残す切り分け

●**金属比**　黄金比は古くから数学の世界とも関係してきた．たとえば12世紀から13世紀にかけてのイタリアの数学者フィボナッチは，最初に二つの1を置き，それらを前前数，前数として加えて新しい数とするいわゆるフィボナッチ数列，1, 1, 2, 3, 5, 8, 13, …を考えたが，この数列の隣り合わせの二つの数はいつも近似的に黄金比を見せ，最終的には黄金比 $1:\phi$ となる．この場合の $\phi=(1+\sqrt{5})/2$ は2次方程式 $x^2-x-1=0$ の答になっている．

　アルゼンチンの数学者V. W. スピナーデルは，この式を $x^2-px-q=0$ と書き直して p と q にいろいろな値を入れ，そのとき得られるさまざまな比に思わせぶりな金属名を与えた．

　たとえば $p=q=1$ の場合は黄金比となる．$p=2$, $q=1$ の場合は1, 1から出発して前前数に前数の2倍を加えていく数列 1, 1, 3, 7, 17, 41, …で決められる比（$1:1+\sqrt{2}$）が得られ，スピナーデルはこの比を白銀（シルバー）比とよぶ．

$p=3$, $q=1$ の場合は，二つの1から出発して前前数に前数の3倍を加えていく数列 1, 1, 4, 13, 43, 142, … で決められる $1:(3+\sqrt{13})/2$ が得られ，これを青銅（ブロンズ）比という．

以下同様に，p が1で q が2の場合の $1:2$ は銅（コパー）比，p が1で q が3の場合の $1:(1+\sqrt{13})$ はニッケル比という．

●**和風金属比** 金属比を，スピナーデルとは別に図5に示す正多角形の辺と対角線の長さの比で考えると，たとえば正方形の場合は本書での白銀比 $1:\sqrt{2}$ となる．正五角形の場合は黄金比そのものである．

2種類の対角線がある正六角形については，短い対角線の場合は $1:\sqrt{3}$，長い対角線の場合は $1:2$ つまり $1:\sqrt{4}$ となる．このうち $1:\sqrt{3}$ は $1:\sqrt{2}$ に次ぐ銅メダル風の青銅比といえるかも知れない．きれいに割り切れる $1:\sqrt{4}$ つまり $1:2$ の方は，金属ではないが鉛筆の芯のように簡単に割れる黒鉛にちなんで黒鉛比というのはどうであろうか．

正三角形の場合は，対角線の代わりに高さを考えると $1:\sqrt{3}/2$ となって正六角形の仲間になる．

同じように考えると3本の対角線をもつ正八角形の場合は，短い方から $1:\sqrt{2+\sqrt{2}}$，$1:(1+\sqrt{2})$，$1:\sqrt{4+2\sqrt{2}}$ となって正方形の仲間になる．

正十角形は，1辺の長さと外接円の半径の比が黄金比になっていて正五角形の仲間になる．

以上とは別に，すべての正多角形の基礎となる $1:1$ つまり $1:\sqrt{1}$ は，地球上のすべての物質を地殻で支える鉄にちなんで赤鉄比といえるかも知れない．

こうすると，日本の伝統美を支える五色の黄，白，青，黒，赤の金属あるいはそれに近い物質が，それぞれ，$\sqrt{1}$, $\sqrt{2}$, $\sqrt{3}$, $\sqrt{4}$, $\sqrt{5}$ の仲間としてそろう．それにちなんで，図8に，図6の白銀長方形の作図方法にならった任意の $\sqrt{n}$ 長方形と $1/\sqrt{n}$ 長方形の作図方法を示す． ［宮崎興二］

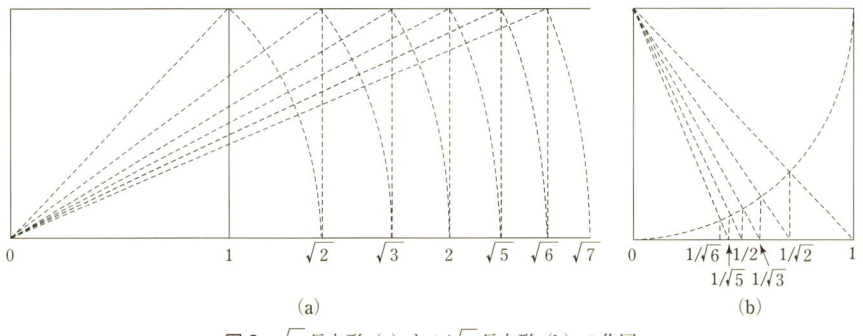

図8 $\sqrt{n}$ 長方形 (a) と $1/\sqrt{n}$ 長方形 (b) の作図

多 角 数

多角形の歴史上，忘れてはならない人物がピタゴラスである．ピタゴラスは，宇宙は「数」を意味する円が正多角形状に並んでできていると考えた．特に 10 個の円が正三角形状に並ぶパターンをテトラクティスといって宇宙の象徴図形と考えた．

●三角数　図1最上段のように，規則正しく正三角形状に n 層に増加する点の数を三角数 t_n という．4層（$n=10$）の場合がテトラクティスである．同様に四角数 s_n，五角数 p_n，六角数 h_n，としだいに大きくなる m 角数が定義される．

そのうち三角数については，n 個の文字列の文字を括弧でくくってグループ分けする方法の数 t_n と一致する．つまり，1個の文字の場合は (a) だけだから $t_1=1$，2個の場合は $(a)b, (ab), a(b)$ だから $t_2=3$，3個の場合は $(a)bc, (ab)c, (abc)$，$a(b)c, a(bc), ab(c)$ だから $t_3=6$，4個の場合は $(a)bcd, (ab)cd, (abc)d, (abcd)$，$a(b)cd, a(bc)d, a(bcd), ab(c)d, ab(cd), abc(d)$ だから $t_4=10$ となる．

また，一辺が n の四角数 s_n が n^2 になるということは，1から始まる奇数を順

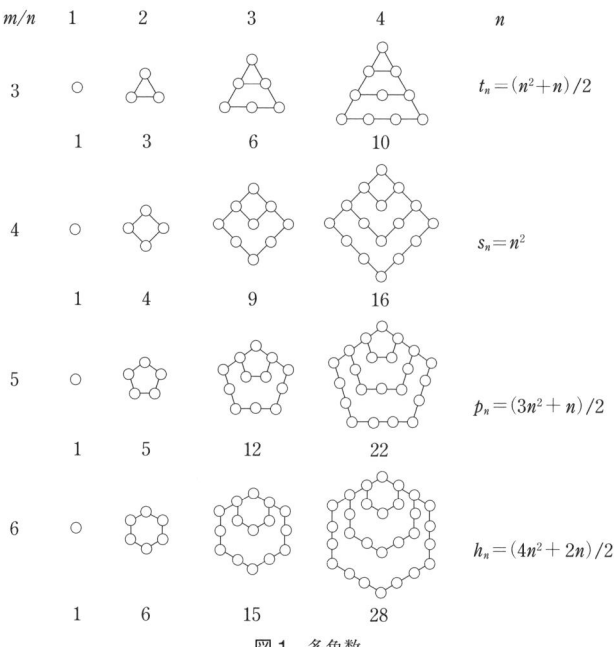

m/n	1	2	3	4	n
3	○ 1	△ 3	△ 6	△ 10	$t_n=(n^2+n)/2$
4	○ 1	◇ 4	◇ 9	◇ 16	$s_n=n^2$
5	○ 1	⬠ 5	⬠ 12	⬠ 22	$p_n=(3n^2+n)/2$
6	○ 1	⬡ 6	⬡ 15	⬡ 28	$h_n=(4n^2+2n)/2$

図1 多角数

に n 個足すと n^2 になる，すなわち $1+3+\cdots+(2n-1)=n^2$，ということの図形的な証明になっている．

さらに，五角数 p_n を3倍すると $3n-1$ 番目の三角数 t_{3n-1} になっているのもおもしろい．六角数 h_n は，図1の一つ上にある五角数 p_n に一つ手前の三角数 t_{n-1} を足すと得られる．式で書けば，$h_n+p_n=t_{n-1}$ であるが，このような多角数の間の絡み合いは無数に見つかる．

●**中心つき多角数**　図2のような「中心つき多角数」というものも考えられている．

そのうち中心つき六角数 H_n は，正六角形を蜂の巣状に，しかも六角形の年輪ができるように積み重ねる場合と同じ数になる．マーチン・ガードナーは，それを「ヘックス数」と呼んだ．このような図形は理論化学や有機化学で話題になっている．

中心つき四角数 S_n は，同じ大きさの円を図のようなかたちで正方形の対称性を保ちながら積み重ねる場合の数と同じになるが，$S_n=n^2+(n-1)^2$ という式に変形して，改めて図を見るとその意味がわかりやすい．

［細矢治夫］

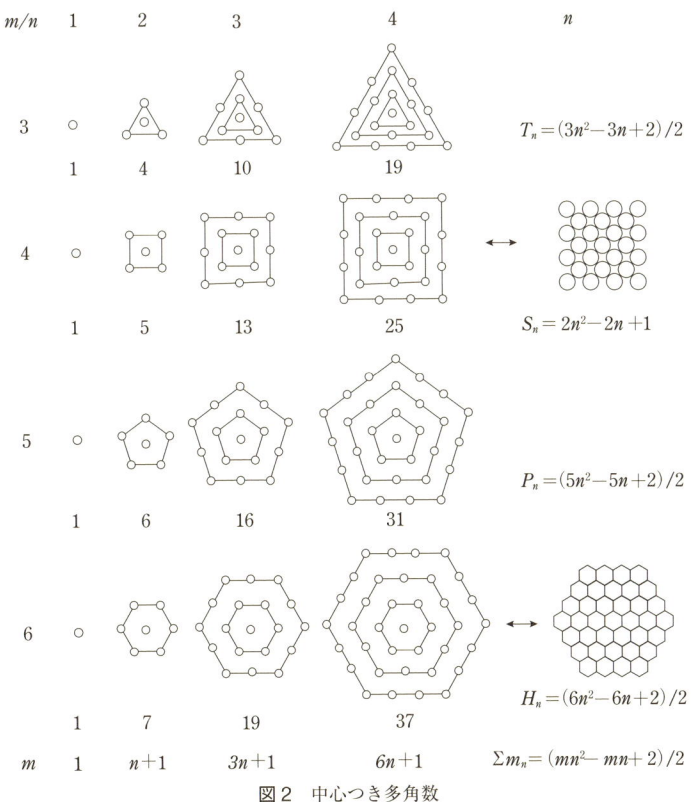

図2　中心つき多角数

正奇数角形

正多角形を個別に調べると，きりがないほどいろいろなおもしろい性質がみえてくる．そこで，ここでは特に，奇数辺をもつ正三，五，七角形にまつわる数理的な話題を拾って説明することにする．

●**正三角形を折る**　市販されている標準的な折り紙は1辺が15 cmの正方形になっている．その1辺の上に立つ正三角形は，図1(a) のように簡単に折ることができる．上辺をぴったり2 cm余すだけで，何と2辺が0.008 cmだけ長い正三角形ができ上がるのだから驚きである．また，面積が最大の正三角形も，(b) のようにするだけで非常に高い精度で折ることができる．この二つの図を頭の隅に記憶しておくだけで何かの役に立つかもしれない．

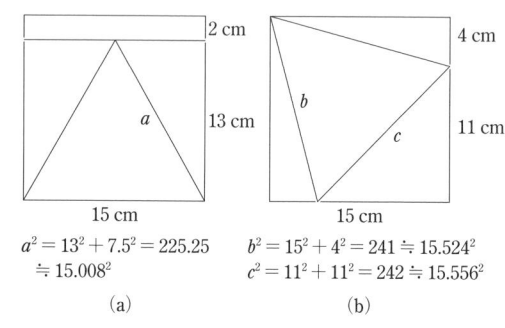

$a^2 = 13^2 + 7.5^2 = 225.25 \risingdotseq 15.008^2$

$b^2 = 15^2 + 4^2 = 241 \risingdotseq 15.524^2$
$c^2 = 11^2 + 11^2 = 242 \risingdotseq 15.556^2$

図1　標準的な折り紙で正三角形を折る：(a) 折り紙の1辺を底辺にもつ場合．(b) 面積最大の場合

●**正五角形の中の黄金三角形**　正五角形の1頂点から2本の対角線を図2左端のように引くと，中央の1個の鋭角三角形（内角は36°, 72°, 72°）と左右の2個の合同な鈍角三角形（内角は108°, 36°, 36°）の合わせて3個の「黄金三角形」と呼ばれる二等辺三角形に分割される．ここではそのうち鋭角の方を「黄金鋭三角形」あるいは「鋭三角」，鈍角の方を「黄金鈍三角形」あるいは「鈍三角」と呼ぶ．

鋭三角と鈍三角は，いずれも後述する黄金比 τ に関係しながら，互いに密接にからみあって，正五角形や黄金比がらみのいろいろな図形を作り上げていく．

たとえば正五角形の5本の対角線を全部引くと，内部に図3の左端のような星形正五角形（ペンタグラムあるいは「ピタゴラスの図形」）を内接させた図が得られる．以後この図形を「星入り正五角形」と略称することにしよう．この五角形は 小さな正五角形のまわりに5個ずつの鋭三角と鈍三角が交互に取り囲んでできてい

$\tau = \dfrac{\sqrt{5}+1}{2} \risingdotseq 1.61803$

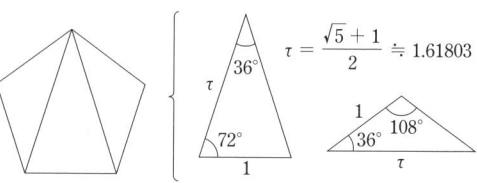

図2　二種類の黄金三角形（τ は黄金比）

るが，図3には，それ以外の他の黄金三角形と大きな正五角形も全部拾い上げて描いてある．

各図形の右下にカッコ付きで書いた数字は星入り正五角形の中に見え隠れするそれぞれの図形の数である．対称性を考えれば，これらの数は誰でも自信をもって答えられるはずなのだが，そのうち3角形の数を31個以上数えられたら天才だというつぶやきをどこかで聞いたことがある．こんなことで天才の安売りをしないでほしいものだ．

さて，一番小さな鋭三角の底辺，つまり中心にある正五角形の1辺の長さを1とすると，鋭三角の2本の斜辺は黄金比 $\tau = 1.6180\cdots$ になる．さらに各辺をいっせいに τ 倍すると面積が τ^2 倍の一回り大きな鋭三角が，さらに各辺の τ 倍で一番大きな鋭三角ができる．一方，2種類の鈍三角の各辺の長さは皆 τ のべき乗で表されるが，面積の方は，対応する鋭三角の τ 倍になっている．図3の矢印一つは，面積 τ 倍の打出の小槌の一振りを表す．

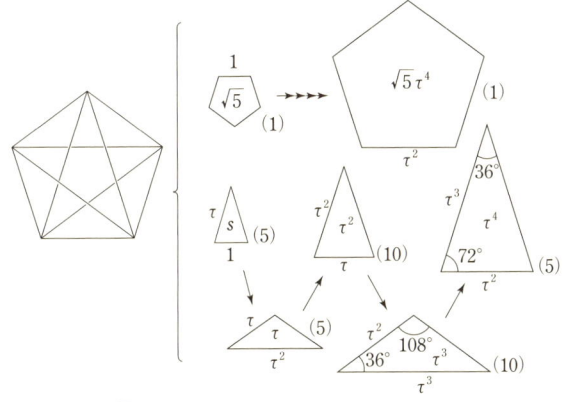

おもしろいことに中心の小さな星入り正五角形の面積は，一番小さな鋭三角の $\sqrt{5}$ 倍になっている．図3の各図形の面積の計算はここではあえて説明しないが，各自試みてほしい．

辺長：$\tau = \dfrac{\sqrt{5}+1}{2} \fallingdotseq 1.6180$　　面積：$s = \dfrac{1}{4}\sqrt{5+2\sqrt{5}} \fallingdotseq 0.7694$

図3　星入り正五角形の構成要素（各図形内の値は s に対する相対面積．カッコ内の数字は星入り正五角形の中の要素数．矢印一つごとに面積が τ 倍になる．矢印が4個ある場合は τ^4 倍）

●**正五角形の中のフィボナッチ数**　ここまで，これらの図形のもとになっている黄金比のことを説明しないできたが，ここでその種明かしをする．

二つの1から始まって，前二つを加えてできる 1, 1, 2, 3, 5, 8, 13, 21, 34, 55, 89, 144, …というフィボナッチ数は誰でも知っていると思う．いま仮に，その中の連続する2数として89と144を選び出し，小さい方の89 mmを底辺に，144 mmを斜辺にもつ二等辺三角形を，ある程度正確に作図してほしい（図4の太線を参照）．そして両斜辺の144を 55 + 34 + 55 のように，89の手前の2数を使って分割する．次に，図4の中心よりやや上の部分に水平な太線で描いたような長さ144の線分を描く．こうすると大きな正五角形の5頂点の位置が確定するから，あとは周辺と残りの対角線を引いてから内側に攻めて行けば，理論上はどこまでも，どんどん小さくなる星入り正五角形が順々に描き込まれていく．

ここで大事なことは，最初の二等辺三角形の作図でコンパスは使ったが，角度を測ることは何もしていないということである．そこで3辺が89, 89, 144の鈍三角の頂角を余弦公式で求めてみると次のようになる

$$\cos\theta = \frac{89^2 + 89^2 - 144^2}{2 \times 89 \times 89} = \frac{-4894}{2 \times 89^2} = -\frac{2447}{7921} \fallingdotseq -0.3089256$$

$$\therefore \quad \theta = 107.9945°$$

なんと素晴らしい精度で108°が得られているではないか．

そこでこれに勢いを得て，n 番目と $(n-1)$ 番目のフィボナッチ数の比をどんどん内側の方に攻めていくと，

$$\frac{144}{89} \fallingdotseq 1.61798, \quad \frac{89}{55} \fallingdotseq 1.61818, \quad \frac{55}{34} \fallingdotseq 1.61765, \quad \frac{34}{21} \fallingdotseq 1.61905, \quad \frac{21}{13} \fallingdotseq 1.61538, \cdots$$

となり，一般的には，

$$\frac{F_n}{F_{n-1}} \fallingdotseq 1.618033989 \fallingdotseq \frac{\sqrt{5}+1}{2}$$

となって教科書どおりの結果が実証されるのである．

つまり，フィボナッチ数をどんどん大きくして行くと，その比は無限に黄金比に近づく．そして，その整数辺長で描かれた3角形も図4のように無限に黄金三角形に近づいていくのである．

不思議なことに，図4の大きな正五角形の高さは覚えやすい137となっている．まず，ビッグバンは137億年前に起きたと言われている．また量子力学で原子の構造やスペクトルを説明するために導入された微細構造定数の値は 1/137.04 である．東日本大震災の後に起きた原発事故の放射性物質漏れで一番問題になっている放射性元素は，半減期が30年のセシウム137である．

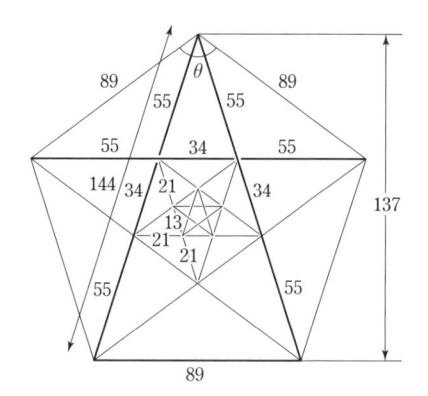

図4　星入り正五角形とフィボナッチ数の関係を示す図

●**正七角形の数理**　正七角形の内角は $5\pi/7 \fallingdotseq 128.57°$ で，コンパスと定規を有限回使ったのでは作図できない．したがって，古今東西正確な正七角形は誰も描いたことはないのである．ところが，折り紙を使うと，かなりむずかしいが，それを折ることが可能になる．詳しいことはR.ゲレトシュレーガーの文献による．

ここでは正七角形に関わる数理問題の中で，タイル貼りと対角線の2点について簡単に紹介する．

まず，正七角形を九つの3角形に分割した図5を見てほしい．

ここに示す，斜辺が等しく，頂角の大きさが1対3対5の3種類の二等辺三角

形 S_1, S_2, S_3 が正七角形を構成する．それらの三つの底辺は $\cos(n\pi/7)\,(n=1,2,3)$ で表される半端な数であるが，それらの間には次のような関係がいくつか知られている．

$a+c=b+1,$
$a^2+c=2,\ b=a(c+1)$

こういう性質があるために，この三つの3角形は互いに絡み合って大きな図形に成長し，S_1, S_2, S_3 が 1, 3, 5 個集まると正七角形ができ上がる．さらには図6のように，非周期的ではあるが，7回回転対称の平面敷き詰めのきれいなタイル貼りができる．これは坂東秀行氏の力作である．

一方，『いろいろな多角形』（Ⅰ•5①）でも紹介したが，正七角形の2種類の対角線から {7/2} と {7/3} という2種類の星形正七角形ができる．それらの元になる正七角形の1辺の長さを a とし，2種類の星を構成する対角線の長さを，この順に，それぞれ b, c としよう．また，これらに共通な外接円の半径を R とすると，図7からわかるように，これらの辺長は，それぞれ，

$a = 2R\cos 5\phi \fallingdotseq 0.8678\,R,$
$b = 2R\cos 3\phi \fallingdotseq 1.5637\,R,$
$c = 2R\cos \phi \fallingdotseq 1.9499\,R$ 　$(\phi = \pi/14)$

となる．
これらの半端な数値の間にも，たとえば次のような数多くのきれいな関係が成立っている．

$\dfrac{1}{a} = \dfrac{1}{b} + \dfrac{1}{c},\quad a+b+c = \dfrac{c^2}{a},$
$\dfrac{1}{a^2} + \dfrac{1}{b^2} + \dfrac{1}{c^2} = \dfrac{2}{R^2},\quad \dfrac{b^2}{a^2} + \dfrac{c^2}{b^2} + \dfrac{a^2}{c^2} = 5$

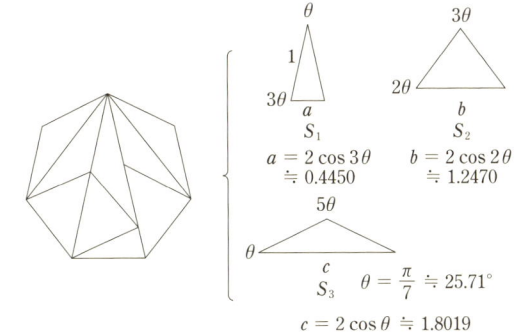

図5　正七角形を分割する3種類の二等辺三角形

$a = 2\cos 3\theta \fallingdotseq 0.4450$
$b = 2\cos 2\theta \fallingdotseq 1.2470$
$\theta = \dfrac{\pi}{7} \fallingdotseq 25.71°$
$c = 2\cos\theta \fallingdotseq 1.8019$

図6　正七角形から派生する二等辺三角形を使った7回回転対称タイル貼り（制作：坂東秀行）

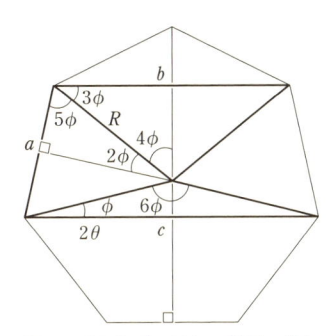

図7　正七角形の辺と2種類の対角線の関係

［細矢治夫］

R. ゲレトシュレーガー 著（深川英俊訳）『折り紙の数学』森北出版（2002）/ 坂東秀行『夢のタイル貼り定理』龍史堂出版（私家版，1998）

シュレーゲル図

多角形はただの平面図形と思われがちであるが，実はその中に立体図形としての多面体がしばしば押し込められている．その例の一つが，シュレーゲル図に見られる．

●**シュレーゲル図**　図1(a) に描かれた6本の線分はすべて伸縮自在のゴムひもからできているとしよう．そのとき，この3角形の3点を紙上に固定して，中心にある点だけをつまんで真上に引き上げると四面体ができ，ある高さのときに正四面体になる．同じように，(b) の外側の正方形の4頂点を固定して，内側の正方形を真上に持ち上げると六面体ができる．その上下の正方形の大きさは異なるのだが，ゴムひもを引っぱって，12本の辺長がすべて同じで，各頂点で出会うどの2本の辺の間の角度も直角になるようにすると立方体ができる．今度は五角形を内側に攻めて行くと図1(c) のような図が描ける．これをふくらますと正十二面体ができる．

これらの図はいずれも，多面体の透視図のように見えるが，中には図1 (c) のように遠近法にかなっていないものもある．それでも，描かれた図（グラフ理論でいうグラフ）では，どの辺も交差していない．

逆にどんな多面体（ふくらますと球面になるような単純多面体）のグラフも，図1のようにすべての辺が交差しないような平面グラフとして描くことができる．そういうグラフをシュレーゲル図と呼ぶ．

グラフ理論では，グラフの中の辺の長さや辺間の角度は不問に付すから，たとえば不等辺三角形の内部に1点を描き，それを3頂点と結んだグラフも正三角形の中の図1(a) と同じシュレーゲル図の資格をもっている．

●**シュレーゲル図の一般化**　2種類以上の多角形を面にもつ多面体のシュレーゲル図は二つ以上描ける．たとえば，四角錐（ピラミッド形）には図2のような2種類のシュレーゲル図が，また切頂二〇面体，いわゆるサッカーボール形には図

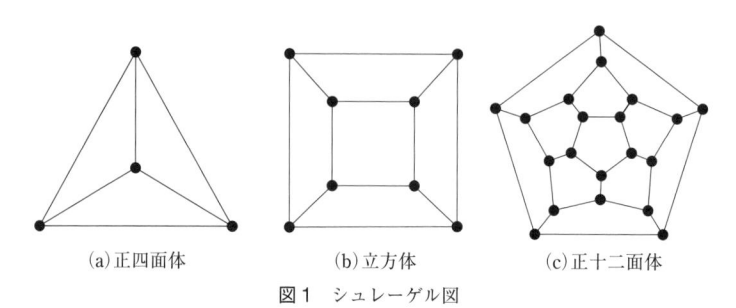

(a) 正四面体　　(b) 立方体　　(c) 正十二面体

図1　シュレーゲル図

3のような2種類のシュレーゲル図が描ける.

多面体の対称性や種々の数学的性質を調べるときはシュレーゲル図を欠かすことはできない. 3次元的な存在である多面体を, 目で見やすい2次元の世界で吟味することができるからである.

なお, 多面体の頂点数 V, 辺数 E, 面数 F の間に成り立つオイラーの公式 $V-E+F=2$ をシュレーゲル図に当てはめるときには, 一番外側の多角形も1枚として数え上げることを忘れないように.

●**シュレーゲル図の秘密**　最後に, シュレーゲル図では表されな

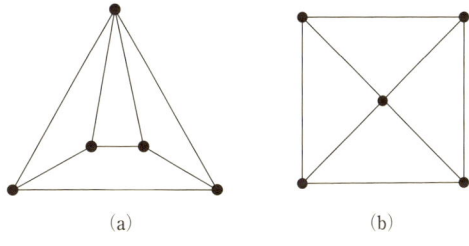

図2　ピラミッド形を表す二つのシュレーゲル図

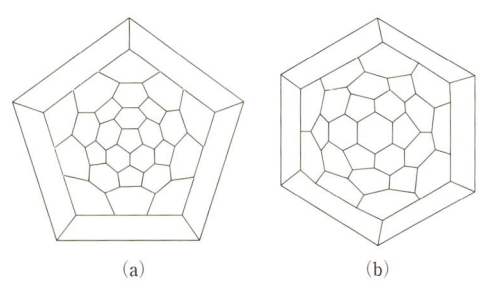

図3　サッカーボール形を表す二つのシュレーゲル図

い多面体の隠れた対称性もあることを一つ紹介しよう. 回転対称性で見ると, 図3の (a) は5回回転対称で, (b) の3回回転対称より高いのだが, 線の交差も許すように考えると, 図4(a) のシュレーゲル図とは違って (b) のように, それまで隠れていた10回回転対称が現れる. これをトポロジー的対称性という.

[細矢治夫]

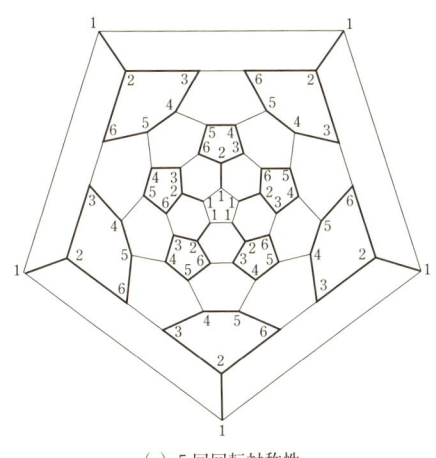

(a) 5回回転対称性

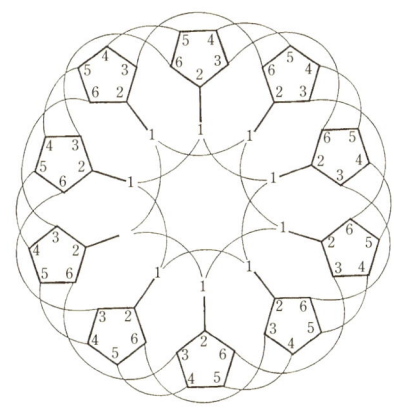

(b) 10回回転対称性（各頂点のつながり方は数字のつながり方でわかる）

図4　サッカーボール形の回転対称性

正多角形ネット情報

　インターネットには，娯楽パズルから最先端の研究成果まで，数学情報があふれている．ネットの開発が始まって一般に普及する1990年代以前から，コンピュータ科学者やゲーム開発者には数学が好きな利用者が多かった伝統が影響しているようだ．2000年代からは多くの分野の図書画像の公開が広まり，数学関係でも，新しい知見だけでなく，幾何学の古典的名著や原本が無料で閲覧できるようになっている．ここではその中の無料で利用できる多角形についてのネット情報を探してみる．

●**ウェブ百科全書　Wikipedia**　「正多角形」をグーグル検索すると，ウィキペディアの記事が上位に出てくる．その英語版での「正多角形」の記述量は日本語版の約3倍で，文書やイラストも異なる．ウィキペディアは各国で執筆されているので，数学のような国際共通性の高い分野でもこのような大きな差異がある．独立項目の有無も日本語版と英語版ではかなり異なる．たとえばウィキペディアで「定規とコンパスによる作図」を探すと，日本語版も英語版も出てくるが，「定規とコンパスによる正多角形作図」では英語版のみ，「正257角形，正65537角形」では日本語版のみが出てくる．

●**数学専門百科　Wolfram MathWorld**　英語でグーグル検索するとウィキペディア記事の次に並ぶのがWolfram MathWorldの記事である．これは数式処理システム・マセマティカの開発元ウルフラム・リサーチ（Wolfram Research）社が運営しているオンライン数学百科である．同記事の正多角形の項には正三角形から正十四角形までの一覧表と，正257角形，正65537角形の項目へのリンクがあり，引用文献リストにはアマゾン書店の書籍へのリンクがある[1]．

●**計算知識エンジン　Wolfram Alpha**　Wolfram MathWorldの正65537角形の項目には，65537が既知の最大のフェルマー素数であり，コンパスと定規で作図可能との説明がある．さらに同じ会社が運営する質問応答システムWolfram Alphaの正65537角形の回答へのリンクがある．Wolfram Alphaでは65537角形の面積や周長などの計算結果が回答される．なお，Wolfram Alphaには計算だけでなく，各種社会統計についても質問文から回答する機能がある．

●**インターネット図書館　Internet Archive, Google Books**　20世紀初頭までの数学書の多くはデジタル化がすすんでいる．アメリカのNPOインターネット・アーカイブでは著作権が消失した図書をオンラインで閲覧できる（図1）．著作権が消失していない図書についてはグーグル書籍検索から，内容検索可能な版を見つけることができる．たとえば，正多角形作図問題で利用されるカーライル円について，数学史の本から検索してみると，スコットランド出身の評論家トーマ

ス・カーライルが学生時代に発見した手法である，と当時の教授の著書に記されていることがわかる．原典のジョン・レスリー著「Elements of Geometry」全文から引用元の原文を検索，閲覧もできる．このように，数学史と文化史が交差した逸話を数回の検索により原文で確認できる．

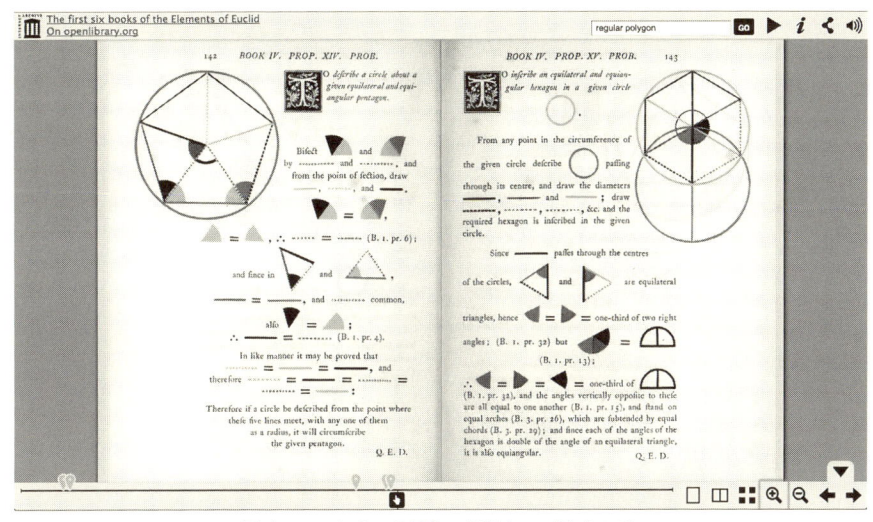

図1　ユークリッド原論の英訳カラー版（1847）

●**語彙頻度検索 Google n-gram viewer**　このサービスは全文電子化された図書資料から，用語の利用頻度統計を表示していて，時代による用語の利用頻度の変遷を概観することができる．それによると，たとえば初等幾何学が1915年ごろにピークとなって以後低迷し，それを科学の進歩とともに成長を続ける代数幾何学が1930年ごろ以後に逆転する様子や，それをコンピュータが普及され始める1970年代からは計算幾何学が猛スピードで追いかける様子などもわかる．
●**研究機関リポジトリ，国立情報学研究所 CINII（サイニィ）**　幾何学は歴史が古く，技術史，科学史，教育史，文化史などの分野に関連する貴重な知見が存在している．

先述のカーライルは日本でも明治期の知識人に大きな影響を与えたが，現在では訳書の入手は困難である．カーライルと数学との関連資料は一般の書籍検索では見つからない．しかし，数学文化史分野では論文表題[2]が CiNii（NII 国立情報学研究所学術情報ナビゲータ［サイニィ］）で見つかり，著者の紀要論文が所属機関の論文ウェブサイト（リポジトリ）で入手できる．このように各研究機関が定期発行する紀要や論文集は順次，電子化されつつある．従来，小規模の研究会でのみ流通していた研究会資料や講演録なども電子化，公開されている．

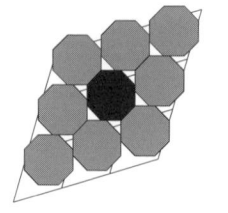

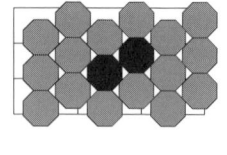

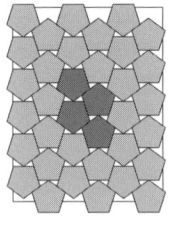

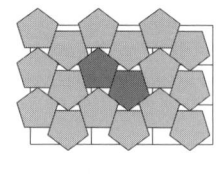

図2　正八角形と正五角形の高密度充填（Steven Atkinson, Yang Jia o, Salvatore Torquato）

● **arXive.org**　arXiv（アーカイヴ）は，コーネル大学が運営する無査読の論文を公開するウェブサイトである．物理学，数学，計算機科学などの論文が学会誌に投稿される前に公開されている．一般に学会誌は会員と研究機関などの有償読者限定であるが，ここでは無料ですべての論文を閲覧できる．多くの論文は高度に専門的であるが，専門外の興味をひく論文も公開されている．たとえば，正多角形の充填（図2）を扱う「2次元凸凹多角形最密充填」[3] や「正多角形対角線の交点数」[3]（図3）は，パズルやデザインへ応用できる内容をもっている．

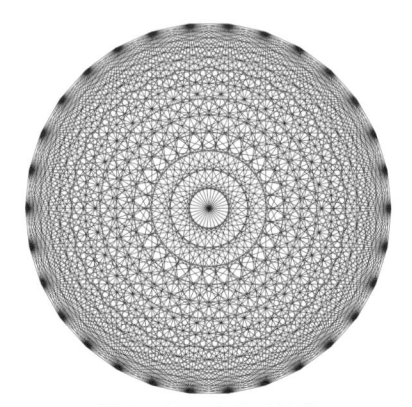

図3　正三〇角形の対角線
（Bjorn Poonen, Michael Rubinstein）

● **研究交流サービス**　一般社会ではフェイスブックやラインなどのソーシャル・ネットワーク・サービス（SNS）が普及しているが，学術分野では ResearchGate，Academia.edu などの研究者交流サービス，実業分野では LinkedIn などの職能交流サービスが普及しつつある．会員登録と基本機能の利用は無料で，興味のある分野と実績・経歴を登録できる．原著論文の共有や質問・回答・討論，共同研究募集などの機能がある．

● **正多角形タイリング Imperfect Congruence, Kevin Jardine**　正多角形に関連した各種のウェブサイトの中で，秀逸な一例として「未完の調和：ケプラー，デューラーと禁断のタイルの神秘」を挙げる．正多角形と菱形による平面タイリングの歴史と独自の展開例を美しい画像で解説している．同サイトには数学と芸術をテーマとし

図4　平面タイリングの例（Kevin Jardine）

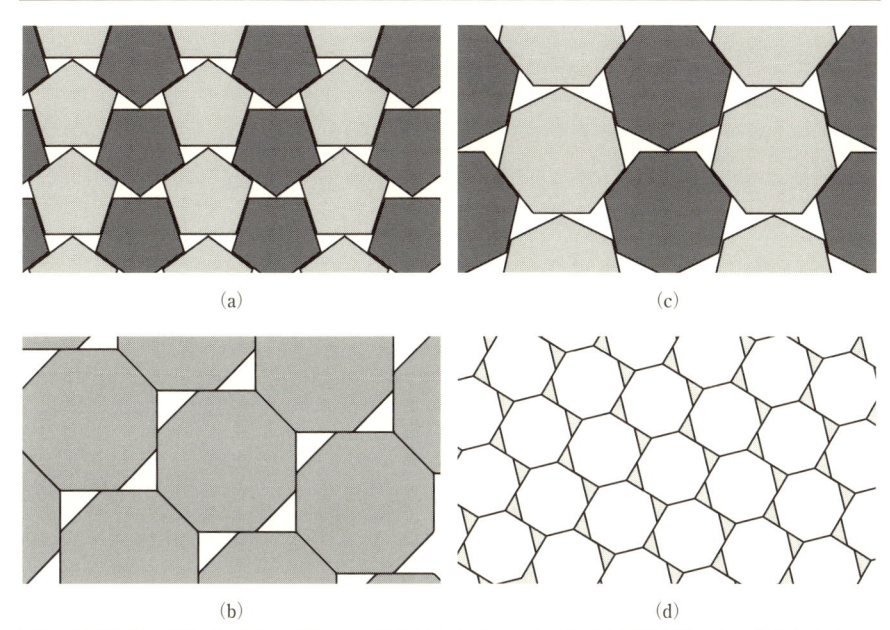

図5 正多角形の充填：(a) 正五角形による最密充填（Toby Hudson），(b) 正七角形による最密充填（Toby Hudson），(c) 丸められた正八角形による不正充填（Greg Eqan），(d) 正八角形による最密充填（Toby Hudson）（Graeme McRae）（http://blogs.ams.org/visualinsight/?s=packing）

た国際会議 Bridges で2013年に発表された論文，講演スライド（図4）が含まれている．

●米国数学学会（AMS）ブログ ここには数学愛好者の関心をひく話題が掲載されている．たとえば図5によると，正多角形の最大充填率については正七角形が 0.89269，正五角形が 0.92131 であること，ただしまだ証明されていないこと，正八角形の充填率が角を丸めかたちで説明されている．同じような内容でも，ネットによって違った見方をされることがあるという例であろうか．いずれにしても多面体をノーベル賞クラスの研究に役立てようとする研究者には欠かすことのできない記事である． ［宮本好信］

1) Weisstein, Eric W. "Regular Polygon" From MathWorld-A Wolfram Web Resou-rce. http://mathworld.wolfram.com/RegularPolygon.html / 2) 三浦伸夫「カーライルと数学：19世紀初頭のスコットランド数学の状況」（Carlyle and MathematicsA Situation of the Scottish Mathematics at the Beginning of the Nineteenth Century) / 3) Steven Atkinson, Yang Jiao, Salvatore Torquato "Maximally dense packings of two-dimensional convex and concave noncircular particles" / 4) Bjorn Poonen, Michael Rubinstein "The Number of Intersection Points Made by the Diagonals of a Regular Polygon"

正多角形データ集

一般的な多角形とは違って，正多角形については，辺の長さや角度が厳密に決められている．

たとえば正 n 角形における中心角と内角は図1のような関係にあって，円周角の定理から，角 D はすべて等しく $A/2$ となる．実際の算定にあたっては，図2において $\sin\theta = y/r, \cos\theta = x/r, \tan\theta = y/x$ で定義される三角関数を用いる．図3に正多角形に関係する角の三角関数値を示す．θ の2個の角は，$\cos\theta$ と $\tan\theta$ において，前の角に対する値が正，後の角に対する値が負になることを意味する．たとえば，$\cos(0°)=+1, \cos(180°)=-1$ である．面積 S は，三角関数の倍角の公式を用いて，$(ah/2)n=n\sin(180°/n)\cos(180°/n)=(n/2)\sin(360°/n)$ となる．対角線の本数 T については，一つの頂点から自分を除く頂点に出る線の数は $n-1$ 本だから，これを合計すると，$n(n-1)$ 本となるが，同じ線が2回ずつ数えられているので2で割る．ここから辺の数 n を引くと，$T=n(n-1)/2-n=n(n-3)/2$ となる．対角線の長さは中心角をまたいでいる数をもとに計算できる． ［石井源久］

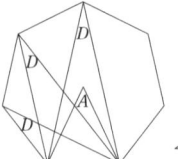

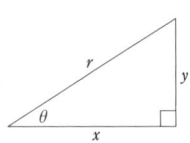

図1 角度の関係　　図2 三角形の定義

θ	$\sin\theta$	$\cos\theta$	$\tan\theta$
0°, 180°	0	±1	0
10°, 170°	0.1736	±0.9848	±0.1763
15°, 165°	0.2588	±0.9659	±0.2679
18°, 162°	0.3090	±0.9511	±0.3249
20°, 160°	0.3420	±0.9397	±0.3640
22.5°, 157.5°	0.3827	±0.9239	±0.4142
30°, 150°	0.5	±0.8660	±0.5774
36°, 144°	0.5878	±0.8090	±0.7265
40°, 140°	0.6428	±0.7660	±0.8391
45°, 135°	0.7071	±0.7071	±1
50°, 130°	0.7660	±0.6428	±1.1918
54°, 126°	0.8090	±0.5878	±1.3764
60°, 120°	0.8660	±0.5	±1.7321
67.5°, 112.5°	0.9239	±0.3827	±2.4142
72°, 108°	0.9511	±0.3090	±3.0777
75°, 105°	0.9659	±0.2588	±3.7321
80°, 100°	0.9848	±0.1736	±5.6713
90°	1	0	±∞

図3 三角関数の定義

n	中心角 A	内角 B	内角の和 C	辺長 a	内接円半径 h	面積 S	対角線本数 T	a_2	a_3	a_4	a_5	a_6
3	120°	60°	180°	1.732…	0.5	1.299…	0					
4	90°	90°	360°	1.414…	0.707…	2	2	2				
5	72°	108°	540°	1.175…	0.809…	2.377…	5	1.902…				
6	60°	120°	720°	1	0.866…	2.598…	9	1.732…	2			
7	約51.4°	約128.6°	900°	0.867…	0.900…	2.736…	14	1.563…	1.949…			
8	45°	135°	1080°	0.765…	0.923…	2.828…	20	1.414…	1.847…	2		
9	40°	140°	1260°	0.684…	0.939…	2.892…	27	1.285…	1.732…	1.969…		
10	36°	144°	1440°	0.618…	0.951…	2.938…	35	1.175…	1.618…	1.902…	2	
11	約32.7°	約147.3°	1620°	0.563…	0.959…	2.973…	44	1.081…	1.511…	1.819…	1.979…	
12	30°	150°	1800°	0.517…	0.965…	3	54	1	1.414…	1.732…	1.931…	2

正 n 角形：$A=360°/n$, $B=180°-360°/n$, $C=(n-2)180°$, $a=2\sin(180°/n)$, $h=\cos(180°/n)$,
$S=ah(n/2)=(n/2)\sin(360°/n)$, $T=n(n-3)/2$, $a_k=2\sin(kA/2)=2\sin(180°k/n)$

図4　正 n 角形データ集（外接円の半径は1）

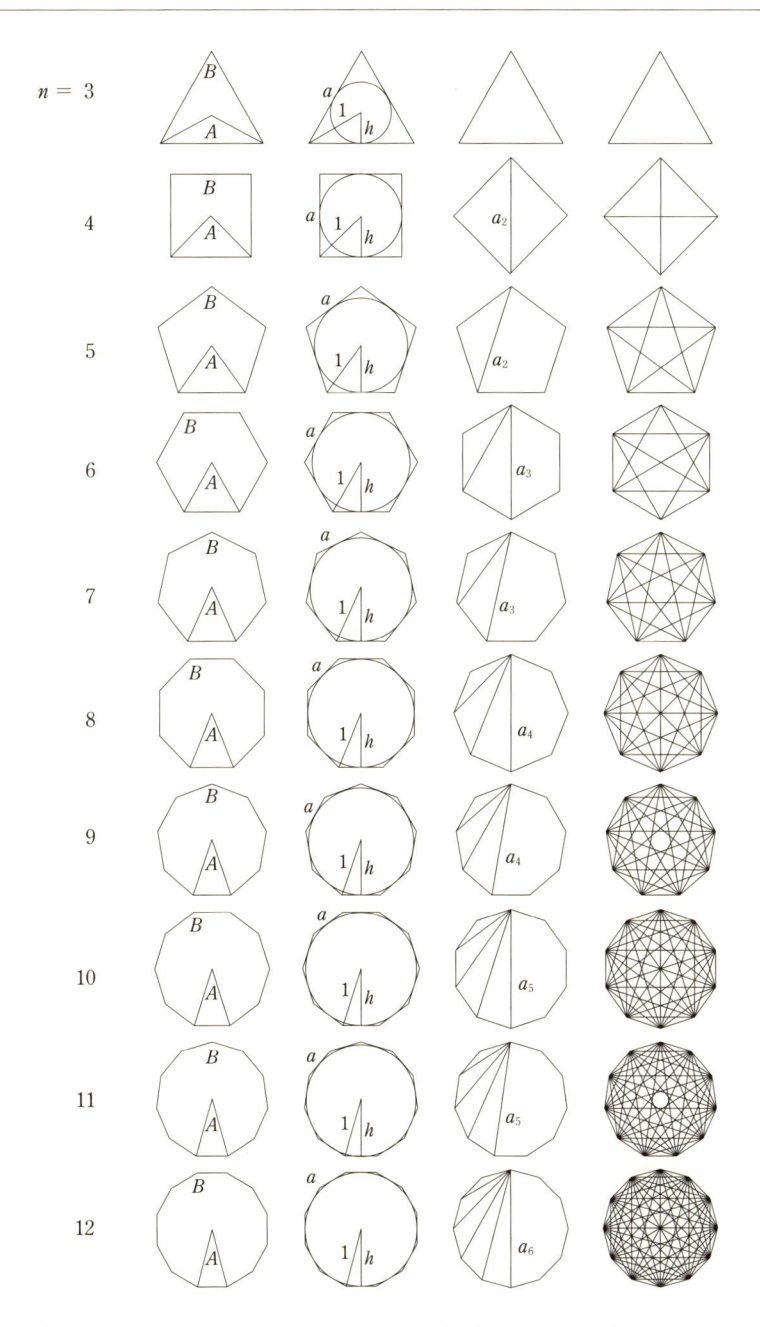

図5 正 n 角形の中心角 A, 内角 B, 辺長 a, 内接円半径 h, および対角線の本数

学校入試問題

　正多角形が中・高等学校の入試問題に出題されるのは今に始まったことではない．考え方次第でうまく解ける問題が多く，物事に取り組む姿勢や多様な考え方など「生きる力」を見ることができるためと思われる．それだけに出題問題には，図の美しさやおもしろさもさることながら，力ではなく技（知恵）で解くように工夫された大変「解き方のおもしろい」問題もある．ここではその中の興味のある例を紹介する．

●**小学算数・中学数学の復習**　最初に，中・高等学校の入試問題を解くうえで必要な，小・中学校の教科書にある定義や定理，公式などの一部を紹介する．小・中学校時代を思い出しながら再確認していただければ幸いである．

　まず小学校では，正多角形について，2年生で「正方形」，3年生で「正三角形」，5年生で「正多角形」を学習することになっている．5年生のある教科書では正多角形として正八角形までを扱っている．

　たとえば啓林館の教科書には，「かどが みんな 直角で，辺の長さが みんな 同じ4角形を正方形といいます．三つの辺の長さがみんな等しい3角形を正三角形といいます．3角形の三つの角の大きさの和は180°です．辺の長さがすべて等しく，角の大きさもすべて等しい多角形を正多角形といいます．」という説明が見える．

　また中学校では，正多角形について，主として2年生で多角形として一般的に学習し，n 角形など抽象的な事柄も学ぶ．たとえば東京書籍の教科書にはおおよそ次のように記述されている．

　(1)対頂角は等しい．(2)平行線の同位角は等しい．(3)平行線の錯角は等しい．(4) 3角形の内角の和は180°である．(5) 3角形の外角は，それと隣り合わない二つの内角の和に等しい．(6) 二等辺三角形の底角は等しい．(7) n 角形の内角の和は $180° \times (n-2)$ である．(8) 多角形の外角の和は360°である．(9) 三平方の定理とは，直角三角形の直角を挟む2辺の長さを a, b，斜辺の長さを c とするとき $a^2 + b^2 = c^2$．(10)内角が30°, 60°, 90°である直角三角形の辺の比は $1:2:\sqrt{3}$．(11) 内角が45°, 45°, 90°である直角三角形の辺の比は $1:1:\sqrt{2}$．(12) 1辺の長さが a の正三角形の面積は $\sqrt{3}a^2/4$．

　こうした中学生の知識を用いるとスムーズに解ける問題が，中学入試問題で小学生の知識のみを用いることに限定されると難問になることになる．

　以下に実際の出題例を正三角形と正方形にまつわるものから順に紹介する．

●**正三角形と正方形にまつわる問題**　正三角形と正方形は特別に正多角形とはいえないぐらい常識的な図形で，これらを取り上げた問題は多種多様できわめて多

い．

　中でも正三角形と正方形が1辺を共有している図形は頻繁に出題されている．単純な図形の構成であるが，図の向きや条件の与え方，質問の内容など変化に富んでいてなかなか考えさせられる問題が多い．工夫次第で簡単に正解に至る場合も多く，中には2辺を描かずに出題された問題もあり，さまざまなアプローチが楽しめる．簡単な図でありながら奥の深い問題である．対角線の長さを求めるなどは，二重根号が出てきて中学生には少し難しいが，解き方次第で理解可能な「味のある」問題である．

　また1点を共有する正三角形と正方形の問題もある．この場合は共有した点を中心にして回転させ角度や長さ，または面積などを求めさせている．相似関係を使うこともあり，出題者の工夫がおもしろい．

　正三角形と正方形を重ねるという問題もあり，そこから織り出される図形の角度や長さを求める問題は解答者の知的センスをはかるヒントになる．

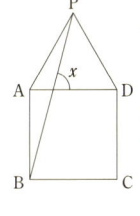

[1]（山口県：高）
正方形と正三角形が1辺を共有している．
(1) $\angle x$ の大きさを求めなさい．
(2) 1辺の長さを a とするとき，対角線 PB の長さを求めなさい（筆者追加）．

（解答）(1) $\angle x = 75°$，
(2) $(\sqrt{6}+\sqrt{2})a/2$

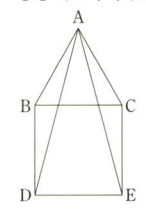

[2]（六甲学院：中，平成21年）
正三角形 ABC と正方形 BDEC がある．AD の長さが 10 cm のとき，△ADE の面積を求めなさい．

（解答）$25\,\text{cm}^2$

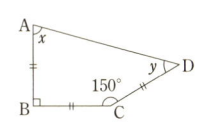

[3]（親和：中，平成26年）
四角形 ABCD において AB = BC = CD であるとき，$\angle x$ と $\angle y$ の大きさを求めなさい．

（解答）$\angle x = 75°$，$\angle y = 45°$

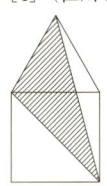

[4]（仁川学院：高，平成23年）
1辺6 cm の正三角形と正方形を組み合わせたものです．斜線部の面積を求めなさい．
（解答）$(9+9\sqrt{3})\,\text{cm}^2$

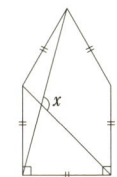

[5]（雲雀丘学園：中，平成22年）
同じ記号の辺は同じ長さです．$\angle x$ の大きさを求めなさい．
（解答）$\angle x = 120°$

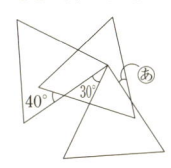

[6]（甲南女子：中，平成26年）
三つの正三角形があります．$\angle$あの大きさを求めなさい．
（解答）$\angle$あ $= 10°$

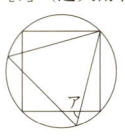

[7]（近大附属：中，平成23年）
円，正方形，正三角形を組み合わせた図形です．$\angle$アの大きさを求めなさい．
（解答）$\angle$ア $= 75°$

[8]（北海道：高，平成19年）

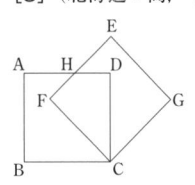

頂点Cが共通な二つの正方形ABCDとEFCGがあります。辺ADとEFの交点をHとします。AB=EF=5cm，∠BCF=45°のとき，線分AHの長さを求めなさい。
（解答）$(10-5\sqrt{2})$ cm

[9]（秋田県：高，平成24年）

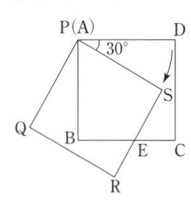

1辺が6cmの正方形ABCDがある．正方形ABCDと合同な正方形PQRSを，頂点A, B, C, Dにそれぞれ頂点P, Q, R, Sが一致するように重ね，図のように点Pを中心として時計回り（矢印の方向）に30°回転させた．このとき，辺BCと辺RSの交点をEとする．ただし円周率はπとする．(1) ∠BESの大きさを求めなさい．(2) 線分PEの長さを求めなさい．(3) 4角形PBESの面積を求めなさい．
（解答）(1) ∠BES=120°，(2) PE=$4\sqrt{3}$ cm，(3) $12\sqrt{3}$ cm^2

[10]（園田学園：中，平成24年）

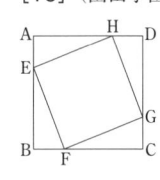

正方形ABCDは面積が49cm^2，正方形EFGHは面積が25cm^{2}です．また，AE=BF=CG=DHで，AEはBEより短いです．
(1) △BEFの面積を求めなさい．(2) AEの長さを求めなさい．
（解答）(1) 6cm^2，(2) 3cm
[筆者注：小学生は足して7，掛けて6×2と考え，中学生は2次方程式をたてる．]

[11]（報徳学園：高，平成26年）

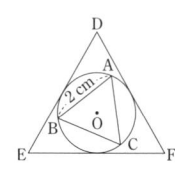

1辺2cmの正三角形ABCがあり，三つの頂点A, B, Cが円Oに内接している．その外側に正三角形DEF外接するとき，正三角形DEFの面積を求めなさい．
（解答）$4\sqrt{3}$ cm^2

[12]（群馬県：高，平成25年）

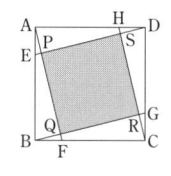

4角形ABCDは，1辺の長さが6cmの正方形である．各辺上に，それぞれAE=BF=CG=DH=$x$cmとなるように点E, F, G, Hをとる．線分AFとDE, BGとの交点をそれぞれP, Qとし，線分CHとBG, DEとの交点をそれぞれR, Sとするとき，次の問に答えなさい．(1) AF^{2}をxの式で表しなさい．(2) △AEPと△AFBの面積の比をxの式で表しなさい．(3) 4角形PQRSの面積が4角形ABCDの面積の半分となるとき，①△ABQの面積を求めなさい．②xの値を求めなさい．
（解答）(1) x^2+36，(2) $x^2:x^2+36$，(3) ① 9/2 cm^2，② $x=12-6\sqrt{3}$

●正五角形にまつわる問題　正五角形は身近なところでもよく見かけることがあり，親しみのある図形である．近ごろでは菓子などのパッケージにも星形五角形や正五角形のものをしばしば目にする．大変神秘的な性質をもち，古来より人々が魔力を感じていたこともうなずける不思議な図形である．たとえば，各頂点を対角線で結んでも，各辺を延長しても星形ができる．それらの直線が作る角度は必ず36°，72°，108°のいずれかに限られており，辺の長さの比には多くの秘密が隠されている．

それだけに正五角形にまつわる問題は以前からよく出題されている．いずれの問題からも出題者の苦労がうかがえるうえ，各中・高等学校が互いに刺激し合っているところが見受けられる．

[13]（茨城県：高，平成 18 年） 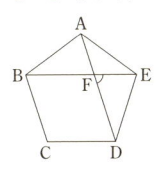
正五角形 ABCDE がある．線分 AD と線分 BE との交点を F とするとき，∠EFD の大きさを求めなさい．
（解答）∠EFD = 72°

[14]（関西大倉：高，平成 22 年） 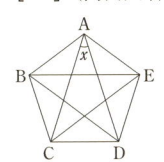
正五角形 ABCDE において，∠x の大きさを求めなさい．
（解答）∠x = 36°

[15]（富山県：高，平成 26 年） 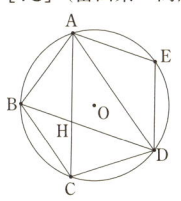
円 O の周を 5 等分する点を A, B, C, D, E とし，正五角形 ABCDE を作る．また，対角線 AC と BD の交点を H とする．(1) ∠BAC の大きさを求めなさい．(2) 線分 AB の長さが 1 のとき，線分 AC の長さを求めなさい．
（解答）(1) ∠BAC = 36°，
(2) AC = $(1+\sqrt{5})/2$

[16]（鎌倉学園：中，平成 26 年） 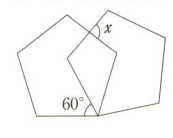
2 個の正五角形があります．∠x の大きさを求めなさい．
（解答）∠x = 84°

[17]（武庫川女子大附属：中，平成 24 年） 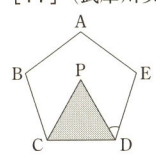
正五角形 ABCDE と正三角形 PCD があります．∠PDE の大きさを求めなさい．
（解答）∠PDE = 48°

[18]（甲南女子：中，平成 20 年） 
正方形と正五角形を組み合わせたものです．∠あの大きさを求めなさい．
（解答）∠あ = 81°

[19]（和歌山県：高，平成 19 年） 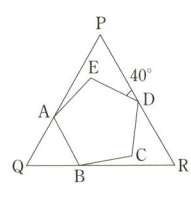
正五角形 ABCDE の頂点 A, B, D が，それぞれ正三角形 PQR の辺 PQ, QR, RP 上にある．∠PDE = 40° のとき，∠CBR の大きさを求めなさい．
（解答）∠CBR = 16°

[20]（女子学院：中，平成 26 年） 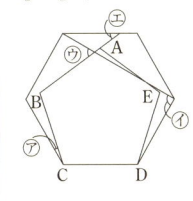
正六角形の中に正五角形 ABCDE があります．(1) ∠㋐の大きさを求めなさい．(2) ∠㋑の大きさを求めなさい．(3) ∠㋒の大きさを求めなさい．(4) ∠㋓の大きさを求めなさい．
（解答）(1) ∠㋐ = 12°，(2) ∠㋑ = 90°，(3) ∠㋒ = 66°，(4) ∠㋓ = 36°

[21]（園田学園：高，平成 26 年） 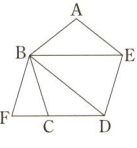
1 辺の長さが 10 cm である正五角形 ABCDE と平行四辺形 BFDE がある．(1) ∠BAE の大きさを求めなさい．(2) ∠AEB の大きさを求めなさい．(3) ∠FBD の大きさを求めなさい．(4) 線分 FC の長さを求めなさい．
（解答）(1) ∠BAE = 108°，(2) ∠AEB = 36°，(3) ∠FBD = 72°，(4) FC = $(5\sqrt{5} - 5)$ cm

[22]（須磨学園：中，平成 25 年）

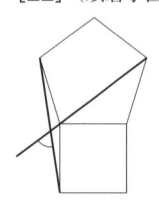

正方形と正五角形がある．太線 2 本でできている印の付いた角の大きさを求めなさい．
（解答）63°

[23]（大商学園：高，平成 25 年）

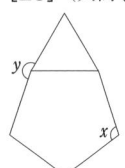

正三角形と正五角形が 1 辺を共有している．このとき∠x と∠y の大きさを求めなさい．
（解答）∠x = 108°，
∠y = 192°

[24]（滋賀県：高，平成 23 年）

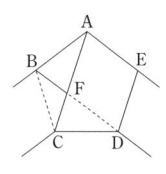

幅が一定のテープを結び，正五角形 ABCDE を作り，対角線 AC と BD の交点を F とする．△ABF，△BCF と合同な 3 角形を重なることなく，隙間なく並べて，正五角形 ABCDE を敷き詰めたい．必要な 3 角形の枚数を求めなさい．
（解答）△ABF 4 枚，△BCF 3 枚

[25]（近大附属：中，平成 24 年）

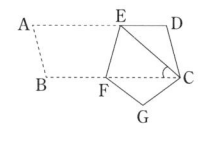

平行四辺形 ABCD を点 A が点 C に重なるように折ると，正五角形 CDEFG ができました．∠ECF の大きさを求めなさい．
（解答）∠ECF = 36°

[26]（灘：中，平成 26 年）

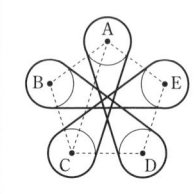

点 A, B, C, D, E は正五角形の頂点で，AC の長さは 5 cm です．また，A, B, C, D, E を中心とする円の半径はすべて 1 cm です．図の太線のように，5 個の円にたるまないように糸をかけます．必要な糸の長さを求めなさい．
（解答）$(25 + 6\pi)$ cm

[27]（神港学園：高，平成 20 年）

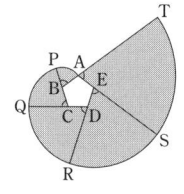

5 角形 ABCDE は 1 辺が 2 cm の正五角形である．円周率を π とするき，(1) 曲線 APQRST の長さを求めなさい．(2) 色（グレイ）を付けた部分の面積を求めなさい．
（解答）(1) 12π cm，(2) 44π cm^2

●**正六角形にまつわる問題**　正六角形は小学生にとっても考えやすい教材であり中学校の入試問題によく取り上げられる．レベルを上げたものは高校入試問題として頻繁に出題されている．

小学生は正六角形をいくつかの合同な図形に区切って考える．たとえば 3 本の対角線で六つの正三角形に区切る．角度に関しても 30°，60°，90° の直角三角形の性質を利用することができる．また，中学生には小学生の考え方のほかに，三平方の定理や辺の比，辺の比と面積の比の関係を活用するなど多くの考え方ができ，解法が多岐にわたる良問が多い．そのうち中学入試問題は小学生が解く問題であり，制約された解き方も楽しんでいただきたい．

I・6 多角形を解く ①　　　　　　　　　　　　　　　99

[28]（六甲：中，平成9年）

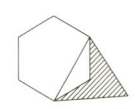

面積の差が15 cm² である正六角形と正三角形が図のように重なっています．斜線の部分の面積を求めなさい．
（解答）10 cm²

[29]（北海道：高，平成19年）

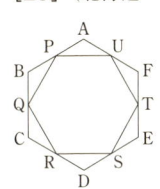

正六角形 ABCDEF の各辺の中点を結んだ正六角形 PQRTSU があります．AB = 4 cm のとき，辺 PQ の長さを求めなさい．
（解答）$2\sqrt{3}$ cm

[30]（関西学院：中，平成23年）

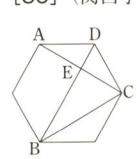

正六角形の頂点を結んで，3角形を作りました．△AED と △BCE の面積比を求めなさい．
（解答）1 : 3

[筆者注：中学生は相似比と面積比の関係を用いる．小学生は正六角形を分割し，知恵と工夫を凝らして正解に至る．]

[31]（慶應湘南：中，平成24年）

正六角形 ABCDEF の辺 BC, DE, FA のそれぞれのまん中の点を P, Q, R とし，辺 AB, CD, EF 上にそれぞれ S, T, U をとり，図のように結んで6角形 PTQURS と正六角形 ABCDEF の面積の比を，もっとも簡単な整数の比で表しなさい．
（解答）3 : 4

[32]（藤女子：中，平成25年）

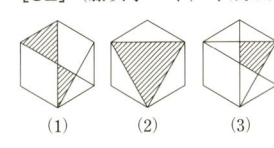

外側の正六角形の面積が 60 cm² であるとき，各図形の斜線部の面積を求めなさい．
（解答）(1) 15 cm², (2) 30 cm², (3) 10 cm²

[33]（夙川学院：高，平成24年）

正六角形の面積は 66 cm² です．斜線部分の面積を求めなさい．
（解答）33 cm²

[34]（滋賀県：高，平成26年）

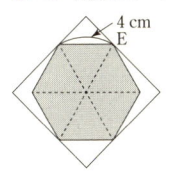

図のように正六角形が4点を共有して正方形に内接している．正六角形の1辺が4 cm のとき，正方形の面積を求めなさい（筆者改題）．
（解答）$(32 + 16\sqrt{3})$ cm²

[35]（神戸野田：高，平成25年）

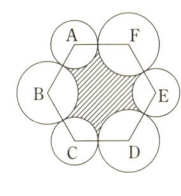

1辺が6 cm の正六角形 ABCDEF の各頂点を中心とする6つの円がある．各円の半径は6 cm より小さく，隣り合う頂点を中心とする円がそれぞれ接しているとき，次の問いに答えなさい．ただし，円周率を π とする．(1) 円 A の半径が1 cm のとき，円 D の半径を求めなさい．(2) 円 A の半径が円 D の半径の2倍であるとき，円 A の半径を求めなさい．(3) 円 A と円 C が接するとき，円 A の半径を求めなさい．(4) 6つの円の面積の合計が 60π cm² のとき，図の斜線部の面積を求めなさい．
（解答）(1) 5 cm，(2) 4 cm，(3) $3\sqrt{3}$ cm，(4) $(54\sqrt{3} - 20\pi)$ cm²

[36]（国立高専，平成25年）

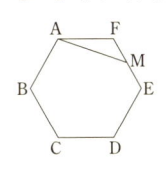

図のように，1辺の長さが4 cm の正六角形 ABCDEF がある．辺 EF の中点を M とするとき，線分 AM の長さを求めなさい．
（解答）$2\sqrt{7}$ cm

[37]（近大附属：中，平成 25 年）

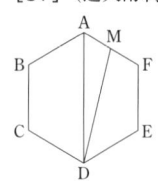

面積が 36 cm² の正六角形 ABCDEF があり，辺 AF のまん中の点を M とします．このとき，△ADM の面積を求めなさい．
（解答）6 cm²

[38]（金蘭会：中，平成 23 年）

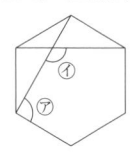

正六角形の，∠㋐，∠㋑ の大きさを求めなさい．
（解答）∠㋐ = 90°，∠㋑ = 120°

[39]（灘：中，平成 26 年）

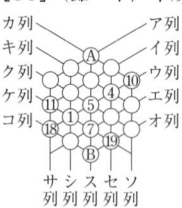

丸の中に 1 から 19 までの数字がはいっている．各直線上の数字の合計は 38 である．A，B にはいる数字を求めなさい．
（解答）A=15，B=3
［筆者注：イ列に注目して A を求める．］

[40]（四天王寺：中，平成 26 年）

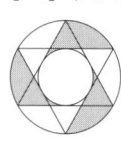

円周を 6 等分する点を結んでできた正六角形にぴったり入る円があります．(1) 大円の半径は小円の半径の何倍ですか．(2) 図の影をつけた部分の面積の和は小円の面積の何倍ですか．
（解答）(1) 2 倍，(2) 1.5 倍

●**正八角形にまつわる問題**　正八角形はしばしば正六角形と見違える図形で身のまわりにもよく見かける．古くは古墳に始まり，鉢，皿や盆などの食器類，近ごろではカップ麺の容器や児童公園の砂場のかたちにもある．

作図方法は正五角形ほど複雑ではなく比較的簡単で，描き間違えも少ない．大工は曲尺1本で簡単に作図できるので，昔から木造建築，箱，物入れなど身近なところでよく使ってきた．[43] と [45] は正八角形ではなく八つの辺の長さが等しい 8 角形である．

[41]（函館白百合学院：中，平成 24 年）

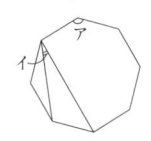

正八角形について，∠ア の大きさと ∠イ の大きさを求めなさい．
（解答）∠ア = 135°
　　　∠イ = 22.5°

[42]（滋賀県：高，平成 24 年）

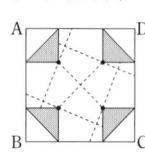

1 辺 6 cm の正方形の折り紙を，図のように折ると正八角形ができる．この正八角形の 1 辺の長さを求めなさい．［筆者改題］
（解答）($6\sqrt{2} - 6$) cm

[43]（茨城県：高，平成 21 年）

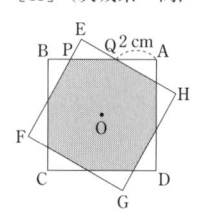

1 辺が 6 cm の重心を重ねた正方形 ABCD と正方形 EFGH がある．QA = 2 cm のとき，二つの正方形が重なっている 8 角形の部分の面積を求めなさい．
（解答）30 cm²

[44]（筆者作）

正方形 ABCD から図のように正八角形 EFGHIJKL を切り出したい．AD の長さを a とするとき，AL の長さを求めなさい．
（解答）$(\sqrt{2}/2)a = a/\sqrt{2}$

[筆者注：曲尺の裏目つまり長手は表目の $\sqrt{2}$ 倍．元の正方形の辺の長さを裏目で測ると，表目の同じ目盛が正八角形の頂点となる．]

[45]（灘：中，平成 25 年）

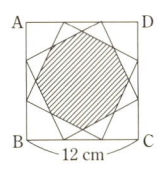

図は，1 辺の長さが 12 cm の正方形 ABCD と，それぞれの辺を 3 等分する点を 1 つおきに結んでできる図形です．このとき，斜線部分の 8 角形の面積を求めなさい．

（解答）200/3

[筆者注：中学生は $1:2:\sqrt{5}$ の直角三角形を用いて，相似と方程式で比較的簡単に求めることができる．しかし，小学生には難問．]

● **正七角形や正九角形にまつわる問題**　　正七角形，正九角形，正十角形などの図は入試問題ではなかなかお目にかかれない．正七角形や正九角形は定規とコンパスだけでは正確には作図できないこともあり，関係する外角や内角の計算や作図が小・中学生にはむずかしいという理由からと考えられる．しかしながら，それらにはそれぞれの個性があり，付き合ってみると「おもしろい」かたちである．正十角形については，図を示さず文章だけで外角を求めさせる問題がある（千葉県，平成 25 年）．

そんな中で，以下にあげる正七角形の問題は希少価値がある．

[46]（品川女子学院：中，平成 26 年）

1 辺の長さが等しい正五角形と正七角形を組み合わせたとき，∠アの大きさを求めなさい．
（解答）∠ア = 144/7 度

[47]（金蘭千里：中，平成 26 年）

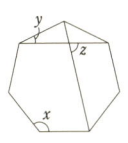

正七角形で，∠x，∠y，∠z の大きさを求めなさい．ただし答えは分数のままでよい．
（解答）∠x = 900/7 度，∠y = 180/7 度，∠z = 540/7 度

● **中学・高校入試問題における正多角形の魅力**　　以上のように，限られた範囲ではあるが，中学・高校入試の正多角形にまつわる問題を見てきた．時の流れと地域的な広がり，また対象年齢や校種を超越して，相互に出題に工夫を加えながら，入試問題が進化・発展しているところが見て取れる．それは急速に社会が変化する中，算数・数学における柔軟な問題解決能力に期待が寄せられているゆえんであろう．新たな「ひらめき」や「きらめき」「感動」を味わえる正多角形は，考え方一つで難問が基本問題に変化する「魔力」と「魅力」を秘めている．

[川勝健二]

公務員試験問題

　公務員試験問題，あるいは企業の入社試験問題などに見る多角形は，人間の一生を支配するかも知れない．
　ここではそのうち社会的にもっとも影響力があると思われる公務員試験問題について見てみる．

●**公務員試験問題に見る正多角形**　国家公務員をはじめ一般地方公務員，警察，消防などさまざまな公務員の採用試験問題には，「判断推理」といった分野で正多角形に関連する目を引く問題が多数ある．これからのわが国を支える柔軟な思考力をもつ人材の発掘に各機関が力を注いでいる様子がよく見てとれる．既習事項の確認よりも，それぞれの置かれた条件下で，創意工夫ができる対応力を求められているのだろう．

[川勝健二]

[1]（国家公務員 I 種，平成 23 年） 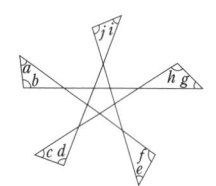
図の a から j の角度の総和を求めなさい．
（解答）$720°$

[2]（国税専門官，平成 14 年） 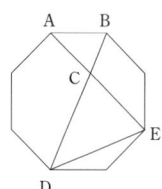
正八角形に含まれる △ABC の面積が 1 であるとき，△CDE の面積を求めなさい．
（解答）$2+\sqrt{2}$

[3]（国家公務員 II 種，平成 7 年） 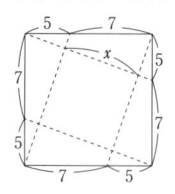
正方形を区切ったとき，中央の正方形の辺の長さを求めなさい．
（解答）$x = 84/13$

[4]（国税専門官，平成 16 年度） 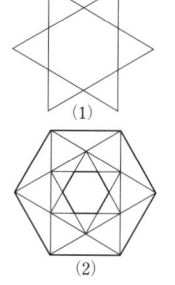
(1) は，1 辺の長さが等しい二つの正三角形を重心を中心として $60°$ 回転させたものである．この図のとなりあう各頂点を直線で結び，さらに内側の正六角形の頂点を一つおきに結ぶと，(2) で示される図形となる．このとき，(2) において，一番外側にできた正六角形の面積は，一番内側にできた正六角形の面積の何倍かを求めなさい．
（解答）9 倍

[5]（国家公務員 II 種，平成 15 年） 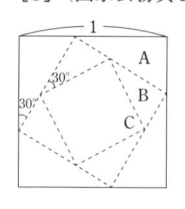
1 辺の長さが 1 の正方形 A に内接し，かつ，$30°$ 傾いた正方形 B がある．同様に正方形 B に内接し $30°$ 傾いた正方形 C の 1 辺の長さを求めなさい．
（解答）$4 - 2\sqrt{3}$

I・6 多角形を解く ②

[6]（大阪府警察行政，平成25年）

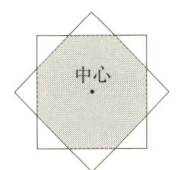

1辺が8cmの正方形の折り紙2枚を，その中心が一致するように重ね合わせて，できる正八角形の面積を求めなさい．

（解答）$128(\sqrt{2}-1)$ cm^2

[7]（大阪府警察行政，平成26年）

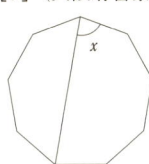

正九角形に二つの頂点を結ぶ線を引いたとき，$\angle x$の大きさを求めなさい．

（解答）$\angle x = 80°$

[8]（東京都，平成26年）

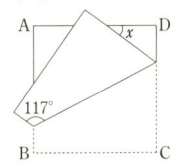

正方形ABCDを折り返したとき，$\angle x$の大きさを求めなさい．

（解答）$\angle x = 36°$

[9]（東京都，平成25年）

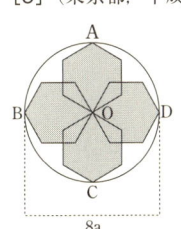

点Oを中心とする直径$8a$の円の中に，四つの正六角形があり，各正六角形はそれぞれ一つの頂点を円の中心Oと接し，別の頂点A, B, C, Dで円と接している．直線AOCと直線BODが直角に交わるとき，網掛け部分の面積を求めなさい．

（解答）$4(7\sqrt{3}-3)a^2$

[10]（東京都，平成25年）

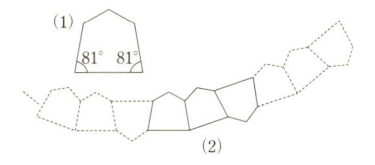

(1)のような五角形の将棋の駒を，(2)のように3枚を1組として，角どうしが接するように並べ続けたとき，環状になるために必要な駒の枚数を求めなさい．

（解答）60枚

[11]（兵庫県初級教養，平成25年）

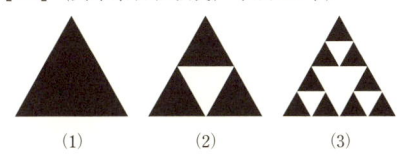

(1)のような1辺の長さが1の正三角形の板がある．まず，この板から各辺の中点を結んでできる三角形を取り除くと(2)のようになる．次に，(2)で残った三角形それぞれについて同様に各辺の中点を結んでできる三角形を取り除くと(3)のようになる．さらに，(3)で残った三角形それぞれについて同様に各辺の中点を結んでできる三角形を取り除くとき，残った板の周囲の長さの合計を求めなさい．

（解答）81/8

【コラム】　正多角形の箸と酒枡

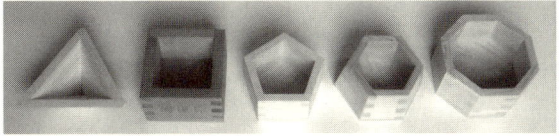

正三角形から正十角形までの箸と，正七，九，十角形を欠く酒枡（収集：宮崎興二）

和 算

　江戸時代を迎えてまもなく，わが国では，ソロバン勘定の訓練などのため，のちに和算といわれるようになる独特の数学が広まった．その和算ではソロバンで計算をするばかりでなく幾何学的な図形も好まれ，正三角形から始まって，正方形，正五角形，正六角形，と辺の数が多くなる正多角形について，1辺を1としたときの面積，外接円の半径（角中径），内接円の半径（平中径），対角線（二面斜）などを求める問題が早くから研究された．正三角形や正方形にこだわらず，一般的な三角形や四角形について，それらを円や楕円と組み合わせるなどした問題もたくさん作られている．

●**いろいろな正多角形**　和算では正多角形を扱う分野を角術といい，古くは今村知商の竪亥録（寛永 16 年，1639）に正多角形の 1 辺が与えられたときの面積を求める問題が載せられている．

　その後，正多角形の 1 辺と外接円や内接円の半径との関係や，対角線と弓形の高さ（矢．弧の中点から弦にいたる距離）の関係などに関心がもたれるようになった．それを最初に発展させたのは関孝和で，『括要算法』第 3 巻（正徳 2 年，1712）では，正三角形から正二〇角形までの 1 辺の長さを 1 としたときの外接円や内接円の半径を求めるための方程式を導き，その値を求めている．

　建部賢弘ほかの『大成算経』11 巻（宝永 7 年，1710 年ごろ）の角術では正三角形から正二〇角形までの正多角形だけでなく畸零面（短い辺）が一つある多角形についても調べている．そうした多角形について和算ではたとえば 1 辺だけ短い 5 角形は「四角有余」という．

　一般の正 n 角形について述べているのは松永良弼で，『算法全経（廉術）』（年代不詳）では，奇数，単偶数（2 で割ると奇数になる）と双偶数（4 の倍数）に分けて調べている．また対角線と矢の関係についても述べている．『方円算経』（元文 4 年，1739）では級数で表すことも試みているが詳しい説明は載せていない．

　有馬頼僮は『拾璣算法』（明和 6 年，1769）の中で，角術という項目こそあげていないが，第四巻では畸零面のある n 角形について述べている（図 1）．また『方円算経』を整理した『方円奇巧』（明和 3 年，1766）や『算法全経（廉術）』を解説した『逐索奇法』（宝暦 12 年，1762）（図 2）を著わしている．逐索奇法では 3 角形の相似によって対角線の長さを求めているが，正 n 角形の外接円や内接円の半

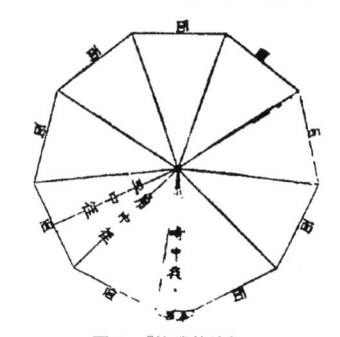

図 1　『拾璣算法』

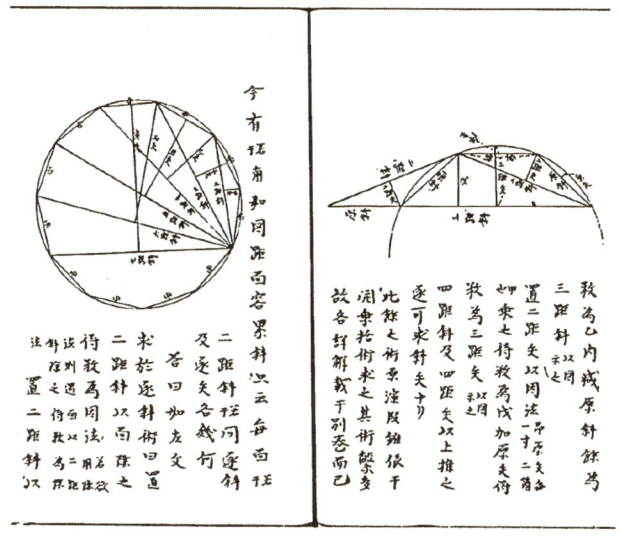

図2 『逐索奇法』

径を出す式をどのようにして導くかについては和算家も苦労したようである.
　一方,求角面の式(正多角形の1辺を求める式)を石黒信由は『諸角綴術之解』(文化4年,1807)で,また白石長忠は『諸角通術捷法解』(文政6年,1823)で導いている.そのため石黒や白石は膨大な計算を書き残しているが微分法を用いないためわかりにくいものになっている(詳細は佐藤健一監修,山司勝紀・西田知己編集,朝倉書店刊『和算の辞典』に載せられている).
●**円周率と正多角形**　和算家たちは円周率をより正確に求めるために,正多角形の角数を多くしていけば周の長さが円周に近づいていくと考え,円周率の多くの桁を求めるために正多角形の角数を2倍,4倍と増やしていった.
　求めた円周率について,江戸時代の初期の和算書である毛利重能著『割算書』,吉田光由著『塵劫記』,今村知商著『竪亥録』などは3.16としている.今村知商の弟子安藤有益は竪亥録を解説した『竪亥録仮名抄』を著わし,その中では円周率として$\sqrt{10}$(= 3.162…)を用いている.$\sqrt{10}$が何によったものであるかは不明であるが,のちに専門書で3.14…が用いられるようになってからも,入門書では$\sqrt{10}$が使われ続けた.
　赤穂浪士で有名な村松秀直,高直親子の養父であった和算家の村松茂清は,円周率が3.14…であることを,著書『算俎』(寛文3年,1633)(図3)に載せている.村松は円に内接する正四角形から始めて,正八角形,正十六角形と進み,ついには正2^{15}角形の周を計算して,円周率3.1415926…を求めた.ただし問題を解くときには3.14を用いている.関孝和は没後に出版された『括要算法』(正徳2年,

図3 『算俎』

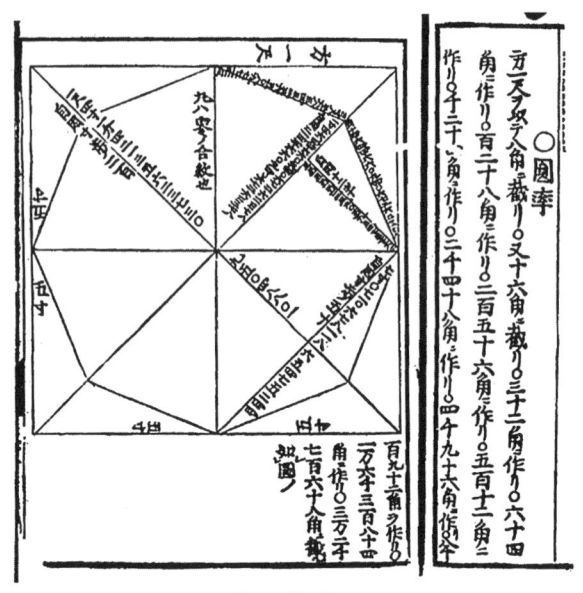

1712）第4巻で，算俎と同様にして正 2^{17} 角形まで計算し，円周率 3.14159265359 微弱を得た．

鎌田俊清は著書『宅間流円理』（享保7年，1722）の前半に，内接正 2^{44} 角形の周と外接正 2^{44} 角形の周を計算して，その共通部分より円周率 3.1415926535897932384626 43 を得ている．また正六角形から始めて，内接正 6×2^{25} 角形の周と外接正 6×2^{25} 角形の周を計算した．建部賢弘は『綴術算経』（享保7年，1722）の中で，正 2^{10} 角形まで計算し加速法（累遍増約術）によって求めた円周率42桁を載せている．

●**正五角形** いろいろな多角形がある中で，和算家が特に注目していたのが正五角形やその関連図形である．

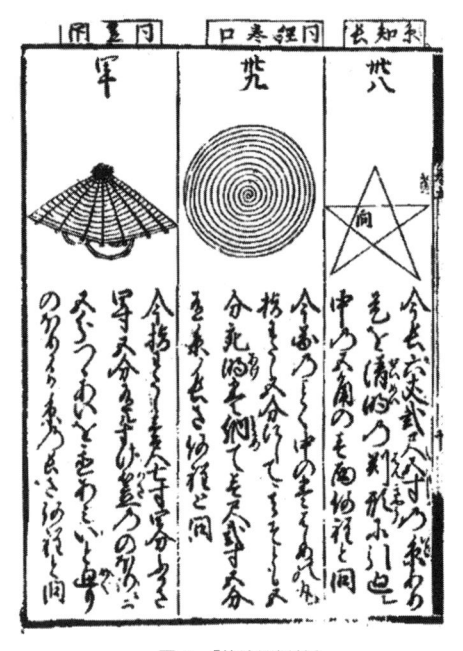

図4 『算法闕疑抄』

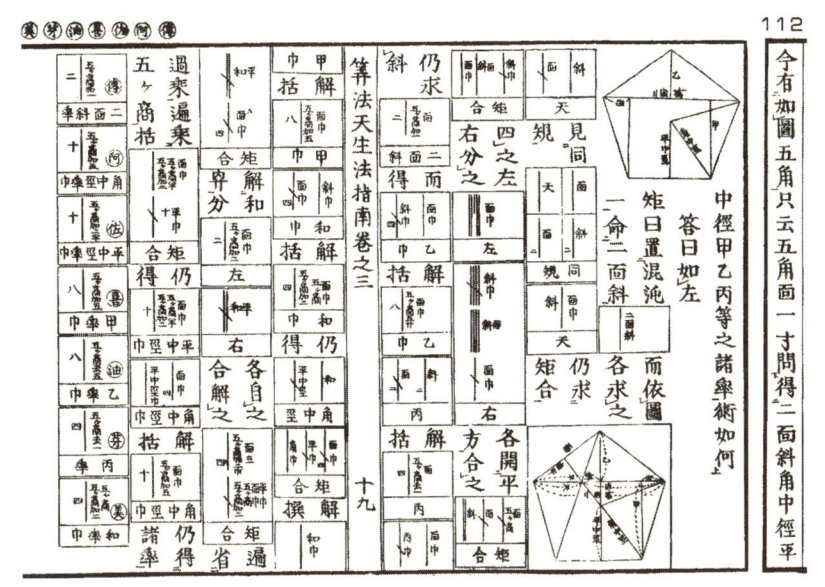

図5 『算法天生法指南』

　正五角形は古代より魔除けの力があると考えられていたといわれ，正五角形の頂点を結んでできる星形五角形は古墳や城の石垣などにも刻まれている．江戸時代にもなると平安時代の陰陽師安倍晴明にちなんで晴明桔梗（五芒星）といわれるまでになった．近代になってからは軍帽などにも用いられている．現代では安倍晴明の屋敷跡に建てられたという京都の晴明神社，生誕の地といわれる大阪阿倍野の安倍晴明神社，子孫が守ってきた福井県名田庄にある天社土御門神道本庁などを飾っている．また，三重県志摩地方の海女の護符にも用いられた．

　和算書では，古くは磯村吉徳著『算法闕疑抄』（寛文元年，1661）第5巻に晴明桔梗が載せられている（図4）．20 m近い六丈二尺五寸の長さの糸で星形五角形を作ったときその一辺の長さを求めよというのである．

　それをどのようにして求めるかについては，幕末の会田安明の書いた『算法天生法指南』（文化7年，1810）に，正五角形の二面斜（対角線），角中径（外接円の半径），平中径（内接円の半径）を求める問題として詳しく説明されている（図5）．それを見ると，数式を縦書きで表す和算独特の點竄術・傍書法・演段術と呼ばれる計算方法を知ることができる（點竄術と傍書法の縦書きの数式の表し方については前掲の『和算の事典』参照）．

　問題は，図の右上のような正五角形について，1辺の長さ（面）が与えられたとき，二面斜（あるいは斜．対角線），角中径（あるいは角），平中径（あるいは平），甲ならびに乙の長さを求めよ，となっている．図の中の右下の図は面を1

としたときの正五角形に関する各種の値（率）を求めるための図である．それによって，左端列に書かれている漢字が示す値を求めると，㋮二面斜率＝$(\sqrt{5}+1)/2$，㋐（角中径率）$^2=(\sqrt{5}+5)/10$，㋑（平中径率）$^2=(\sqrt{5}+2.5)/10$，㋖（甲率）$^2=(\sqrt{5}+5)/8$，㋜（乙率）$^2=(5-\sqrt{5})/8$，㋕丙率＝$(\sqrt{5}-1)/4$，㋻（和率）$^2=\sqrt{5}(\sqrt{5}+2)/4$となる．和とは角中径と平中径の和を指す．得られた正五角形の面（1辺）の長さと二面斜（対角線）の長さの比，ならびに対角線をわける天と面の比は，最も美しい比といわれる黄金比になっている．

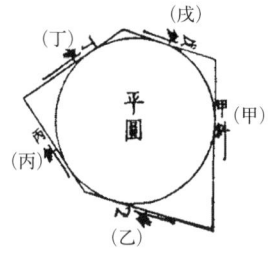

図6 『拾璣算法』

●**不等辺五角形**　和算には，正五角形でなく，辺の長さが同じとは限らない五角形について，内接円をもつ場合に5辺の長さから内接円の半径を求める問題もある．たとえば拾璣算法第四巻には内接円をもつ奇数多角形について，内接円の直径を求める公式が載せられている（図6）．

図7 『研幾算法』

つまり，辺の長さを甲，乙，丙，丁，戊とした場合，子＝甲－乙＋丙－丁＋戊，丑＝甲＋乙－丙＋丁－戊，寅＝－甲＋乙＋丙－丁＋戊，卯＝甲－乙＋丙＋丁－戊，辰＝－甲＋乙－丙＋丁＋戊として，子×丑×寅×卯×辰－（子×丑×寅＋子×丑×卯＋子×丑×辰＋子×寅×卯＋子×寅×辰＋子×卯×辰＋丑×寅×卯＋丑×寅×辰＋丑×卯×辰＋寅×卯×辰）径^2＋（子＋丑＋寅＋卯＋辰）径^4＝0となる．

また研幾算法第3問・算法発揮には，円に内接する不等辺の5角形について辺の長さからその円の半径を求める問題が載せられている．5角形を円に内接する3個の3角形に分け正弦定理・余弦定理を用いて導かれるが，大変面倒なものである（図7）．

●**正五角形と正七角形を描く**　正五角形の作図に関しては川北朝鄰編『算法助術解義』巻之一に次のように載せられている（図8）．

「平野氏発明する所の術簡易なり．依ってここに記して初学の一助とす．第一作十字，第二作甲円，第三作外円，第四作乙円，如左図．於是外乙円自交所至交所五角面なり．以得五角形なり．」

この古文に従って作図の方法を知り，その正しさを，直角三角形の相似と三平方の定理によって確かめるぐらいのことは，現代の高校生ぐらいなら可能と思われる．つまりこの和算問題は，今の中学生程度向きの理系の数学と文系の国語を両方とも含む入試問題にふさわしいかも知れない．

このようにコンパス（規）と定規（曲尺・矩）を用いて正五角形を作図することはできるが正七角形を描くことはできない．しかし円に内接する正七角形に

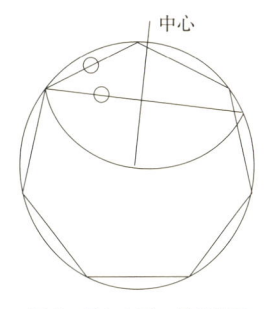

図9 正七角形の近似作図

近いかたちを上の作図と同様に描く簡便な方法は知っていたようである．つまり図9のように，円周上の点を中心として円周と同じ半径の円を描き，2円の交点を結ぶ．できた弦の半分（○印）を一辺として，コンパスで円周を切って行けば七角形ができる．こうした規と矩で作図する方法は規矩術と呼ばれた．正確でないところもあるが，日常生活上はこれで十分であったのであろう．

●**正五角形を折る**　箸袋を結べばその結び目は正五角形になることはよく知られていて，和算書にも出てくる（図10）．それをもう一度結べば結び目は正七角形（図11）となる．さらにもう一度結べば正九角形（図12）となる．これを繰り返せば任意の正奇数角形を作ることができる．こういうことを和算家が知っていたかどうか分からないが，もし知ったとしたら勇んで問題にしたに違いない．

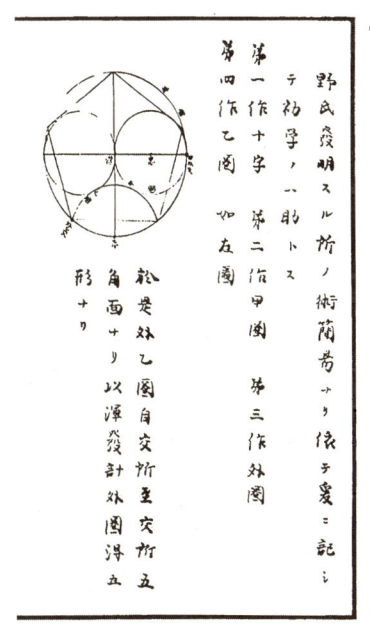

[藤井康生]

図8　『算法助術解義』（日本学士院蔵）

図10　『算法天生法指南』

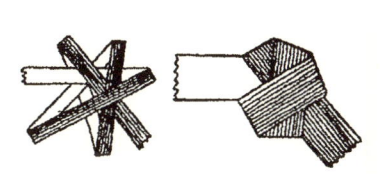

図11　箸袋を折って作る正七角形

図12　箸袋を折って作る正九角形

算　額

　「算額」とは神社や仏閣に掲げられている江戸時代の数学つまり和算の問題を描いた絵馬のことである．数学の研究が勧むことを祈願して，また問題が解けたことを感謝して，揚げたものであるが，自分の研究成果を発表して人に知らせるために，さらに自分たち一門の威勢を示すためにも揚げられたと思われる．そのため多くの門人の名前を載せたものが少なくなく，中には問題がなく門人の名前だけの額もある．

●**算額の生い立ち**　現存算額で最も古いものは栃木県佐野市星宮神社の天和3年（1683）のものである．この額は火災にあい表面が焦げて判読し難いため，火災にあう前の調査記録により復元額が作られている．ついで京都八坂神社の元禄4年（1691）の算額がある．この額は国の重要文化財に指定されている．その他全国に約八百面が残されていて，藤田貞資『神壁算法』（寛政元年，1789）のように，算額の問題を集めた和算書も出版されている．

　こうした算額の問題をめぐって，しばしば学問上の論争が起こった．その中で有名なものは，関孝和の関流に対抗して最上流(さいじょう)を起こした会田安明が江戸・愛宕山に掲げた問題について，関流の藤田貞資との間で起きた論争である．和算というと関流が有名であるが，最上流はじめ，宅間能清の宅間流，中西正好の中西流，武田眞元の武田派，福田理軒の福田派のような多くの流派があり，各地に算額を残して，しばしば論争を繰り広げ和算の発展をうながした．

　こうした算額は神社仏閣に掲げて衆目を集めるのが目的の一つであり，日本独特のモノクロのわびさび幽玄の中で人目につきやすいように，西洋風のカラフルな正多角形をはじめとする幾何学図形に関する問題で飾られることが多い．そのため正三角形や正方形，正五角形，正六角形の問題が多く見られるほか，菱形や台形，二等辺三角形，直角三角形などもたくさん扱われている．

●**正三角形**　正三角形に限らず一般的な3角形についていえば，3角形の中に，三つの円を，各円が3角形の2辺に接しながらかつ互いに接するように入れる作図問題がある．イタリアの数学者マルファッチ（1731-1807）にちなむ問題として有名である（マルファッチの問題の解法については岩田至康編，槇書店刊『幾何学大事典補巻I附録IV和算の現代化に関する論文』に詳しく載せられている）．

　安島直円はこの作図問題を3角形の3辺が与えられたときに円の直径を求める問題として，現在の2次方程式を導き解いた．これを三斜三円術という（図1）．四つの円の場合は三斜四円術となる．算額の問題にはこうした三斜三円術や三斜四円術がしばしば見られる．中には3角形を台形や長方形に置き換えたものもある．

I・6 多角形を解く ④

　愛媛県松山市伊佐爾波(いさにわ)神社算額には正三角形を扱う三斜四円術が取り上げられている（図2）．問題は，1辺の長さが与えられた正三角形の中に天円1個，地円1個，人円2個を入れるとき，人円の直径を求めよという．答（術）は，48を平方に開き，そこから5を減じて余りを平方に開き，それに2を加えて，正三角形の一辺をこの数で割る，という．

　同様の問題は兵庫県伊丹市猪名野神社等の算額にもある．

　5円の場合は福島県矢祭町矢祭神社に見られる（図3）．

　算額ではないが，井川久徳著『開式新法』（享和3年，1803）には，円の個数を一般化した問題が出ている（図4）．

● **正方形**　マルファッチの問題の3角形を正方形に置き換えた問題も，算額ではないが，藤田定資著『精要算法』（天明元年，1781）他の和算書に好まれて載せ

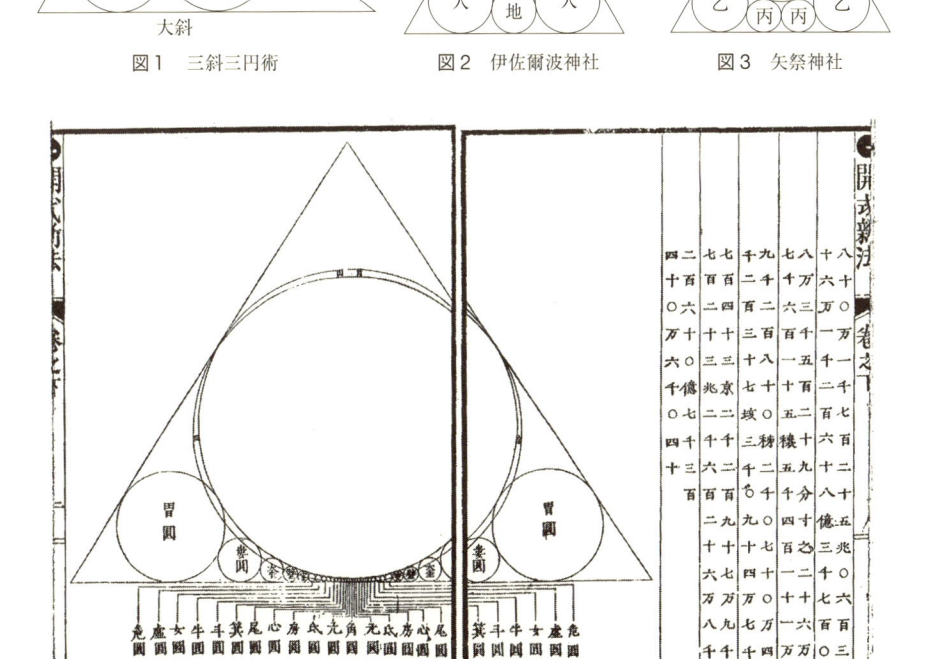

図1　三斜三円術　　　　図2　伊佐爾波神社　　　　図3　矢祭神社

図4　『開式新法』

図5 『精要算法』　　　　　　　　　　　　　図6　八雲神社

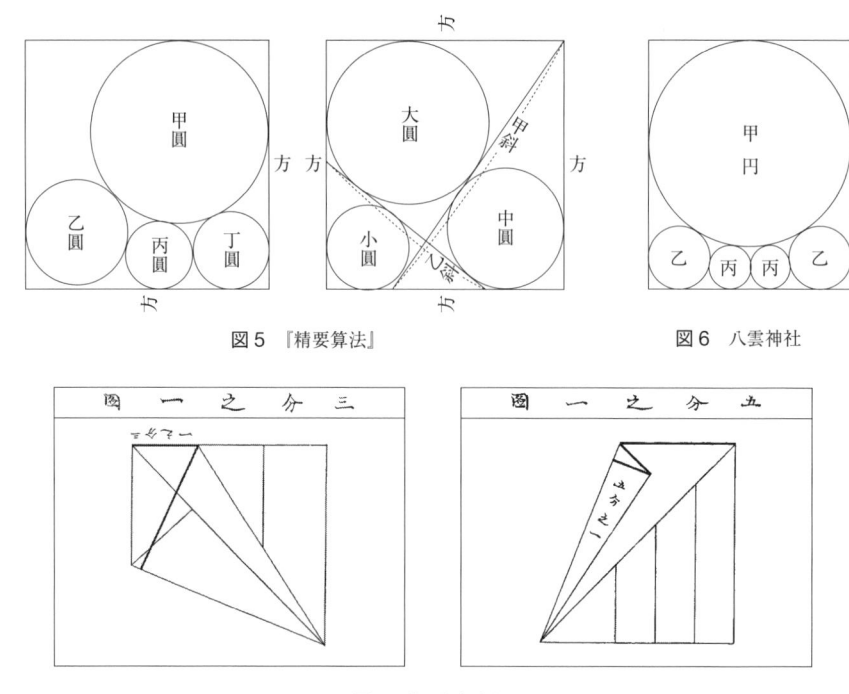

図7　『分度余術』

られている（図5左）．同書には3辺の比が3：4：5になる直角三角形に基づくおもしろい問題も見られる（図5右）．

　算額としては，茨城県協和町子神社や千葉県君津町八雲神社に掲げられたものに，長方形の中に5円が入っている場合が見られる（図6）．

　算額ではないが，正方形の紙を折って，1辺の3分の1と5分の1を作る方法として松宮俊仍編『分度余術』（享保13年，1728）に図7のような図が載せられている．これは正確ではないが，簡便な方法として用いられたようである．

●**正五角形**　正五角形に関する問題については，図8の岡山県倉敷市阿智神社の算額がよく知られている．1辺の長さを1としたときの内接円の半径（平中率）を用いて解く問題である．問題は，1辺の長さが若干の正五角形に直径が若干の円を2辺に接するように入れたとき，斜（隣の頂点からこの円に引いた接線の正五角形の内部にあるもの）の長さを，天元術を用いないで得るにはどうすればよいか，という．もし天元術を使うのであれば，斜の長さを未知数とする方程式で解くが，その方法を使ってはいけないという問題である．

　この問題は池部清真著『開承算法』（延享2年，1745）に遺題として載せられた．遺題とは和算書の最後に解法を載せずに問題だけを載せたもので，その問題

を解いた人はその解法と同時にそれに関連する新しい問題を載せる．このように先に出版された問題の解法を新しい問題と一緒に出す仕組みを遺題承継という．

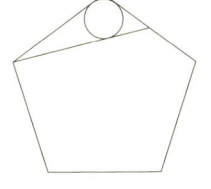

図8　阿智神社 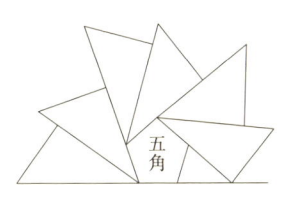　　図9　塩竈神社

この開承算法の遺題を解いたものに武田済美著『闡微算法』（寛延3年，1750）や石黒信由著『算学鉤致』（文政2年，1819）があり，こうした和算書に載せられている問題はしばしば遺題承継のかたちで算額に描かれて世の中に広められた．

宮城県塩竈神社の図9の算額では，直線上に，1辺の長さが与えられた正五角形1個と，それを囲む等しいかたちの直角三角形（鉤股弦）6個が載っているとき，直角三角形の斜辺（斜）の長さを問う，という．

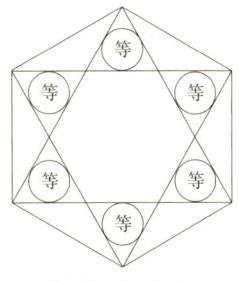

●正六角形　正六角形については，兵庫県高砂市生石神社の算額に図10のような問題がある．1辺の長さが与

図10　生石神社

えられた正六角形内に，正三角形2個を星形に入れるとき6個の小さな正三角形ができるが，そのそれぞれの中に等しい円を一つずつ入れるとき，円の直径を問う，という．

以上のような算額の問題全般については深川英俊・D. ペドー著『日本の幾何—何題解けますか？』（森北出版）に詳しい．

［藤井康生］

【コラム】　算額の例

京都・北野天満宮（明治12年）

II

多角形で

●1 遊ぶ
① 麻雀卓（草場 純） 116
② 囲碁将棋盤（草場 純） 118
③ ボードゲーム（草場 純） 122
④ ボードゲーム攻略法
　　（秋山久義） 128
⑤ 数学遊戯（岩沢宏和） 134
⑥ 三角万華鏡（岩井政佳） 140
⑦ カラーマッチングパズル
　　（秋山久義） 142
⑧ 魔方陣
　　（細矢治夫・阿部楽方・秋山久義） 146
⑨ 知恵の正方形板（高島直昭） 150
⑩ 知恵の正多角形板（高島直昭） 154

●2 飾る
① 周期的タイル貼り（石井源久） 156
② 双対タイル貼り（石井源久） 162
③ 五角タイル貼り（石井源久） 166
④ 非周期的タイル貼り
　　（石井源久） 168
⑤ 回転渦巻タイル貼り
　　（石井源久） 172
⑥ 正五角形パターン（石井源久） 174
⑦ 台形分割正五角形（岩井政佳） 176
⑧ 多角らせん（岩井政佳） 178
⑨ 菱形充填正多角形（石井源久） 182

【コラム】
正多角形の連結 121／ステンドグラスの分析 139／
アラベスク 161／バガンの正五角仏塔 181

麻 雀 卓

　標準的な麻雀は，34種類の文字や図柄を一つずつ書いた四角い牌（タイル）を4セット合計136枚用意し，それを4人で取り合って，中の14枚をできるだけ早く決まった組み合わせに揃える遊びである．
　使う卓は正方形つまり「正四角形」が標準となる．4人で遊ぶならこの正四角形がやりやすいのは自明である．それに対してここでは，それを n 人用の「正 n 角形」に一般化してみる．
●三人麻雀　大都会で麻雀しようと声を掛けると，麻雀の魔力で4人ぐらいはすぐ集まるが，人口の少ない場所ではそうはいかないこともある．それでサンマ（三麻）と呼ばれる3人で遊ぶバリエーションが古くから考案されている．これにふさわしい卓は，とうぜん正三角形であり，サンマが盛んな四国では，正三角形の麻雀卓も作られたと聞く．
　サンマでは特定の牌を上記の136枚から28枚除外した27種108枚の牌を使うのを標準として特別の牌を加えたりするうえ，ルールも臨機応変に変わる．しかしこれはかなり無理な変形で，実際にサンマとふつうの四人麻雀（四麻）のプレー感覚は相当違う．サンマは四人麻雀とは別のゲームという人も多い．
　そこでもう一度，四人麻雀の牌の構成を見ると，34種類の牌が4枚ずつ入っていて，その4枚は区別がつかない．これを四重複という．3人で遊ぶならそれを34種類の牌を3枚ずつ102枚使う三重複にすればよいわけで，この場合の三人麻雀は，四人麻雀の感覚にきわめて近い．
●n 人麻雀　三重複の方法は一般化できる．つまり34種類の麻雀牌を1枚ずつ34枚使えば，一人麻雀ができる．1人なので，勝ち負けはなくいわゆる一人遊びになる．雀頭が作れないのであがれないが，聴牌すれば「成功」である．同様に34種類の麻雀牌を2枚ずつ68枚使えば，二人麻雀ができる．これは集め方がかなり単純にはなるが，2人で楽しく遊べる．
　ところで，大都会で麻雀しようと声を掛けると，3人や4人どころか，5人や6人がたちどころに集まることも多い．その場合でも，たとえば5人なら34種類の牌を，たとえば「東」なら「東」を5枚ずつというように，すべて5枚ずつ合計170枚使えば五人麻雀ができる．
　こうした一般形を「拡張 n 人麻雀」，あるいは「一般 n 人麻雀」と呼ぼう．n 人で n 重複の牌を使う麻雀である．一般に n 人では，$34 \times n$ 枚の牌を使えば，n 人麻雀ができる．点の配分など調整すべきこともあるが，ここでは深入りしない．ともあれ n 人麻雀は，何人でも楽しく遊べるということである．もちろん五人麻雀以上で遊ぶには，ふつうの麻雀牌のセットが少なくとも2組はいることになる．

● **正 n 角形の麻雀卓**　残る大問題は麻雀卓である．n 人麻雀で遊びやすい卓が正 n 角形になるのは議論の余地はないだろう．そこで実際に正三角形，正五角形，正六角形，正七角形，正八角形の麻雀卓を作ってみた．正七角形の卓などは，見ると実に不思議な感覚に打たれる．

ここで大事なのは正七角形であることに必然性があるということである．もちろん他の正多角形も同様で，奇をてらってそのかたちなのではなく，そのかたちが最も遊びやすいからそのかたちなのである．もっとも八人麻雀ともなると，いくぶん無理をしないと隣の牌が見えてしまうので，まあこのあたりが限界ではあろう．

［草場　純］

図1　正三角形卓

図2　実戦中の正五角形卓（逗子・シネマアミーゴにて）

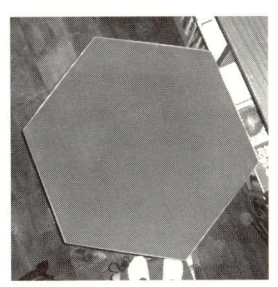

図3　正六角形卓

図4　実戦中の正七角形卓（逗子・シネマアミーゴにて）

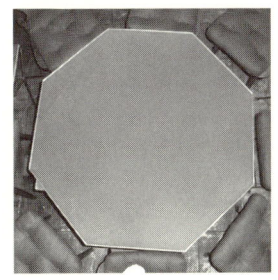

図5　正八角形卓

囲碁将棋盤

　昔から世界各地には囲碁・将棋・チェスといった伝統的なボードゲームが伝えられている．その多くは盤がほぼ正方形あるいは正方形に近い長方形である．蜂の巣形や円形あるいは十字形などもあるが，少数のマイナーなゲームに限られてしまう．またどうしてもそのかたちでなければならないという必然性も薄い．
　それに対して20世紀に入って，多角形のチェス盤だとか将棋盤，正方形の盤でない新案のゲームが，ポツポツと発表されはじめた．そうしたボードゲームについては別項に譲って，ここでは伝統ゲームの「多角形化」について見てみる．
●**伝統的なゲームの多角形化**　伝統的なゲームの多角形化は，それぞれのゲームの変則ルールをもとに出発した．それはある種の思考実験ともいえる興味深い試みである．こうした世界の先達は，米国のT. R. ドーソンで，さまざまな新しいチェスを考案している．ただしドーソンは特に変則駒を使うことで大きな業績があり，多角形盤については，その後継者たちの営みで細々と展開してきたといえる．また，えてして伝統ゲームの中心的な担い手たちは保守的で，今まではそのような新しいルールに強い拒否反応を示すことも少なくなかった．しかし逆にいうならそれは，これからの発展の望める未開の分野ともいえるであろう．
　こうした伝統的なボードゲームの多角形化を考えるとき，それが盤の多角形化なのか，升の多角形化なのか，その両方なのかが問題になるが，まず升の多角形化を基本に据え，盤のかたちは臨機応変に考えよう．
●**東洋風ボードゲームの多角形化**　東洋にはドーソン以前にまず三人将棋の伝統がある．
　中国では三人棋，三国棋，三友棋などが考案されている．升は基本的に方形で，盤は正三角形あるいは正六角形である．日本でも大正時代に谷ケ崎治助という人が「国際三人将棋」なるものを考案している（図1）．これは盤も升も正六角形で，駒の動きはとても興味深い．こうした多人数将棋の試みは成功したとはいいがたいが，それは盤や升の問題ではなさそうである．むしろ多人数化に問題がある．
　囲碁は，将棋やチェスと違い石を線（路）と線の交点に置く（打つ）のであるが，伝統的に使用する盤は19路，いわゆる19路盤である．しかし，近ごろは13路や9路などの小さい盤も抵抗なく打たれるようになってきた．果ては4路などというのもある．逆に21路盤とか23路盤でも打たれている．ただし，これらも正方形に近い長方形である．また左右上下をつないだトーラス（ドーナツの表面）の盤でも打たれる．おもしろいかどうかは別にして，盤上のどこにも特殊な点がないというところから，これを究極の囲碁という人もいる．
　それに対して升を正六角形や正三角形にする囲碁も考えられている（図2, 3）．

Ⅱ・1 多角形で遊ぶ ②

平面を充填する正多角形は，正三角形，正四角形（正方形），正六角形の3種しかない．そのうち伝統的な正方形によるものは，升の配列と格子線の交点(格子点)の配列は同じになっている．実際に，囲碁は格子点に石を置き将棋は升に駒を置くが，囲碁で升に置いても，将棋で格子点に駒を置いても同じゲームになる（一路増減するので調整が必要だが）．実際，中国や韓国の将棋は格子点に駒を置く．

それに対して，正六角形を升とする場合は，格子点の配列は正三角形の場合の

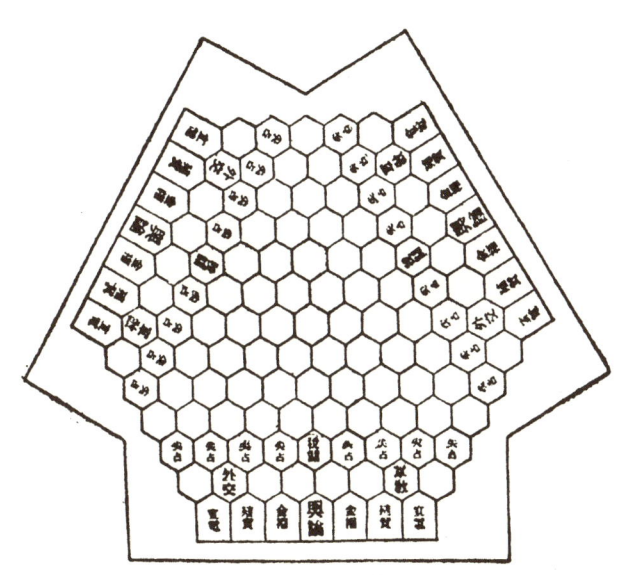

図1　三人将棋の盤面と駒の配備（『国際三人将棋』より）

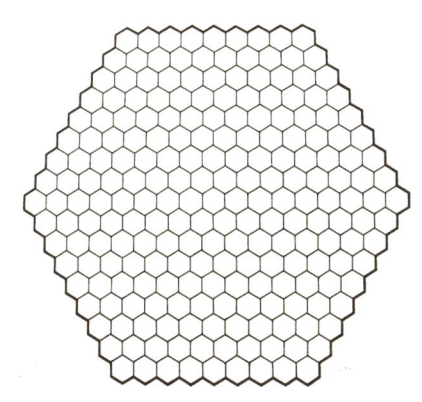

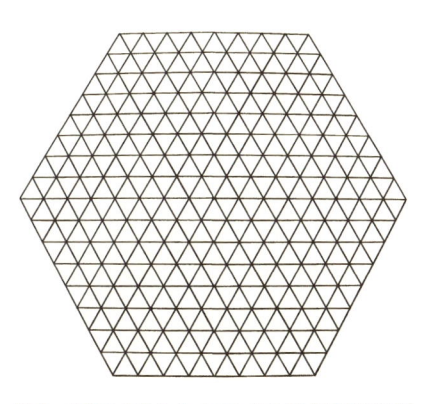

図2　六角ヘックス盤（南雲夏彦作）　　図3　9路の六角トライアングル盤（南雲夏彦作）

升の配列と同じになる．逆に正三角形を升とする場合は，格子点の配列は正六角形の場合の升の配列と同じになる．

ここで正六角形の升目，いいかえれば正三角形の場合の格子点に石を打つ囲碁を考える．この場合，ふつうの囲碁の一つの升目が4本の格子線で囲まれるのに対し，6本の格子線で囲まれるため，石はつながりやすく死ににくく，ふつうの囲碁にもそう劣らないおもしろいゲームになる．盤のかたちは正六角形でも菱形でもよいが，菱形の場合，鋭角と鈍角の2種類の隅ができるので6角形の方がよいようである．

次に正六角形の格子点いいかえれば正三角形の場合の升目に石を打つことを考える．今度の升目は3本の線で囲まれ，石はつながりにくく死にやすくなる．このゲームはかなりむずかしい．相手の石にツケればすぐ死ぬ．恐ろしくて互いに接近できない．互いにふわふわ打ちながら終盤一気に勝負が決まる感じである．

ついでに連珠（五目並べ）を考えて見る．6角形の升あるいは三角形の格子点に打つ連珠は，五連の方向が三つしかなく，四つある4角形の場合より少ないため禁手が不要になる．これはよいことなのだが，なかなか五連は作れない．それに対して，3角形の升に打つ連珠は，五連が定義できないので作れない．二連は並ぶが次が曲がってしまうからである．

●**西洋風ボードゲームの多角形化**　西洋風のボードゲームについては，たとえばオセロ（リバーシ）の多角形化もできる．この場合，菱形の角を取ったような少し長い6角形がよさそうである（図4）．初期配置は図のように白二つを上下に接しさせ，黒二つを左右に離して並べる．角を取らない菱形盤だと，なぜか一方的な結果になるようである．対角線（に当たるもの）が1本しかないので，逆転が狙いにくく，途中から一方的な勝負になるようだ．

最後にドラフツ（チェッカー）を考える．4角形のように市松模様に塗り分けるのはむずかしいので，すべての升を使うが，3角形の升に駒を置くと，直線が定義しにくいので，6角形の升に駒を入れよう．すると今度は「前」をどう定義

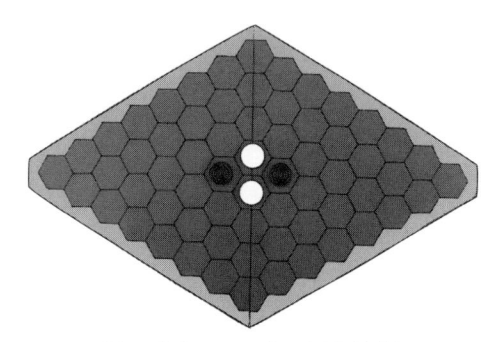

図4　菱形ヘックス盤（南雲夏彦作）

するかが問題となる．ドラフツの駒は前にしか進めない．6角形を縦に置くと前は二つだが，横に置くと前が三つになる．そこでここでは「縦」（どっちを縦としているかは一目瞭然であろう）に置く．盤は正六角形で1辺は4路ぐらいがよさそうである．盤は「横」に置く．駒を15個ずつにすると一触即発でおもしろい．相手を取るときは，後退はもちろん横にも跳べる．一番奥の四つの升まで進めばキングとなり走ることができる．慣れない人でも十分楽しい． [草場　純]

【コラム】　正多角形の連結

　平面を充填する1種類だけの正多角形を1個から4個までつなぐすべての方法を示す．5個以上になると種類は急激に増える．B. グリュンバウムとG. C. シェパードは，大著『タイル貼りとパターン』(1987) の中で，n個の正三角形の場合をn-iamond あるいは Polyiamond（ポリアモンド），正方形の場合をn-omino あるいは Polyomino（ポリオミノ），正六角形の場合をn-hexe あるいは Polyhexe（ポリヘックス）と呼んでいる．

ポリアモンド

ポリオミノ

ポリヘックス

（構成：宮崎興二）

ボードゲーム

　伝統ゲーム以外のボードゲームは，20世紀後半に膨大に作られるようになった．数だけでなく質も高度なものが増え，その隆盛は現在まで続いている．しかし，盤の形という観点からは長方形のものがほとんどであって，見るべきものは少ない．その中から多角形がかかわるものをあげるとなると，いわゆるボードゲームというより，アブストラクト・ボードゲームと呼ばれる単純な図形とシンプルな駒の組合せの二人ゲーム，伝統的ゲームでいうと囲碁に代表されるような系統が多くなる．それは決して現代のボードゲームの主流とはいえないが，多角形という観点から，それらも含めて目につくものをあげてみる．

●アバロン（図1）　正六角形の盤に球状の駒という，見かたによってはなかなか美しいゲーム．自分の玉で相手の玉を押し出すという物理的な側面があり，六角形はその効率的な力学を求めての形状と思われる．ただし，ゲームとしては膠着しがちと筆者は思う．

●アバンデ（図2）　自分の駒を打ったり動かしたり重ねたりしながら支配升を増やす．本来は六角ヘックス盤だが，スナップスクエア盤という興味深い形状の盤も用意されている．これは正三角形と正方形の組合せという独特な盤面をしている．駒は線の交点に打つが，この連結具合がルールとうまくかみ合って，よいゲームバランスと不思議なプレー感を与えている．ゲームの目的は違うが，カイロコリドールと同相の盤ともいえる．

●ヴォロー（図3）　中央と六隅の欠けた6角形の盤に正三角形の升という，凝った盤のアブストラクト・ボードゲーム．自分の駒を鳥に見立てて一つの群れにすれば勝ちというゲームで，この不思議なかたちが，やっているうちに空を覆う天蓋に思えてくるからおもしろい．

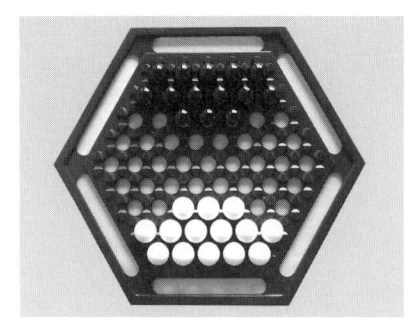

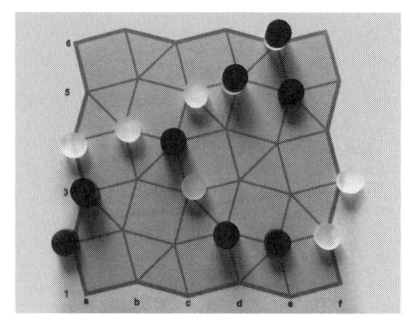

図1　アバロン　　　　　図2　アバンデ（スナップスクエア盤）

●王家の谷（図4）　正三角形の盤という，ボードゲームとしては飛び切りの変わり種．プレーヤーは盤上にピラミッドを作っていく．盤の形状はおもしろいが，それに必然性は薄く，買った人はみんな収納に困っているとか．

●陰陽道（図5）　これはボードゲームというよりカードゲーム（あるいはタイルゲーム）であるが，正五角形を使ったもの．正五角形はボードゲーム全体から見ればきわめて少ないが，同人ゲームなどでは案外見られる．これはその一例である．代表という訳ではない．プレーするときは辺が正しく接するように置かねばならない．全体として正十角形を囲むように置く（デューラー配置）など，かたちは意味をもっている．

●カイロコリドール（図6）　升目も駒も変形5角形という，他に例を見ないような盤面と駒のアブストラクト・ボードゲーム．正五角形では平面は充填できないが，これを少しつぶしたいわゆるカイロ五角形なら，平面充填が可能になる．それをうまく利用して，駒でコリドール（回路）を囲むのだが，確かに独特のプレー感をかもし出している．ゲームの目的は違うが，アバンテと同相の盤ともいえる．

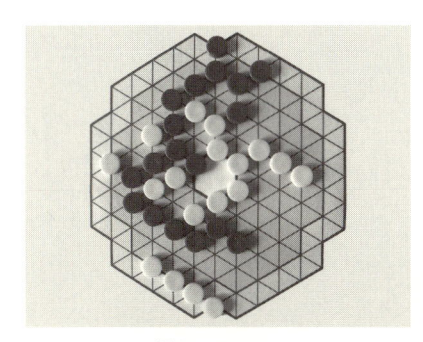

図3　ヴォロー

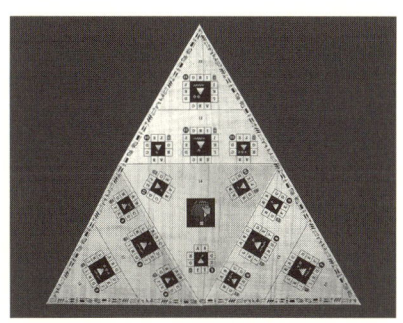

図4　王家の谷

図5　陰陽道

●カオスタイル（図7）　これは，いろいろな多角形を並べるという遊びであるが，1人で遊ぶので，ゲームというよりパズルではある．形状はおもしろい．
●カタンの開拓者たち（図8）　現代ボードゲーム史を3種類のゲームで語れといわれたら，多くの人がモノポリー（1935），アクワイア（1965），カタン（1995）をあげるのではないだろうか．それほどのボードゲームの代表作が，六角形のボードというのはおもしろい．ちなみにモノポリーは正方形，アクワイアは長方形のボードである．島全体も，それぞれの土地も6角形であることが，プレーヤーに適度な独立性と適度な競合とを与え，このゲームの成功の大きな要素となっている．多角形の可能性の一つといえるだろう．
●グローカルヘキサイト（図9）　これは日本の作家が作ったゲームで，角の取れた六芒星形の盤にさまざまな多角形を詰め込んで得点を競う．多角形に必然性はあまり感じられないが，残った相手の駒の形状を見て，盤を埋めていく工夫をするのはおもしろい．
●五竜神（図10）　これも日本発のアブストラクト・ボードゲームで，ペントミノをつないで敵陣まで連結したら勝ちである．ペントミノの形状の違いによって，

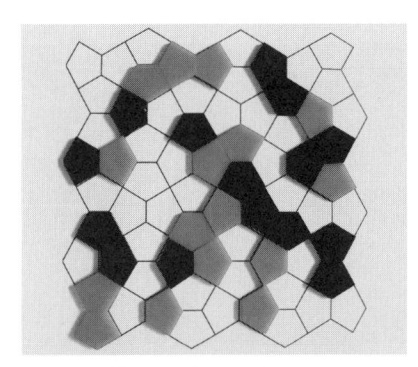

図6　カイロコリドール

図7　カオスタイル

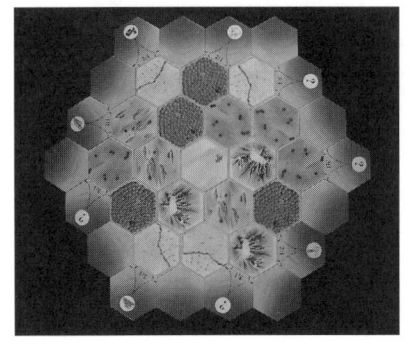

図8　カタンの開拓者たち

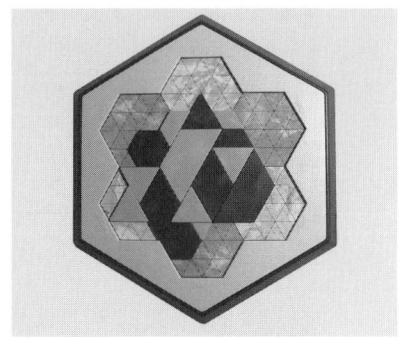

図9　グローカルヘキサイト

連結の速度や方向がいろいろ変化するのがおもしろい．ルールはむずかしくないが，いろいろな作戦が考えられる優れたゲームである．
●**コンタクティック**（図 11）　ピート・ハインが考案したヘックスの製品版の一つ．木製の菱形盤は美しい．12路盤と，それなりの大きさがあるのもよい．ヘックスは小さい盤ではすぐ先が見えてしまう．
●**コンヘックス**（図 12）　これも連結系のゲームだが，駒を使ってまずエリアを獲得し，それで辺と辺を連結するという二段構えになっている．升目がさまざまなかたちをしているが，これによって中央と辺とのバランスをうまくとっている．多角形のうまい利用の一つといえるだろう．ヘックスは図20にもある．
●**ジェムブロ**（図 13）　これは韓国のゲームで，六角ヘックス盤に，ポリヘックす（ポリヘクサゴン）を並べるゲーム．ブロックスのバリエーションともいえるが，6角形の性質をうまく使ってブロックスにないつなぎ方をするのがおもしろい．
●**シブミ**（図 14）　これは立体なので，多角形とはいえないが，正方形の盤に白黒の玉を積み上げていく形状は美しく，ゲームとしても大変よくできている．
●**トップイット**（図 15）　これもいくつかの多角形を並べて点を稼ぐゲームだが，多少アイディア倒れのきらいもある．
●**トライオミノス**（図 16）　これもボードゲームというよりタイルゲームで，正三角形のタイル（モノモンド）を使ったユニークなドミノゲームとなっている．

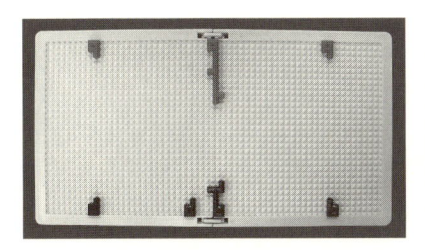

図10　五竜神

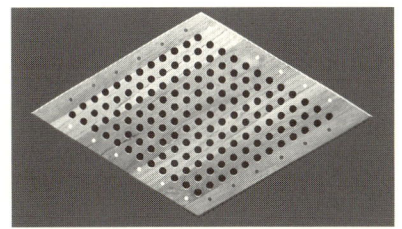

図11　コンタクティック

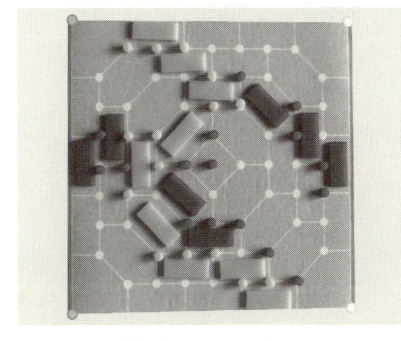

図12　コンヘックス

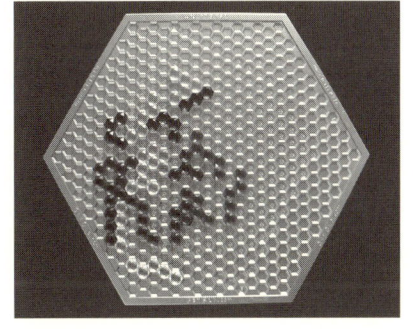

図13　ジェムブロ

- **ダイヤモンドゲーム**（図17）　早く陣地を入れ替えようというゲーム．チャイニーズチェッカーとも呼ばれる．ハルマという正方形の盤を使った2人ないし4人ゲームや，サルタという正方形の盤の2人ゲームの原理で，3人用にしたもの．六芒星形のこの盤は多くの人が知っているに違いなく，準伝統ゲームといえるかも知れない．ただしゲームとしては退屈なものである．
- **ノートルダム**（図18）　2006年に売り出された典型的なドイツゲームで，プレーヤーは14世紀の有力なパリ市民となり，アクションカードを駆使して名誉ポイントを稼ぐ．個人ボードは不等辺八角形という不思議な代物だが，これが3人のときは正三角形，4人のときは正方形，5人のときは正五角形のノートルダムのまわりにうまく組み合う．個人ボードを組み合わせて全体を組み立てるというアイデアを，ボードの形を工夫することで合理的に実現した秀逸なゲーム．
- **ブロックス**（図19）　これはポリオミノを上手に利用した優れたゲームで，互いに自分の駒を連結しながら盤上にたくさん置こうとする．自分のポリオミノが頂点どうしで連結するのがミソで，これによって互いにすれ違いができ，単純な封鎖作戦では勝てない．モノミノからペントミノまでが一通りずつセレクトされているのも美しい．
- **ヘックス**（図20）　ピート・ハインが考案し，ジョン・ナッシュが研究したといわれる連結ゲーム．これによって，アブストラクト・ボードゲームに連結系と

図14　シブミ（スポネクト）

図15　トップイット

図16　トライオミノス

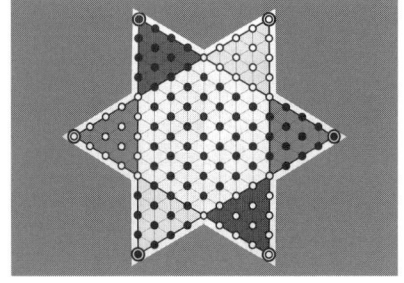

図17　ダイヤモンドゲーム

いう新しいジャンルが生まれた．この盤はアクリルのユニットを組み合わせて，さまざまな大きさの菱形ヘックス盤が作られるように美しく工夫されている．
●ヤバラス（図21）　1辺5升，合計61升の六角ヘックス盤で四目並べをするのだが，四目を並べる前に三目を並べると負けになるという悩ましいルール．6角形を使って並べられる方向を3方に限っている．ゲームバランスをうまく取るために多角形を利用した例であろう．　　　　　　　　　　　　　　　　［草場　純］

(※撮影協力：正田　謙)

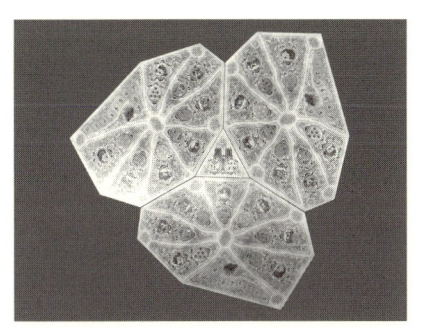

(a) 3人

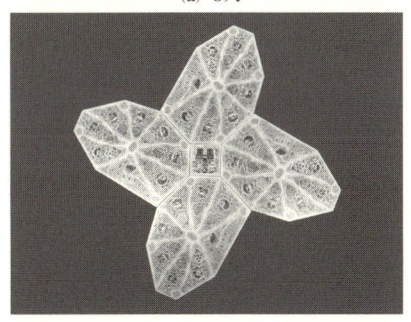

(b) 4人

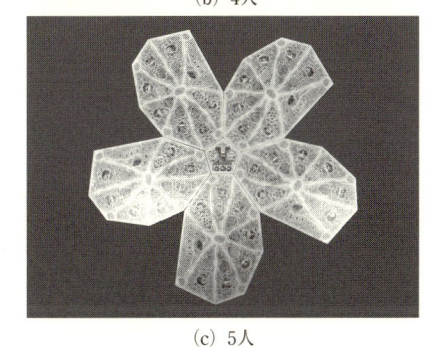

(c) 5人

図18　ノートルダム

図19　ブロックス

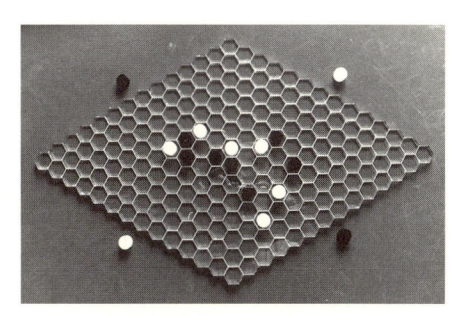

図20　ヘックス

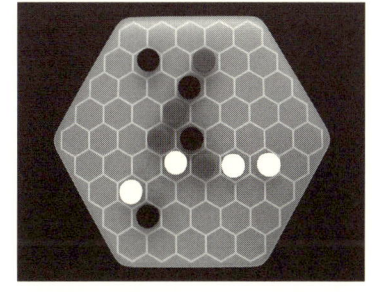

図21　ヤバラス

ボードゲーム攻略法

　1979年登場の「インベーダーゲーム」のブーム以降，デジタル機器の画面での遊びもゲームと呼ばれるが，その多くは長方形の画面にふさわしく，長方形や正方形の盤上で遊ぶ．それに対してここでは古典的な盤と駒を用いるボードゲームのうち，盤に正六角形やその敷き詰め図形ならびにその関連図形が見られる対戦ゲームを楽しむ．

●**シム**　円周上の6個の点を交互に結ぶ二人対戦型ゲームである．プレイヤーは赤鉛筆と青鉛筆など異なる色の直線で，交互に2点を結ぶ．同じ線を繰り返し引いてはならない．先に同一色の3角形を形成した側が負けとなる．6個の点を結ぶ線は15本しかないので当然15手でゲームは終了する．

　以下，仮のゲーム譜を例にルールを説明する．

　図1左上の (0) はメモ用紙に描いた盤面である．ゲーム譜を残したいときは，点に名を与えて結んだ2点を順次記録すればよい．まず (1) で先手は任意の二つの点を結ぶ（実線で示す）．(2) で後手は線のない任意の二つの点を結ぶ（点線で示す）．パス（休み）は許されない．(3)(4) と進んで，(5) では先手が引いた実線で*印の3角形が生じたが，与えた点を頂点とする3角形ではないので勝負に無関係とする．同じ要領で (6)(7) と進んで，(8) では後手が引いた点線で*印の3角形が生じるが勝負には無関係．さらに (9) から (11) まで進む．続く図2の左上の (12) は後手がBFを加えた局面とする．そうすると先手は (13) のようにAEを結ばざるを得ない．そこで後手が(14)のようにBDを結ぶと，けっきょく，先手は (15) のように3角形を作らざるを得なくなり，後手の勝ちとなる．もし (12) に替えて，左下の (12′) のように，後手がBFではなくABを加えたとすると，先手は (13′) のようにやはりAEを結ばざるを得ず，後手が (14′) のようにBDを結ぶと，先手は (15′) のように3角形を作らざるを得なくなり，やはり後手の勝ちとなる．結局，後手が最善の手をつくす限り，(12)あるいは(12′)の局面になった時点で先手の負けである．このようにこのゲームは，相手の手は予測できないが，プレイヤーの選択肢はゲームの進行につれて限定され，その経過を相互に知ることができるという「完全情報ゲーム」である．

　いずれにしろ，このゲームでは必ず勝者と敗者ができ，引き分けがない．となれば，このゲームでは先手が有利か，後手が有利かに関心が向く．初手から終局までの膨大な分岐をコンピュータで調べつくした結果，もし後手が最善の手を常に選べるなら後手が勝つことがわかった．しかし，最善の手がどのような手であるかは簡単には記述できず，コンピュータが作った勝利への道を示す地図に頼るしかない．ただし多少の見落としがある人間同士の対戦では，先手も後手も五分

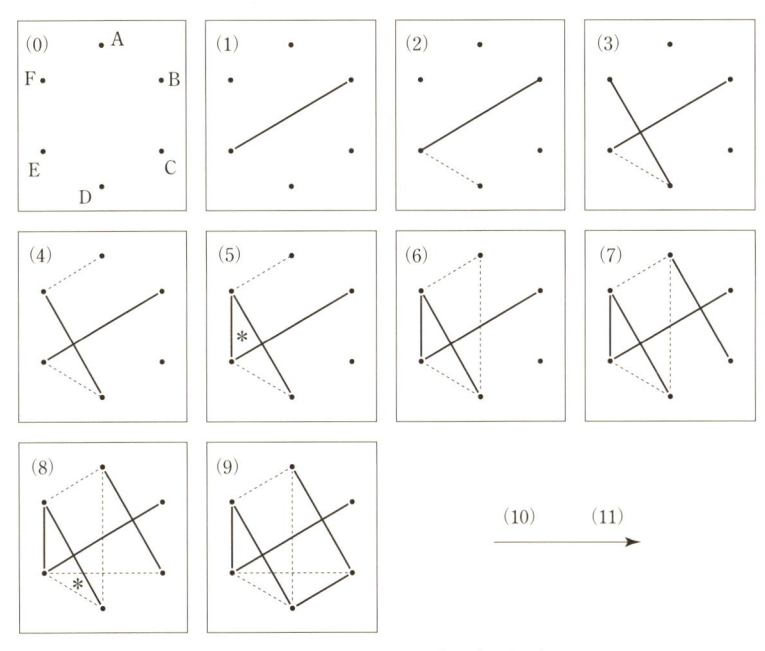

図1 シムのゲーム譜の例（11手目まで）

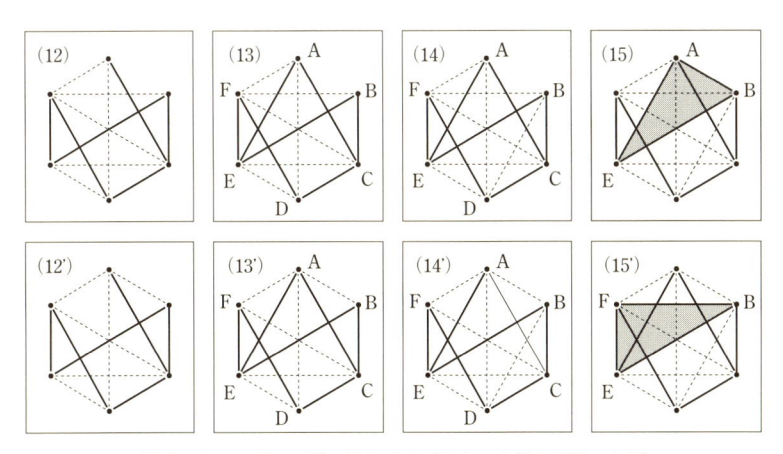

図2 シムのゲーム譜の続き（12手からの上段と下段の2例）

五分に戦えるゲームである．また，このゲームを5個の点で行うと，先手と後手が最善をつくした場合，引き分けに終わることもわかっている．

●ヘックス　デンマークの数学者で物理学者のピート・ハインが1942年に考案したボードゲームで，「ポリゴン」とか「コンタクティック」などの商品名で呼

ばれることもある．合同な正六角形多数を蜂の巣のように密に並べた，ほぼ菱形といえる盤が珍しい（図3）．各6角形のマスには木製ペグを立てる．白黒の碁石を駒にしてもよい．ただし，盤の大きさはプレイヤーが協議して決める．上級者同士の対戦では大きな盤（11×11以上）を，初心者は小さな盤（7×7以下）を使うことが多い．図3のボードは9×9である．

簡単のため6×6のボード（図4）でゲームのルールを説明すると次のようになる．

プレイヤーは，あらかじめ，先手，後手と自駒の色（白か黒），自陣を決め，自分の手番で1個の駒を盤上の任意の場所に置く．自陣とは，図4では英字で示された右上辺と左下辺，数字で示された左上辺と右下辺のいずれかである．つまり向かい合う2辺が自陣になる．アミで示した盤のコーナーの正六角形のマスは双方の陣に属するとする．当然であるが，盤を描いた用紙があれば，駒がなくても青鉛筆と赤鉛筆で駒を直接記入して対戦を楽しむことができる．棋譜を残したい場合は，盤と同じ用紙に数字で記入するか，英字と数字の交点の座標を順次に記録すればよい．例えば＊の位置は3Dと書ける．

試合が始まるとプレイヤーは，6角形のマスに自分の駒を1個ずつ入れていく．相手の駒が占有しているマスには駒を置くことができない．その結果，自駒を連

図3 2色のペグを差し込むヘックスボード
（ペグに替えて白黒の碁石を駒にしてもよい）

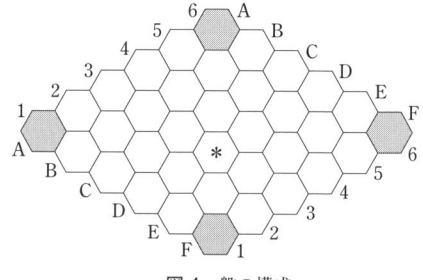

図4 盤の構成

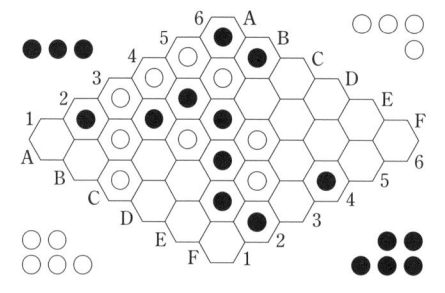

図5 攻防の途中図（先手は黒．図での次の番は白）

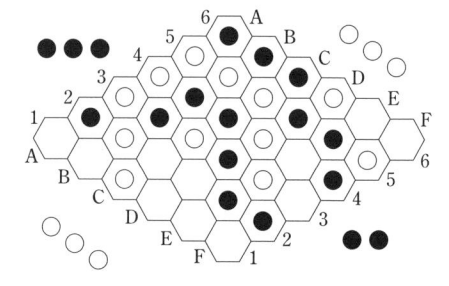

図6 先手黒番勝利の図

ねた仮想的な線で，自陣の2辺を先に結んだ側が勝ちとなる．つまり点連結による図形形成ゲームであり，早い者勝ちゲームでもある．

図5は，先手の黒が数字の辺，後手の白が英字の辺を自陣とし，対辺を連結しようと攻防している途中図である．相互に対戦相手の連結線を遮断し，相手駒を孤立させる戦略が見られる．

図6は，先手の手番で終局の例である．黒石は上辺の6から右中央の4へと連なっており，これにより白石の連結は不可能となる．つまり，このゲームでは必ず勝負がつき，引き分けはない．

さて，この場合，プレイヤーは対等であろうか．実は，盤のサイズにかかわらず先手が必ず勝てることが1948年に証明されたが，実際のゲームの展開が複雑多岐にわたるため，その戦略までが明らかにされたわけではない．

●ハルマ　1883年，イギリスのG. H. モンクスが考案した，駒移築型あるいは対角の領域への引越し型ともいえるゲームで，2人または4人で対戦する．ハルマの名は「跳ぶ」を意味するギリシャ語に由来していて，駒は跳び越しができるので，自駒や相手駒をうまく使って移動の能率をあげる戦略を楽しむ．

伝統的ハルマ盤は，16マス×16マスの正方格子盤で，駒はマス内に置く．駒数は各19個（2人対戦）または13個（4人対戦）で，色により識別する．図7は，初期配置である．論理的には盤のサイズは小さくできるが，中央部が交差する場合輻輳するので駒数を減らすなどの工夫が必要となる．

この盤上で，交互に，あるいは決めた順に，1個の駒を1マスだけ移動させて，自分のすべての駒を，先に相手の陣（対角線の先）に入れた側が勝ちになる．つまり早い者勝ちゲームである．

駒は縦横のほか斜めの8方向に移動できる．ただし，自駒でも相手駒でも隣に駒があり，その先が空所であれば「跳び越し」で移動できる．2個以上の駒は跳

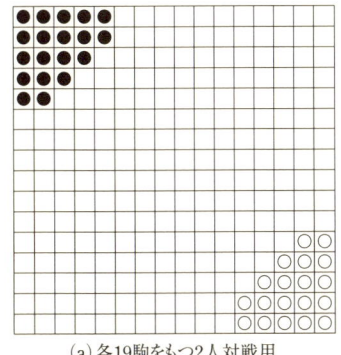

(a) 各19駒をもつ2人対戦用　　　　(b) 各13駒をもつ4人対戦用

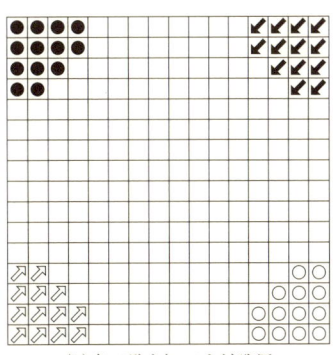

図7　ハルマの初期配置

び越せない．跳び越しは，連続であってもよいし，途中でやめてもよい．跳び越せる場合でも跳び越さなくてよい．いじわるをするなら，1個の駒を自陣に残すことで，相手の勝利を妨害できる．そこで，これを禁ずるために「相手の駒を跳び越すか，連続跳びで最終的に自陣から出られる場合は，自陣から出なければならない」とするルールも提唱されている．

●チャイニーズ・チェッカー　ハルマはイギリスやスウェーデンでは19世紀末に流行した．しかし，アメリカやドイツでの人気は低く，盤のかたちを変え，駒数を減らした各種の変形が現れた．フランスでは，8×8のチェス盤で遊べる10駒の「グラスホッパー」が生まれている．また，2人ゲームの正方形盤では，敵陣と自陣を結ぶ対角線から遠距離になる二つの頂点周辺のマスは使用頻度が少ないということで，そこを切り取った6角形盤もある．

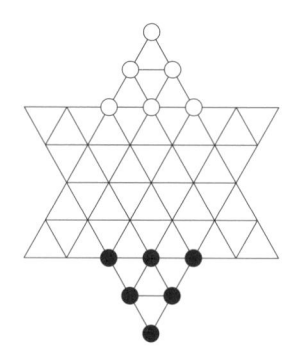

図8　チャイニーズ・チェッカーの盤の例：図の場合，大きな三角形の辺は6等分され6個ずつの駒を使うが，9等分されて10個ずつの駒を使うものや，12等分されて15個ずつの駒を使うものもある

　人気は，ドイツで生まれた正三角形格子を利用した「ダビデの星」形の盤を使うゲームで，アメリカではなぜか「チャイニーズ・チェッカー」と呼ばれ大流行した（中国とは無関係と考えられる）．移動できる方向は6方向に減ったが，陣のかたちはわかりやすく，日本では1953年に「ダイヤモンドゲーム」の名で販売されて60年以上の人気を保っている．日本ルールでは，各陣の最奥部にキングという名の大きめの駒があり自他を問わず決して跳び越してはならない，またキングは2個以上の駒でも跳び越せるとしているが，これはローカルなルールである．

　いずれにしろ，盤のサイズは一定ではない．駒数でいうと6個，10個，15個の3種類程度の盤が使用される．図8に6個の場合の盤を示す．駒は，2人対戦のときは向かい合う正三角形の領域に，3人対戦のときは大きな正三角形の3頂点を含む領域に置かれる．駒の跳び越しのルールはハルマと同じである．特に日本のダイヤモンドゲームでは，キングは引っ越し先でも最奥部に位置しなくてはならない．

●ケイレス　イギリスのパズル作家H. E. デュードニーが考案したものである．「ケイレス」とは，14世紀ころから遊ばれていたボールを転がして木のピンを倒す遊びの名で，ボウリングの原型である．最初に10本のボウリングのピン（10個のコイン

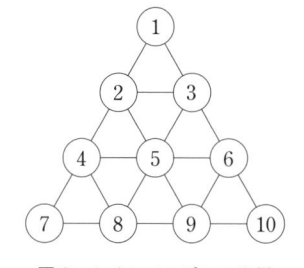

図9　ケイレスのピンの配置

でもよい）を図9の三角格子の位置に並べておく．プレイヤーはこの列から，一つあるいは隣り合った二つのピンを交互に取り除く．最後の一つ，または二つのピンを取り除いた側を勝ちとする．先手必勝と証明されたが，戦略はプレイヤーが考えなければならない．駒を取り除くことで，盤上の石がいくつかの群に分けられると，石取りゲーム，つまり n 個の石の山あるいは列から決められた個数以下の石を交互に取り去る2人対戦ゲームの数理が見えてくる．

●**ニンビ** ドイツに伝わる素朴な石取りゲームの一つ．図10のような6角形盤上にある12個の石を用いる．プレイヤーは，同一直線上にある石であれば，交互に，いくつでも取り除けるものとする．駒が除かれるにつれ，石が分断されていき，最後の石を取った側が勝ちである（逆形もある）．後手必勝となる．このゲーム盤の説明書には，古いゲームの再現であることが書かれている．

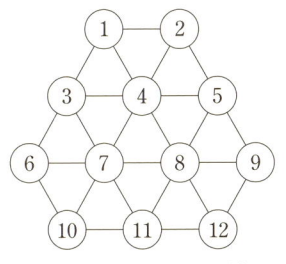

図10　ニンビの石の配置

●**松かさゲーム**　ケイルスの拡張盤で，図11のような三角格子点上にある15個の石を用いる．自分の手番のときプレイヤーは，同一直線上であればいくつでも駒を取り除くことができる．最後の1個の駒を取らされたほうが負け．ジャパニーズ・コーン・ゲームという名前でアメリカのゲームショップのカタログに載っている盤であるが，名前の由来や根拠については何も書かれていない．新しいゲームやパズルに無関係でも遠い異国の名をつける風潮があった時代があり，そのころの命名と思われる．

　石取りゲームには必勝戦略があるとはいえ，このようなボードゲーム化により先読みが困難になり，プレイヤーの興味を刺激する．工夫によっては図12のような盤面でも楽しめるのではないかと思われる．紙に書いたボードで碁石を並べて簡単に遊べる点にも魅力がある．

［秋山久義］

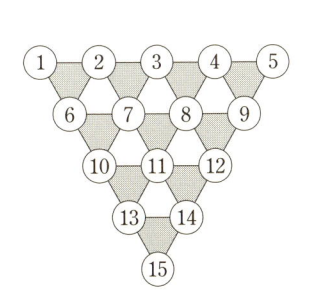

図11　松かさゲームの石の配置 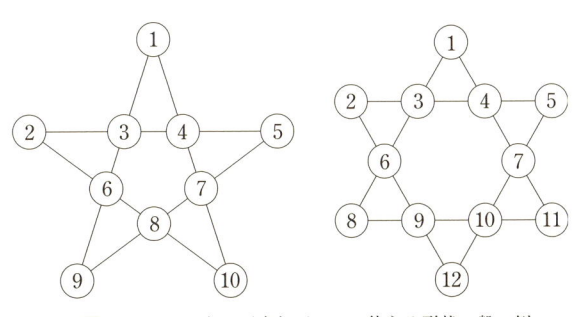　　図12　ボード上の石取りゲームに使える形状の盤2例

数学遊戯

正多角形にはむずかしい数学的な側面と楽しい遊戯的な側面がある．その両方を結び付けると，数学を学びながら遊戯を楽しむことができる．そのいくつかの例を紹介する．

●**正多角形を正多角形の中に詰め込む** まず，いくつかの小さな正多角形を一つの大きな正多角形に詰め込む遊戯に挑戦してみる．

問題1（図1）．いま，1辺の長さ（辺長）が1の正三角形（単位正三角形とよぶ）が10個ある．これらを，辺長が3.5の正三角形の枠の中に全部うまく詰め込むことはできるだろうか．答はイエスなのだが，うまい詰め方を見つけ出すのはちょっとしたパズルになるので，できればピースと枠を手作りなどで用意して挑戦してみてほしい．答は図5．

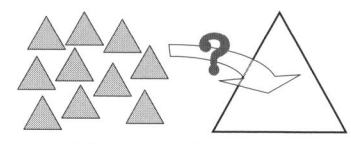

図1　単位正三角形10個を辺長が3.5の正三角形の中に詰め込む問題

問題2（図2）．単位正三角形7個を辺長が2の正方形の中にうまく詰め込んでほし

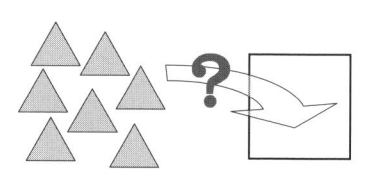

図2　単位正三角形7個を辺長が2の正方形の中に詰め込む問題

(a) 単位正三角形を正三角形の枠に詰め込む場合の枠の辺長の最小値

詰め込む個数	1	2〜4	5	6	7〜9	10	11	12
最小値	1	2	$1+\sqrt{3}$	$\dfrac{13+3\sqrt{13}}{8}$	3	3.5	$\dfrac{63+9\sqrt{21}}{28}$	$2+2\cos\dfrac{\pi}{9}$

(b) 単位正三角形を正方形の枠に詰め込む場合の枠の辺長の最小値

詰め込む個数	1	2	3	4	5	6	7
最小値	$\dfrac{\sqrt{2}+\sqrt{6}}{4}$	$\dfrac{\sqrt{6}}{2}$	$\dfrac{2\sqrt{3}+\sqrt{6}}{4}$	$\dfrac{3+\sqrt{3}}{3}$	1.803…	$\dfrac{9-3\sqrt{3}}{2}$	2

(c) 単位正方形を正三角形の枠に詰め込む場合の枠の辺長の最小値

詰め込む個数	1	2	3	4	5〜6	7
最小値	$\dfrac{3+2\sqrt{3}}{3}$	$\dfrac{6+2\sqrt{3}}{3}$	$\dfrac{3+2\sqrt{3}}{2}$	$\dfrac{9+2\sqrt{3}}{3}$	$\dfrac{6+4\sqrt{3}}{3}$	$\dfrac{12+2\sqrt{3}}{3}$

(d) 単位正方形を正方形の枠に詰め込む場合の枠の辺長の最小値

詰め込む個数	1	2〜4	5	6〜9	10	11
最小値	1	2	$\dfrac{4+\sqrt{2}}{2}$	3	$\dfrac{6+\sqrt{2}}{2}$	3.877…

図3　単位正多角形を詰め込む正多角形の枠の辺長の最小値

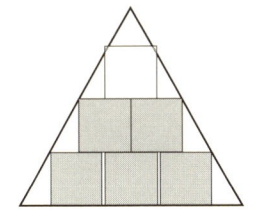

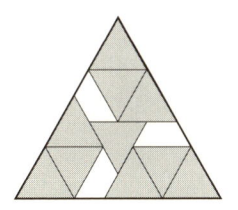

図4 正三角形の中に6個の正方形を詰め込む問題の誤った答（6個目がはみ出る）

図5 問題1の答

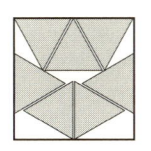

図6 問題2の答

い．答は図6．

実は，単位正三角形10個を詰め込むことのできる正三角形枠の辺長は図1で得る 3.5 が最小であり，単位正三角形7個を詰め込むことのできる正方形枠の辺長は図2で得る2が最小である．

さまざまな正多角形が与えられた場合，こうした最小値がいくらになるかは，よく研究されている．そのうちのいくつかについて，知られている限りでのベストの値を図3に記しておく．より網羅的な数値は，Erich's Packing Center (http://www2.stetson.edu/~efriedma/packing.html) のネット記事に出ている．

図3に記した結果から，たとえば，辺長が $(6+4\sqrt{3})/3$ の正三角形の枠を作って単位正方形6個を詰め込むパズル玩具を作ってもおもしろい．図4の灰色の正方形のようにすれば5個まではきれいに入るが，このままではあと1個が入らない．ではどうしたらいいか．答を記さないので，ぜひ自力で考えてみてほしい．

● **正多角形で正多角形を包み込む** 次に，正多角形で正多角形を包み込んでみる．まず正方形で正三角形を包み込む．

問題3（図7）．一般的な折り紙（1辺が 150 mm の正方形の紙）1枚と，辺長が 136 mm の正三角形の紙片を用意する．この紙片を切ったり折ったりしないで，折り紙（こちらはもちろん折ってもよい）で完全に包み込んで欲しい．答は図13．それができたら，紙の厚さは無視できるものとして，折り紙で包み込める正三角形の辺長の最大値を計算してみてほしい．値は，折り紙の辺長を改めて1（単位正方形）とすると $(1+\sqrt{3})/3 = 0.9106\cdots$（折り紙に対していえば約 136.6 mm）

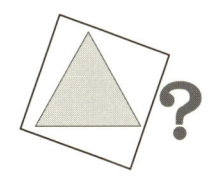

図7 正三角形を正方形の折り紙で包み込む問題

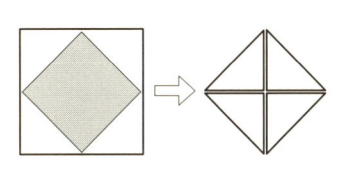

図8 正方形で包み込める最大の正方形

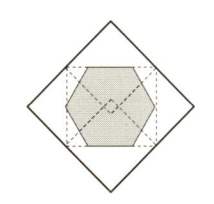

図9 正方形で正六角形を包む

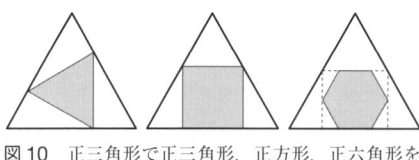

図 10 正三角形で正三角形，正方形，正六角形を包む

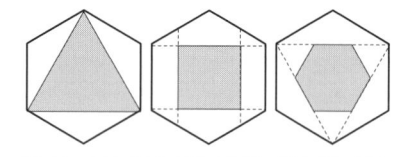

図 11 正六角形で正三角形，正方形，正六角形を包む

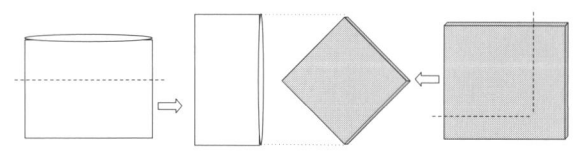

図 12 スクエア・イン・ザ・バッグ

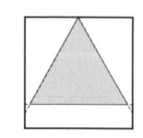

図 13 問題 3 の答

となる．

問題 4（図 8）．単位正方形で包み込める最大の正方形の辺長はいくらか．答は図に示した包み方からわかるとおり $\sqrt{2}/2 = 0.7071\cdots$ である．

こうして考えていくと，ほかの正多角形についても，単位正方形で包み込めるものの辺長の最大値はどうなるだろうか，とか，包むのに使う紙の方も正方形以外の正多角形とした場合にはどうなるだろうか，といった問題に行き着く．そうした問題に本気で取り組むとしたら，計算機を使ってある程度力ずくでやっていくほかない．以下では，図で示すだけで包み方が理解できるものに絞って，いくつか紹介する．

まず，単位正方形で正六角形を包み込む．その場合の正六角形で最大のものの辺長は $2\sqrt{2} - \sqrt{6} = 0.3789\cdots$ で，図 9 のように包み込めばよい．

単位正三角形で正多角形を包み込む場合の最大の正三角形，正方形，正六角形の辺長はそれぞれ $\sqrt{3}/3 = 0.5773\cdots$，$2\sqrt{3} - 3 = 0.4641\cdots$，$1/4 = 0.25$ であり，図 10 のように包む．また単位正六角形で包み込むことのできる最大の正三角形，正方形，正六角形の辺長はそれぞれ $\sqrt{3} = 1.7320\cdots$，$(9 - \sqrt{3})/4 = 0.9509\cdots$，$\sqrt{3}/3 = 0.5773\cdots$ であり，図 11 のように包む．

以上で述べた正多角形で正多角形を包み込む問題を思わせる「スクエア・イン・ザ・バッグ」というパズル玩具も考案されている．簡単に手作りするには，マチのないプラスチック製バッグ（ポリ袋やビニール袋など）の底の部分を縦横 1：2 になるように切りとって袋とし，適当な薄板（段ボール紙が簡単）から，対角線が袋の横幅にちょうど収まる正方形板を切り出せば完成である（図 12）．最初から最後まで正方形板を折ったり曲げたりせずに完全に袋の中に入れよ，というのがパズルである．どう実現するかをぜひ考えてみてほしい．このパズルは 2012 年の国際パズルデザインコンペティション（Nob Yoshigahara Puzzle Design Competition）で最高賞（Puzzlers' Award）を受賞している．

●正多角形を整数三角形に分割する

どの辺の長さも整数である三角形のことを整数三角形という。いろいろな正多角形を整数三角形で分割するとどうなるだろうか．

問題5（図14）．正三角形 ABC の内部に点 P を決めて，三つの三角形 ABP，BCP，CAP がすべて整数三角形となるようにするにはどうするか．答は図21．

内部に点をとるのではなく，正三角形 ABC の一辺（たとえば BC）上に点 P をとり，二つの三角形（この場合 ABP と CAP）がともに整数三角形になるようにするのなら簡単で，たとえば図15のようにすればよい．また，正三角形の三つの辺上に一つずつ点をとって，できあがる全部で四つの三角形を整数三角形にするだけならもっと簡単で，図16のようにすればよい．しかし，そうしてできる四つの三角形がどれも正三角形にも二等辺三角形にもならないようにするとしたら，ちょっとしたパズルとなる．答の一例を図17に示す．

正方形を整数三角形に分割するという問題はどうであろうか．実は，これはとたんにむずかしくなる．少ない数で分割しようとしても，三つに分割することはできず，四つの場合も，正方形の長さを表す整数が小さいものはなかなか見つからない．図18の例が最小のようである．

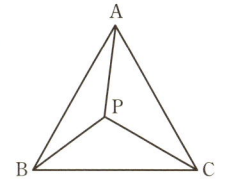

図14　正三角形を整数三角形だけに分割する問題

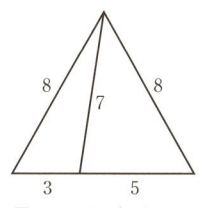

図15　正三角形を二つの整数三角形に分割

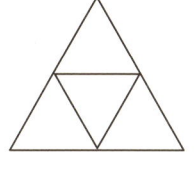

図16　正三角形を四つの正三角形に分割

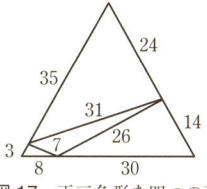

図17　正三角形を四つの不等辺整数三角形に分割

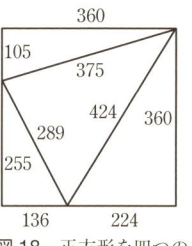

図18　正方形を四つの整数三角形に分割

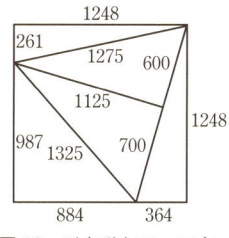

図19　正方形を五つのピタゴラス三角形に分割

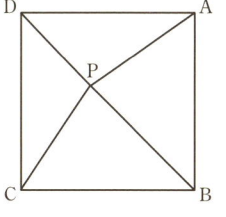

図20　正方形を整数三角形に分割する問題

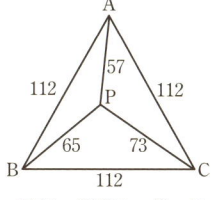

図21　問題5の答の例

こうした例をみると，正方形を整数三角形に分割するときピタゴラス三角形（どの辺の長さも整数である直角三角形）がいくつもできる．それでは，正方形をピタゴラス三角形だけに分割することはできるだろうか．これも自分で見つけようとすればかなりむずかしいが，たとえば，図19のように五つのピタゴラス三角

形に分割する方法が知られている．

では，問題5において，正三角形ABCを正方形に置き換えたらどうなるだろうか．すなわち，正方形ABCDの内部に点Pを決めて，四つの三角形ABP, BCP, CDP, DAPがすべて整数三角形となるようにすることはできるだろうか（図20）．実はこれは整数論における有名な未解決問題の一つであり，うまくいく分割は一つも見つかっていない一方，そうした分割が不可能であることを示したと公に認められる証明もまだ見つかっていない．

●**正多角形を等分する** 正多角形を等分したとき仕切り線がどうなるか，という問題も考えられる．

たとえば長方形の面積を2等分するのなら，仕切り線は短辺の長さで済む（図22）．では，単位正方形の面積を，仕切り線の合計が最短になるように4等分するとき，1辺の長さを1とすれば，その長さは2だろうか（図23）．いや実は図24のようにすれば仕切り線の合計は計算上およそ$1.97559\cdots$にまで縮めることができ，これが最短と考えられる．図24の仕切り線は，4本の円弧と中央の1本の線分から構成されていて，円弧と正方形の辺とは直交し，円弧と線分は120°をなす三叉路を作っている．一般に，多角形を等分する最短の仕切り線は，円弧と直線だけから構成され，円弧と多角形の辺とは必ず直交し，内部の分岐は必ず互いに120°をなす三叉になる．

参考のために，図25に，単位正n角形（$n = 3, 4, 5, 6$）を2等分あるいは3

図22　長方形の面積の2等分　　図23　正方形の面積の4等分　　図24　最短の仕切り線による正方形の4等分

$0.67338\cdots$
(a) 正三角形

$0.86602\cdots$

1

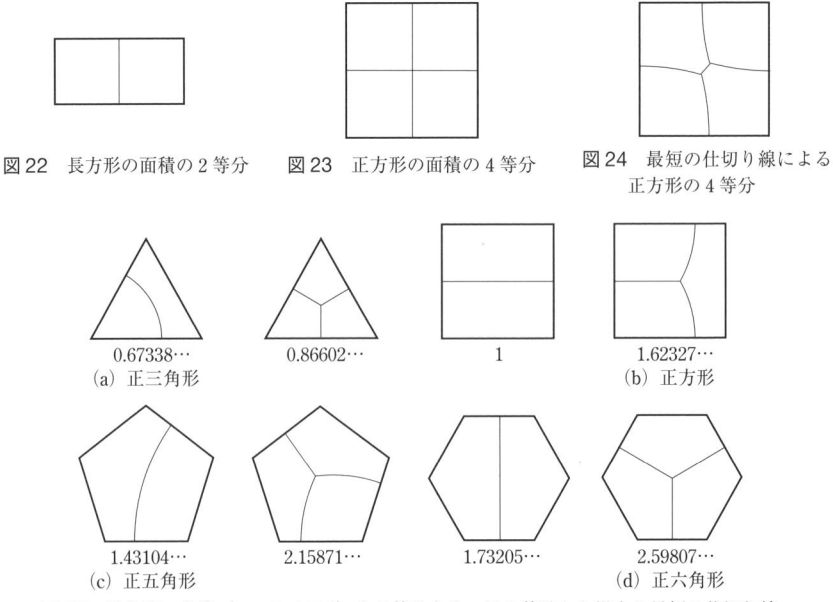

$1.62327\cdots$
(b) 正方形

$1.43104\cdots$
(c) 正五角形

$2.15871\cdots$

$1.73205\cdots$

$2.59807\cdots$
(d) 正六角形

図25　単位正n角形（$n = 3, 4, 5, 6$）を2等分あるいは3等分した場合の最短の仕切り線

Ⅱ・1 多角形で遊ぶ ⑤

等分した場合の最短の仕切り線を，その長さとともに示す．

●**正多角形の頂点をめぐる**　正多角形の頂点をちょうど 1 回ずつ通ってもとの頂点に戻ってくる閉じた循環路のかたちは何通りあるだろうか．もう少し正確に条件をいうと，頂点間は必ず直線で結び，循環の向きは区別せずにかたちだけを問題とし，回転させたり鏡に映したりすると一致するものは一つと数える．

図 26 に，正三角形から正六角形までについて，異なるかたちをした循環路のすべてを示す．一般に正 n 角形について，循環路の数を表す式も知られているが簡単な式ではない．$n = 3, 4, 5, 6, 7, 8, 9, 10$ の場合の結果だけをいえば，$1, 2, 4, 12, 39, 202, 1219, 9468$ となる．　　　　　　　　　　　　　　　　　　　　　　　　［岩沢宏和］

(a) 正三角形　　(b) 正方形　　　　(c) 正五角形

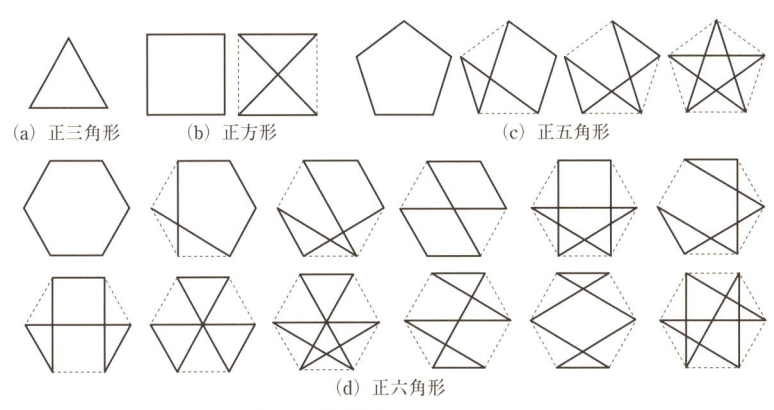

(d) 正六角形

図 26　正多角形の頂点めぐり

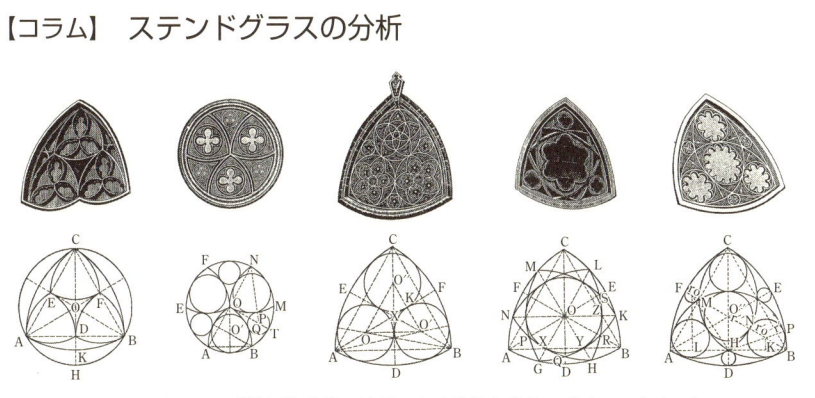

【コラム】　ステンドグラスの分析

マーベル・サイケスの『幾何学形態の原理—室内装飾と建築デザインのために』(1912) に見る正多角形を見せる伝統的なステンドグラスの分析例（構成：宮崎興二）

三角万華鏡

万華鏡にはいろいろなものがあるが，基本になるのは，子供でも作ることのできる，底が正三角形で三面に鏡が張ってあるものに違いない．ここでは万華鏡に見る三角形の一般化を考えてみる．

●**ぶれない万華鏡**　三角形の万華鏡を考える場合，図1のように像が二重にならない，つまりぶれないようにするには，内角がすべて60°の正三角形か，内角が90°，45°，45°あるいは90°，60°，30°の一組の三角定規のどちらかの，合わせて3種類のうちどれかを使えばよい．使われている角度はどれをとっても360°を偶数で割った値になっている．180°を整数で割った値ともいえる．

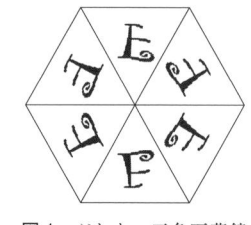

図1　ぶれない三角万華鏡の一つの頂点まわりにできる像

●**いろいろな3角形模様**　ぶれない万華鏡の底の3角形を，すべての角が360°の整数分の1になった3角形に置き換えると万華鏡には向かない．だが，得られる3角形を切り抜いて風車の

(a) 正三角形　60°(6), 60°(6), 60°(6)

(b) 正十角形を放射状に10等分する二等辺三角形　72°(5), 72°(5), 36°(10)

(c) 三角定規の直角二等辺三角形　90°(4), 45°(8), 45°(8)

(d) 三角定規の直角三角形（正三角形の半分）　90°(4), 30°(12), 60°(6)

(e) 正十角形を放射状に20等分する直角三角形　90°(4), 18°(20), 72°(5)

(f) 鈍角二等辺三角形（正三角形の3分の1）　120°(3), 30°(12), 30°(12)

(g) 鈍角三角形　120°(3), 24°(15), 36°(10)

(h) 鈍角三角形　120°(3), 20°(18), 40°(9)

(i) 鈍角三角形　120°(3), 15°(24), 45°(8)

(j) 鈍角三角形　120°(3), 8.57°(42), 51.43°(7)

図2　すべての角が360°の整数分の1の3角形10種類（カッコ内の整数で360°を割る）

ように並べると,いろいろなおもしろい模様が得られる.

　このような3角形,つまり万華鏡の場合では「偶数分の1」だったところを「整数分の1」に置き換えた3角形,には図2の10種類がある.各3角形の内角を A, B, C とすると,$A = 360°/a$, $B = 360°/b$, $C = 360°/c$(ただし,a, b, c は整数)となり,$360°/a + 360°/b + 360°/c = 180°$ だから両辺を180°で割ると $2/a + 2/b + 2/c = 1$ となる.この a, b, c の組合せが図2に示す十通りになるのである.そのうち,(a)(c)(d)はぶれない万華鏡の底となる.また(j)は整数が360°を割り切らない例となっている.

　いずれにしろどの角も360°の整数分の1なので,同じ角を並べていくと,きっちり360°になる.それを確認するため10種類の3角形のそれぞれを風車形に並べたパターンを図3に示す.　　　　　　　　　　　　　　　　　　　［岩井政佳］

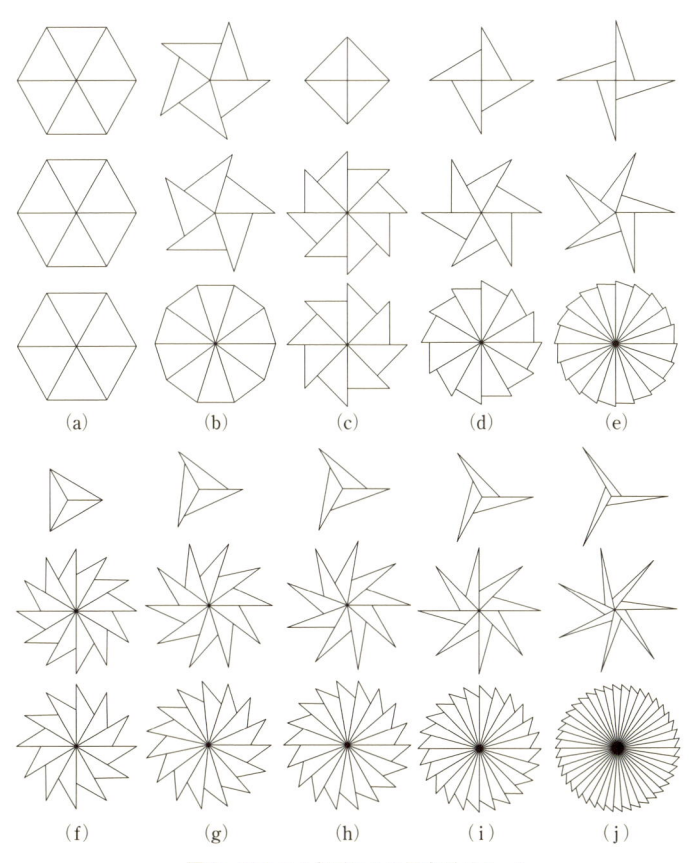

図3　図2の3角形による風車形パターン

カラーマッチングパズル

多角形は，もともとかたちの世界の基本図形であって，色の世界との結びつきは少ない．しかし，彩色されて規則的に配置されたいくつかの多角形に関して，決められた色同士を重ねる対称性（カラー・シンメトリー）などを調べるときは，色が命となる．

ここでは，そうした彩色された多角形が主役となるパズルとしての「カラーマッチングパズル」を紹介する．組合せ理論で先駆的な業績をあげたイギリスの数学者 P. A. マクマホンが，色分けされた多角形の組合せについて考えながら提案した「マクマホン・カラータイル」を使うパズルのことで，組合せ数学の問題の応用であるが，初歩的な原理をうまく利用すれば魅力的な玩具を作ることができる．

● カラーマッチングパズル・三角形板　1枚の正三角形を合同な三つの区画に分けるとき，代表的には，頂角を2等分するか，辺を2等分するかの二通りが考えられる．その各区画を，同じ色が並んでもよいとして，異なる4色で塗り分ける場合，どちらも24通りの異なる配色方法がある．一般に同じ色が並ぶことを許して n 色を配するものとすれば，$\{n(n^2+2)/3\}$ 種類の異なる配色の正三角形ができる[1]．

図1に，4色で24通りに塗り分けられた正三角形をタイルとして，それを一定の条件の下で並べた平面埋めつくし図形を二通り示す．色の区別は白および灰色の濃淡で示した．図1(a) の場合，頂角を2等分したタイルが，隣接する色が

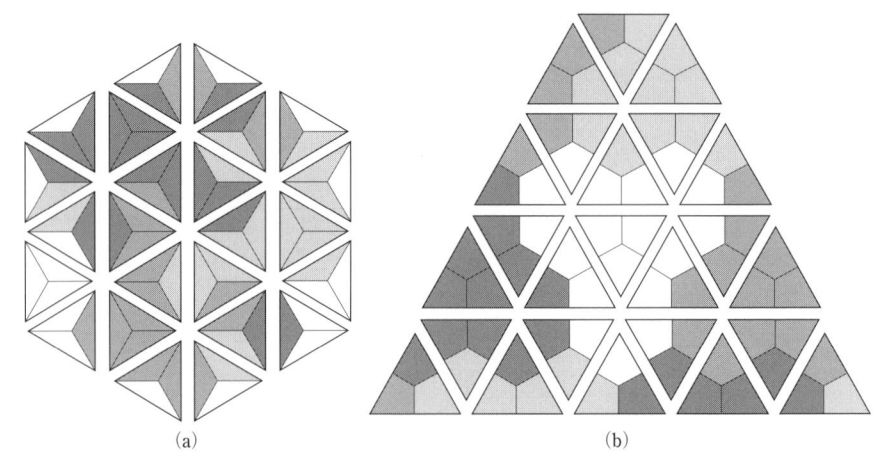

図1　頂角を2等分する区画をもつタイルの正六角形状配列 (a) と辺を2等分する区画をもつタイルの台形状配列 (b)（(a)(b) ともタイルは図に示す24種類がある）

同じになるように，かつ外郭が正六角形になるように並べられている．隣接同色条件だけでは問題がやさしいからと，図のように，周辺部はすべて同一色でなければならないという条件をつけることもある．図1(b) では，辺を2等分したタイルが，頂点部分に同じ色が集まるように並べられている．この場合，外郭を正六角形にすることはできず，図のように正三角形の1頂点を欠いた台形が構成される．このように，色分けされたタイルを決められた条件の下でいろいろに並べるのがカラーマッチングパズルである．

●**カラーマッチングパズル・四角形板** タイルのかたちを正方形あるいは菱形とする場合は，対角線か，あるいは辺の平行線で4区画に分ける（図2）．このとき，何色が使えるか，タイルを色分けする4色は，異なるものとするか，重複を許す

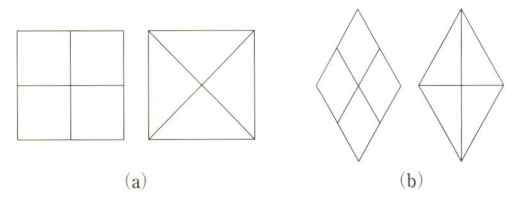

図2 正方形 (a) と菱形 (b) の4区画への分割

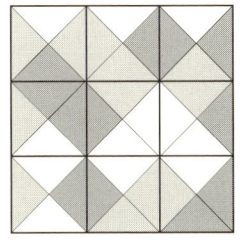

図3 3色から重複を許して4色を選ぶ場合（タイルは24種類）

図4 3色から重複を許して4色を選ぶ場合（ただし，必ず異なる3色を含む．タイルは9種類）

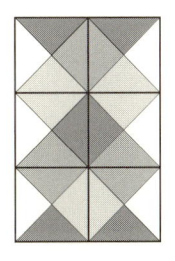

図5 4色から必ず異なる4色を選ぶ場合（タイルは6種類）

(a) 3 角形

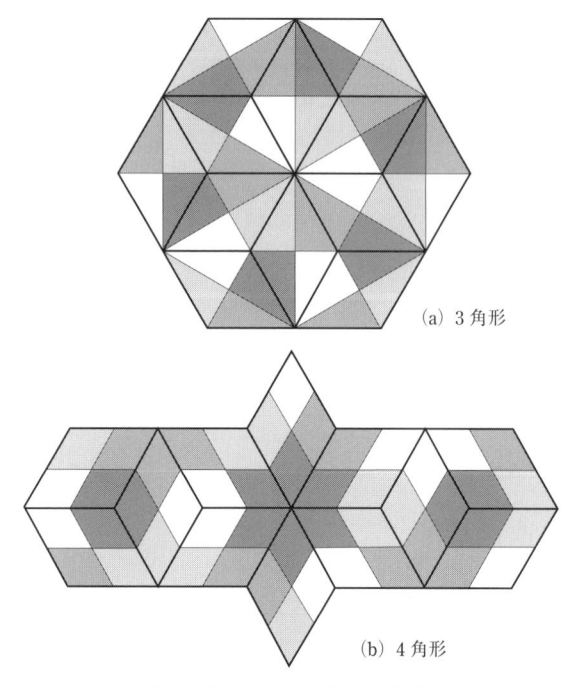

(b) 4 角形

図6 4色から必ず異なる4色を選ぶ場合のタイル（ただし菱形に配色する．タイルは12種類）

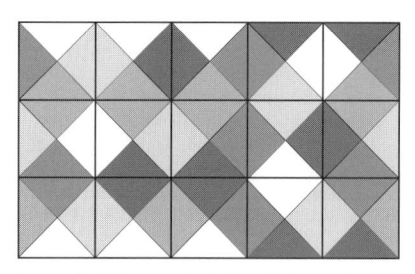

図7 5色から必ず異なる4色を選ぶ場合のタイル（タイルは30種類．図の15種類とその鏡像の合計）[2]

か，といった条件の違いによって，たとえば図3から図7までのようなタイルができる．

●**カラーマッチングパズルの応用**　マクマホンのカラータイルは，プラスティックや木の板，厚紙に印刷されて市販された．市販品の中には，マクマホンのカラータイルから一部分を選んだり，同じタイルを重複して選んだりしたセットも多い．タイルの数が多い場合は，2枚のタイルを結合して数を半分にすることもある．また，すべてのタイルを並べた外郭線を指定することで，複数のパズルを楽しめ

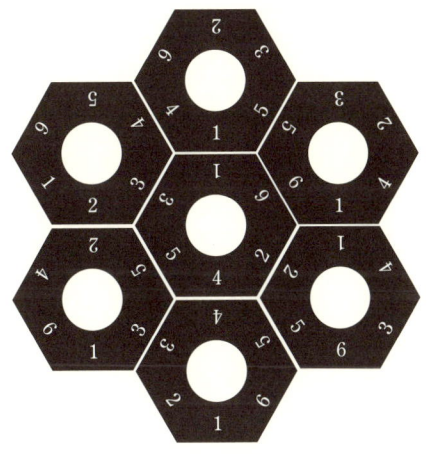

図8 7個の正六角形を並べるパズル（六つの数字を6色に置き換えた製品も多い）

図9 少年・少女・犬・猫を完成させるパズル

るようにすることもある．

　図8は7個の正六角形を並べる問題である．片数こそ少ないが難問である．逆に隣接同色条件だけでは解が多くやさしいパズルになる場合は，さらに制約条件を加えることがある．図9の例では，4色の代わりに少年・少女・犬・猫のイラストを使用しているが，いずれも頭と足が分離しているので隣接可能な場合が格段に少なくなる．　　　　　　　　　　　　　　　　　　　　　　　　　[秋山久義]

1) 西山輝夫「頂点を塗り分けた正三角形によるタイル張り」『数理科学』1979年3月号 / 2) 有澤 誠「カラータイルのパズル」『数理科学』1985年12月号

魔方陣

　よく知られた魔方陣というのは，正方形の碁盤目の陣地の中に，決められた数字を入れてできたものだが，正方形を正多角形や星形正多角形に置き換える工夫も昔からこらされてきた．そのいくつかを紹介する．

●**魔方陣とは何か**　縦横 n 個ずつのマス目の中に，できるだけ異なる数字を，横の行あるいは縦の列の n 個ずつの数字の合計，またできれば2本の対角線上に並ぶ数字の合計がすべて同じ値（定和）になるように入れた数表を，魔方陣の中の n 方陣と呼ぶ．英語ではマジック・スクェアという．その場合，数字は1から n^2 までの連続したすべて異なるものが望ましい．また，対角線以外の斜めに並んだ n 個や，ある一定のかたちのマス目の n 個の数字の和も定和と等しかったりすれば，その方陣の価値はそれなりに上がる．

　このような方陣を作ったり解析したりすることは，古今東西の数学の専門家のみならず一般の数学愛好家の絶好の研究対象となってきた．その研究成果を最も古く残したのが中国の楊輝である．13世紀末のことで，楊輝は膨大な数の完成品だけを書き残しているのだが，数学的な解析なしにそのような結果は得られない．中国のみならず後世の日本の和算家たちも懸命に「楊輝算法」の謎解きに挑戦し，自らの数学の水準も引き上げる結果となっている．

●**三方陣**　楊輝の専門的な研究とは別に，図1の縦横3マスずつの「三方陣」は，見たことのない人はいないくらい有名である．日本人ならば，「憎しと思えば七五三，六一坊主に蜂が刺す」などの覚え歌で昔から小さな子供でも知っていた．左右を入れ替えたり，回転をさせたりで，見かけ上いろいろなパターンが出てくるが，基本的には三方陣はこの一通りしかない．この三方陣は世界のいろいろな国で独立に考え出されていたようだが，最も古いのはやはり中国にある．紀元前2200年ごろ，黄河の支流の洛水で捕まった亀の甲にこの三方陣を表す紋様が見つかったという記録がある．ことの真実はともかく，これより古い記録はない．

2	9	4
7	5	3
6	1	8

図1　三方陣

●**四方陣**　三方陣の次は当然四方陣である．図2には2種類示してあるが，数学的に異なるものは880種あるということが確認されている．図2(a)はインドのジャイナ教の刻文にあったもので，11, 2世紀のものと推定されている．図2(b)は15, 6世紀のころにドイツで活躍したデューラーの有名な版画「メランコリア I」の背景に描かれたものであるが，中央下の「1514」というのは，この製作年を示している．図2のどちらも，図3(a)に破線で示した八つの領域内の4数字の和も定和の34になるという性質をもつ．じつは四方陣のちょうど半分位のものはこの性質をもっている．さらに調べると，ジャイナ教のものの方がデューラー

のものより若干数学的に優れていることが分る．それは，図3(b)のような右上がりの対角線に平行な破線上の4数を足しても，また同様に左上がりで同じような計算をしても，定和の34が得られる．こういう「汎対角和」も定和になる魔方陣を「完全魔方陣」と呼ぶ．四次完全魔方陣は48種知られている．

●**変わり方陣**　次の五方陣なるものが存在するかという問題については，大数学者高木貞治が1944年にきれいに証明して，しかもその比較的容易な作り方についても説明している．では，実際にどれだけ多くの五方陣があるのだろうか．それが，275,305,224個にもなることを複数の人がコンピュータで計算している．しかし，四方陣で考えたような対称性が考慮されていないので，それを考えると，3,500万ぐらいになるのではないかという予想がある．

7	12	1	14
2	13	8	11
16	3	10	5
9	6	15	4

(a)

16	3	2	13
5	10	11	8
9	6	7	12
4	15	14	1

(b)

図2　インドのジャイナ教の刻文（a）とデューラーのメランコリアにある四方陣（b）

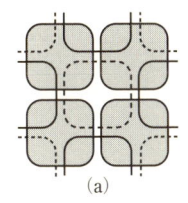

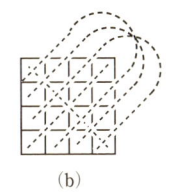

図3　図2の両者に通用する定和34になる4数のグループ分け（a）と図2(a)に見られる汎対角和の4数のグループ分け（b）

さらに大きな魔方陣に関しては，いろいろな条件を付けた探索が続けられている．たとえば，素数だけからなる素数方陣，積の方陣，加減を繰り返した和をと

102	216	21	142	1	196	136	4	199	33	193	34	192	149	77
214	22	103	3	195	141	6	198	135	168	58	161	65	128	98
23	101	215	194	143	2	197	137	5	138	88	144	82	62	164
84	225	30	112	181	46	130	7	202	70	156	80	146	173	53
223	31	85	47	113	179	9	201	129	182	44	81	145	162	64
32	83	224	180	45	114	200	131	8	87	139	178	48	126	100
90	222	27	96	219	24	124	10	205	37	189	41	185	94	132
220	28	91	217	25	97	12	204	123	188	38	127	99	79	147
29	89	221	26	95	218	203	125	11	157	69	176	50	76	150
191	55	93	42	134	163	153	104	115	75	118	109	117	154	72
35	171	133	184	92	63	73	122	111	108	151	49	177	155	71
86	67	186	68	105	166	211	209	13	19	190	106	43	160	56
140	159	40	158	121	60	15	17	213	207	36	183	120	61	165
78	74	187	52	175	54	20	14	208	210	170	110	119	57	167
148	152	39	174	51	172	206	212	18	16	56	116	107	59	169

(a)

(b)

3	3	6	3	9	11	13	15
6	3	3	3	6	8	10	12
9	3	6	3	3	5	7	
11		8		5			
13		10		7	4		
15		12		4			

図4　(a) 15次包括魔方陣（考案：阿部楽方）および (b) その包括構造（数字は方陣の次数．たとえば灰色部分の次数は5）

る減法方陣，平方の和が等しくなるような方陣，さらには3次元の立方方陣など，さまざまな変わり方陣が考えられている．

それらは多くの方陣の専門書に譲ることにして，ここでは「包括方陣」を紹介するにとどめよう．これは，n方陣の中に$n/2$個以上の方陣を含むもので，阿部楽方が1988年に最初に考案した．図4(a)に，15方陣の中に3次から13次までの方陣が全部含まれている包括方陣を示している．それらを確認するためには図(b)をヒントにするとわかりやすい．3方陣は9個，6方陣は2個あるので，合計20個の方陣が含まれていることになる．

●**星陣** 以上のように魔方陣には正方形という制約があるので，それに飽きたらない人は当然のことながら他の多角形に目を向ける．まず五芒星が魅力的である．ところが5本の辺上の各4数字の合計が等しくなるように1から10までの異なる数字で「五星陣」を作ることはできない．それでも定和が最小になるようにがんばると，1から12までの中で7と11を飛ばした図5(a)のようなパターンと，1から13までの中で8，11，12を抜いたパターンが得られる．いずれも定和は24となる．次の六芒星つまりダビデの星形の「六星陣」は合計80種類もある．図5(b)にあげてあるのは比較的対称性の高いものである．

さらに「七星陣」は，その元になる七芒星にいわゆる鋭角と鈍角（鈍角はないが鋭角に対する便宜上の名前）の2種類があるので，それに応じて2種類考えられる．図5(c)に示したのは鈍角の方である．それに対して，鋭角の七芒星が鈍角のものと大きく違うのは，辺の交点が七つ多いのである．そこで阿部は図6のような「三周七星陣」を作った．三周というのは，辺が中心を3周することを意味している．

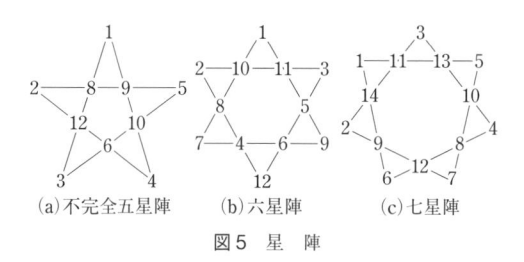

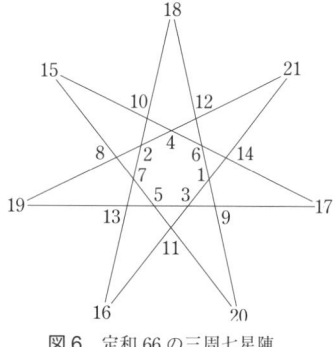

(a) 不完全五星陣　(b) 六星陣　(c) 七星陣

図5　星　陣

図6　定和66の三周七星陣（阿部楽方）

●**六角陣** 六芒星とは違う発想から六角形に関係する魔方陣がいろいろ考えられている．そのうちの一つが，単に六角陣という名で知られている図7のようなものである．同じ大きさの正六角形は隙間なく正六角形状に敷き詰めることができるが，図にはそのうち1辺が3のものを示す．1辺がnになるように敷き詰めるには$3n^2-3n+1$個の六角形が必要になる．このような図形の中で魔方陣ができるのは，$n=1$のものを除けば，この図のみである．

さて図8であるが，これは別宮利昭の作で，1から48までの全部異なる整数が16個ずつの三つのグループに分かれ，それぞれのグループでは，いずれも定和が98で，しかも図3の性質を備えた完全四方陣が成立している，という大変凝った趣向のいわば六角方陣である．しかも三つの四方陣が立方体の一つの頂点に集まっているように見えると考えると，その立方体の二つの面にまたがってつながる8マスの合計はどれも196になっている．

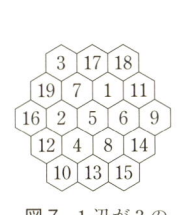

図7　1辺が3の六角陣

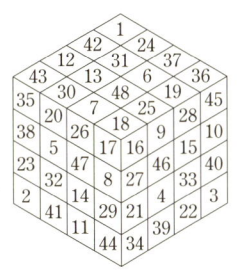

図8　1辺が4の六角方陣（別宮利昭）

●**多角数陣**　6角より辺数の少ない多角形状に並ぶ数陣の中から変わり種を探してみよう．阿部義雄は，この種の数芸パズルについて精力的に非常に多くの作品を残しているが，その中から3角と5角がらみの数陣を2点紹介する．図9(a)の場合，各三角形の3辺，3頂点および中心の7数の合計はどれも59になっている．

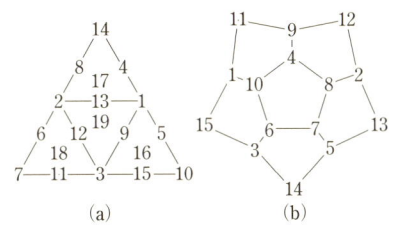

図9　阿部義雄の (a) 三角数陣（定和は32）と (b) 五角数陣（定和は35）

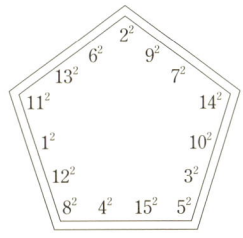

図10　小林壽雄の変わり数陣（定和32，平方定和330）

図9(b)の場合は，各五角形の5頂点の数の合計はどれも35になる．図10にあるものは，各辺の4数の和が32であるだけでなく，それらの平方の和がいずれも330になるという不思議な性質をもっている．小林壽雄の作品である．

●**時計数陣**　いろいろと変わった数陣を紹介してきたが，最後の極め付きは図11の「時計数陣」である．12回回転対称の花びらの先端の数が，ちょうど時計の盤面の数字に一致して，そこから左右に分かれて中心に向かう五つの数字の定和が134になっている．これは和久井孝の力作である．　　　　　　　　［細矢治夫・阿部楽方・秋山久義］

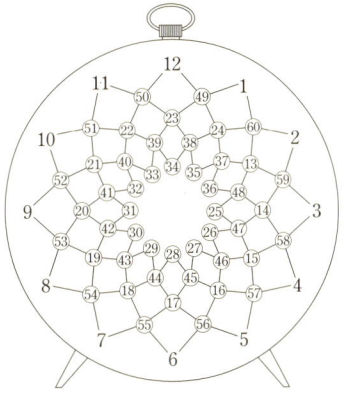

図11　和久井孝の時計数陣

知恵の正方形板

　ワンセットになった複数の多角形片をすべて使って，動物，人物，幾何図形，文字などさまざまな事物のシルエットつまり影絵を作るパズルを，昔の日本人は知恵の板といった．ここでは，そのうち正方形を構成するセットを使う伝統的な知恵の板つまり知恵の正方形板のルーツをたどる．

●**ストマキオン**　世界最古の知恵の板といわれるのは，紀元前3世紀の大科学者アルキメデスの手稿のアラビア語とギリシャ語の写本の断片に記載されているストマキオンで，これは世界最古のパズル玩具ともいわれている．

　そのうちアラビア語の写本を，1899年，ドイツのズーターがドイツ語に翻訳し，14片の多角形を全体としては正方形にまとめることができるものであるとした（図1）．ただし，このズーターの訳には異論があり，図1と同じパターンを左右に引き延ばして1対2の長方形にまとめたものではなかったかという説も否定されていない．ギリシャ語写本の方はアルキメデスのパリンプセストとも呼ばれ，しばらく行方がわからなくなっていたが，1998年にアメリカでオークションに出品され落札された．そして1999年からスタンフォード大学などの各分野の専門家によって10年がかりの大研究プロジェクトが実行された．

　ストマキオンは「アルキメデスの筥(はこ)」と呼ばれることもあるがアルキメデスが考案したものではないと考えられている．アルキメデスは，これを組合せ論的な関心から知恵の板というよりむしろ箱詰めパズルとして注目し，その箱詰め方法の数を求める検討をしていたらしいと，上記のプロジェクトの報告書の中で推定された．

　もしそうだとすると，パリンプセストには，数学史上最古の組合せ論が記述されていると考えら

図1　ズーター訳に基づくストマキオンの片の決め方

図2　ストマキオンの正方形の箱詰め方法の例

れるとのことである．そして，正方形の箱に詰める場合の詰め方の数が懸賞金付きで求められて，2003 年にアメリカのカトラーがコンピュータで，またスタンフォード大学とカリフォルニア大学サンディエゴ校のチームがアルキメデス時代に使用できる手段だけを使って解き，基本解の数として 536 を得ている．この中からいくつかを選んで図 2 に示す．

●燕几図と蝶几譜　ストマキオンから 2000 年余りの時を隔てて，おそらく 18 世紀の後半に中国に七巧図という知恵の板が生まれた．そして，それがヨーロッパへ，さらにアメリカへと「タングラム」として伝えられて広まり，ついに世界中に普及して現在に至っている．

中国の研究者は，この七巧図誕生に先行して，われわれも日常経験するような複数のテーブルを所定のかたちに並べる方法について述べた書物があるとして，宋の燕几図と明の蝶几譜をあげている．これは，与えられたテーブルを全部使う必要はないが，確かに知恵の板に共通するところがある．そこで，この二つの書物の中から，正方形を作るものを紹介しよう．いずれも実用書として作られていて，課題をシルエットとしてではなく初めからテーブルの並べ方として与えている．

燕几図は北宋の黄伯思（長睿）(1079-1118) の編とされ，図 3(a) に示すように，幅が同じで長さが長中小 3 種類のテーブル各 2, 2, 3 基（計 7 基）のうちからいくつかを選んで用いて目的のかたちを作る方法を説明している．われわれも日常経験するような課題を解決するための実用書であるといえよう．

できるかたちの数は全部で 76 種類．これが 25 に分類されていて，それぞれに名称が付けられている．この中から正方形のテーブルを構成する場合を図 3(b) に示す．同じサイズの正方形でも，要素の並べ方の違いによって異なる名称が与えられている．

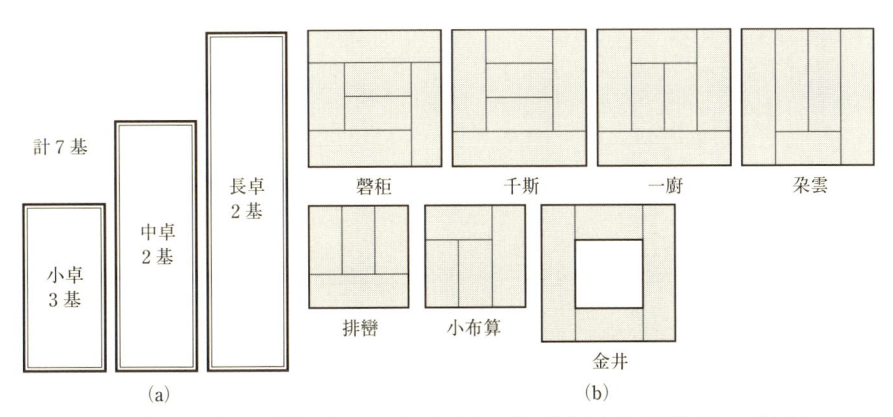

図 3　燕几図で使う 3 種類の卓のかたち (a) とその卓で構成される正方形のテーブル (b)

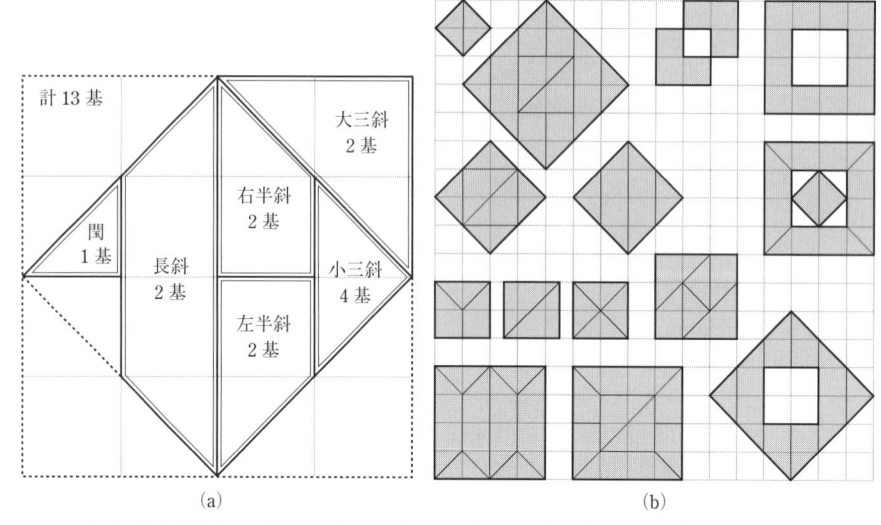

図4 蝶几譜で使う6種類の卓のかたち(a) とその卓で構成される正方形のテーブル(b)

　蝶几譜については, 1617年, 明の戈汕（荘楽）の編により発刊された．図4(a) に示すような，直角二等辺三角形および台形を構成要素とする6種類の形状のテーブル全13基からいくつかを選んで配置して目的にあったかたちを構成するものである．この直角二等辺三角形のかたちが蝶またはその翼に似ているので，このテーブルを蝶几または蝶翅几と呼んでいる．

　この蝶几譜の図の中から正方形を作るものを図4(b) に示す．ただし蝶几譜の図の中に一例，正方形に近いが正確な正方形にならないかたちがある．それを図5に示す．

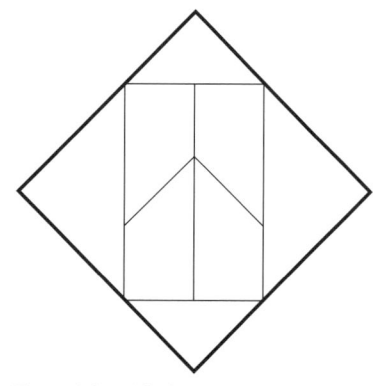

図5 正確な正方形にはできない蝶几譜の図

　このように課題の図がおかしい事例は，他の知恵の板にも見ることができる．まあほぼ一致していれば許そうという鷹揚な時代の産物かも知れない．

●七巧図（タングラム）　燕几図と蝶几譜に次いで，中国では，18世紀後半に図6(a) に示す7片の七巧板から構成される七巧図という知恵の板が現れた．蝶几譜に使われるテーブルのかたちが七巧図の片と似ているところから，中国には，これは蝶几譜を伝承したものであると説明する人もいる．

　この七巧図は19世紀前半に西洋にタングラムという名で伝えられ，1818年に

はヨーロッパでタングラムブームが起こったといわれている．

　七巧図の大きな特徴は，図6(b) に示すように，一つの正方形をその辺の長さが $1/\sqrt{2}$ の正方形二つに分けることができることであろう．そのほかさまざまな幾何学的な問題が提起されている．「7片でできる凸多角形にはどんなかたちがあるか」という問題がその一つで，答は13種類であることが確認されている．その中の正多角形は正方形のみである．

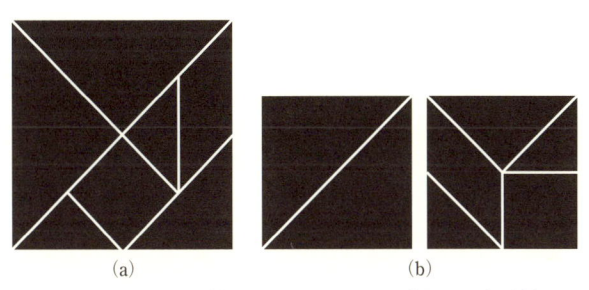

図6　七巧板の構成(a) と七巧板でできる2種類の正方形(b)

●清少納言知恵の板　日本では寛保2年（1742）に「清少納言知恵の板」が出版された．著者は日本最初のパズル書「和国知恵較」を書いた環中仙であると推定されている．名称は才気煥発な清少納言の名を借用したものである．

　ここに描かれている知恵の板は図7(a) に示すように7片を正方形にまとめることができるものである．片の数や形状に七巧図と似たところがあり，何らかの関連があることをうかがわせるが，その証拠は知られていない．また，それぞれの問題図には相互の影響は感じられない．この知恵の板は，図7(b) のような，釘貫と名付けられた，正方形の中に正方形の穴のあいたかたちを作ることができることが一つの特徴である．　　　　　　　　　　　　　　　　　　　[高島直昭]

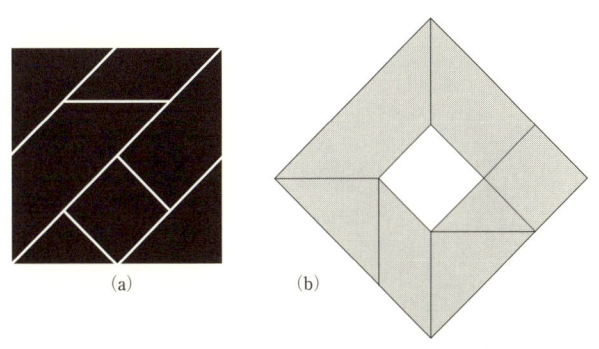

図7　清少納言知恵の板の構成(a) とそれによる「釘貫」(b)
（環中仙『清少納言知恵の板』より）

知恵の正多角形板

古典的な知恵の板の多くは，その片（ピース）の形状から，できる正多角形の形状が正方形に限られている．そこで，ここでは正方形以外の正多角形を作る現代の知恵の板，つまり知恵の正多角形板をいくつかあげてみる．

●**ロングラムと IVY パズル**　わが国の現代のパズル作家の芦ヶ原伸之は，タングラムを一方向だけ $\sqrt{3}$ 倍に引き延ばしたロングラムという新しい知恵の板を考案した（図1）．ピースのコーナーの角度が，もとの 45° と 90° から，30°，60°，120° に変換されていることがこの図から理解できるだろう．このロングラムにより正三角形を作ることができる（図2）．

また木のおもちゃのデザイナーの小黒三郎は，IVY パズルという知恵の板を考案した（図3）．このパズルでは，正六角形を作ることができる（図4）．

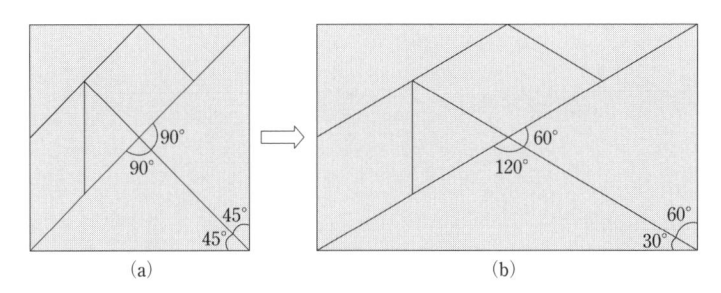

図1　タングラム(a) を横に $\sqrt{3}$ 倍してできる芦ヶ原伸之のロングラム(b) のピース構成

●**正五角形パズルとポリゴニー**　アメリカでは，計算機科学の巨人であるスタンフォード大学のドナルド・クヌースが，色の異なる四つの小さな正五角形を図5のようにみんな同じように切断したときできるピースを全部使って，大きな正五角形を構成する正五角形パズルを提案した．このパズルはいくつかのレベルがあり，最も難しいレベルは「同色のピースが辺でも頂点でも接触せず，さらに頂角

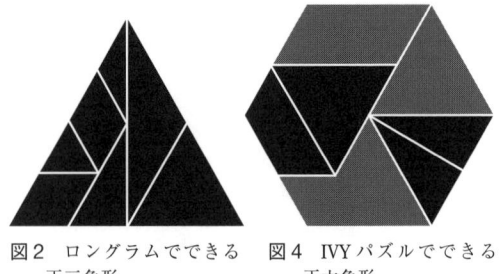

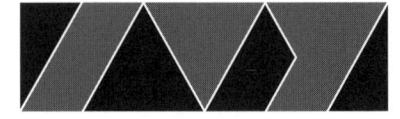

図2　ロングラムでできる正三角形

図4　IVY パズルでできる正六角形

図3　小黒三郎の IVY パズルのピース構成

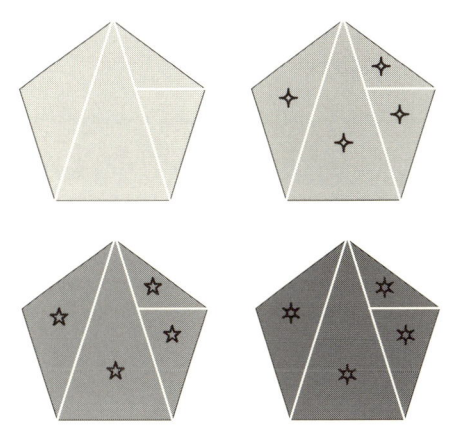

図5 クヌースの正五角形パズルのピース構成 　　図6 クヌースの正五角形パズルの解の例

が36°の二等辺三角形の中の小さいほうの4個のピースが辺でも頂点でも接触しないようにする，という条件を満たすようにして構成せよ」，というものである．図6は同色のピース同士の点接触を許すというレベルのパズルの解を示す．

同じくアメリカのロバート・ファザウアーの考案したポリゴニー（図7）は，23個のピースからなるパズルで，これを全部使って，正三角形，正方形，正六角形，正八角形を作るという大変むずかしいパズルである（図8）．このような目的を果たすために23ピースが最少の数なのかどうかははっきりしない．

クヌースとファザウアーのパズルは，与えられたピースを使ってさまざまなかたちを作るという通常の知恵の板とは趣を異にしていて，特定のかたちを作ることを目的としているが，ここではこれらも知恵の板の仲間として紹介した．　　　［高島直昭］

図7 ファザウアーのポリゴニーのピース

図8 ポリゴニーでつくった4種類の正多角形（http://mathartfun.com./shopsite_sc/store/html/Tessellations/PolygonyHints.html）

周期的タイル貼り

　自然界のあらゆる物質を構成する分子や原子や細胞の極微の世界は多角形の敷き詰めパターンでできている．人工界でも，さまざまな情報を映し出して毎日の生活を左右するテレビやパソコンの画面などは，多角形状のピクセルの配列でできている．

　こうしたさまざまな多角形（タイル）を，互いに重ならないように隙間なく並べて平面を敷き詰めるパターンあるいはその部分をタイル貼りという．ただし各頂点にはかならず3個以上のタイルが集まらなければならず，また一つのタイルの頂点は隣のタイルの辺の途中に置いてはならない，とする．

　このタイル貼りには，大きく分けて，タイルあるいはいくつかのタイルの集まりを平行移動させて一定の間隔で繰り返し模様として並べる周期的なものと，それ以外の非周期的なものがある．ここではそのうち正多角形をタイルとする周期的なパターンについて説明する．

●**正タイル貼り**　1種類だけの合同な正多角形が各頂点まわりならびに各辺まわりにそれぞれ同じ状態で集まるタイル貼りを正タイル貼り，あるいはそれに関係する最初の数学者の名前を取ってピタゴラスのタイル貼り，という．最も基本的な周期的パターンであって，正三角形が各頂点まわりに6枚ずつ集まる三角格子，正方形が各頂点まわりに4枚ずつ集まる正方格子，正六角形が各頂点まわりに3枚ずつ集まる六角格子の3種類がある（図1）．それぞれには，その順にシュレーフリ記号 $\{3^6\}, \{4^4\}, \{6^3\}$ が与えられている．

　そのうち三角格子 $\{3^6\}$ と六角格子 $\{6^3\}$ はシュレーフリ記号からもわかるように，頂点と辺を互いに入れ替えた姿をしている．これを互いに双対という．正方格子は自分自身に双対である．

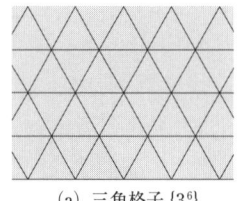

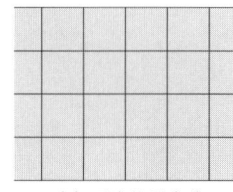

　(a) 三角格子 $\{3^6\}$　　(b) 正方格子 $\{4^4\}$　　(c) 六角格子 $\{6^3\}$

図1　正タイル貼り

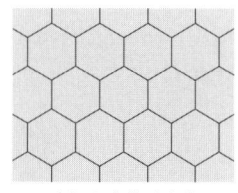

●**半正タイル貼り**　正タイル貼りに次ぐ基本的な周期的パターンが，2種類以上（実際には2種類か3種類）の正多角形が各頂点まわりに同じ状態で集まる8種類の半正タイル貼りで，それに関係する最初の数学者の名前を取ってアルキメ

デスのタイル貼りともいう（図2）．そのうち特に図2最上段の各辺のまわりも同じ状態になる1種類だけは準正タイル貼りと呼ぶことがある（英名では半正はsemi-regular，準正はquasi-regularと呼ぶ）．この準正タイル貼りも含めて，図2の上2段は互いに双対な三角格子と六角格子の変形から導かれ，3段目は自己双対の正方格子の変形から導かれる．最下段は正タイル貼りとは直接の関係がない特殊な半正タイル貼りである．

それぞれには，各頂点まわりに，たとえば正 a, b, c 角形がその順に集まる場合は (a, b, c) といった半正タイル貼り記号が与えられている．a, a, b 角形が集まる場合には (a^2, b) のように記載することもある．

(3, 6, 3, 6)

(3, 12, 12)   (3, 4, 6, 4)   (4, 6, 12)   (3, 3, 3, 3, 6)

(4, 8, 8)   (3, 3, 4, 3, 4)

(3, 3, 3, 4, 4)

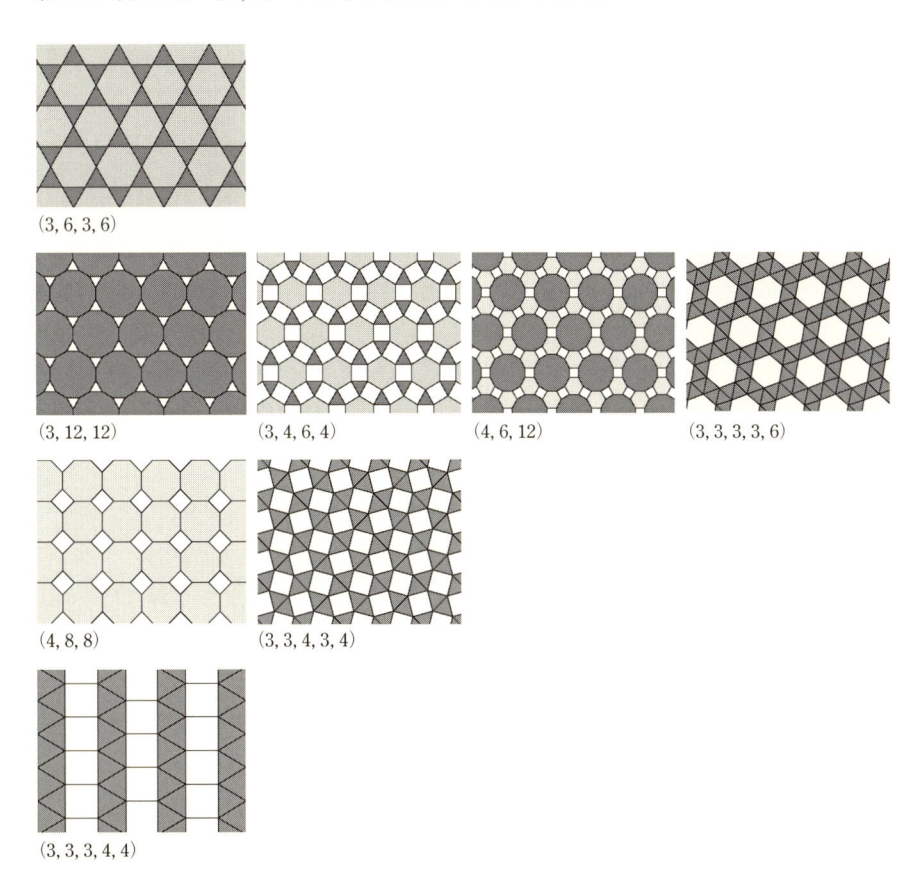

図2　半正タイル貼り

● **正タイル貼りと半正タイル貼りの相互関係**　図2最下段の(3, 3, 3, 4, 4)以外の半正タイル貼りはいずれも正タイル貼りの規則的な変形から導くことができる．

たとえば，図3のように，正タイル貼りの三角格子の頂点まわりを，次第に大きくなる正六角形で切っていくと，まず六角格子が現れたあと，(3, 6, 3, 6) と (3, 12, 12) が生まれ，最後には六角格子（もとの三角格子の双対図形）が得られる．

また準正タイル貼りとしての (3, 6, 3, 6) をねじらせていくと，図4のように姿を変えて，(3, 3, 3, 3, 6) と (3, 4, 6, 4) を生む．得られた (3, 4, 6, 4) の正方形を縮小したものが (4, 6, 12) である．

同様に，図5のように，正タイル貼りの正方格子の頂点まわりを，次第に大きくなる正方形で切っていくと，(4, 8, 8) や45°回転した正方格子を生んだあと，最後には双対図形としてのもとの正方格子に帰る．

また図6のように色分けした正方格子を，それぞれの色が反対方向に回転するようにねじらせていくと，(3, 3, 4, 3, 4) を生んだあと，ふつうの正方格子に帰る．

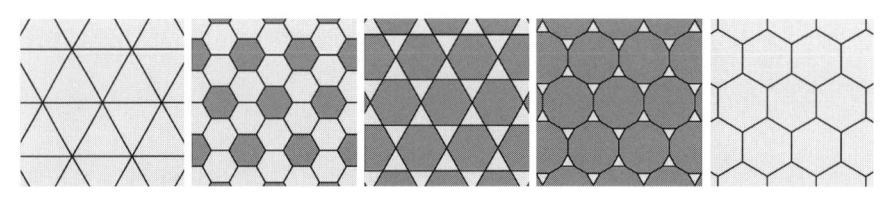

図3 三角格子の切断変形から得られる正タイル貼りと半正タイル貼り

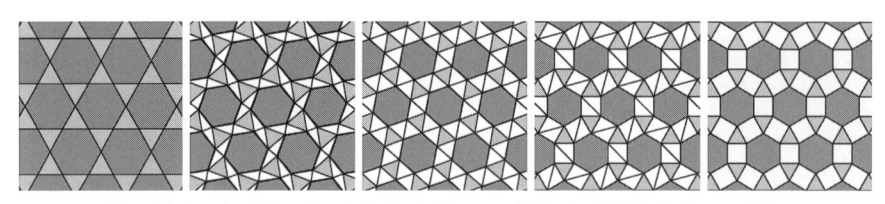

図4 準正タイル貼りのねじり変形から得られる変形タイル貼りと半正タイル貼り

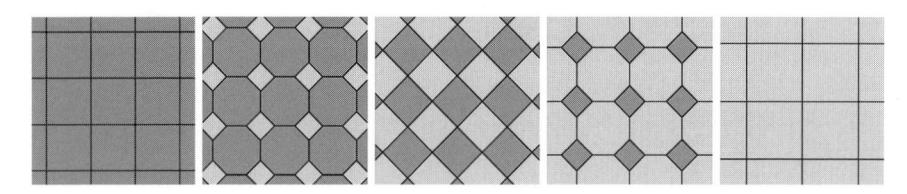

図5 正方格子の切断変形から得られる正タイル貼りと半正タイル貼り

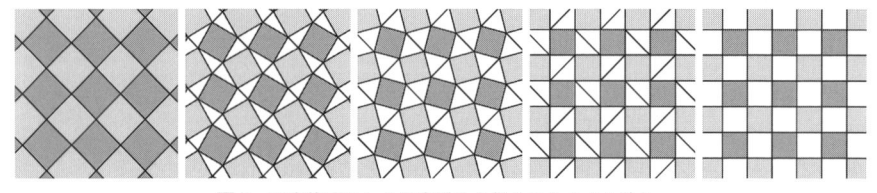

図6 正方格子のねじり変形から得られるタイル貼り

●正多角形によるタイル貼りの一般化

正タイル貼りでは、1種類だけの正多角形が、各頂点まわり、ならびに各辺まわりに一定の状態で集まり、準正タイル貼りでは、2種類の正多角形が、各頂点まわり、ならびに各辺まわりに一定の状態で集まり、半正タイル貼りでは、2種類以上の正多角形が、各頂点まわりに一定の状態で集まって、いずれも周期的なパターンを見せる。こうした規則性を、周期的という条件だけ残してゆるめると、さまざまな新しい規則的なタイル貼りが導かれる。

たとえば、グリュンバウムとシェパードによると、ドイツのクレーテンハートは、図7のような正多角形が各頂点まわりに2種類の状態で集まる周期的なタイル貼りには、基本的には20種類あることを指摘した。その多くは、図に示すように、半正タイル貼りの変形から導かれる。図中の✕や✷などは異なる頂点まわりの様子を示す。

図8は同じくクレーテンハートが見つけた、正多角形が各頂点まわりに3種類あるいは4種類あるいは5種類の状態で集まる周期的なタイル貼りの例である。

図9はグリュンバウムとシェパードが紹介する、正多角形に正多角形状の星形を組み合わせたタイル貼りで、半正タイル貼

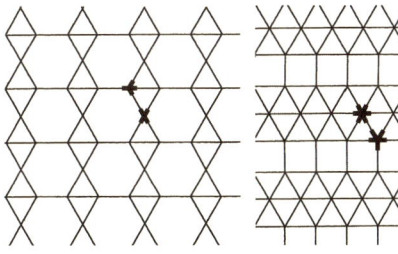

(3, 3, 6)の帯部分の平行移動

(3, 3, 3, 4, 4)の帯部分の追加

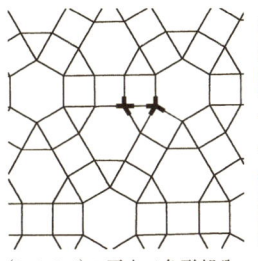

(3, 4, 6, 4)の正十二角形部分の回転

(3, 4, 6, 4)の正六角形部分の正三角形分割

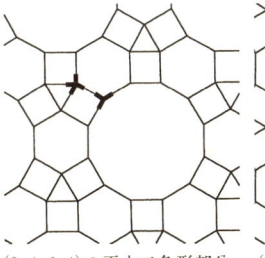

(3, 4, 6, 4)の正十二角形部分の削除

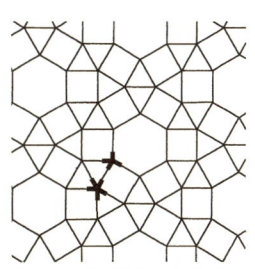

(3, 4, 6, 4)の正十二角形部分の(3, 12, 12)の部分への移植

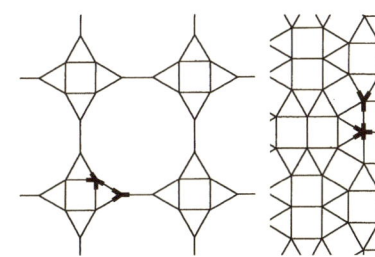

半正タイル貼りの変形では得られにくい例

図7 各頂点まわりが2種類の状態になっている周期的正多角形タイル貼り

りと同じく，タイルの種類は2種類，頂点まわりの状態は1種類となっている．特に左端の例は辺のまわりの様子も一定で準正タイル貼り状を見せる．

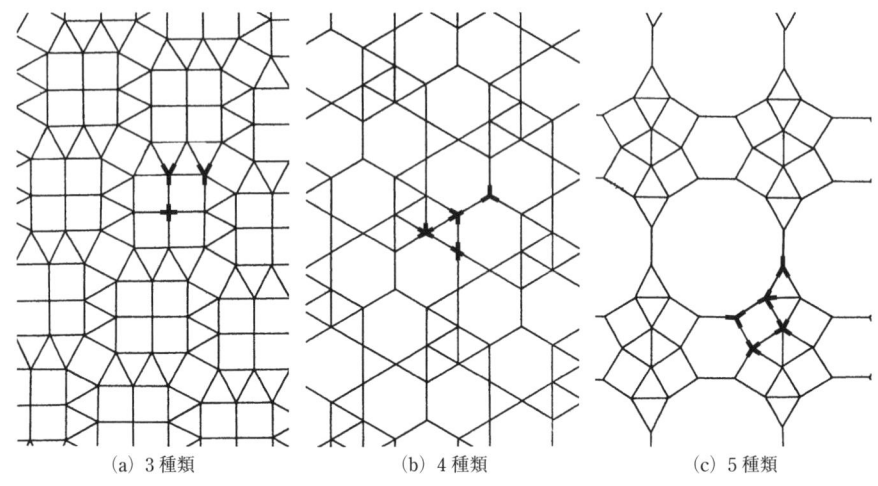

(a) 3 種類　　(b) 4 種類　　(c) 5 種類

図8　各頂点まわりが3種類以上になっている周期的正多角形タイル貼り

図9　正多角形に正多角形状の星形を加えた半正タイル貼り状のタイル貼り

●**疑似正多角形によるタイル貼り**　以上のような紀元前から知られているものもある正多角形による周期的なタイル貼りには，たとえ星形を加えたとしても，正七角形や正九角形は見られない．これらはコンパスと定規で作図できないため，ときには正多角形の中でも異質なものとされることもあることから，周期的タイル貼りとは相性が悪いであろうことは想像に難くない．

ところが，コンパスと定規で作図できるにもかかわらず，正五角形や正十角形も見られない．別項で触れるように正五角形や正十角形はむしろ1970年台後半以後に広く知られるようになった非周期的なタイル貼りの主役となるのである．この個性的な性質に正五角形とその仲間の大きな魅力がある．

ところがこの正五角形の個性がまだ世の中で知られていなかった1970年に入るころ，欧米で読まれていた子供向け雑誌に図10のようなパターンが載せられた．これを見た当時の子供たちは，正方形から正八角形までのすべての正多角形

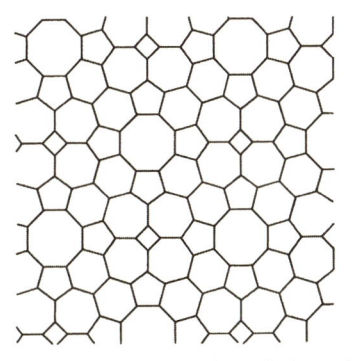

図10 疑似的なものを含む正方形から正八角形までを使った周期的タイル貼り．Altair Design（1970）より

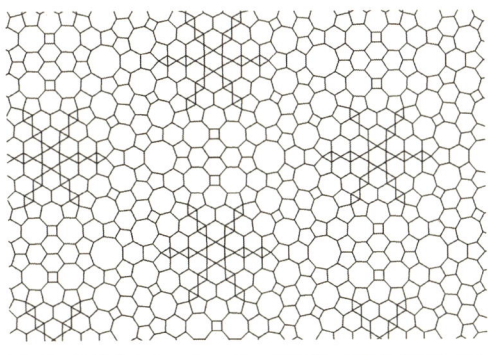

図11 疑似的なものを含む正三角形から正九角形まですべてを使った周期的タイル貼り（原案：宮崎興二）

で平面は埋めつくされると思い込んだに違いない，と欧米の幾何学者のあいだで評判になったという．実際は，正方形と正八角形以外は少しずつ歪んでいる．

そのような疑似的な正多角形の使用が認められるなら，図11のようなパターンも考えられる．正三角形から正九角形までがすべて入った周期的なタイル貼りである．かなり歪みが大きい部分もあるが，微調整の仕方では，より本物に似せることもできるだろう．　　　　　　　　　　　　　　　　　　　　　　　　　　[石井源久]

B. Grunbaum, G. C. Shephard, "Tilings and Patterns", Freema（1987）／宮崎興二『建築のかたち百科』彰国社（2000）

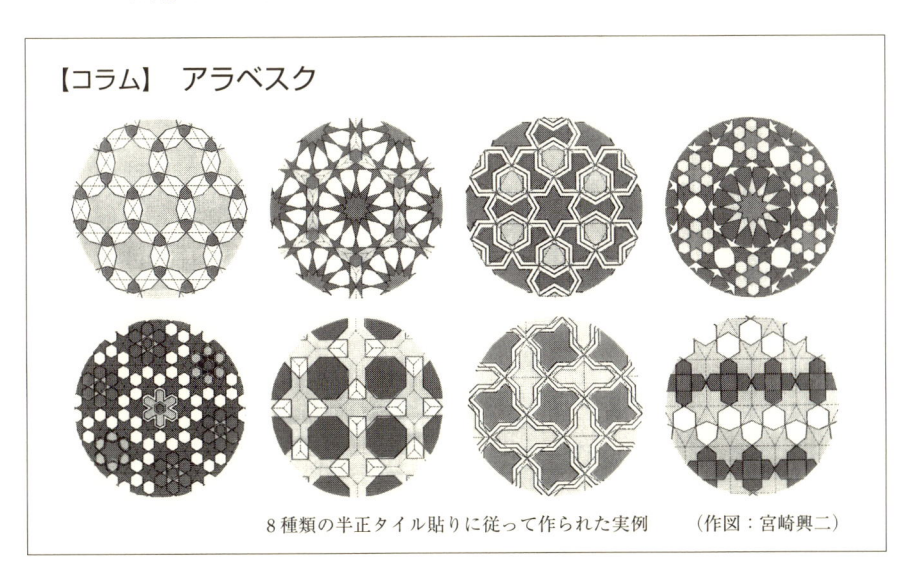

【コラム】　アラベスク

8種類の半正タイル貼りに従って作られた実例　　　　　（作図：宮崎興二）

双対タイル貼り

多くの生物と同じように多角形の世界にも伴侶となる多角形がある．たとえば一つの正多角形があるとすると，その各辺の中点を結んでできる多角形が伴侶となる．ただし，正多角形の場合は，元と同じ正多角形となる．このような二つの多角形を互いに双対という．では単独の多角形でなく，多角形を敷きつめたタイル貼りの双対はどのようにかたちになるだろうか．

●**正タイル貼りの双対**　タイル貼りの場合の双対図形は，各タイルの中心を頂点，各タイルの辺に交わる線分を辺とするタイル貼りとなる．正多角形によるタイル貼りの場合，両者の辺は直交する．

図1に互いに双対な正タイル貼りを示す．正方格子は自分自身に双対（自己双対），三角格子と六角格子は互いに双対で，いずれも正タイル貼り同士になる．

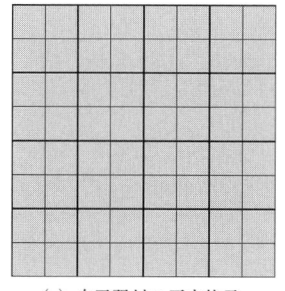

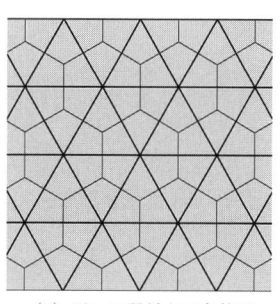

(a) 自己双対の正方格子　　(b) 互いに双対な三角格子

図1　正タイル貼りの双対関係

●**半正タイル貼りの双対**　それに対して準正タイル貼りを含む半正タイル貼りの双対つまり双対半正タイル貼りは，図2に示すように，合同な多角形（正多角形ではない）が各頂点まわりに2通り以上（実際は2通りか3通り）の状態で集まるタイル貼りとなる．図3はその場合の双対図形のみを示す．正タイル貼りに比べて，一見，複雑そうに見えるが，実際に壁紙模様などとして身のまわりで使われているパターンがいくつか加わっている．

●**正タイル貼りと双対半正タイル貼りの切断変形**　図4と図5は，互いに双対な正タイル貼りの頂点まわりならびに辺まわりの規則的な切断から導かれる半正タイル貼りと双対半正タイル貼りを示す．なお，それぞれの図はすべて双対図形を同時に表示している．

そのうち図4は互いに双対な三角格子と六角格子から導かれるもので，最上段

II • 2 多角形で飾る ② 163

準正タイル貼り

三角格子と六角格子に関するもの

正方格子に関するもの

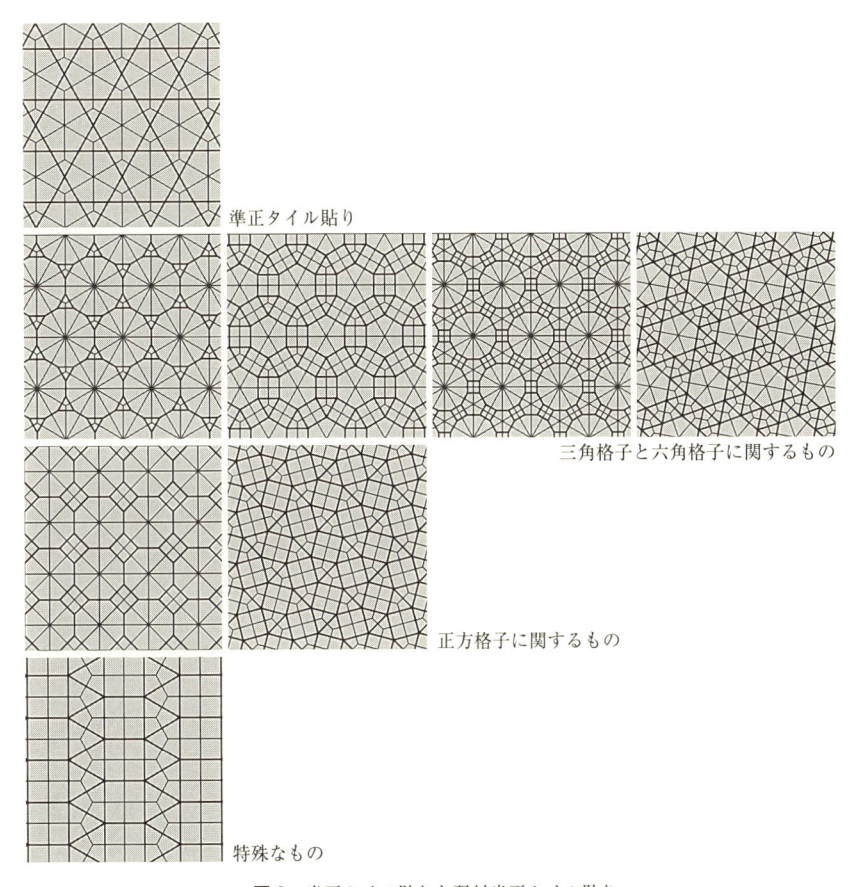

特殊なもの

図2　半正タイル貼りと双対半正タイル貼り

中央の準正タイル貼りと，$(3,12,12)$，$(4,6,12)$，$(3,4,6,4)$ が得られている．

　図5は自己双対の正方格子から導かれるもので，最上段中央の45°回転した正方格子のほか，$(4,8,8)$ が3か所で得られている．

●**正タイル貼りと双対半正タイル貼りのねじり変形**　図6と図7は，図4と図5の最上段中央で得られた，双対図形を伴った準正タイル貼りと45度回転した正方格子について，それぞれのタイルをねじり，隙間を菱形状に拡幅していって中に2枚の二等辺三角形を入れるという操作で導かれるさまざまなタイル貼りを示す．

　その結果，図6のように準正タイル貼りの場合は，$(3,3,3,3,6)$ と $(3,4,6,4)$ が得られ，菱形タイプの正方格子の場合は，$(3,3,4,3,4)$ と立方格子が得られる．

　こうした変形方法はさまざまに考えられ，それにともなって千差万別のタイル貼りが得られることになる．　　　　　　　　　　　　　　　　　　　　[石井源久]

準正タイル貼り

三角格子と六角格子に関するもの

正方格子に関するもの

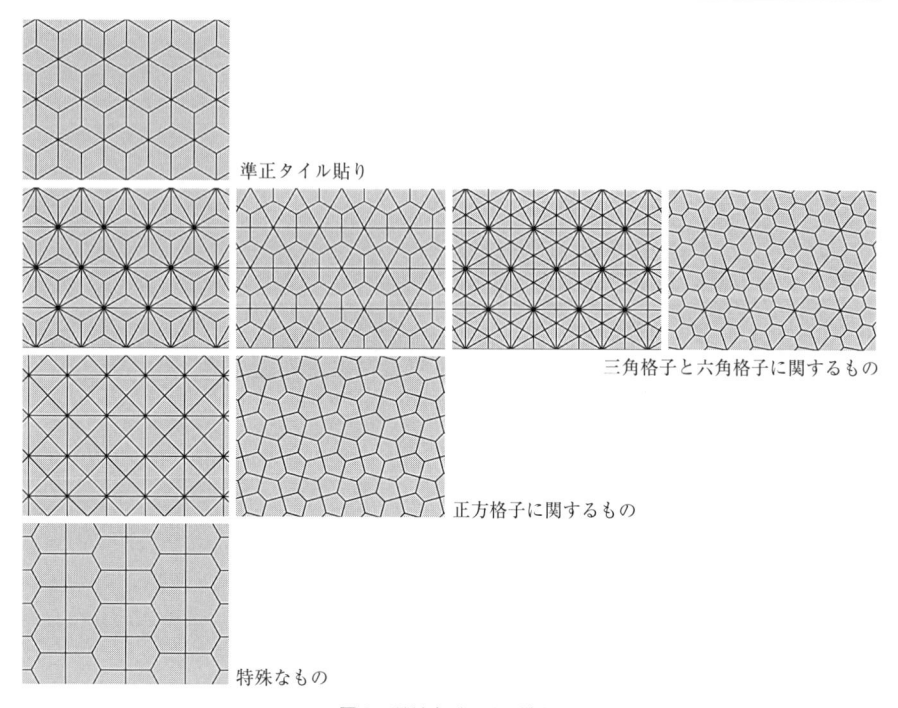

特殊なもの

図3　双対半正タイル貼り

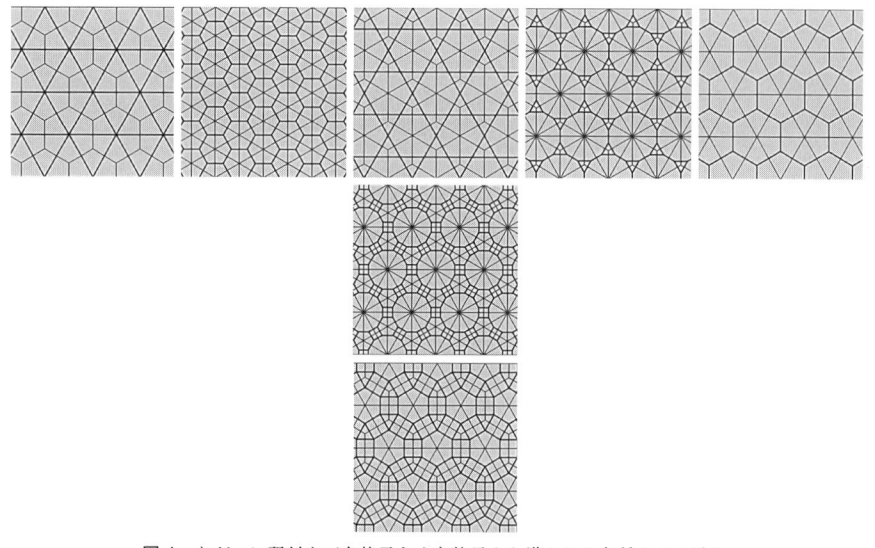

図4　たがいに双対な三角格子と六角格子から導かれる各種タイル貼り

II • 2 多角形で飾る ②

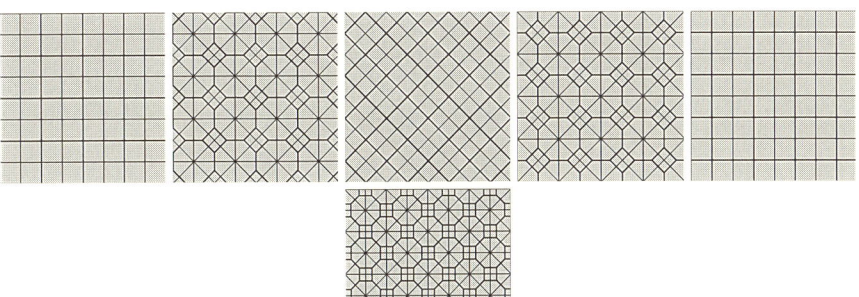

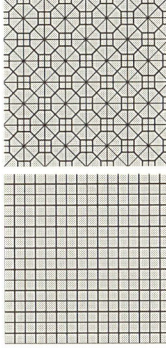

図5 自己双対の正方格子から導かれる各種タイル貼り

図6 半正タイル貼りの関係図：上は三角格子と六角格子に，下は正方格子に関係

五角タイル貼り

　正三角形，正方形，正六角形と違って，合同な正五角形ばかりをどのように並べても平面を一重に隙間なく埋めつくすタイル貼りはできない．しかし，歪んだ凸五角形の中には，合同なものを集めてタイル貼りすることができるものがある．

●**凸五角形によるタイル貼り**　合同な凸五角形によるタイル貼りとして，昔からよく知られているものに「カイロのタイル貼り」がある（図1）．エジプトのカイロの道路面の模様やカイロ近辺を飾るアラベスクによく見られるためこのような名前があるという．アルキメデスのタイル貼り（3, 3, 4, 3, 4）の双対図形でもあり，日本でも各地の街路を飾っている．

　同じく，『双対タイル貼り』（Ⅱ・2 ②）で触れたアルキメデスのタイル貼り（3, 3, 3, 4, 4）と（3, 3, 3, 3, 6）の双対図形も，おそらくは昔からアラベスクなどにも使われてきた可能性のある整理された例である．では，すべてで何種類あるだろうか．ただしタイル貼りの条件を少し緩めて，一つのタイルの辺の途中に隣のタイルの頂点がきてもよいとする．

　D. ウェルズによると，1918年，K. ラインハルトは新しく5種類を見つけ，1967年にはR. カーシュナーがさらに3種類を加えた．さらに1975年，R. E. ジェイムス三世が10番目を見つけ，翌年には，マージョリー・ライスという家政婦が数学的な手法を使うことなく試行錯誤により新しく4種類を追加して，現在では合計14種類がわかっている．

　その14種類の例を図2に示す．濃い部分は繰り返し周期の1単位である．（h）は図1のカイロのタイル貼り，つまり（3, 3, 4, 3, 4）の双対図形，と同じ種類のものであり，同じく（f）と（e）は（3, 3, 3, 4, 4）と（3, 3, 3, 3, 6）の双対図形と同じ種類のものとなる．これからもわかるように，この14種類は，角度の大きさや辺の長さといった寸法の違いで区別されているのではなく，たとえば3本や4本の辺が集まる頂点はあるかないか，もしあるとすればそれらはどのように並んでいるか，といった，かたちの側面から区別されている．

　ただし図2の各例は，図中に示す辺の長さと角の大きさを使って作図されている．すべてに共通の「暗黙の条件」として，五角形の内角の和の式 $A+B+C+D+E = 540°$ がある．カッコ内の式は，ほかの条件から導き出すことができる「冗長な条件」である．また，凸五角形であることから，角度が180°未満となるための範囲制限もある．

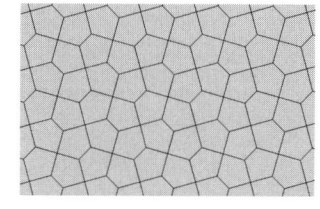

［石井源久］

図1 カイロのタイル貼り

II・2 多角形で飾る ③

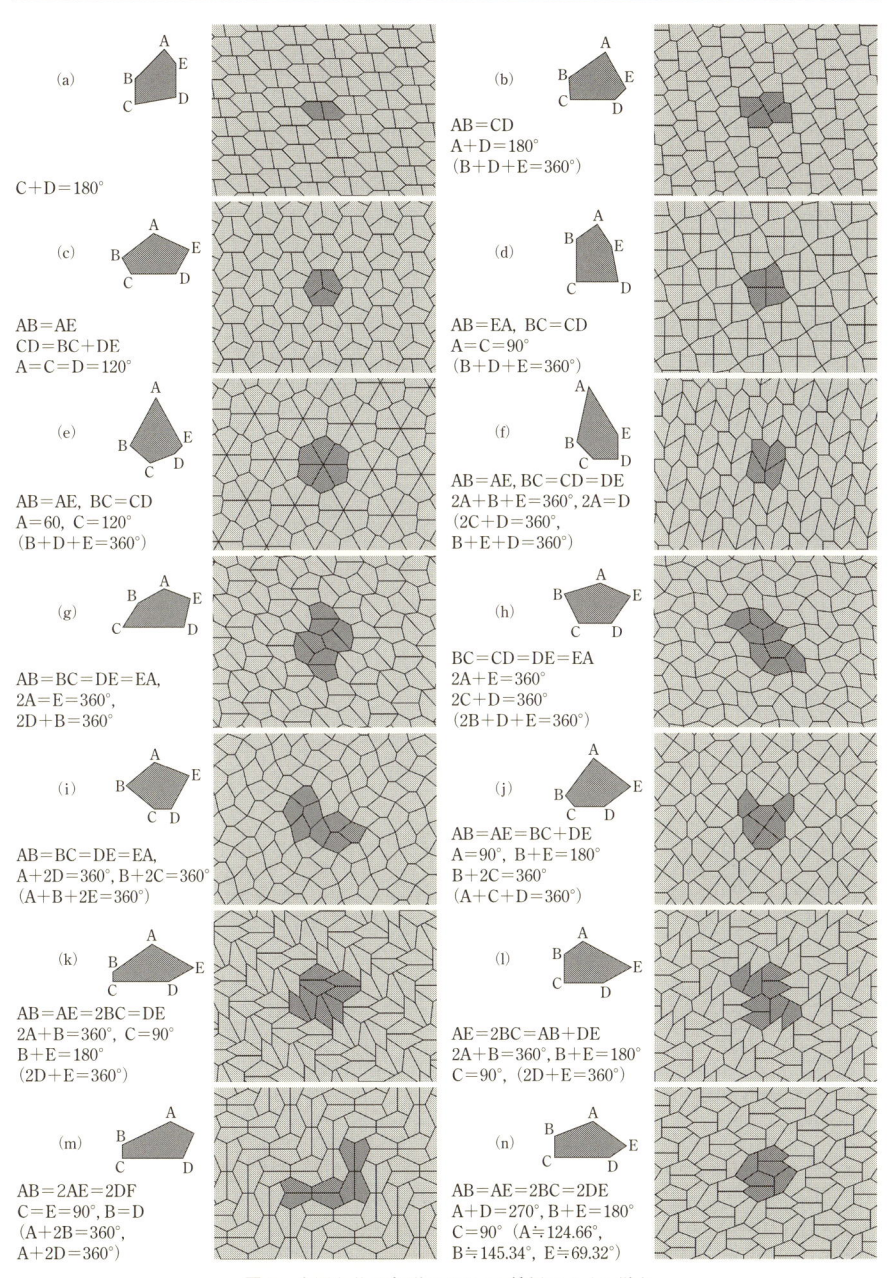

(a)
C+D=180°

(b)
AB=CD
A+D=180°
(B+D+E=360°)

(c)
AB=AE
CD=BC+DE
A=C=D=120°

(d)
AB=EA, BC=CD
A=C=90°
(B+D+E=360°)

(e)
AB=AE, BC=CD
A=60, C=120°
(B+D+E=360°)

(f)
AB=AE, BC=CD=DE
2A+B+E=360°, 2A=D
(2C+D=360°,
B+E+D=360°)

(g)
AB=BC=DE=EA,
2A+E=360°,
2D+B=360°

(h)
BC=CD=DE=EA
2A+E=360°
2C+D=360°
(2B+D+E=360°)

(i)
AB=BC=DE=EA
A+2D=360°, B+2C=360°
(A+B+2E=360°)

(j)
AB=AE=BC+DE
A=90°, B+E=180°
B+2C=360°
(A+C+D=360°)

(k)
AB=AE=2BC=2DE
2A+B=360°, C=90°
B+E=180°
(2D+E=360°)

(l)
AE=2BC=AB+DE
2A+B=360°, B+E=180°
C=90°, (2D+E=360°)

(m)
AB=2AE=2DF
C=E=90°, B=D
(A+2B=360°,
A+2D=360°)

(n)
AB=AE=2BC=2DE
A+D=270°, B+E=180°
C=90°, A≒124.66°,
B≒145.34°, E≒69.32°)

図2　合同な凸五角形による14種類のタイル貼り

📖 D. ウェルズ著（宮崎興二，日置尋久ほか訳）『不思議おもしろ幾何学事典』朝倉書店（2002）

非周期的タイル貼り

タイル貼りのようないろいろな平面埋めつくし模様は，，周期的パターンと非周期的パターンに分類される．周期的パターンとは，ピタゴラスの正タイル貼りやアルキメデスの半正タイル貼りのように，平行対称性（平行移動によって自分

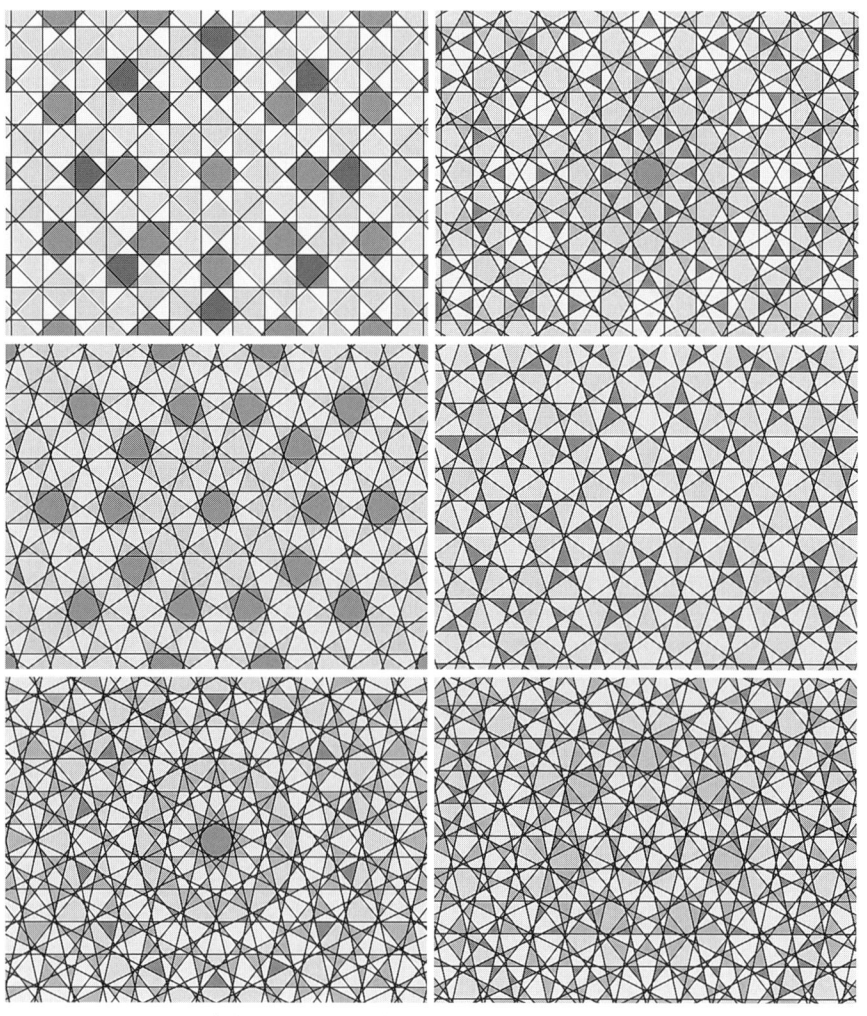

図1　正多角形の辺に平行で等間隔な直線群でできる準周期的パターン

Ⅱ・2 多角形で飾る ④

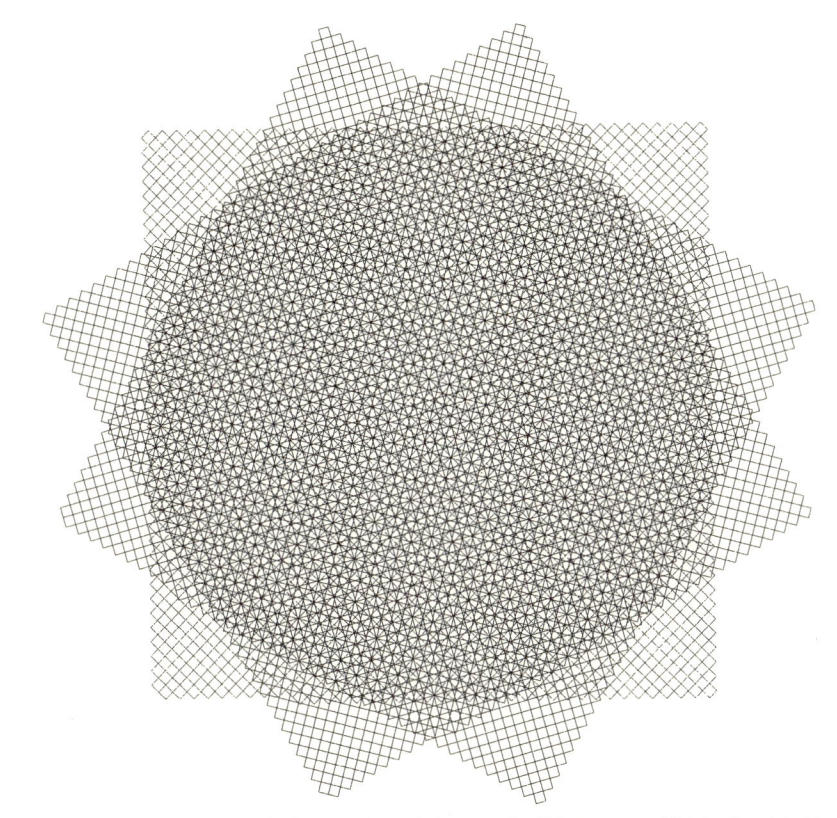

図2　3枚の碁盤目を正十二角形の中に重ねたとき現れる準周期的パターン（作図：藤田志具麻）

自身と重なって行く性質）をもつパターンのことである．一方，非周期的パターンとは，平行対称性をもたないパターンのことであるが，その中には鏡映対称性や回転対称性をもつものがあり，それらは特に準周期的パターンということがある．ペンローズ・パターンもその仲間である．

　正タイル貼りや半正タイル貼りといった平行移動で広がる周期的パターンに比べて，放射線状に広がることの多い非周期的パターンの図形的な構造は複雑で手作業では簡単には作図できない．ここでは，この非周期的パターンをCGで作図するための方法の概要を紹介する．といっても，その場合でも，けっして簡単な作業で終わるわけではない．

●**対称的な平行線群による作図**　図1は，中央に置かれた正多角形の辺と平行な直線群を等間隔にたくさん引くことで作図される準周期的パターンで，さまざまな多角形が中心から放射線状に広がりながら並んでいる．正多角形の角数が $4\,m$ （m は自然数）の場合は，図2のように，何枚かの碁盤目を正多角形の中に重ね

170　　　　　　　　　　Ⅱ・2 多角形で飾る ④

るとき得られる．

●**双対性による作図**　図1のパターンの各多角形を頂点に置き換え，頂点を何らかの多角形に置き換えると双対パターンができる．その双対パターンの各多角形を等辺の菱形に整形すると，図3のような，菱形による準周期的パターンが得られる．このパターンの中には『結晶と準結晶』（Ⅲ・4 ⑦）で触れる準結晶に現れるものもあるところから「準結晶のタイル貼り」と呼ばれることがある．

　図の配置は図1と同じになっている．すなわち，図3の上段左側の図は，図1

図3　準結晶のタイル貼り（配列は図1と同じ）

で同じ位置（上段左側）にある図と，互いに双対になっている．図3の中段右側が準結晶に見られるペンローズ・パターンである．

●**非対称的な平行線群の双対による作図**　準結晶のタイル貼りは，元となる平行線群の間隔を，あえて非対称になるように決めることにより，図4のような回転対称性も鏡映対称性もない非周期的パターンとすることができる．自然界で探すことも，人間が手作業で並べて作ることも困難であり，人間がコンピュータの助けを借りてようやく作り出すことができるパターンである．　　　　　　　　［石井源久］

図4　準結晶のタイル貼りを崩して作図した，回転対称性も鏡映対称性もない非周期的パターン

回転渦巻タイル貼り

微動だにしない決まりきったかたちを誇る正多角形と，膨張収縮しながら回転する渦巻は，かたちの世界では両極端にある．この両者を，辺長は一定のままで角度が自由に変わる菱形によって結びつけて，脈動感のあるタイル貼りを作ってみる．

● **1種類の菱形による渦巻タイル貼り** 1種類の菱形を使うタイル貼りで，n 回回転対称性を持たせるには，$360°/n$ の内角をもつ菱形を用い，その頂点を回転対称の中心に置いて，図1左上のように配置すればよい．ただしこの場合，図の濃淡を無視すれば鏡映対称性もあって，渦巻とはいえないかたちであり，魅力に欠ける．

それに対して，「中央部に正 n 角形の空き地を残してもよい」とすれば，図1上段中央のような，鏡映対称性がなくなって少しは渦巻くパターンが考えられる．その場合の菱形を上段右端のように薄くして分割数を増やしたり，濃淡のつけ方を変更したりすれば，次第に渦巻の雰囲気が出てくる．同図下段の左や中央のように多角形の辺数を増やせば，丸みが出て，本当の渦巻に近づく．逆に下段右端のように，多角形の辺数を減らして正三角形にしたとしても，菱形を薄くして分割数を増やせば渦巻らしさが出る．

その三角形をさらに辺数を減らして「正二角形」ともいえる線分にしたのが図2(a) のパターンで，ここでは中央の隙間はなくなり，平面は合同な菱形のみで渦巻状にタイル貼りされる．その菱形を2枚の二等辺三角形に分割して濃淡を付けると図2(b) のようになってよく知られたパターンとなる．

● **2種類以上の菱形による渦巻タイル貼り** 正多角形の中心から頂点に向かう

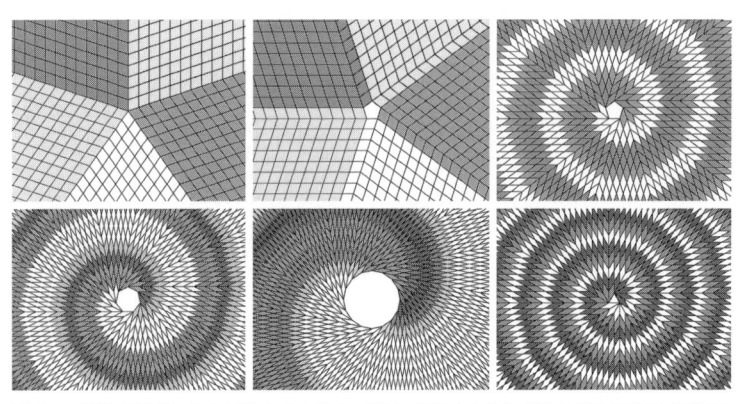

図1 1種類の菱形による渦巻タイル貼り（左上以外は中央に正多角形の空き地を残す）

方向を，頂点の数だけ用意し，1点から開始して，それらの方向に順々に伸ばしていく．すると最初に線分が現れ，次に菱形が一つだけ現れる．それを無限に繰り返すと，正三角形，正方形，正六角形の場合には1種類の菱形だけによるタイル貼りができるが，それ以外の正多角形の場合には複数種類の菱形による渦巻タイル貼りができる（図3）．

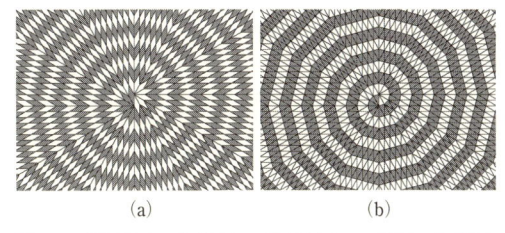

図2　1種類だけの菱形(a)，1種類だけの二等辺三角形(b)を線分のまわりに集めた渦巻タイル貼り

●2種類以上の菱形による回転タイル貼り　図3のパターンを作るとき少し工夫して中心から同じ条件で菱形が発生するようにすると，図4のような回転対称性はもつが鏡映対称性はもたない回転タイル貼りが得られる．　　　　　　［石井源久］

図3　2種類以上の菱形による渦巻タイル貼り

図4　2種類以上の菱形による回転渦巻タイル貼り

正五角形パターン

　ペンタゴンつまり正五角形は，正三角形，正方形，正六角形の間に並んでいながら，それらとは違って平面を埋め尽くすことのできない個性的で変わった多角形として知られている．それだけに正五角形を相手にした図形遊びはおもしろく，しかもそれだけでなく，その遊びは科学界の常識を覆す力も秘めている．

●**正五角形の縮小と拡大**　1枚の正五角形にすべての対角線を入れると，図1のように，小さな正五角形を核とする星形五角形が現れる．この図に見られる短い線分と長い線分の比はすべて黄金比1：約1.618になっている．その不思議さに気づいたピタゴラスは星形五角形を自らの学校の紋章にした，という逸話は有名である．その後星形五角形は，『護符』（Ⅲ・1 ⑤）で触れるようにわが国を含む世界各地で護符のマークとなり，『国旗』（Ⅲ・1 ①）で触れるように現在の世界中の国旗のほとんど1/3を飾るまでになっている．

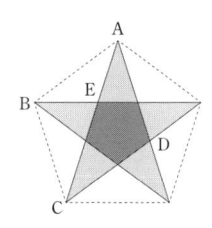

図1　正五角形の対角線による縮小

　この星形五角形は，正五角形の各辺を外に向かって延長していくときにも得られる．ただし1種類の星形ができるだけで，あとは辺をいくら延長しても新しい星形は生まれない．それに代えて，延長した辺の間には図2のように無限に小さくあるいは無限に大きく縮小拡大された星形五角形が果てしなく放射状に入っていく．この図2に正五角形の辺を延長してできるパターンだけでなく，正五角形の内部に図1を無限に繰り返して行くパターンも同時に含まれていて，正タイル貼りや半正タイル貼りを支配していた周期性，つまり適当な部分を平行移動させると別の部分に繰り返して周期的に重なっていく性質，は見られず非周期的になっている．ただし回転対称性や鏡映対称性はあるため準周期的といわれることがある．

図2　縮小あるいは拡大された星形五角形の無限の放射状の配列

●**正五角形の連結**　星形五角形の伝説の原点にいるピタゴラスが気づいていたかどうかはわからないが，ピタゴラスより千年後の16世紀から17世紀にかけてのデューラーやケプラーは，適当なかたちの隙間を残してもよければ，正五角形は果てしなく，ただしピタゴラスの正タイル貼りなどとは違って非周期的に，平面上でつながっていくことに気づいた．それに理論的な根拠を与えたのが，現代の

何人かの数学者や物理学者である．

それによると，図3左上のように，まず一つの正五角形を，鋭角二等辺三角形の隙間を残しながら6個の小さな正五角形で置き換える．その小さな正五角形を，図3左下のようにまた6個のさらに小さな正五角形で置き換える．この操作を繰り返して行く途中，できた隙間にも正五角形が入ることがある．

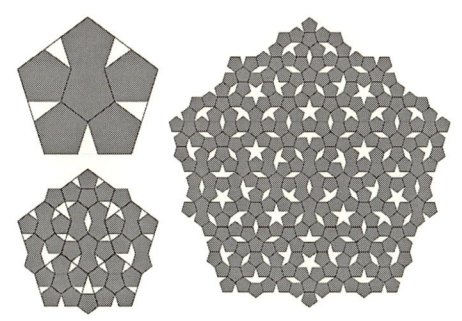

図3　正五角形の非周期的な連結

このようにして，図3右のように正五角形を並べると，隙間に，星形五角形と，その部分になっている帽子形ならびに菱形の，合わせて3種類のタイルが入る準周期的なタイル貼りができる．

●**正五角形の切貼り**　1970年代に入って間もなく，独自で図3のようなタイル貼りを考えていたイギリスの物理学者ロジャー・ペンローズは，このタイル貼りを裁ち合わせて，2種類のユニットからなる非周期的なタイル貼り，つまりペンローズ・パターンを2種類考え出した（図4）．そのうちの一つは，凧形と矢形を配列するもの，もう一つは2種類の菱形を配列するものである．図5に，そのうち2種類の菱形でできるものと図3との関係を示す．図からわかるように2種類の菱形は正十角形を構成する．凧形と矢形は，図1でEDを結ぶ場合のEBCDとABEDである（『台形分割正五角形』（Ⅱ・2 ⑦）参照）．

結果として黄金比に関係する正五角形は非周期的パターンを作りやすい．それに対して黄金比に関係しにくい正三角形，正方形，正六角形は周期的パターンを作りやすい．ここにこそ正三角形，正方形，正六角形と一線を画される正五角形の魅力の真骨頂がある．

こうした正五角形にまつわる非周期的なタイル貼り，具体的にはペンローズ・パターン，がどのようにして科学の世界の常識を覆したかについては『結晶と準結晶』（Ⅲ・4 ⑦）に詳しい．　　　　　　　　　　　　　　　　　　　　［石井源久］

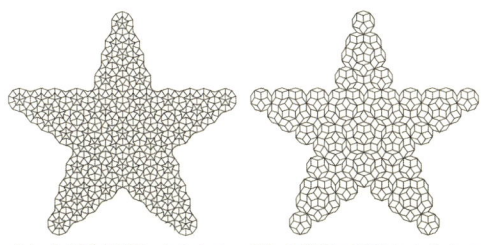

(a) 矢形と凧形によるもの　(b) 2種類の菱形によるもの

図4　2種類のペンローズ・パターン

図5　正五角形の非周期的な連結図形に重ねて描かれた2種類の菱形によるペンローズ・パターン（作図：石原慶一）

台形分割正五角形

正五角形を同じかたちのピースで 5 分割する方法は無数にある．ではピースのかたちを左右対称形に限るとどのようになるだろうか．

●**簡単な分割方法**　左右対称になったピースで正五角形を 5 分割するには限られた方法しかない．

そのうちだれでもが簡単に思いつく方法の一つが，正五角形の中心と頂点を結ぶ線を斜辺とする二等辺三角形を使うものである（図1(a)）．この二等辺三角形の頂角は 72°，底角は 54°になっている．

もう一つの簡単な方法は，正五角形の中心から 5 本の辺に垂線を下したときできる凧形を使う（図1(b)）．

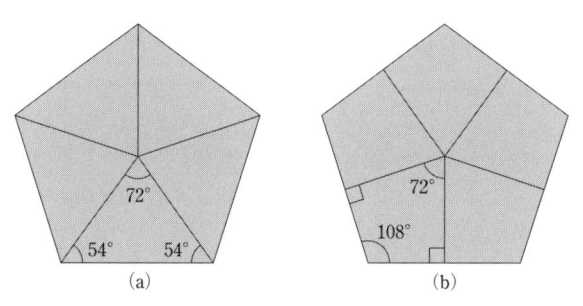

図 1　二等辺三角形 (a) と凧形 (b) による正五角形の 5 分割

●**意外な分割方法**　二等辺三角形あるいは凧形による簡単な分割方法に対して，別の意外な方法がある．中心から 5 本の辺に図 2 のように平行な直線を引くことによって得られる左右対称の等脚台形を使う方法である．この台形の二つの大きい内角は 108°，残りの二つの小さい内角は 72°となっている．3 辺の長さは同じで，その辺の長さを 1 とすると残りの短い辺の長さは ϕ を黄金比 $(1+\sqrt{5})/2$ として，$2-\phi \fallingdotseq 0.381966$ となる．

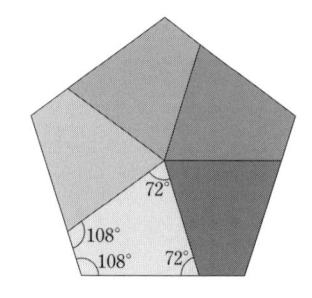

図 2　同じかたちの等脚台形による正五角形の 5 分割

ところがこの台形は，図 3(b) のように，すでに分割してある正五角形を 15 枚で隙間なく取り囲んで一回り大きい正五角形を作る．等脚台形 4 枚を組み合わせたものが，新しい左右対称 5 分割図形になっている．さらに図 3(c) では，等脚台形 9 枚を組み合わせたものが，左右対称 5 分割図形になっている．

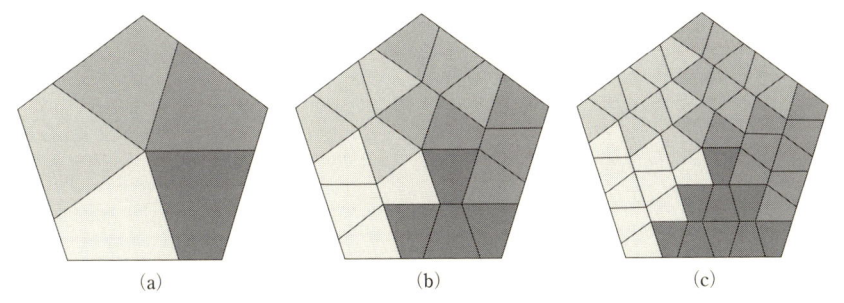

図3　等脚台形による正五角形の5分割の第一段階から第三段階まで

図4　等脚台形を使った平面充填図形

　この模様はどこまでも大きくなっていく（図4）．つまり左右対称なピースで正五角形を5分割する方法は無限にあることになる．また，いいかえれば等脚台形による5回回転対称を見せる平面充填が可能となる．

●**非周期模様への踏み台**　5回回転対称を見せる平面充填図形といえばペンローズの非周期的なパターンが有名である．ペンローズ・パターンには，矢形と凧形を使うものと，2種類の菱形を使うものがある．ここでの等脚台形を2枚重ねると，重なった部分がペンローズの凧形と二つに折れた矢形になる（図5）．つまりこの台形は新しい非周期的なタイル貼りへの踏み台かも知れない． ［岩井政佳］

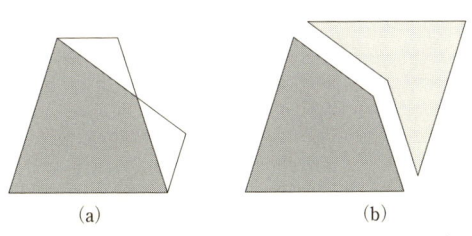

図5　(a) 等脚台形の重なり部分に現れるペンローズの凧形（灰色部分）と折れた矢形（白い部分．二つ合わせると矢形になる），(b) ペンローズの凧形と矢形

多角らせん

　広く知られている黄金長方形は大きさの違う複数の正方形の組合せでできていて，ある正方形とそれよりひとまわり大きいサイズの正方形の辺の長さの比は，1：1.618の黄金比になっている．この正方形を大きい方から並べると，辺の長さは公比0.618の等比数列をなす．また各正方形の中に円弧を描き，つないでいくと全体的にらせんになる．つまり正方形がらせん状に配置されているともいえる（図1）．
　ここではこの黄金比に従った正方形のらせん配置の一般形を考えてみる．

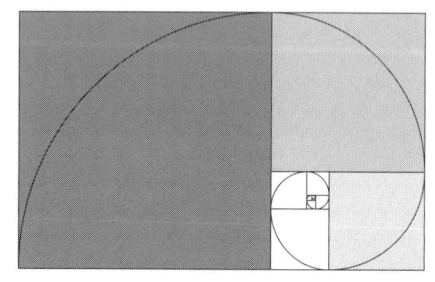

図1　黄金長方形

●凧形のらせん配置　正方形をらせん状に並べて黄金長方形ができるように，凧形でも同じようならせん配置を作ることができる．図2に一例を示す．凧形の中心側の角は45°，その対角は135°，残りの2個の角は90°となっている．使われているすべての凧形は相似であり，それを大きい方から並べると，辺の長さは公比が約0.802の等比数列をなす．
　図2で左下の一番大きい凧形1個を取り去ってみると，残った部分は取り去る前の全体形と相似になっている．2番目までの大きさの凧形を取り去ってもまた，残った部分は全体と相似になる．3番目，4番目と取り去っていっても同様である．つまり黄金長方形と同じように部分が全体と相似になっている．
　このような凧形によるらせん配置は，2以上の整数を K として，中心側の角が $270°/K$，対角が，$180°-(270°/K)$，ほかの二つの角が90°の凧形でも可能である．つまり，凧形 K 個を扇状に並べていったとき K 番目の凧型が1番目の凧形とちょうど270°をなすと，らせん配置にできる．図2でも凧形の中心側の角の45°は270°/6だから，左下の1番目と右下の6番目の凧形はちょうど270°をなしている．この場合，K 番目の凧形の小さい方の辺と，1番目の凧形の大きい方の辺は一直線上に来て，中心側の角が決まれば，だんだん小さ

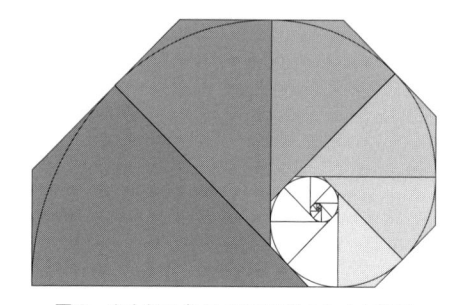

図2　中心側の角が45°の凧形のらせん配置

くなっていく凧型の等比数列の公比は一意に決まる.

図1の正方形も凧形の一つであり，この場合は，$K = 3$，中心側の角 $270°/3 = 90°$ となる.

●**二等辺三角形のらせん配置**　二等辺三角形でも同様ならせん配置は可能になっている．図3にその一例を示す．使われている二等辺三角形はすべて相似で中心側の角（頂角）は $36°$，二つの底角は $72°$，大きい方から並べると公比約 0.843 の等比数列をなす．また左下の1番大きい二等辺三角形を取り去ると残った部分は，元の全体と相似になっている．2番目，3番目，4番目と取り去っていったときも残りの部分に相似のかたちが現れる．

凧形と同じく，このような二等辺三角形によるらせん配置は，二等辺三角形 J 個を扇状に並べていったとき J 個番目の二等辺三角形の中心線が，1番目の二等辺三角形とちょうど，$270°$ の角度をなすとき，らせん配置することができる．この場合の中心側の角は $270/(J + 1/2)$ となり，$N = 2J + 1$ とすると，頂角は $540°$ を奇数 N で割ったものになる．二つの底角は $(180 - 270/N)°/2$ である．ただし，J 個番目の二等辺三角形の等辺が，1番目の二等辺三角形の底辺と一致する必要があり，だんだん小さくなっていく二等辺三角形の公比はそれにより一意に決まる．

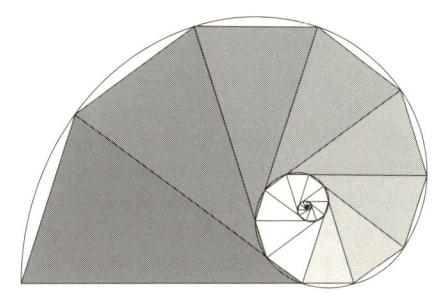

図3　中心側の角（頂角）が $36°$ の二等辺三角形のらせん配置

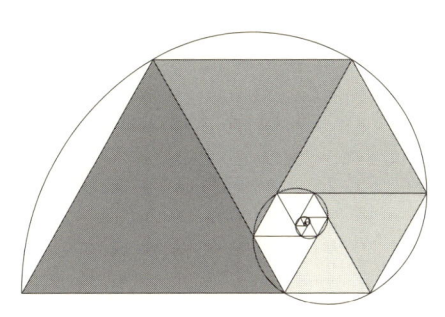

●**正三角形のらせん配置**　正三角形は二等辺三角形であり，$N = 9 (J = 4)$ の場合のらせん配置ができる（図4）．中心側の角（頂角）は $540°/9 = 60°$，公比は約 0.755 である．

図4　正三角形のらせん配置

●**らせん配置の一般化**　以上のような凧形と二等辺三角形のらせん配置は図5のように一般化できる．

つまり，凧形の中心側の角は $270°/K$ だったが，ここで $N = 2K$ と置きなおすと，凧形の中心側の角は $540°/N$（ただし N は偶数）となる．したがって，凧形と二等辺三角形の中心側の角に着目すると，らせん配置可能な凧形の中心側の角は，$540°$ を偶数で割ったもの，らせん配置可能な二等辺三角形の中心側の角は，$540°$ を奇数で割ったもの，になる．

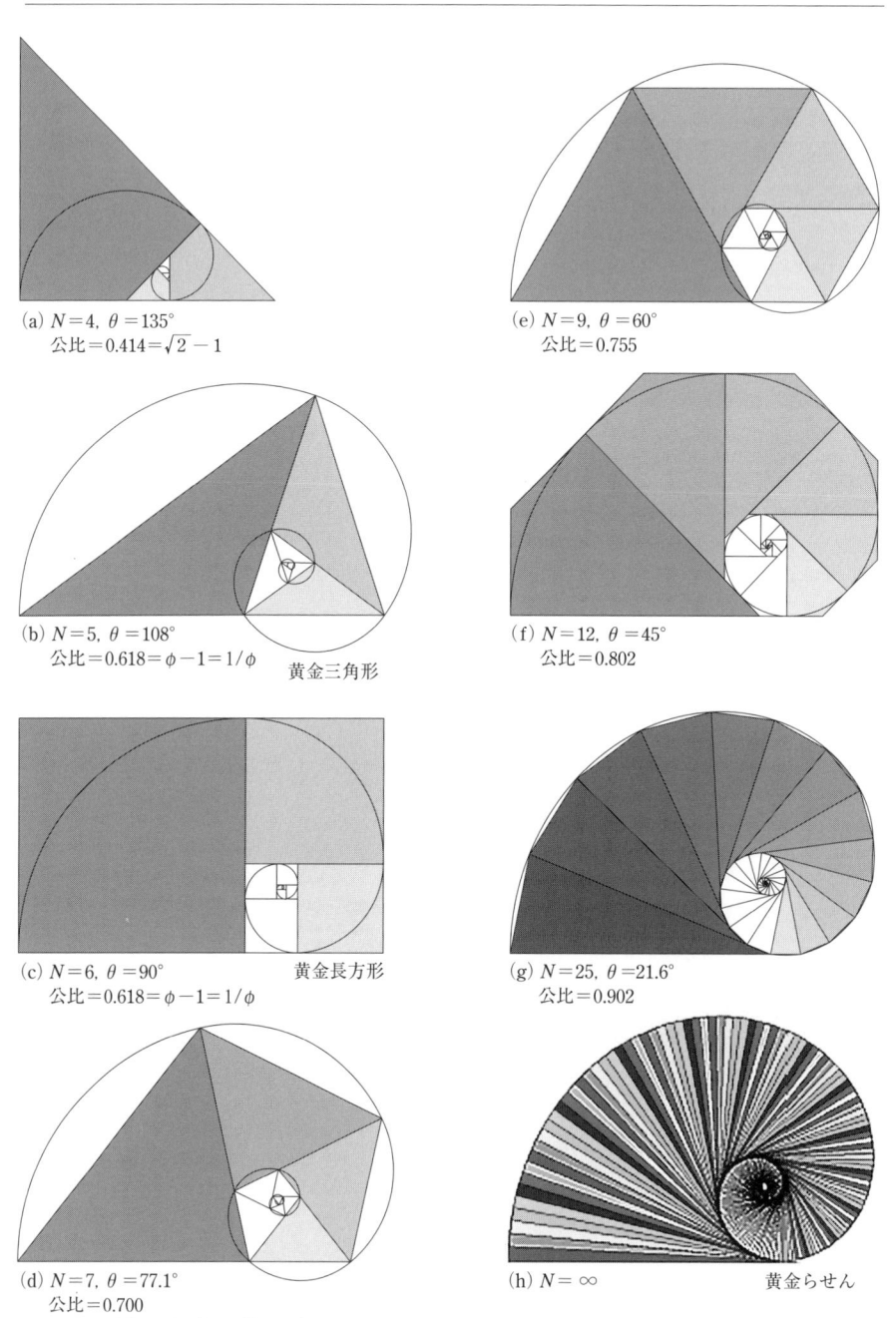

(a) $N=4$, $\theta=135°$
公比 $=0.414=\sqrt{2}-1$

(b) $N=5$, $\theta=108°$
公比 $=0.618=\phi-1=1/\phi$　黄金三角形

(c) $N=6$, $\theta=90°$　黄金長方形
公比 $=0.618=\phi-1=1/\phi$

(d) $N=7$, $\theta=77.1°$
公比 $=0.700$

(e) $N=9$, $\theta=60°$
公比 $=0.755$

(f) $N=12$, $\theta=45°$
公比 $=0.802$

(g) $N=25$, $\theta=21.6°$
公比 $=0.902$

(h) $N=\infty$　黄金らせん

図5　凧形と二等辺三角形のらせん配置の一般化（θは中心側の角，ϕは黄金比）

このような割る数 N に着目して凧形と二等辺三角形のらせん配置をさまざまな N に従って並べたものが図5である．N はいくらでも増やしていくことができ，かたちは図5の（h）のようにらせん曲線に近づいていく．

●**中心側の角の自由化**　実は，凧形や二等辺三角形にこだわらないのであれば，中心側の角は $540/N$（N は整数）になるという条件は必要でなくなる．つまり中心側の角が任意の4辺形をらせん配置できる．図6はさまざまな中心側の角の場合を示す．54°のときは凧形，60°のときは正三角形になる．中心側の角度が決まれば，四辺形のかたちや公比はそれぞれ一意に決まる．凧形や二等辺三角形はその中の特別な場合なのである．

［岩井政佳］

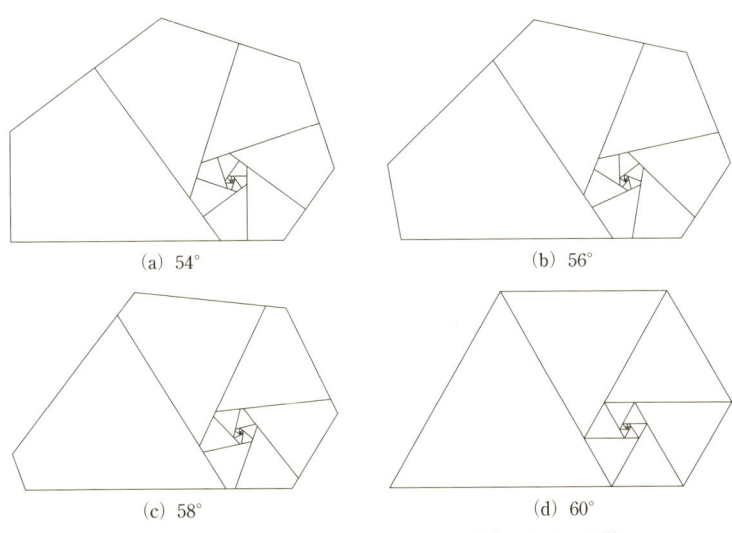

(a) 54°　　(b) 56°

(c) 58°　　(d) 60°

図6　中心側の角が 54°，56°，58°，60°の場合のらせん配置

【コラム】　バガンの正五角仏塔

アンコール・ワット，ボロブドールと並ぶ世界三大仏教遺跡の一つミャンマーのバガンに見る正五角形平面の仏塔いろいろ（資料提供：小山清男）

菱形充填正多角形

すべての正多角形は，辺の長さが等しい菱形で隙間なく埋めつくすことができる．ただし，角数および方法によっては，中心部分に何枚もの菱形が重なる．この意表を突く図形的性質を，ここでは図で確かめてみる．

●**正偶数角形の場合の菱形充填** 辺数が偶数の場合の正多角形は，図1のように辺長の等しい菱形で隙間なく埋めつくすことができる．

左端列は，与えられた正 n 角形の辺長の半分を1辺とする菱形を配置する充填である．重複はない．右端列に示すように菱形で埋めつくされた n 個の正 n 角形が，頂点の一つを元の正 n 角形の中心に置くように集まっている．

中央列は，与えられた正 n 角形と同じ辺長をもつ菱形を中心から放射状に配置する充填である．n が $4m$（m は任意の自然数）になっている場合，与えられた正 n 角形の中心に星形正 n 角形が現れるように n 枚の菱形が互いに重なり合いながら集まる．この星形のまわりは対称的になって，結局，与えられた正多角形は中心部分で何重かに重な

(a) 正八角形

(b) 正十角形

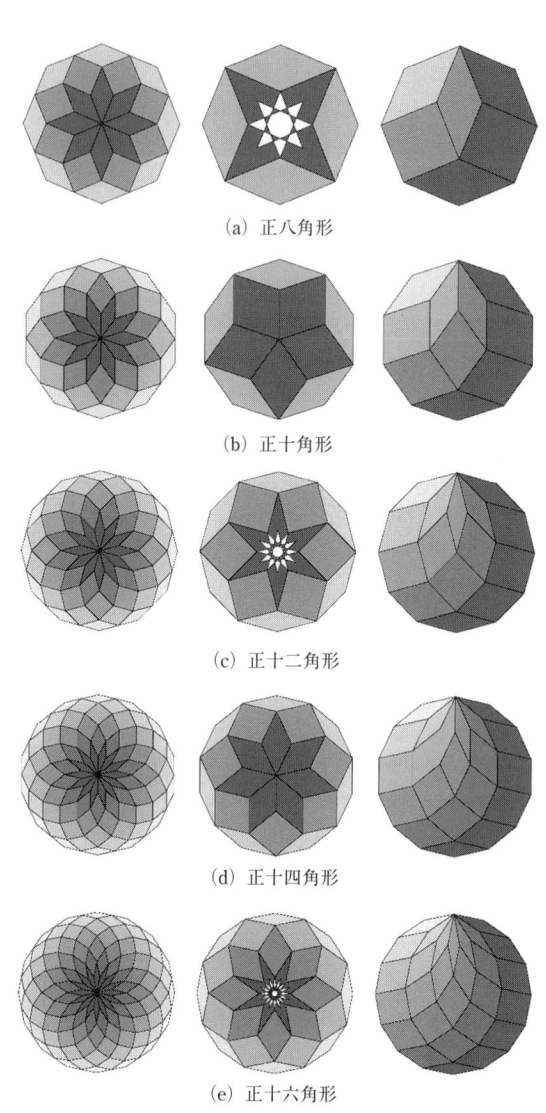

(c) 正十二角形

(d) 正十四角形

(e) 正十六角形

図1 等辺の菱形を充填した正偶数角形（辺長は，左列：与えられた偶数角形の辺の半分，中央列と右列：偶数角形の辺と等長）

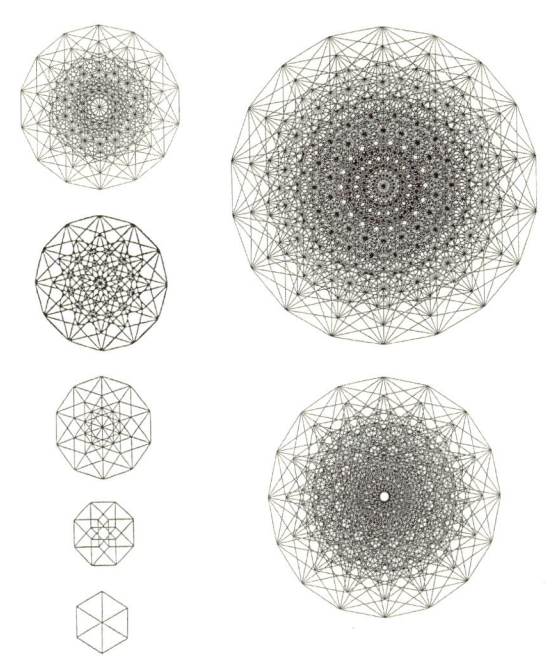

図2 与えられた正多角形と等辺の菱形を充填した正六角形から正十八角形までの正偶数角形のワイヤフレーム表示（作図：高田一郎）

り合う菱形で充填されることになる．n が $4m+2$ のときは，$(2m+1)$ 枚の菱形でできる星形の $(2m+1)$ 角形が，与えられた正多角形の中心から，重複がないように広がる．

右端列は，与えられた正 n 角形と同じ辺長をもつ菱形を一つの頂点から放射状に配置する充填で，この場合，菱形は重複なく集まる．

以上のうち中央列と右端列のものは，正多角形の一つの頂点に集まる菱形の配置を他のすべての頂点まわりでも考えてワイヤフレームで表現すると図2のようになる．

正奇数角形の場合の菱形充填 辺数が奇数の場合の正多角形は，図3のように，辺長の半分を1辺とする菱形で充填することができる．菱形同士の間に隙間ができるが，その隙間は平たく変形した新しい菱形で埋められ，それらが重なることによって中央に小さい星形多角形が生まれる．しかも，この星形の尖った頂点は向い合う菱形の頂点に一致する． ［石井源久］

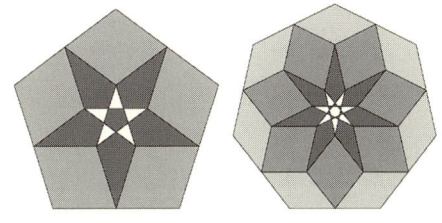

図3 正五角形と正七角形の，辺の半分を辺とする菱形による充填

III
多角形に

- ●1 頼る
  - ① 国旗（細矢治夫）　186
  - ② 県章（細矢治夫）　190
  - ③ 家紋（神戸政秋）　192
  - ④ 八卦（細矢治夫）　200
  - ⑤ 護符（宮崎興二）　204
- ●2 迷う
  - ① だまし絵（秋山久義）　208
  - ② 錯視多角形（伊藤裕之）　214
  - ③ 新案錯視多角形（北岡明佳）　218
- ●3 住む
  - ① 社寺建築（宮崎興二）　222
  - ② 社寺施設（宮崎興二）　230
  - ③ 星形城址（細矢治夫）　234
  - ④ 現代建築（宮本好信）　236
- ●4 見る
  - ① 花（斎藤幸恵）　242
  - ② 草木（斎藤幸恵）　246
  - ③ 生物（本多久夫）　248
  - ④ 海洋生物（奥谷喬司）　254
  - ⑤ 有機化合物（佐藤健太郎）　258
  - ⑥ 無機化合物（山崎 昶）　266
  - ⑦ 結晶と準結晶（蔡 安邦）　272
  - ⑧ 物理現象（塩崎 学）　282

【コラム】
星形七角形の神秘 203／星形のバラ窓 213／
ウイルスに見る正多角形 253／ヘッケルの海洋微生物図 257

国　旗

　約200ほどある世界中の国旗の中で，実に3分の1が星形多角形，中でも特に星形五角形を使っている．そこでそれらを中心に世界の国旗のデザインを見ることにする．

●**本来の星形**　ピタゴラスが自らのグループの紋章にして以来の本来の星形は，世界的な魔除けとして知られる五芒星や六芒星に見られるように，塗りつぶした星形でなく辺のみが絡み合ったかたちをしている．つまり多辺形になっている．しかし，その本来の星形が見られるのは，エチオピアとモロッコの星形五角形とイスラエルの複合正六角形（ダビデの星）だけで，他の国では，単色に塗りつぶしたり白抜きにしたりした平面の部分としての星形になっている（図1）．

●**一つ星と二つ星**　圧倒的多数の国が使っている塗りつぶした星については，まず一つだけが燦然と輝くものがある．たとえばベトナムの旗では赤地の中央に黄色く大きな星形五角形が輝き，ソマリアの旗では国連旗の地のライトブルーの中に白く大きな星形五角形が光る（図2）．

　そうした単色の地をもつものよりも，2色または3色に塗り分けられた地の中に1色に塗りつぶした星形五角形が1個だけ光っているものが，星形を使った国旗の中では最も多い．北朝鮮，ガーナ，カメルーン，セネガル，トーゴ，チリ，キューバ，リベリア，プエルトリコ，その他十か国に及んでいる（図3）．台湾，

エチオピア　　　モロッコ

イスラエル

図1　本来の星形を使った国旗

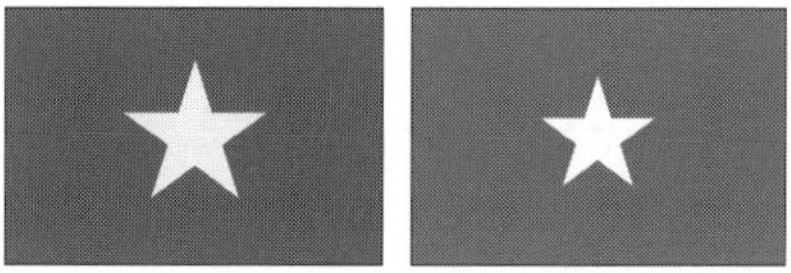

ベトナム　　　ソマリア

図2　単色の地の上の一つ星の国旗

北朝鮮　　　ガーナ

チリ　　　キューバ

リベリア　　　プエルトリコ

図3　多色の地の上の一つ星の国旗

ネパール，ヨルダンなどでは腕の数が7本とかそれ以上ある星形を見せるが，いずれも星形多角形ではなく，輝く太陽をイメージしているだけである．

次は2個であるが，パナマとシリアがそうだ．それぞれ2個の星形五角形が斜めと横に並んでいる．色まで考えると話題はさらに広がるが，ここではそれは封印しよう（図4）．

図4　二つ星の国旗

●正多角形に星を飾る　星が3個以上並べば，正多角形の配置のものも当然出てくるので，それを調べよう．2国あるのだが，偶然どちらも星形六角形を使っている（図5）．ブルンジという国は南アフリカの山岳地帯にあるが，その国旗の中で3個の星が上向きの正三角形を作っている．スロベニアの国旗もよく見ると，小さな3個の星が正三角形を作っているのだが，逆向きの下向きになっている．これは中世に栄えたツェリエ家の紋章からきている．イラクの国旗にも3個の星形五角形が入っていたのだが，今はそれを消した「星なし」になっている．

ミクロネシア連邦の国旗は青一色の地の中央に4個の星形五角形が白抜きで，しかも菱形を見せるように外側に尖っている（図6）．四つの州の独立と協調を象徴しているのだ．

シンガポールの国旗では5個の星形五角形が正五角形状に並んでいるのだが，その左側にある大きな三日月（イスラム教のシンボル）に抱きかかえられている（図7）．このほかにも，星と月の組合せのデザインはイスラム系の国に数多く見られる．月の向きはいろいろあるようだ．トルクメニスタンの国旗では，左弦の月がサイコロの5の目のように並んだ5個の星形五角形を支えている．ホンジュラスの旗にも，サイコロの5の目状の星形五角形が描かれているが，やや横長の

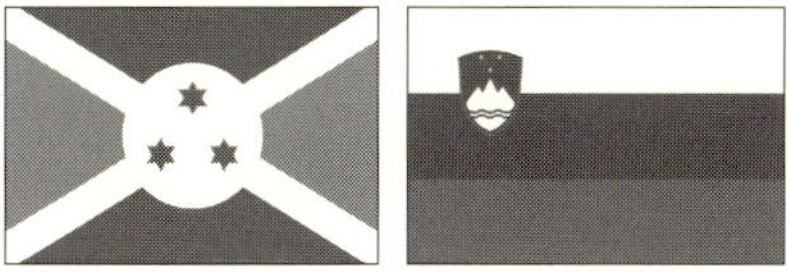

図5　3個の星形六角形が正三角形に並んだ国旗

図6　3個の星形五角形が菱形に並んだ国旗

図7　5個の星形五角形を見せる国旗

ドミニカ国(10個)　　カーボベルデ(10個)　　ヨーロッパ連合(12個)

ミャンマー(14個)　　クック諸島(15個)

図8　10個以上の星形五角形を見せる国旗

長方形に配置されている．

　ここから先は一気に10角形に飛ぶ．ドミニカ国とカーボベルテでは10個，ヨーロッパ連合（EU）では12個，ミャンマーでは14個，クック諸島では15個の星形五角形が丸く正多角形状に並ぶ（図8）．

●**星条旗**　忘れてならないのが，1776年の建国の翌年に制定されたアメリカの国旗（星条旗）である．左上の長方形の中に13個の白抜きの星形五角形が円形状に並べられ，残りの大部分は紅白の13本の横縞模様が占めていた．

　この図案が，50個の星を苦労して並べた現在の星条旗に至る代々の星条旗の基になっている．すなわち，独立時の13州を赤白交互の13本の横縞で表し，左上にその時どきの州の数だけ白い星形正五角形を並べるパターンがそれである（図9）．第二次世界大戦のこ

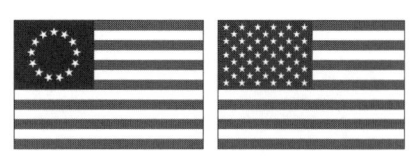

図9　アメリカの星条旗：左は建国当時のもの，右は現在

ろは48州だったので，星の数は8×6の48個だった．現在の50個の星になったのは，アラスカに次いで，1960年にハワイ州を取り込んで50州になったときで，以後半世紀以上も続き，同一デザインの最長期間を年ごとに更新している．

　これらの星条旗の中の星と青赤白の3色というのは，アメリカの独立以後に誕生した多くの国の国旗のデザインに大きな影響を与えているようである．特に，図3で示したチリ（1817年），リベリア（1847年），プエルトリコ（1892年），キューバ（1902年）などへのデザイン的な影響は明らかである．

●**ユニオンジャック**　星条旗の青赤白への3色の塗り分け方が，イギリスの国旗ユニオンジャックの色使いに影響された結果であることは一目瞭然であろう．

　そのユニオンジャックの影響をどっぷりと受けた国旗の代表的なものが，図8のクック島や図10のオーストラリアおよびニュージーランドのものである．これらの国旗の左上にはユニオンジャックが厳然と収まっているが，後の2国のものの右側の広い部分には，南十字星が大きくデザインされている．ただし，オー

ストラリアの国旗の左下には南十字星よりも大きな星が一つ，さらに南十字星の中央右下には小さな星がもう一つ描き加えられている．そしてよく見ると，オーストラリアの旗の中の星は，最後の小さな一つを除いては，いずれも星形七角形になっているではないか．それは，オーストラリアが6州と1準州からできていることを表している．

オーストラリア　ニュージーランド
図10　ユニオンジャックの影響を受けた国旗

　このように歴史と国旗の類似性は否定できないのに，ニュージーランド人としてはオーストラリアと似たような国旗に対して一種の拒否反応があるらしい．2014年10月末，ニュージーランドのジョン・キー首相は国旗の変更を提案し，来る2016年に国民投票で決着をつけることになったのである．結果を注目したい．

●**星を数える**　最後に星数の増え方を調べてみよう．すでに5個の星をもつ国旗はいくつも出てきたが，中国もそうだ（図11）．赤い地の左上に黄色い大きな星が輝いているのだが，その右側に四つの小さな星が半円状に取り囲んでいる．大きな星は中国共産党の指導力，小さな星たちは労働者・農民・小資産階級・愛国的資本家の四つの階級を表している．

　次はオーストラリアの6個で，さらにその次はベネズエラ，タジキスタン，グレナダの7個である．ボスニアヘルツェゴビナの国旗は不思議だ．旗の中央に7個の星形五角形が斜めに並んでいてその上下に欠けた星が2個加えられているが，二つ合わせても1個の星にはわずかに及ばない．だからこれは星が8個なのか9個なのか，非常に悩ましいところである．

　ニュージーランドの北の方の島国のツバルの国旗には島の数と同じ9個の星がきれいに並んでいる．10以上の個数の星をもつ旗はすでにいくつか紹介してあるが，アメリカの50に行く前にブラジルの27個で打ち止めにしたい．　　［細矢治夫］

中国　ベネズエラ　タジキスタン　グレナダ

ボスニアヘルツェゴビナ　ツバル　ブラジル

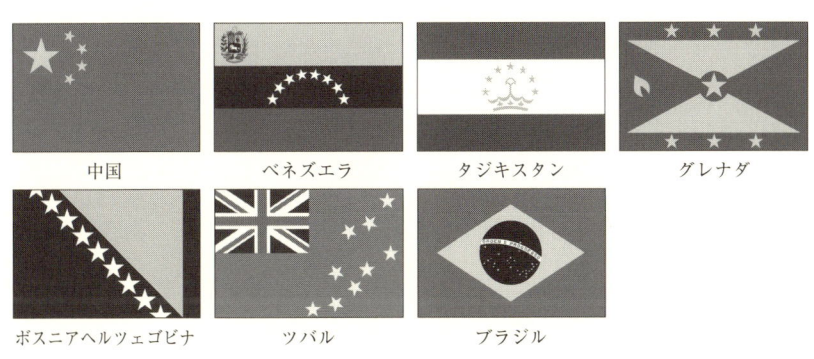

図11　星の数比べ

県　章

　国に国旗があり各家庭に家紋が伝わっているように，わが国の都道府県や市町村も，それぞれ独自の旗や徽章を旗印にしてお国自慢をしている．
●**都道府県章に見る正多角形**　わが国の47の都道府県がもっている旗と徽章のデザインと色の塗り分けには，それぞれ微妙な違いがあるが，ここでは徽章つまり県章について一覧することにしよう．その中から正多角形かそれに準ずる輪郭をもつものを拾い出してみると，偶然ではあるが，3角から8角まで欠けることなく，きれいに順にそろっている．3角から説明して行こう．

　正三角形は群馬，佐賀，宮崎の3県である．群馬県の県章の外周の正三角形は，赤城・榛名・妙義という上毛三山をデザインしたものである．中央には「群」の字の偏とつくりを上下に並べ替えたものが丸く図案化されている．佐賀県章の，「カ」が3個で環を作った「サカ」は栄えるの意味をもっていて，その下地の二重の円は県民同士が手をつなぎ合うことを表している．宮崎県の県章の中央には，同県の旧国名の「日向」の「日」が丸の中の大きな黒丸として描かれ，その外側に三つの「向」の字が陽光のように伸びている．

　正方形の県章は山梨県と島根県である．山梨県の方の外側の正方形は，富士山の山頂が4個で武田氏の家紋の「武田菱」をかたどったものである．まん中には，三つの「人」の字から作り上げられた山梨の「山」の字が置かれている．島根県の県章は，4個の「マ」で形作られた島根の「シマ」が4回転対称性を見せるように描かれている．

　正五角形の福岡県の県章は，ひらがなの「ふ」と「く」で県花の梅の花をかたどって図案化したといわれているが，「く」よりは洋数字の「9」に見える．

　正六角形の県章は奇しくも現在の首都東京都と昔の首都京都府のものである．東京のものは，「日」「本」「東」「京」「市」の5文字の何れをもかたどるということで，1889年の昔に東京市紋章として制定されたものを都章としても継承している．銀杏の葉とTの字をかたどったおなじみのマークは，その100年後の1989年に都のシンボルマークとして正式に制定されたもので，東京都庁には両方の旗が掲揚されている．京都府章は，その伝統的な土地柄を表す6枚の葉の中に，人型をかたどった「京」の字を入れて正六角形に作られている．正しくは6角形にはなっていないが，千葉県章もこの仲間に入れておこう．漢字の「千」とカタカナの「ハ」を組合せている．

　正七角形には北海道の七芒星がある．100年以上の歴史をもつ北海道開拓使の旗はもともと五芒星を描き「北辰旗」と呼ばれていたのだが，さまざまな経緯ののちに現在の七芒星に変わった．

Ⅲ・1 多角形に頼る ②

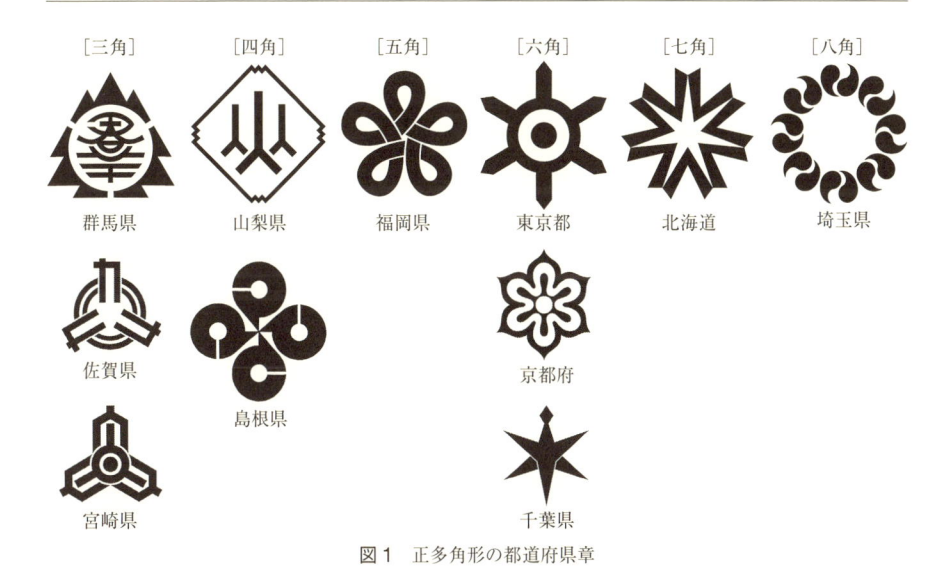

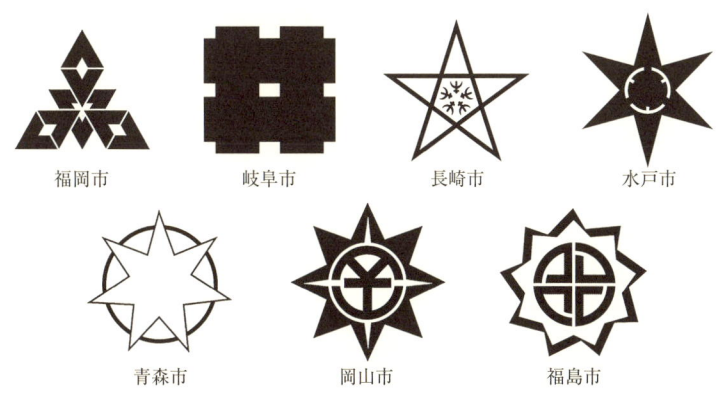

[三角] [四角] [五角] [六角] [七角] [八角]

群馬県　山梨県　福岡県　東京都　北海道　埼玉県

佐賀県　島根県　　　　　京都府

宮崎県　　　　　　　　　千葉県

図1　正多角形の都道府県章

福岡市　岐阜市　長崎市　水戸市

青森市　岡山市　福島市

図2　県庁所在地から選んだ正三角形から正九角形までの市章のパレード

　最も角の数の多いのが埼玉県章の正八角形だが，これは16個の勾玉を二つずつセットにして円形にあしらったものである．県名の由来の幸魂にちなんだものだが，なぜ16個なのかの説明はされていない．
●**市町村章**　都道府県の中には数えきれないほどの市町村がある．その市町村の徽章や旗を見て行くと，限りなくバラエティに富んだデザインが見つかるのだが，きりがないので，ここでは県庁所在地や政令都市のものの中から拾い上げたものを図2に紹介するに止めよう．正三角形から正九角形まで順に一つずつ選んである．

[細矢治夫]

家　紋

　日本独特の紋章である家紋は，目にする森羅万象のあらゆるものが取り入れられていて姓氏（苗字）と同じように種類が多い．当初は写実的な文様を転化した図案が多かったが，代々継承されながら洗練され，優雅な図案に進化したようである．作図法も時代的技法を巧みに導入し，江戸期には初歩的な幾何学の応用で原図を正確に手描きする手法が確立,伝承技術として現在まで受け継がれている．ここでは，正多角形が活用される家紋を中心にその作図手法などを紹介する．

●図像化された日本文化　『日本家紋総鑑』には，筆者らが日本全国から収集した約250万点のうち寺院・霊園で拓本した18,000点と紋帳・紋鑑による紋所2,000点の家紋が画像として収録されている．

　これらの家紋には，古代から使われている文様や渡来した文様も見られるが，ほとんどは紋章上絵師が筆を使って手描きで描き入れたもので，江戸時代にほぼ完成し，家紋を一覧にした紋帳も出されている．その後，家紋を手描きで描く作図法は伝承技術として受け継がれ，どの家でも家紋を世襲的に代々継承できるようになった．こうして，当初の写実的で簡便な文様が多くの手を経て洗練され，優雅な文様に進化して豊かな文化として次世代に託されていった．

　家紋の図案は，四季の移ろいの中で愛でられる花や葉などの植物系が主流であるが，鳥や昆虫など小動物も珍重されている．その多様さには日本文化の叡智が集められているようである．

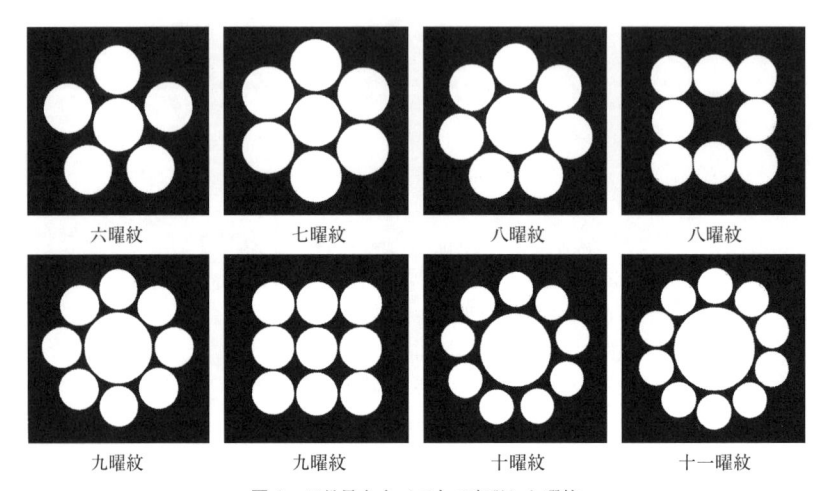

図1　日月星をすべて丸で表現した曜紋

具体例として，曜紋の一部を図1に示す．古代から，光り輝く日（太陽）と月，さらに惑星を総称して曜と呼んだ．家紋では中心の丸は日または月，それをとりまく星も丸で表現されている．暦に使われている六曜，七曜だけでなく，実在しない星を加えて八曜，九曜，さらに十一曜の家紋まである．

●**紋章の起源**　文には，文様，縄文，あやなど，模様の意味があるが，織物に織り出された模様や木や器の表面の模様には紋の字が使われ，それが紋章に結び付く．

紋章は，特定の図案を用いて，国，市町村，学校，会社，寺社，家などのしるしとする標識である．このうち，家々の標識として伝承されている紋章があるのは，ヨーロッパの貴族社会に伝わる色つきの標章（エンブレム）を除いては日本のみで，家紋，紋所，定紋などともいう．

古代遺跡から発掘される土器などには装飾的な文様が見られるが，個人や特定の集団のシンボルとして代々受け継がれる紋章といえるのは平安期以降である．平安王朝を描いた絵巻には，公家の衣装，調度品，牛車などに織物の模様を装飾的に使用した特定の文様が描かれている．貴族の間に伝わる有職文様の一部を独自のしるしとした優雅な文様で，代々世襲的に継承されていく．

この公家紋が日本独特の家紋の始まりといわれている．菊，藤，桐，牡丹など優美で端正な雅趣の草花紋が多く，その中に鶴や蝶などの動物紋が混じる．大陸伝来の文様がそのまま使用されたものもある．

平安末期からの争乱の世では，武士の台頭とともに敵味方を識別するしるしになる一族郎党の武家紋が生まれ，戦場の陣幕，旗（幡），鎧などに付けられた．現存する絵巻物や合戦図屏風絵には，さまざまな武家紋が細部にわたって描かれている．武家紋には，一族護持の氏神信仰により，神社の神紋が転用されたものもある．

最も古い紋章集とされている『見聞諸家紋』（原本は1470年ごろの成立）には約300家，260の武家紋が収録されていて，大名諸家の家紋が総覧できる．このように戦国の世では紋の種類が飛躍的に増加した．

江戸時代には，強力な領主権をもつ幕府と大名がすべてを統治する幕藩体制が確立し御法度，武家諸法度などですべてを規制した．武士の正装となった裃には五か所に紋が付けられたうえ，通常の衣服にも付けられた．幕府に仕える武士の総覧，人名録として出版された『武鑑』などには必ず家紋の図案が記載されている．

●**紋章上絵師**　服装，提灯，陣幕などに使用される家紋は，目的に応じて，原図を相似拡大縮小して同じ図案が正確に描けるようにしなければならない．

家紋を布に染めるとき，あらかじめ布に染料がつかないようにしておき，その部分に筆で描くが，そのような紋や模様を上絵という．大名家にはお抱えの絵師がいて，装束などに家紋の上絵を手描きした．この絵師を紋章上絵師という．

江戸時代には型染めが主流となり，正装の紋服は，白く染め抜いた位置に型紙をあて，筆で家紋を手描きした．上絵師は，原寸大で精密に作図（紋割り出し）し，

使用する型紙も小刀で切り出して自分で作成した．その場合，正確な紋の型紙を作るため，作図には分廻し（コンパス），鯨尺（定規）を道具として薄い油紙に筆で原図を手描きした．円と直線といった初歩的な幾何学図形の組合せで円に内接する正三角形，正方形，正五角形，正六角形を作図したのである．幾何学では作図不能な正七角形や角の3等分も，図案の大きさの精度で近似的に作図してしまう．対称的な文様だけでなく，対称性のない図案も，円と内接する正多角形を補助線として初歩的な幾何学を使って作図している．

●**上絵図法** 井戸の石を積んで作られた円筒形の部分を井筒，地上部の井の字形に木組みした部分を井桁というが，家紋では正方形のものを井筒，菱形のものを井桁と区別する．

そのうち井筒は，同じ太さの4本の線で簡単に描ける図案であるが，コンパスと定規を使って描くことができる．また，紋切型といって，薄い型紙を折り紙のように折り畳んで切断し拡げる切り絵の手法で正確な型紙を作成する手法も使われている．そのうち平井筒紋の割り出し法を図2に示す．

いずれにしろ，コピー機も印刷機もない手描きでは，紋割り出し法を確立し，原図と同じ図案が常に描けなければならない．家紋を洗練された優雅な図案に進化させるとともに，こうした手法も江戸時代に紋章上絵師によって完成され，家紋は，武士や寺社だけでなく，商家，歌舞伎役者，遊女，町火消など，町人にも普及，姓と同じように広く使われるようになった．図3は，約200年前の文化2年（1805），江戸一番の賑わいをみせた日本橋通りを俯瞰描写した絵巻『熈代勝覧』の一部である．軒を連ねるさまざまな店や，通りを行き交う老若男女の服装や調度品に，当時のいろいろな紋章が描かれている．とはいえ，現在のよう

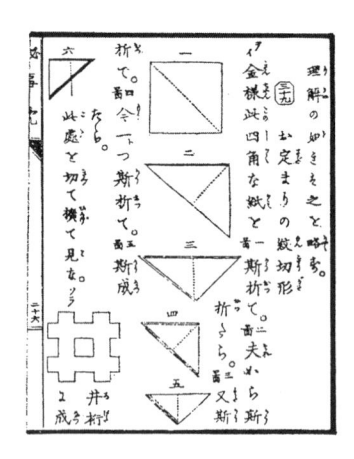

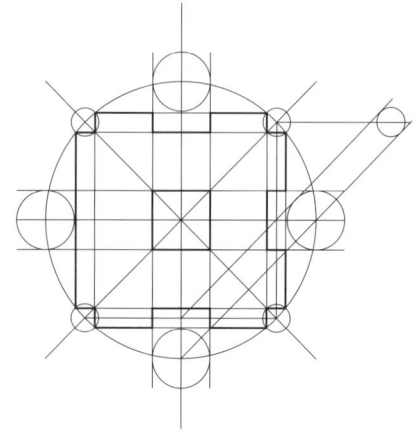

(a) 紋切り型の解説（『御伽秘事枕』より）　　　(b) 紋割り出し法

図2　井筒紋の型紙作図法

図3　約200年前の日本橋通りを俯瞰描写した絵巻『熙代勝覧』（部分）に見る家紋

な男物の和礼服である五つ紋付の羽織袴や婦人用の和服である江戸褄(づま)が一般的になったのは明治以降である．描かれる家紋の大きさは時代とともに変化し，現在は，男紋は一寸（約3 cm），女紋は五分五厘（約1.7 cm）で，正式な紋付は紋章上絵師による手描き染紋である．

このように上絵技術は今日まで伝承されているが，現在では，スクリーン印刷，印刷紋の横行で，紋付に手描きで家紋を描き入れる上絵師の仕事は存続の危機にある伝統工芸技術になってしまっている．

●正三角形（鱗紋）　3角形の文様はかたちの基本として世界各地で古代より見られる．わが国でも古くから鱗紋と呼んで大蛇や龍の鱗を意味し魔除けなどとして使われてきた．

鱗紋は対称性が重視される家紋で，正三角形か二等辺三角形かのいずれかとなっている．鎌倉の北条は正三角形の三つ鱗で，武家紋だけでなく鎌倉では寺社にも同じ紋章が使われている．戦国時代に小田原を掌握し，秀吉の小田原攻めで滅亡するまで5代ほぼ100年間，関東を手中にした小田原北条（後北条）は直角二等辺三角形の三つ鱗で，北条鱗と呼ばれる．正三角形に比べて頂角が大きく，鋭さがなくなり安定した文様になっている．また頂角が直角なので組合せて正方

(a) 三つ鱗　　(b) 北条鱗(ほうじょう)

図4　鱗紋

形や長方形の文様も作ることができる．正装の黒紋付の場合は地が黒であるが，幟や旗あるいは薄い色地の服装には白黒が反転した図案が描かれる（図4）．

鱗紋とは違って同じ図案を3角形状に対称的に組み合わせる家紋もある．その場合，正三角形あるいはその倍数の辺をもつ正六角形や正九角形などを基本として同じ図案をいくつか組み合わせることが多い（図5）．

図5　正三角形と正六角形を基本とする家紋

●**正四角形（菱紋）**　上下左右やときには斜め方向の対称性が重視される家紋では，四角形のほとんどが正四角形（正方形）または菱形になっていて，長方形や等脚台形の使用例はわずかしかない．平行四辺形に至っては皆無のようである．

正方形は，辺が水平，垂直になるように描かれるのがふつうであるが，直交する対角線を水平，垂直にしても対称性があるので，菱形の仲間の，頂点が天地にくる隅立も使用例は多い．図6に正方形を見せる例を示す．

正方形を上下に押しつぶしたかたちの菱形は，4辺が等しい，対角線が直交するという整った性質から基本図形に使用されている．学術用語でも菱形であるが，浅い沼や池に自生している一年草の水草の菱に由来する名称である．水底の泥の中にあった前年の実が発芽し，春に水面に向かって蔓（茎）を伸ばし，水面に放射状に葉を広げる．夏になると葉間に白い花を咲かせ秋に実をふくらませ熟した果実をみのらせる．実は生で，あるいは加熱調理したりして，五穀の代用食物になったが　乾燥させたものは撒き菱として忍者の武器にも使われた．この水草である菱の四角状の葉型，あるいは鋭い棘のある実のかたちから4辺の等しい四角形には菱形の和名が付いている．

菱形の頂角は任意であるが，図7のように，任意の正多角形の隣り合う2辺と，その辺に平行な対角線とで作られる菱形は，頂角が正多角形の内角と同じになる．たとえば斜めに置いた正方形は，菱形としては，頂角が直角の隅立て井筒となる．正六角形の場合は頂角が120°で，正三角形二つを組み合わせた菱形となり，ほとんどの菱紋がこのかたちを採用している（図8）．

図6　正四角形を基本とする家紋

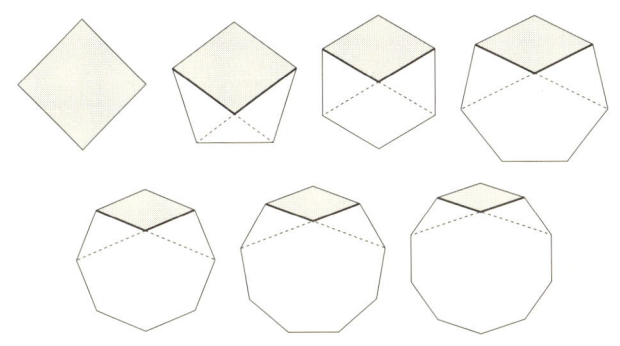

図7　正多角形に現れる菱形

図8　武田菱（上段左端）と
　　　さまざまな菱紋

●**正五角形（花紋）**　正五角形は工芸品や衣類などを装飾するために広く使用されてきた．家紋としては，梅，桜に代表される優雅な五弁の花柄が多い．その場合，基本的には円に内接する正五角形を補助線にして作図される．上絵師は正確な作図法を習得してむずかしい正五角形も精密に描いていた（図9）．

●**正七角形**　正七角形は幾何学的には作図不能であるが，円周を近似的に7等分して，作図できる範囲の精度で正七角形を描くことは可能である．家紋にもそのような例が見られる（図10）．

図9 正五角形を基本とする家紋

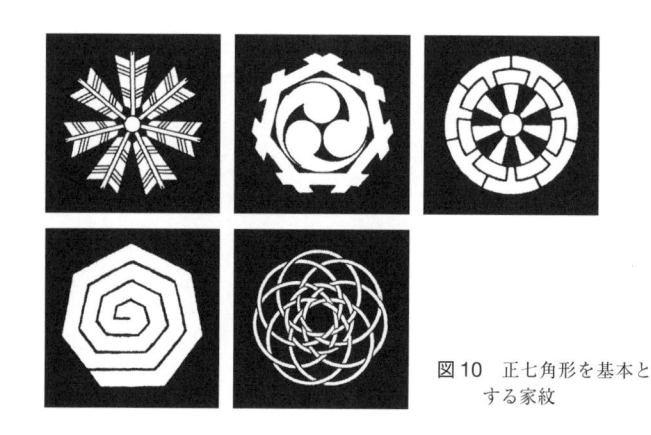

図10 正七角形を基本とする家紋

●正多角形　5弁の花に5枚の葉を加えると正十角形になる．同じように，家紋の図案には，3，4，5の倍数になる正多角形の家紋がよく現れる．その具体例を図11に示す．菊の御紋は16枚の花びらであるが，広げた扇を3個組み合わせた図案は正二十四角形になっている．

●現代の紋章　家紋は伝承されるものなので，新たに作成されることはほとんどないが，家紋と同じ紋章である公共用の紋章は，都道府県，市町村，公共団体，企業，学校などさまざまなところで新しく作られ使われている．老舗企業の中には江戸時代に決められた紋を使用している例もあるが，都道府県，市区町村などでは創作された紋章を使うことが多い．オリンピックなどのイベントなどでも大会ごとに，つぎつぎと印象に残る公式のシンボルマーク，ロゴマークが作られ使用されている．その例として，北海道の道章，東京都中央区の区章，国立劇場の紋章を図12に示す．

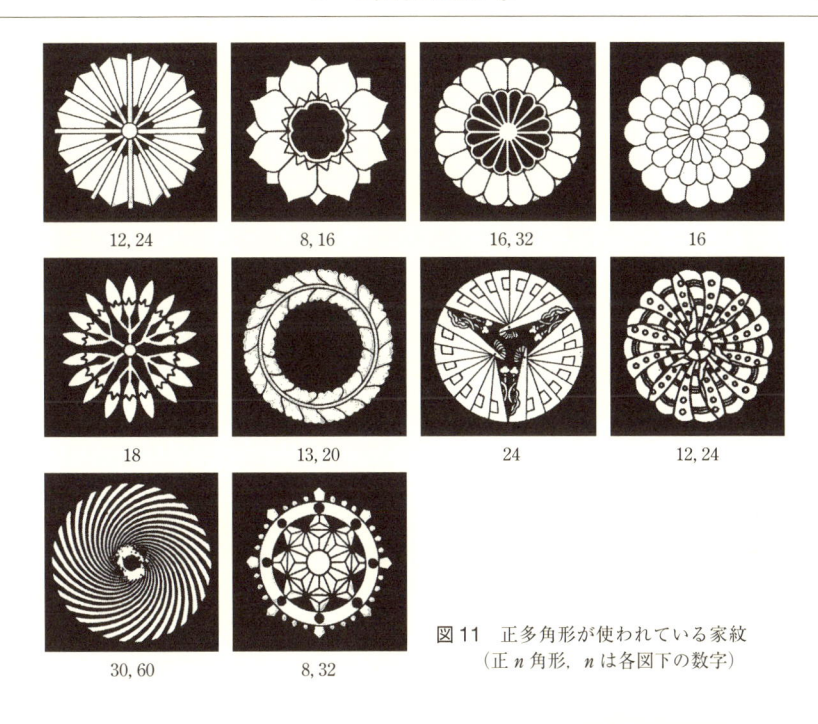

図11 正多角形が使われている家紋
（正 n 角形，n は各図下の数字）

図12 現代の紋章

　長い伝統に支えられてきた日本独特の紋章である家紋は，祖先が造形して伝えてきた偉大な文化である．初期の家紋は写実的な絵図のものが多く，不整形で非対称的な図案が多かったが，無名の人びとの手によって伝承される過程で洗練され新しい時代的技法も加わって，端正で優雅な幾何学文様に進化した．この文化には，保存，継承するだけでなく，現在に活用したい日本の叡智が凝縮されている． ［神戸政秋］

　千鹿野 茂『日本家紋総鑑』角川書店（1993）／ 廣瀬千紗子「家紋満開」『日本文化のかたち百科』丸善出版（2012）

八 卦

　占いには古今東西さまざまなものがあるが，日本，中国，韓国という東洋の北の方を占める民族の間には八角形を基調にするものが多く見られる．ここでは，一般にも広く流布している八卦と方位占いについて数理科学的な目で見て行くことにする．

●**八卦の作法**　そもそもこの道の易者が八卦の占いをするためには，50本の筮竹と6本の算木が必要で，特に前者の方を扱う儀式にはさまざまな流儀があって話を難しくしてしまう．そこで，その儀式のことは一切飛ばして，とにかく筮竹の1回の扱いで陽（奇数）か陰（偶数）が出るとそれに応じて算木を1本横に並べるという手続きを頭に入れてほしい．

　この算木は断面が2 cm弱正方で長さが6〜9 cmあり，その細長い2面には中央に幅1 cm強で深さ数mmの切れ込みが入っている．陽が出たときには，切れ込みのない面を上に置き，陰の場合には切れ込みのある面を上に置く．それを図1の右のように，横一直線の棒と，それの中央に切れ込みの入った記号で表すのである．

　この基本操作を3回行った結果は，2の3乗の八通りの中のどれかになる．それが八卦である．

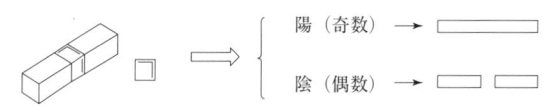

図1　算木とその偶奇数表現

●**八卦の意味**　八卦の八通りのそれぞれの組合せには，図2のような「乾」から「坤」までの8字が当てられる．「乾坤一擲」のあの2字である．この2字は，「いぬい（西北）」と「ひつじさる（西南）」の方角と同時に，それぞれ「天」と「地」をも意味している．他の6字にも，それぞれ図2のような意味が与えられている．

　この八卦には「乾一」「兌二」「離三」「震四」「巽五」「坎六」「艮七」「坤八」という順番が与えられているのだが，実はこれには2進数の考えが巧みに取り入れられているのだから驚きである．すなわち，陽と陰を0と1で表現すると，表の右から2番目の2進数の列が得られる．それを左右逆にしたものを10進数に直して，1を加えた結果が上にあげた順番になっているのだ．

　さらにこの8文字を，図3の記号で示すように，中央の一番上の「乾」から始めて一番下の「坤」まで全体がS字を描くように配列すると，向かい合った2

八卦	卦名	和訓	自然	方位	2進法	10進法
☰	乾（けん）	いぬい	天	西北	000	一
☱	兌（だ）	—	沢	西	100	二
☲	離（り）	—	火	南	010	三
☳	震（しん）	—	雷	東	110	四
☴	巽（そん）	たつみ	風	東南	001	五
☵	坎（かん）	—	水	北	101	六
☶	艮（ごん）	うしとら	山	東北	011	七
☷	坤（こん）	ひつじさる	地	西南	111	八

図2　先天八卦図に使われる基本的な卦とその意味

字が「天地」「沢山」「火水」「雷風」のような対語になるだけでなく，数字の合計が9になる．

図3の外側にある星座のようなものの点の数は，有名な3方陣から中央の5を省略した数を表している．

このような数理的にも文学的にもきれいに並んだ八卦を「先天八卦図」あるいは「伏羲八卦図」という．これは，古代中国で宇宙のすべてを作ったとされる神人の伏羲が考えたものだと易学の書に記されており，現在に至るも，陰陽道の必須アイテムの一つになっている．

図3　先天八卦図

このようにしてできた八卦を二つ組合せる，つまり，筮竹を6回続けて操作すると六十四卦が得られ，それぞれ違う占いの意味合いが与えられて，人々を一喜一憂させているのである．

●**韓国の太極旗**　太極旗と呼ばれる韓国の国旗（図4）は1883年に作られた．中央の巴模様は陰と陽の太極で，宇宙の根源を意味する．そのまわりは図3の先天八卦図から上下左右の4個を切り出して45°反時計方向に回転させてできた図柄になり，左上と右下が「天」と「地」，左下と右上が「火」と「水」で，向かい合っている．

このような万物の対立と和合で宇宙も国家も存立するという，まさに風水の思想を全面に押し出したデザインである．易経ができたのは中国であるが，韓国の人々の心の中に易学が深く根付いていることがよく現れている．

●**占いと多角形**　わが国で広く普及している占いの中で中心的な役割を果たしているのが正八角形の方位盤（方位図ともいう）である．これは，陰陽道のさまざまな流派の中でも共通の「九星」と「五行」の思想を具現化したもので，ここではその幾何学的な面だけを説明する．

図4　韓国の太極旗

方位盤のパターンは，占う人の生年月日や占うときの年月によって多様に変化するが，その基になる定位盤は図5のようなものである．

占いでは南を上に配することが多い．そこで盤全体は，東（震），西（兌），南（離），北（坎）とそれらの中間の東南（巽），東北（艮），西北（乾），西南（坤）の合計八つの領域に分けられ，さらにその一つひとつが三つに分けられて，全方位が合計24山に区分されている．八卦の中の「巽艮乾坤」の4文字は，それぞれの領域の中心の名としてそのまま使われている．十二支の12文字は，北の「子」から始まって，時計回りに一つおきに配られている．あとは東西南北の4領域の8山であるが，そこには十干から「戊己」の2字を除いた8文字が使われている．このようにして，十干，十二支，八卦の30字の中から選ばれた8＋12＋4の24文字が全方位を表しているのである．

次に「木火土金水」の五行と「白黒碧緑黄赤紫」の7色とを組合せた九星のうち，

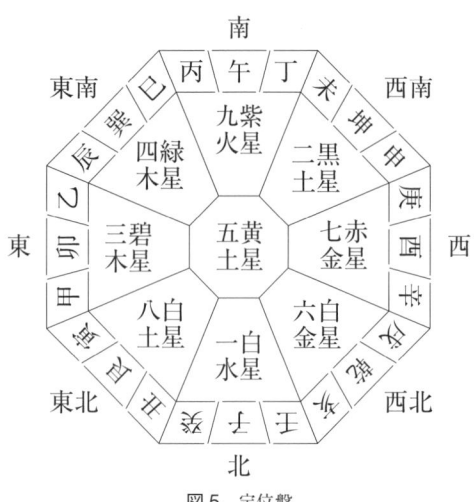

図5　定位盤

一白水星，二黒土星，三碧木星，四緑木星，六白金星，七赤金星，八白土星，九紫火星が外側の 8 領域に，五黄土星が中央の本命星として配置され定位盤が完成する．このとき，五黄土星はまわりをすべて敵に囲まれた「八方塞がり」の状態になっているという．

　宇宙の根源の元素と考えられていた五行は，たまたま当時知られていた惑星と一致しているが，2600 年前のメソポタミアの占星術でもこの五惑星が主役だったというのも興味深い．つまり，当時そこに住んでいたカルデア人は，水・金・火・木・土の五つの惑星の神様が人類を支配していると信じて，それをもとに占いの大系を作り上げたといわれている．

[細矢治夫]

【コラム】 星形七角形の神秘

　このことを一般的に論じることは到底できないが，概して奇数多角形，それも星形のものにオカルト的な意味合いの含まれることが多いようである．ここでは，星形七角形にまつわる話を紹介するに止めよう．

　未だ天動説の支配していたころ，しかも惑星には，水金火木土の五つしか知られていなかったころ，それらと月と太陽を含めた七つの天体の天球上の動きは，遅い方から，土・木・火・日・金・水・月という順序だった．図には，それらの惑星記号が時計回りに並べてある．その最上部に太陽（日）をおき，そこから時計回りに三つ目ごとに直線を引いていくと，現在の数学の記号で {7/3} と書かれる鋭角星形正七角形が得られる．それを順に追っていくと「日月火水木金土」という現代の七曜が現れる．1 週間の各曜日は，それぞれの惑星が守ってくれているという．

　このダイヤグラムをもとにどのような占星術が横行していたかはさておいて，現代の七曜の起源を説明する一つの有力な説としてこのアルゴリズムを紹介した．

　同じ正七角形の星形には，鈍角のもの {7/2} がある．この二つの星形七角形のいずれもペンダントの図柄に使われているが，上にも述べたように鋭角のものの方がオカルト的で，鈍角の方はいかにも鈍長な感じがする．しかし，どういうわけか，アメリカの保安官のつけているバッジにはこの {7/2} のデザインのものが時々見られる．興味ある事実である．

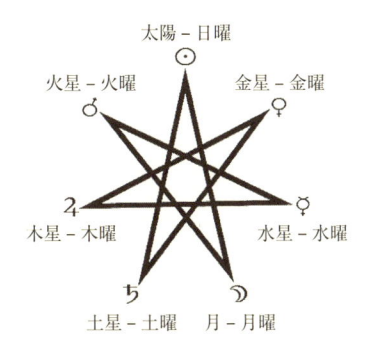

太陽 – 日曜
火星 – 火曜　　金星 – 金曜
木星 – 木曜　　水星 – 水曜
土星 – 土曜　　月 – 月曜

護　符

　偶像崇拝禁止といって，イスラム教では，神の姿を人間や動物の姿で表してはいけない，と教え，正多角形や，さまざまな多角形が絢爛豪華に平面を埋めつくすアラベスクの中に神の姿を見る．仏教でも釈迦の姿は，紀元前後まではただの円一つで表されていたという．それほどの円や多角形，特に正多角形，が古い時代のわが国で神の身代わりとして崇められて神具や護符になったのは当然かもしれない．

●鏡と剣　わが国で生まれたともいわれる神道では，鏡と剣を神の姿として，しばしば，神社内陣の，向かって右に円形の鏡，左に直線状の剣を飾る（図1）．鏡は陽としての「天」つまり円，剣は陰としての「地」つまり方つまり正方形を意味していて，それによって天円地方としての古代の宇宙を表現していると思われる．

　鏡と剣の起源は，紀元前後の弥生時代に古代中国から贈られたり，それをまねて日本で作ったりした古代の銅鏡と銅剣にある．特に銅鏡については，卑弥呼が中国からもらった円形の三角縁神獣鏡がどこに埋蔵されているかで日本の国家の起源が左右されるほど重大である．それだけに鏡の裏面には，古代社会で重要な意味をもっていたさまざまな図像が正多角形状に配置されながら描かれている（図2）．

図1　神社内陣を飾る丸い鏡（右端中央）と直線状の剣（左端中央）

　神道の原点に置かれる伊勢神宮で

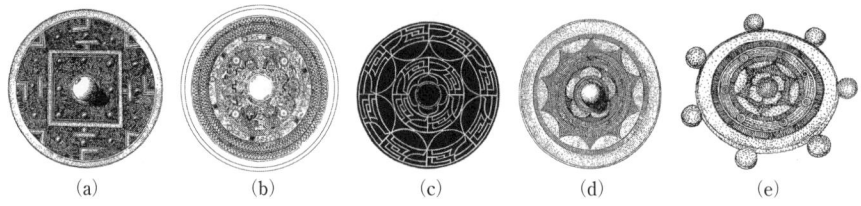

図2　正多角形状に配列された模様を見せる古代の銅鏡：(a) 正方形を見せるTLV鏡（T形はコンパス，L形は曲尺），(b) 正方形，正六角形，正八角形を見せる三角縁神獣鏡（黒く示す右の「く」の字形はコンパス，左の弓の字形は定規），(c) 正方形，正八角形を見せる直弧紋鏡（直線と円弧の組合わせを見せる鏡），(d) 正五角形，正十角形を見せる内行花紋鏡，(e) 正方形，正六角形，正七角形を見せる七鈴鏡（筆者作成）

は八咫鏡を天皇の祖としての天照大神の姿とする．この鏡について，直径約50 cmの大きい円形になっているといわれるが，伊勢神道の根本経典では八葉とされているからには，円形でなく図3のような正八角形状になっている可能性がある．だからこそ天照大神を含む神がみのルーツを書いた神道の聖書・古事記は法隆寺の八角夢殿に祀られる聖徳太子の記述で終わっているうえ，古事記編纂を命じた天智天皇はじめ，奈良時代の天皇のほとんどは正八角墳に葬られている．

図3 古代の鏡を思わせる現代の明石市・本立寺天蓋（デザイン：筆者）

●茅の輪と蘇民将来　正八角形の魔力は，古事記や，同じころの風土記などからうかがわれる．それらによると，日本の最初の夫婦神イザナギとイザナミの間に，長女の天照大神，長男の月読命，次男のスサノオ命が生まれ，天円地方のうち丸い天は天照大神に，四角い大地は月読命に与えられた．あまった海つまり地獄しかもらえなかったスサノオは，怒って天国で大暴れし，罰として地上へ追放される．そのあと一説では八岐大蛇退治をする．また別の説では，行くあてもなく地上をさまよっていたとき蘇民将来という善人に助けられた．その礼として，スサノオは，蘇民の家族にだけ茅の輪という茅でできた小さな丸い輪を腰に付けさせ，それを付けていない近隣の住民を天の神がみへの仕返しとして皆殺しにした．それ以来，茅の輪を身に着ければ災難に遭わないということになった．その大型を潜るのが今も盛んな茅の輪潜りの神事である．

その一方で，木でできた多角柱の蘇民将来という護符も考えられることになった．その多くは正八角柱か正六角柱で，蘇民将来の子孫という文字に交じって，星形五角形や木の葉状に湾曲した碁盤目がしばしば書かれる（図4）．日本最古ともいわれる蘇民祭で知られる岩手の黒石寺では，簡素な正六角柱状と正五角柱状のものを配る（図5）．

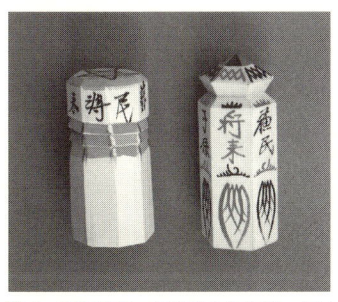

図4 蘇民将来：左は正八角柱状，右は正六角柱状

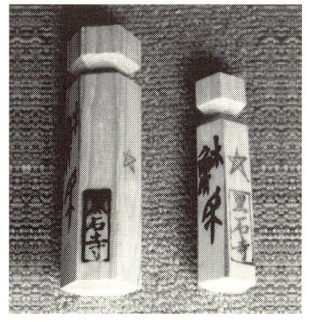

図5 黒石寺の蘇民将来：左は正六角柱状，右は正五角柱状

●五芒星と九字　図4や図5にも見られるように，蘇民将来の護符にはしばしば，星形五角形つまり五芒星や，湾曲した碁盤目が付けられている．

そのうち五芒星は晴明桔梗などともいわれて，平安時代の陰陽師安倍晴明の護符のマークとされ，晴明の関係する社寺や祭事品をにぎやかに飾っている（図6）．晴明が人生の大半を送った京都の晴明神社では，図7のように，五芒星は宇宙の構成要素としての木火土金水の五行と深い関係にあると考えていて，それを象徴するかのような絵馬も奉納されている（図8）．

ところが晴明には芦屋道満という九字を使う強敵がいた．九字というのは，「臨兵闘者皆陳列在前」の九つの漢字を指すが，図で表すときは縦4本と横5本の線からなる碁盤目となる（図9）．その図を指で空中に描くのを九字を切るという．この図は魔方陣の三方陣をも意味していて，修験道者は口で九字を唱え，手で九字を切りながら，足で三方陣の1から9までの数字を踏む（図10）．護符の研究家岡田保造氏によると，家紋の井桁はこの九字の簡略版になっているうえ，図4の六角柱の蘇民将来に描かれた湾曲した碁盤目も九字の可能性があるという．

昔話でも知られているように，このような五芒星と九字を武器にして，晴明と道満はしばしば戦い，結局晴明が勝って，道満は晴明の弟子になった．その結果，五芒星と九字

図6　京都・晴明神社拝殿に見る五芒星

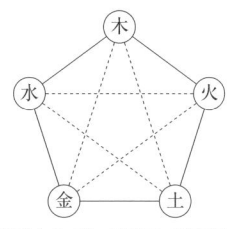

図7　正五角形ならびに星形正五角形と五行の関係．正五角形は，時計回りに，木は火を生むといった五行相生の関係を見せ，星形正五角形は，時計回りに，水は火を消すといった五行相克の関係を見せる．

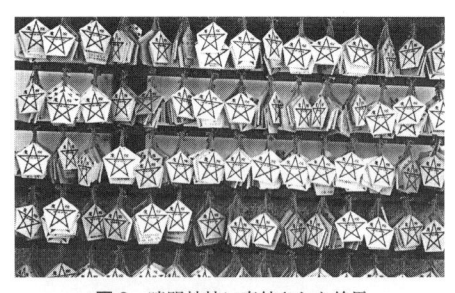

図8　晴明神社に奉納された絵馬

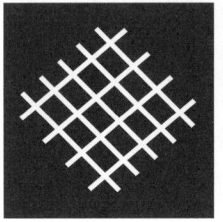

図9　家紋に見る九字（左）とその簡略形といわれる井桁（右）

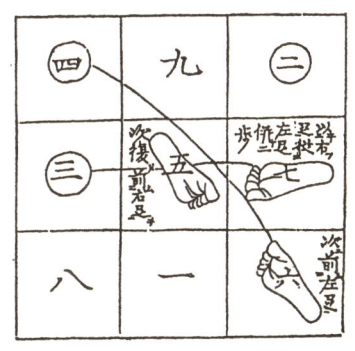

図10 三方陣の数字に従う修験道者の足の踏み方（禹歩仙訣より）

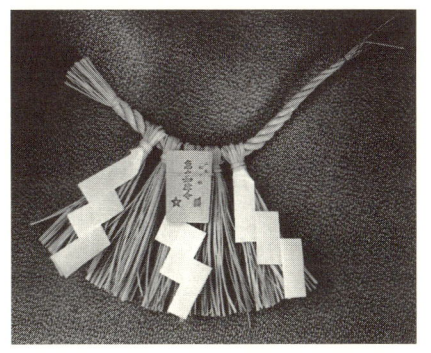

図11 三重・松下社の護符：五芒星と九字が左右に並べられている

を陽と陰として並べる護符はわが国では最高の力をもつようになった（図11）．

●六芒星と×印　五芒星や九字によく似たかたちは竹籠やザルによく見られる．そのため縁起の悪い日には玄関にザルを飾って悪魔を追い払うという風習が江戸時代にできた．ところが籠目のザルには星形六角形つまり六芒星もたくさん現れ，結局，六芒星にも魔除けの力があると信じられるようになった（図12）．つまり4角，5角，6角の籠目模様はすべて護符になる．それどころか，九字の基礎になる×印もまた九字や井桁と並んで古くから魔除けとして使われていた（図13）．試験の答案用紙に×が付くとゾッとするが，これは五芒星風の〇と並ぶ魔除けなのである（図14）．

［宮崎興二］

図12 星形五角形と星形六角形で作られた竹細工

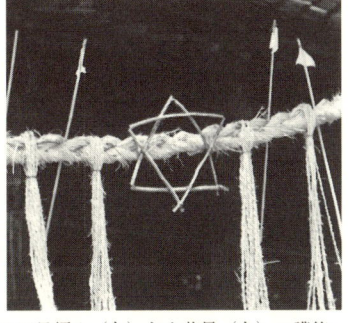

図13 滋賀県内の神社に見る四目編み（左）と六芒星（右）の護符

図14 家紋の直違い

だまし絵

　日本では絵画に限らず広範な作品群を含んで「だまし絵」の語が用いられている．その中で多角形に関連した作品はといえば幾何学的な図形や構成を含むものになり，その多くは，錯視を利用して図形の大きさや角度，傾き，歪み，明暗などの知覚の誤りを誘導したり幻覚を強調したりする．ここでは，錯綜する線や面を巧妙に利用した多重像，不安定な知覚に頼る両義図形，3次元の立体図形や建築物などの工作物を平面に投影したときの欺瞞や誤謬によって生じる不可能な多角形について見てみる．

●多重像　多重像は日用の器物や装飾品によく見られる戯画である．今に伝わる品の製作時期から，発祥は17世紀の中東で，ヨーロッパや中国に伝わり各地で再生されたと考えられる．

　図1のペルシア（今のイラン）の「二頭の馬」は，細部の違いを無視すれば，基本的に2回転対称に描かれている．馬の脚を左右につながるものと見れば疾駆する2頭の馬の姿が，上下につながるものと見れば倒れた2頭の馬が浮かび上がるだまし絵である．この構図はヨーロッパの「二頭の犬」，中国の「四喜童」の意匠に共通である．

　図2の中国北西部の莫高窟の壁画に見られる「三羽のうさぎ」は，うさぎを3回回転対称に描いたもので，耳は六つ必要であるが，三つしかない．しかし1羽のうさぎのそれぞれにはちゃんと二つずつある．つまり3羽のうさぎは耳を共有しており，写実的に描写すれば不自然になるはずが，様式化するルールのもとで可能になった表現といえる．江戸時代の浮世絵師・一勇齋國芳は組討の武者3人を描いているが，顔は一つしかない．だれの顔ともいえない巧妙な描画法である．「六喜童」の意匠は中国の鼻煙壺に描かれたものである．これに類する絵は，ヨーロッパにもある．「三頭七体童図」とでも呼ぶべき図は，イギリスの「ストラン

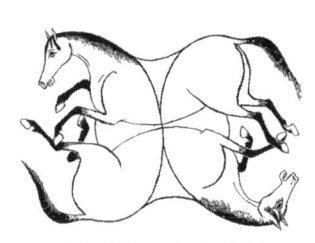

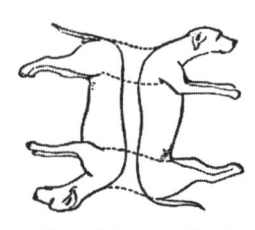

(a) ペルシアの二頭の馬　　　(b) イギリスの二頭の犬　　　(c) 中国の四喜童

図1　二重像

III・2 多角形に迷う ①

(a) 中国の三羽のうさぎ 　　(b) 日本の組討の武者

(c) 中国の六喜童 　　(d) イギリスの三頭七体童図

図2　三重像

ド誌」が「古典パズルカード」の記事（1899）で紹介したものである．出典の記述はないが，図の説明に「7人の子供を見つけろ」とあることから六体像ではなく画面中央に立つ子どもの姿を含めて7人の子どもを見つける戯画として描かれたものである．

　図3の4回回転対称に描かれた「四頭の馬」は，アメリカのパズルジャーナリストだったM．ガードナーが，M．C．エッシャーの息子から父の遺品として贈られたものである．エッシャーは，中

図3　四重像：中近東「四頭の馬」

近東の古い皮枕に描かれた絵を愛蔵していたのである．馬は頭を見れば4頭であるが，一つの頭に三つの姿の身体を見ることができ，合計12頭の馬が重ねられている．

　図4にはいくつかの回転対称の合成を見せる例を示す．中国の「連生貴子圖」は「五頭十体像」とか「連生童子像」ともいわれる．2回と3回の回転対称の絵柄を合成したものである．主に中国の器物に見られる絵で，男子が連続して生まれることを願った意匠であった．江戸時代末期には日本にも伝わり，童子以外に

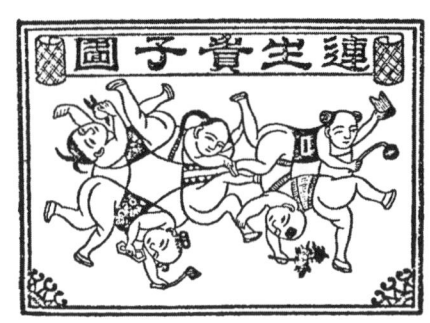

(a) 中国の「連生貴子圖」　　(b) 日本の五湖貞景による「五子十童圖」　　(c) 日本の一猛斎芳虎による「五人十人」

図4　多重像の合成

異人，女性，兵士などの人物を題材にした模写絵が刊行された．図4(b) は，天保年間（1830-44）ころ，五湖貞景によって模写された「五子十童圖」で，比較的初期のもの．「此圖ハ古今に無圖にて，子供五人の頭にて四方より見れバ十人に成るなり」との説明から当時は新奇な絵柄であったことが読み取れる．また一猛斎芳虎が描いた「五人十人」は，環状に並ぶ絵柄になっている．

●両義図形　立体図形を平面に描いたと思わせる絵柄でありながら，その絵柄に基づいて立体図形の復元を試みると破綻することがある．そのような平面上の描画を不可能図形と呼ぶ．この不可能図形の特徴は，局所的には合理性があっても全体として不合理が生ずることである．その一例が，同じ図形が二様に見える両義図形（二義図形）である．

1832年，スイスの結晶学者 A. L. ネッカーは「ネッカーの立方体」を示した（図5(a)）．ネッカーは，この線画が，見る人により図(b)(c) の二様の立方体を描いたものとして受けとめられるとした．図6の古代ギリシャにあった鋭角 60°の菱形多数を敷きつめたタイル模様も同様で，これも広義のネッカーの立方体と呼ばれることがある．

アメリカのアーティストである J. アルベルスは，さらに単純な図で二様に見える立方体の図を示した（図7(a)）．ハンガリーの画家である V. ヴァサレリも

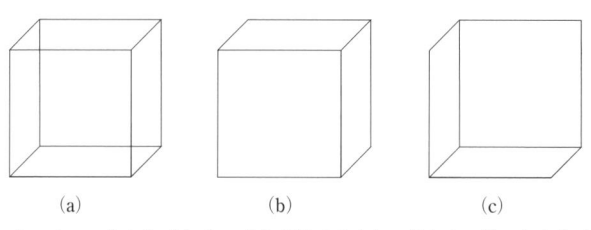

図5　ネッカーの立方体 (a) と，それが見せる向きの異なる二様の立方体 (b, c)

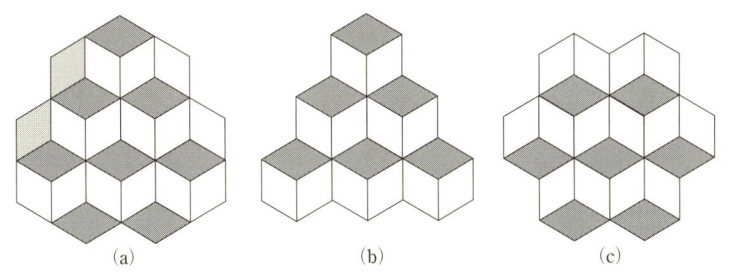

図6 菱形のタイル模様（a）と，それが見せる6個の立方体の見下ろし図（b），ならびに7個の立方体の見上げ図（c）

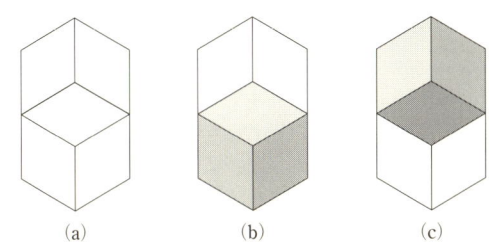

図7 アルベルスの図（a）と，その中の着色された立方体の見下ろし図（b），見上げ図（c）

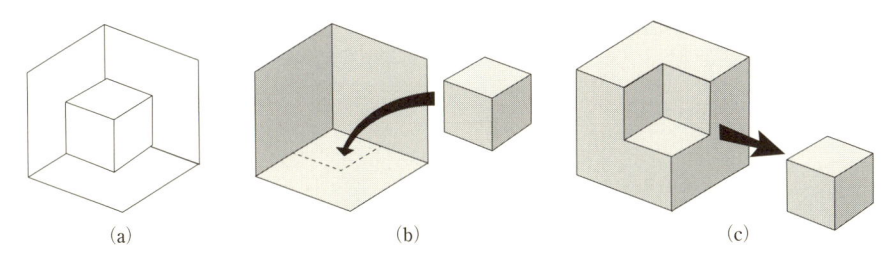

図8 ヴァサレリの図（a）と，空間の隅に立方体を置く図（b），ならびに大きな立方体から小さな立方体を取り除く図（c）（図（a）のように天地を逆にして見るといっそう鮮明になる）

また同様の図8(a)を示し，一方の立方体を認知したとき，他方の立方体は同時には知覚できないとしたネッカーの主張を裏付けたのであった．ヴァサレリの図は，図8(c)のように逆さ絵として扱うとその二様性が鮮明になる．

●**不可能な多角形** イギリスの物理学者R.ペンローズが1958年の論文で示した「ペンローズの三角形」は，三角形のどれか一つの頂点を手で覆い隠して見れば，角柱で構成し得るが，三つの頂点の関係は立体図形では実在しえないという不可能図形である（図9）．この図は，デザイナーやイラストレーターなどのアーティストを刺激してさまざまなアート作品を生み出した．

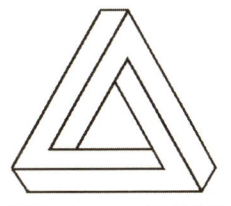

図9 ペンローズの三角形

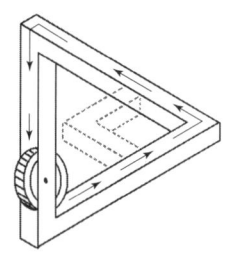

図10 エッシャー作「滝」(©The M. C. Escher Company)：右はペンローズの三角形に基づく原理（矢印は水の流れる方向）

図11 スエーデンの切手のデザインになったレウテシュヴェドの不可能図形：左端の9個の立方体は，配置が不可能になっていて，立方体の同方向の平面をつなぐとペンローズの三角形になる

代表的な美術作品はオランダの版画家 M. C. エッシャーの「滝」である．描かれた建築物中のペンローズの三角形に従う巡回的な水路を流れる水が滝となって落ち水車を永遠に回す（図10）．

ペンローズの三角形が発表されるより前，スエーデンの画家オスカー・レウテシュヴェドは，ほとんど同じ不可能図形を描いていた．スエーデンの郵政省は，1982年，彼こそ最初の不可能図形を描いた画家であるとして切手のデザインに採用している（図11）．

●**複雑な不可能図形への道** 最後にアーティストが複雑な不可能図形をどのように構成してきたかを「ペンローズの三角形」を例にその技法を示す．

図12は，いずれも古典的な単純な紋様である．それに対して図13は，ペンローズの三角形の技法を借りて描いた不可能立体である．これらのトリックアート作品は，角材を緻密に描写して実在感を与えたり，美しく着色されて幻想的なオブジェになっていたりする．

[秋山久義]

稲垣進一編著『江戸の遊び絵』東京書籍（1988）

III • 2 多角形に迷う ①　　　　　　213

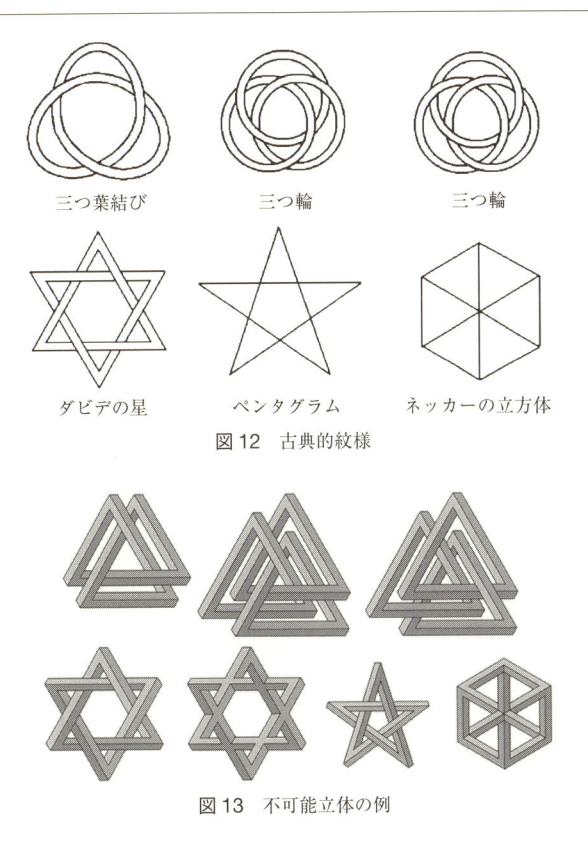

三つ葉結び　　　三つ輪　　　三つ輪

ダビデの星　　ペンタグラム　　ネッカーの立方体

図12　古典的紋様

図13　不可能立体の例

【コラム】　星形のバラ窓

フランスの教会のバラ窓に見る星形正多角形：左から，正義を象徴する上向きの星形正五角形（サン・ウーアン教会），邪悪を象徴する下向きの星形正五角形（アミアン大聖堂），星形正七角形（サン・エロア寺院）（作図：佐々暁生）

錯視多角形

多角形は数学上はっきり決められる明快なかたちであって，自由に姿や大きさを変えたり何もないところから突然現れたり消えたりするはずはない．ところが，じつは，そんな妖怪変化のような多角形が，身のまわりにいくらでも出没している．

●**大きさを変える多角形**　菱形（正方形を 45°回転したもの），正方形，正三角形，円が並んだ図1を見てほしい．四つの面積はすべて同じであるが，ちょっと見ると，円が最も小さく，三角形が最も大きく見える．正方形は円と同じくらいの面積に見え，菱形はその正方形を回転させただけなのに，正方形よりも大きく見える．このように，面積の知覚においては，正多角形の頂点の数により面積が変わって見え，同じ図形でも方位を変えると見え方が変わってしまうことがわかる．

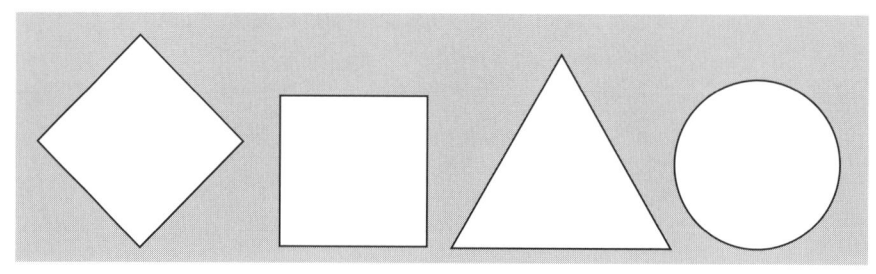

図1　かたちや置き方による面積の違い

●**不安定な多角形**　図2左の正三角形の中の五つのドットを見てほしい．三角形の高さの半分を示しているのはどのドットであろうか．上から三つ目のドットと答えたくなるところだが，実際は一番上のドットが正解である．図2右の正方形では，そのような錯覚は起こらない．図3では，注意の向け方によって三角形の向きが変わって見える．Aを見ると，三角形が左上を向いているように見え，Bを見ると左下，Cを見ると右下を向いているように見える．

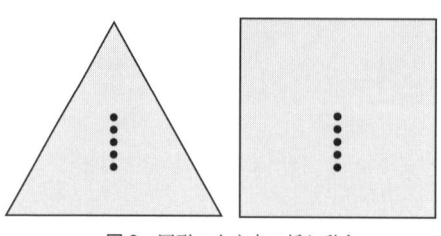

図2　図形の中心点の揺れ動き

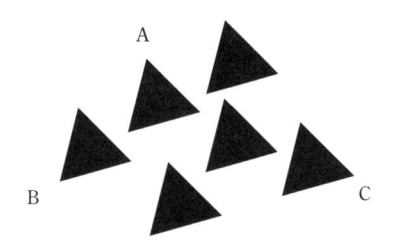

図3　注視点による図形の回転

●**姿のない多角形**　多角形は，頂点に点をうてば，実際に線を引かなくても，頭の中では多角形としてイメージされる．図4(a)は，水平線2本のうち，上の線の方がやや長く見える錯視でポンゾ錯視という．左右にある三角形の2辺のような斜線の影響を受けるためである．この三角形のために起こる錯視が点だけでも起こる．たとえば図(b)は，辺は引かれていないが，イメージ上の三角形がポンゾ錯視を起こしている．また，先に触れた高さの錯視も起こる．たとえば図(c)の上の大きい点の高さの半分の点は，やはり中央五つのドット群の一番上には見えないだろう．

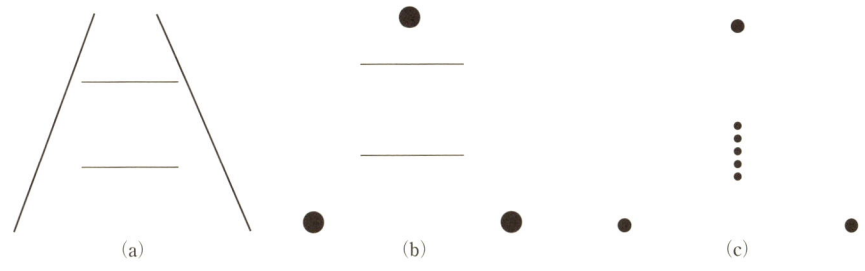

図4　見えない三角形の影響力（ポンゾ錯視）

●**影のある多角形**　図5(a)のように，正方形を敷き詰めてできた図形では，白い隙間が交差するところに，薄暗い○とも四角ともいえないもやっとした影のようなものが見える．この図形をハーマングリッド（ヘルマン格子）とよぶ．三角形を敷き詰めた図(b)ではこの錯視は弱まり，六角形を敷き詰めた図(c)ではほとんど見えなくなる．

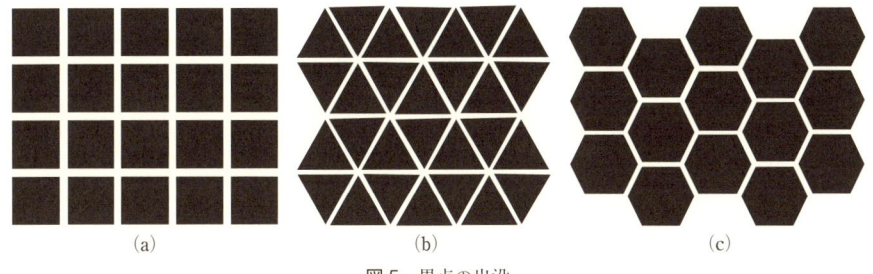

図5　黒点の出没

●**浮かび上がる多角形**　図6(a)のように，大きさとともに明るさを段階的に変えて中央に重ねていくと，中央から四隅へ明るい線が延びるように見える．これは物理的に存在しないが，ヴァザルリ錯視と呼ばれる錯視のため現れる線である．たとえば(b)のように，拡大してみても明るい線は見出せない．これは四角形に限らず，他の多角形でも起こる．(c)は正六角形のヴァザルリ錯視である．

図6　ヴァザルリ錯視

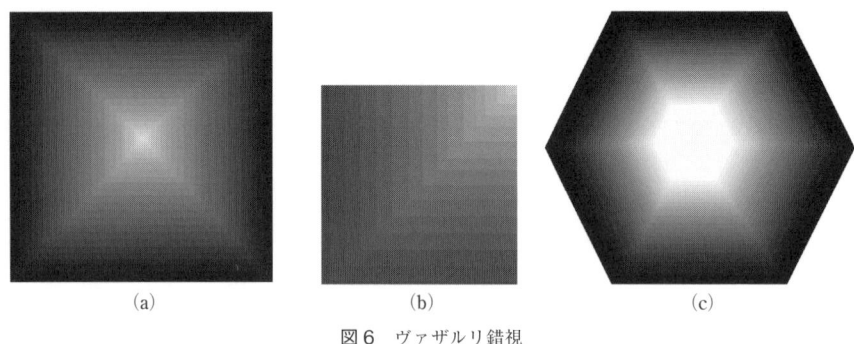

●**不可能な多角形**　図7(左)は，有名なペンローズの三角形である．一見すると，ふつうに四角い柱で作った三角形に見え，それぞれの角を見ても違和感はないが，全体としてみると，実際にはこのような三角形の物体はありえないことがわかる．

図7　ペンローズの三角形（左）とその四角形バージョン（右）

図(右)は，四角形に見えるが，ペンローズの三角形と同様に，現実には不可能な図形である．同じように考えると，不可能な任意の多角形を作図することができる．

●**姿を変える多角形**　かたちというものは，じっと見つめると，姿を変えることがある．たとえば，図8上の中央の「＋」をじっとみつめ，円を視野の周辺部で見ているとそれぞれの円が角張って見えてくる．そして何もない場所（図8中）の「＋」を見ると，円が見えていた部分に角張った残像を残す．逆に，図8下のように散らばった六角形を視野の周辺部でじっと見たあと，何もない場所（図8中）をみると，残像が円に変化して見える．　　　　　　　　　　　[伊藤裕之]

III • 2 多角形に迷う ②　　217

図8　残像に見る多角形

新案錯視多角形

　錯視図形の多くは，正方形，長方形，円，楕円あるいは線分でできていて，たとえば五角形や六角形を使う例は『錯視多角形』（Ⅲ・2 ②）で見た以外あまり知られていない．そこで，正方形も多角形に含めつつ，多角形に関連した錯視を創作してみた．

●**クモの巣錯視**　対角線付きの同心多角形には，図1(a) に示すように，角が尖がって見え，辺は内側に向かって曲がって見える錯視がある．対角線がないと効果は弱くなるが，ある程度はこの錯視は残る (b)．単独の多角形でもわずかにこの錯視は観察できる (c)．この単独の多角形に頂点を突き抜けた対角線を加えると「傘の錯視」として効果は少し強くなり (d)，対角線が頂点を突き抜けなくても効果が消えることはない (e)．他の多角形においても同様で，たとえば同心正方形の角は尖って見え，辺は内側に向かって曲がって見える (f)．

　日常生活では，この錯視は，クモの巣，傘，観覧車などの視覚像に見ることができる．筆者の考えでは，原因は，角度錯視の「間接効果」（交差した二つの線の鋭角側は，その角度が比較的大きい場合，実際より小さめに見える錯視）と鈍角過小視（交差した二つの線の鈍角側は実際より小さめに見える錯視）の複合にある．

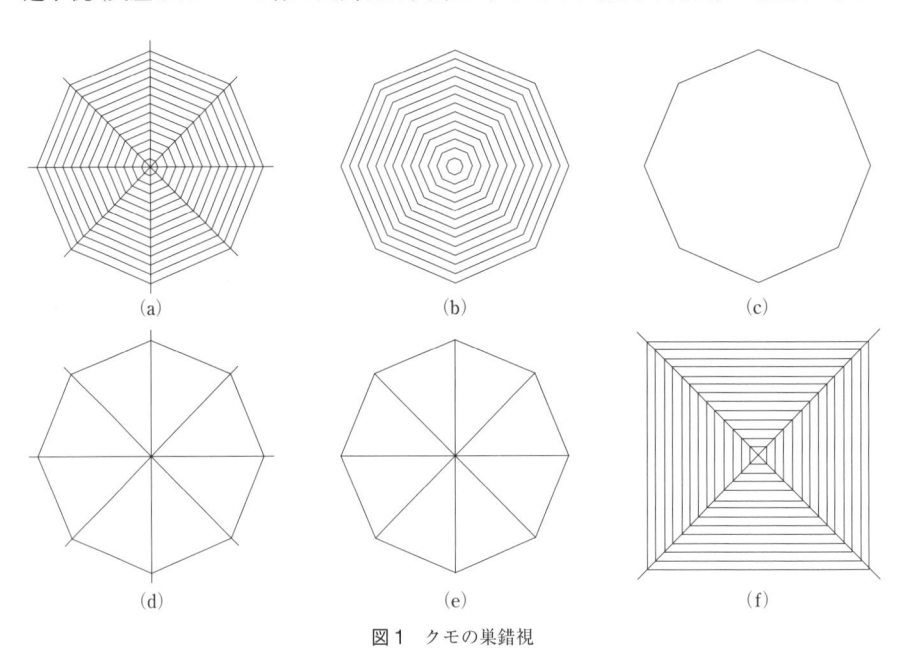

図1　クモの巣錯視

●ヴァザルリ錯視　『錯視多角形』（Ⅲ・2 ②）でも触れたように，同心多角形を中心から周辺に向かって輝度あるいは色のグラデーションとして描くと，対角線上に錯視的な明るさあるいは色の筋が見える現象をヴァザルリ錯視という．図 2(a) のように中心が明るくて周辺が暗い場合は，明るい対角線が見え，逆に，図 2(b) のように中心が暗くて周辺が明るい場合は，暗い対角線が見える．これは角の内側に起きた対比的な明るさの錯視あるいは色の錯視が強調される錯視で，星形ならば一つの図形で両方観察できる．たとえば図 2(c) では，明るい錯視線が見える垂直・水平・斜め±45°のところは山折状に，それらの中間の暗い錯視線が見えるところは谷折状に，交互に凹凸が付いて見える傾向にある．この 3 次元的形状知覚は，「星状の輪郭」と「誘導された錯視線の明るさ」の二つの要因によって起こると考えられる．具体的には，輪郭の要因とは，出っ張っている角と中心を結ぶ線は尾根状に見え，引っこんでいる角と中心を結ぶ線は谷状に見える傾向を指す．錯視線の明るさの要因というのは，ヴァザルリ錯視によって明るく見える筋は尾根状に，暗く見える筋は谷状に見える傾向を指す．

　これら二つの要因が図 2(c) では加算的に効果を現し，図の中心は，背景よりも観察者に近く見え，「上から見た山の頂上」あるいは「出っ張り」のように見える傾向がある．ところが，図 2(d) では，輪郭の要因と錯視線の明るさの要因の効果は競合的であるため，前者が強ければ図 2(c) と同様に見え，後者が勝れば図の中心が背景よりも遠くに見える「穴」あるいは「トンネル」のような知覚

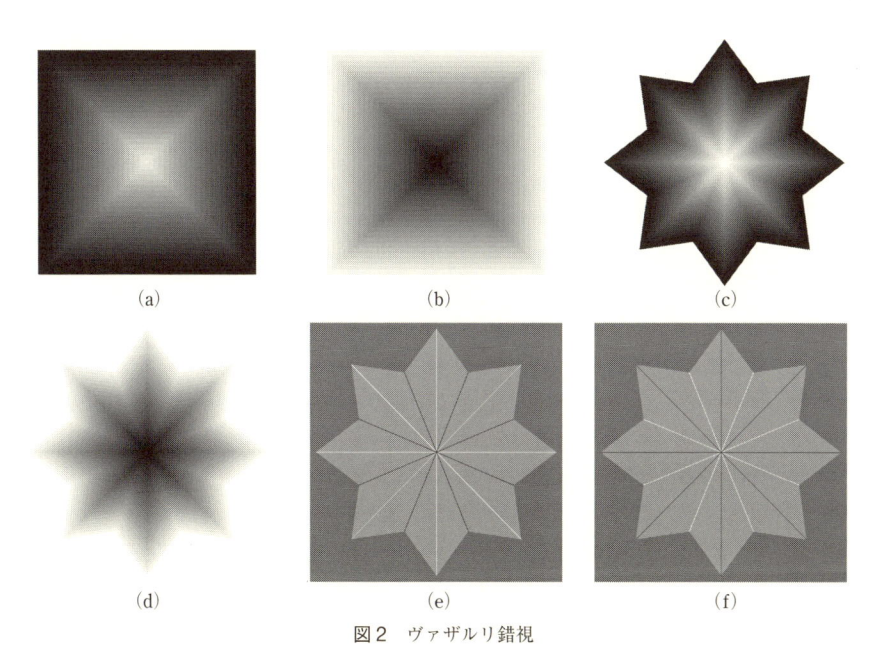

図 2　ヴァザルリ錯視

像を得る．すなわち，図2(d) はネッカーの立方体のような奥行き反転図形となりうる．

なお，この奥行き効果は明暗の錯視線だけでなく明暗の実線でも生じる．たとえば，図2(e) の中心は手前に出っ張って見えるが，図2(f) の中心は，輪郭の要因と明るさの要因の競合のため，手前に出っ張って見えたり奥に引っ込んで見えたりと多義的である．この効果は，うまく使えば，折り目のある立体物をわかりやすく図示する場合の補助として役立つ．

●**傾き錯視と渦巻き錯視**　同心多角形の辺に傾き錯視（線分やエッジがその本来の方位あるいは傾きとは異なって知覚される現象）を仕掛けると多角形は歪んで見える．中心から見てすべての辺が同じ向きに傾くように傾き錯視の一種であるカフェウォール錯視（図3に見られるように，本来傾いていない線が，傾いて見える錯視）を仕掛けると，全体として多角形は傾き錯視の方位に傾いて見える．

たとえば図3(a) のような，カフェウォール錯視を同心正方形の各辺に中心から見て同じ方向に仕掛けると，灰色の線の同心正方形が全体的に時計回りに傾いて見える．また図3(b) のようなカフェウォール錯視を同心八角形の各辺に中心から見て同じ方向に仕掛けると，灰色の線の同心八角形が全体的に時計回りに傾いて見える．これらの図は同心多角形であるため，図1のクモの巣錯視も観察できる．

さらに同心多角形の角の数が無限大のときは同心円に近づくから，図3(c) のようにカフェウォール錯視を同心円の各円に中心から見て同じ方向に仕掛けると，灰色の線の同心円が時計回りに回転して中心に向かう渦巻きに見える．これは多角形が傾いて見えることの極限というのと質的に異なるように思える．ということは，傾き錯視の観点からは，多角形と円は連続であるとはいえないことになる．しかし，同心多角形に渦巻き知覚が内包されているということであれば，これらは連続であるということになる．筆者には，同心八角形の図3(b) に錯視的な渦巻きも知覚される．

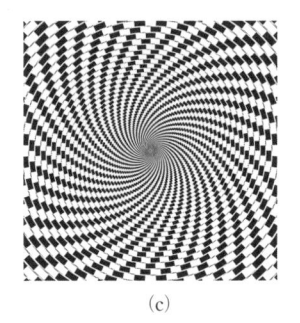

(a)　　　　　　　　(b)　　　　　　　　(c)

図3　多角形の傾き錯視

Ⅲ・2 多角形に迷う ③

●**ぐるぐる錯視** 同心円には，図4(a) のようにぎらぎらしたスポーク状のものがぐるぐる回って見える現象がある．これは一般にもよく知られている現象なのだが，筆者はその正式名称を知らないので，ここでは「ぐるぐる錯視」と仮りに呼ぶことにしておいて，有限な数の角をもつ円としての多角形で同様な図形を観察してみる．

同心の正方形の場合は，同様なぎらぎらした現象は観察できるが，回転の方は感じられないように見える (b)．同心の八角形でも，ぐるぐる錯視は確認しにくい (c)．しかし，同心の十六角形になると，ぐるぐる錯視が観察できるようになる (d)．その理由として，多角形の角が180°に近づくと，角の部分で妨害されず，錯視的運動がつながって見えるという可能性が考えられる．同心の八角形の角を丸くするとぐるぐる錯視は見えるようなので (e)，その考えは正しいかもしれない．しかし，同心角丸正方形ではぐるぐる錯視は明らかではないようなので (f)，角が多いということも重要な要因かもしれない．

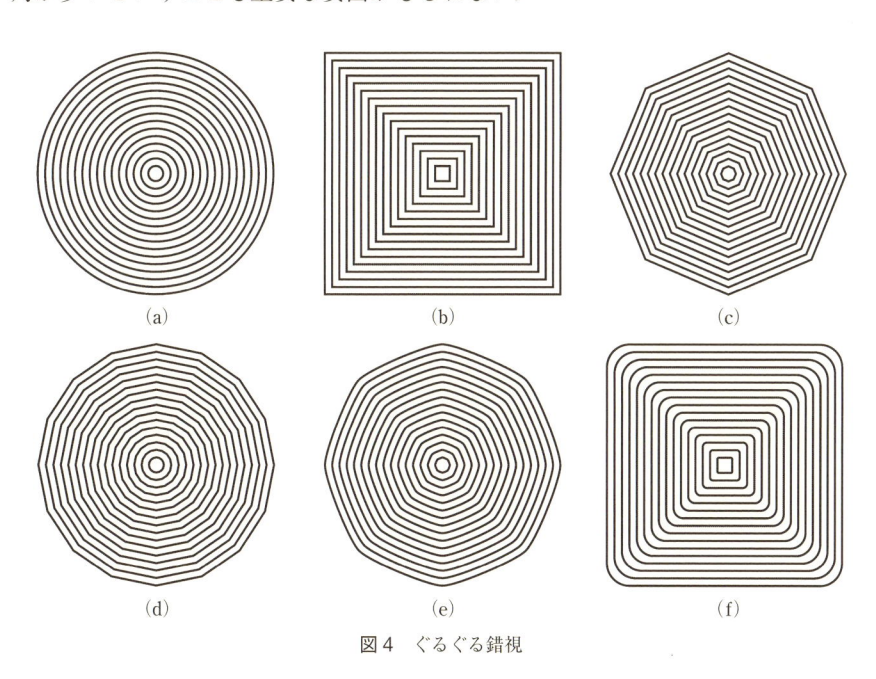

図4 ぐるぐる錯視

●**多角形の錯視の今後** 以上，多角形の錯視について，4種類の例をあげて手短に紹介した．この中には多角形固有の錯視（多角形にしか見られない錯視）と呼べるものは含まれていない．ただ一つ，『錯視多角形』(Ⅲ・2 ②)で触れている錯視はそれに相当すると思われるが，もしほかにも例があるようならいずれ検討したい． ［北岡明佳］

社寺建築

　今，たいていの人は四角い住宅や四角い部屋に住んでいる．といっても，そこから一歩外へ出ると，遊園地や繁華街に，四角ではなくいろいろな多角形の風変わりな建物がつぎつぎ建てられている．では，昔の日本ではどうだったのだろうか．

●**方丈**　日本の文化を育てた最初の都は7世紀ごろの奈良の藤原京であり，そのあとを平城京と平安京が継いだ．こうした古代の都は，すべて，正方形に近い区画をつないだ碁盤目状となっている．このことからも想像できるように，都で住む古代人の多くの住宅はおそらくは四角，それも正方形に近い四角，になっていたと思われる．

　正方形の住まいあるいは部屋については，藤原京の当時，国家宗教として崇められていた仏教では「方丈」といって最も重大な修行の場とされていた．釈迦の弟子だった維摩居士が一丈四方（四畳半ぐらいの大きさ）の正方形の部屋で修行したためである．それにちなんで，今でも，寺院の最も重要な部屋を，たとえ正方形や四畳半でなくても方丈といい，ときには住職自身を方丈と呼ぶ．そのことを知ってか，鎌倉時代の鴨長明は四畳半の方丈の中で『方丈記』を書いた．また日本の伝統文化のシンボルタワーである五重塔や三重塔の平面図は四畳半を思わせる正方形にすることになっている．そのほか，重要な社寺建築には，平面形があえて正方形になっているものが数多くある（図1）．四畳半の正方形の部屋は天国なのである．

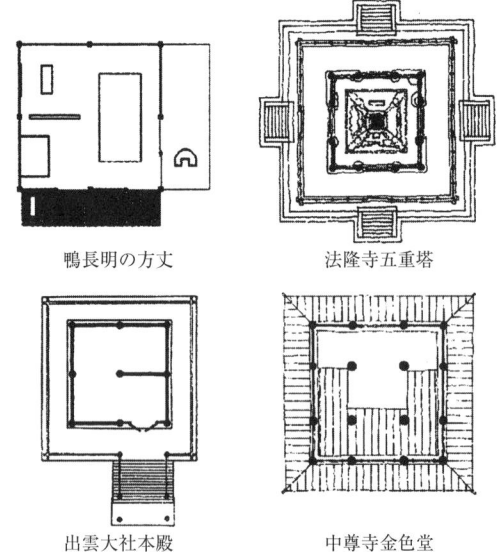

鴨長明の方丈　　法隆寺五重塔

出雲大社本殿　　中尊寺金色堂

図1　正方形平面の社寺建築

●**六角堂と八角堂**　藤原京ができるよりまだ100年も前，近くの斑鳩の里に，仏教を広めた聖徳太子にちなむ法隆寺ができた．その法隆寺を象徴するのが正八角形の夢殿である（図2）．その後の聖徳太子を偲ぶ堂の多くも，京都の広隆寺桂宮院や大阪の四天王寺太子殿など，たいてい八角堂になっている．そのうえ奈

良時代の天皇のほとんどは前方後円墳ではなく正八角墳に葬られている（図3）．そのような伝統のもと，現代の天皇は，即位式のときに限って高御座という変形八角形の神輿に立つ．ここには正方形に並ぶ正八角形の重要性が見られる．

それだけに，天皇家とは関係なく，社寺の主要殿舎に8角形が使われることも多い．派手なものでは平安時代の京都に八角九重塔が建てられた（図4）．

このような華々しい8角形の陰に控えるのが6角形である．奈良時代の古墳にも八角墳と並んで六角墳がときには見つかり，それらには天皇ではなく臣下が葬られているのだろうと推測されている（図5）．ただし八角夢殿に匹敵するような，奈良時代以前の古い六角堂はない．それに代えて，奈良の長谷寺に奈良時代から伝わる銅板法華説相図には六角三重塔といわれる図が描かれている（図6）．といっても，図をよく見れば，1階の階段の表現からわかるように，ふつうの4角の三重塔を幼稚な透視図で描いたため6角のように見えるだけのようである．

図2　法隆寺夢殿

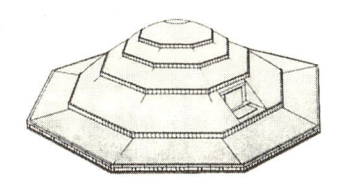

図3　八角五重の天武・持統合葬陵

長野・安楽寺
八角三重塔
（鎌倉時代）

川崎大師
八角五重塔（現代）

京都・法勝寺
八角九重塔
（平安時代，復元模型）

図4　そびえる八角塔

8角が六角に間違えられたと思われる形跡もある．奈良の平城京のあと，京都に平安京が作られたとき，真ん中あたりに初めてできた寺院が，今もそのままの場所にある六角堂だったといわれ，そこに残っている六角灯籠の六角の台石は，「京のへそ石」として観光名所になっている（図7）．ところが六角堂では，もともと聖徳太子が建てた寺であると自慢している．もしそうなら八角堂にすべきではないだろうか．

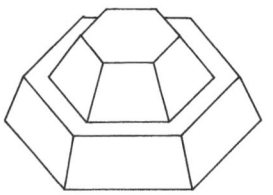

図5 六角二重のマルコ山古墳（8世紀）（明日香村教育委員会の復元案）

図6 奈良・長谷寺銅板法華説相図（奈良時代）に見る三重塔

平安京で六角堂を目立たせたのは，むしろ，平安時代を終わらせた平清盛かも知れない．六条通りに住んで六波羅殿と呼ばれた清盛は仏教で重大な六という数字を好んだようで，京都の六か所の出入り口に建てた6角の地蔵堂を巡る六地蔵巡りを広めた．

こうして八角堂の陰で六角堂が次々姿を現すようになった鎌倉時代の京都に，それまで日本の神社の総帥だった伊勢神宮に代わって日本の神道をリードすると主張する吉田神社が建てられた．その本殿の大元宮は8角の内陣に6角の付属室が付いて，8角と6角の融和が図られている（図8）．

いずれにしろ京での主役は8角だったが，江戸では6角が存在感を増したようである．今に残る東京23区内で最古の歴史建造物は浅草寺に残る江戸初期の六

図7 京都・六角堂

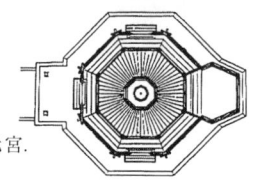

図8 京都・吉田神社の大元宮．上は外観，下は平面図

図9　浅草寺六角堂　　　図10　岡倉天心の五浦(いづら)の旧六角堂

角堂ということになっているうえ（図9），明治時代に文化財の保護に奔走した岡倉天心は，一説では法隆寺夢殿の八角堂に遠慮して，六角堂を好んで建てている（図10）．

●**十二角堂と十六角堂**　六角堂と八角堂があるのなら，その2倍の十二角堂と十六角堂を探すのも意味のないことではない．

　明治前の古建築の中に独立した十二角堂や十六角堂はなさそうである．しかし十二角の部屋については，五重塔や三重塔よりもっと古くから造られ始めたかも知れない宝塔や多宝塔という仏塔の中に見つけることができる．

　宝塔は，ふつう円形の平面形をもつ1階のみの仏堂となっているが，そのまわりが，しばしば12本の柱で囲まれている．浅草寺にはそれを現代的にコンクリートで作り変えたものがある（図11）．

図11　浅草寺宝塔　　　図12　巨大多宝塔としての高野山金剛峯寺根本大塔

図13 大石寺十二角堂

図14 佐野厄除け大師水子地蔵堂

　多宝塔の場合は，1階が正方形，2階が円になっていて，しばしば宝塔の裾まわりに四角い庇が付けられたものと説明されるが，むしろ1階は四角い大地，2階は丸い天を意味して，天円地方としての宇宙が表現されていると思われる（図12）．だからこそ2階の円形の床は，十二支を意味するともいわれる12本の柱で取り囲まれている．
　このような伝統のもと，現代になって建てられた静岡・富士宮の大石寺には十二角堂という納骨堂があり（図13），また栃木の佐野厄除け大師には多宝塔をまねたという二重の円形十二角堂がある（図14）．
　十六角堂を探すのはさらにむずかしい．それでも

図15 鳥居観音三蔵塔

埼玉・飯能の鳥居観音には，仏典をインドで求めた中国の僧三蔵法師にちなむ三蔵塔という三重塔があって，下から和風の正方形，中華風の正八角形，インド風の正十六角形の部屋が積み重ねられている（図15）．
●**三角亭と五角亭**　建物の平面形は古今東西を問わず，使いやすさや作りやすさのため，ほとんど偶数多角形となっている．では日本には奇数多角形の古建築はないだろうか．
　木でできた建物ではなく土や石でできた街路や城壁なら，たとえば『星形城址』（Ⅲ・3 ③）にも出てくる函館の五稜郭のようなきれいな正五角形がある（図16(a)）．ただし五稜郭の場合，正確には図に示すように正十角形に入るといえるかもしれない．図に見る菱形パターンは『非周期的タイル貼り』（Ⅱ・2 ④）で触れるペンローズの非周期的パターンとなっている．愛媛の宇和島城とその城下町も近似的な五角形を見せる（図16(b)）．豊臣秀吉の命を受けた藤堂高虎が「空角の法」という秘伝の術を使って設計したもので，敵が四角形と思って四方から攻めてきたとき，あまったもう一辺から逃げ出す．それなら秀吉の居城だった大阪城も五角形の堀に守られていたかも知れない（図16(c)）．城址ではないが，江戸時代から卑弥呼の古墳があると噂されてきた徳島・矢野神山には正五角形の敷石がある（図17）．とはいえ，いずれも土や石を積んだだけだから工事はそん

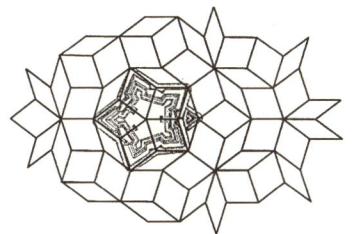

Ⅲ・3 多角形に住む ①

正十角形の中の函館五稜郭 　　愛知・宇和島城（古図） 　　大阪城（黒い部分が堀）

図16　日本の古い城址に見る五角形

図17　徳島・矢野神山の卑弥呼の墓を飾る五角敷石 　　図18　京都・新善光寺五角堂

なにむずかしくはない．

　それに対して，京都・五条の新善光寺には，巧みな木工技術でできた元禄時代の木造五角堂がある（図18）．五体の神仏にちなんだ堂である．筑波にも明治初めに木造住宅のような五角米つき堂が建てられた（図19）．腕に自信をもつ京都の大工が工事を請け負ったという．その大工仲間には，社寺の軒下を飾る升組のかたちを決めるとき正五角形の連結図形を使う「五角升の法」という秘伝が伝わっていて，正五角形の作図などには精通していたのであろう（図20）．

　正五角形に対して正三角形の作図や工作は簡単である．しかし正三角形の建物

図19　筑波の五角米つき場 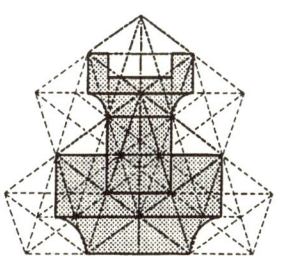　　図20　五角升の法

は鋭くとがっていて使いにくく不気味でさえある．それを知ってわざわざ正三角形を使って精神修養をしたのが，明治時代に建てられた，新潟・新発田の三楽亭という書斎兼持仏堂であり（図21），また東京中野の哲学堂公園の神道，儒教，仏教を象徴するという三本柱に支えられた三角屋根だけの三学堂である（図22）．

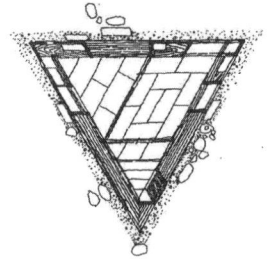

図21　新発田の三楽亭の外観と平面図

図22　東京・中野哲学堂公園の三学堂

●**七角堂と九角塔**　10角以内の奇数多角形には3角と5角に並んで7角と9角がある．ただしこの二つはコンパスと定規では作図できない．それだけあって，これらを古建築の中に探すのは不可能に近いが，現代のコンクリート建築なら，大阪の金剛寺に，教祖の誕生日である9月9日にちなんだという九角三重塔がある（図23）．

正七角形の伝統的な七角堂はおそらく皆無である．ときどき観光案内書などで七面堂とか七面宮が紹介されているが，これは大地を象徴する八方向の一角に立って他の七方向を見渡す堂，という意味のようで七角堂ではない．とはいえ，七五三とか神代七代とか七曜とかといわれるように七という数字には特別の意味がある．それに気づいた前述の京都の吉田神社では，日本全国の神社の中心にあると主張する本殿大元宮の屋根の真ん中

図23　大阪・金剛寺の九角三重塔

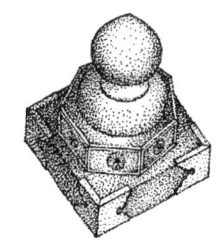

図24　京都・吉田神社大元宮の正七角形の路盤

の八角内陣と六角付属室の境目に正七角形の路盤を置いた（図24）．この世で大切なのは偶数より奇数であり，中でも10以内で最高の9は神の数であって人間が扱ってはいけない，したがって7こそ人間界の最高の数になる，というのである．

●*n*角竪穴式住居　以上のように見ていくと，結局，法隆寺ができたころ以後の日本の古建築の大半は偶数多角形でできていて，中でも日常生活は正方形を始めとする4角形の中で行われてきたことになる．奇数多角形のものもあるがそれは奇行を好む奇才や奇人用である．

　この結論は正しいだろうか．実は法隆寺よりまだ前の住まいを考えると間違っている．日本の庶民の多くは，紀元前数千年の縄文時代から法隆寺のころまで，あるいは一説によると地方では鎌倉時代ごろまで，竪穴式住居に住んでいた．この竪穴式住居は，今の四角い角柱形住居とは逆に丸い平面形の円錐だったというのが通説になっている．ところが，この住居跡の多くは，柱の数に合わせて4本なら4角，5本なら5角，6本なら6角の敷地跡を見せる（図25）．それから判断すると，柱の本数が*n*本なら円錐ではなく*n*角錐の屋根がかけられていた可能性がある（図26）．つまり，太古の昔のわが国には，柱の本数に合わせて7角錐や9角錐といった今でもめったに見られない超未来建築が林立していたことになる（図27）．　　　　　　　　［宮崎興二］

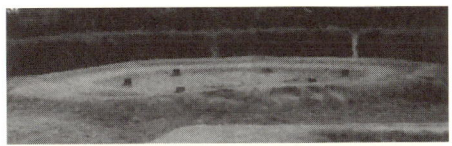

図25　兵庫・大中遺跡公園の弥生時代の竪穴式住居跡：下から4角，5角，6角を見せる

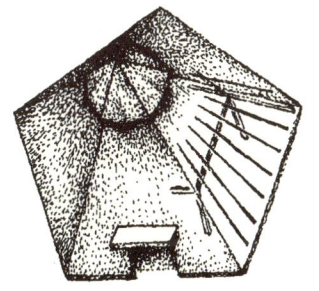

図26　筆者による五角竪穴式住居復元案

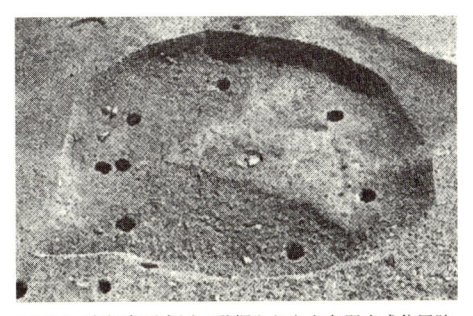

図27　京都市西京区で発掘された七角竪穴式住居跡

社寺施設

　日本の神社や仏閣には，昔から，鳥居とか灯籠，あるいは供養塔とか焼香台，といった祈りのためのいろいろな施設が備え付けられているが，それらはしばしば，あたかも人間離れした神や仏の知恵を思わせるように，ふつうの日常生活では見かけない意味深長な正多角形で飾られている．

●**鳥居**　神社で願かけをするときは，ふつう，2本足の鳥居をくぐって拝殿へ行く．ところが京都の木島(このしま)神社には，江戸時代から，3本の柱が上から見ると正三角形になるように並んだ三柱(みはしら)鳥居が小さな池の中の石積みを守るように立っていて，どの方向からくぐってもどこへも行けない（図1）．そのかたちの意味について，池の中の石積みに神が宿っていて，それを守るため，とか2本ずつの柱の間からはるかかなたに見える3か所の神がかった場所を礼拝するため，などと説明されている．この伝統にならって，日本各地には現在20基近い三柱鳥居が立っている．

　そのうち最も注目すべきは，三角形の敷地に3本足で立つ東京スカイツリーの足元にある三囲(みめぐり)神社の三柱鳥居であろうか．だからスカイツリーは3本足になっている，という作り話がすでにささやかれているが，いずれはそれが実話になるかも知れない．

図1　京都・木島神社の三柱鳥居

●**灯籠**　神社や寺院を天国のように輝やかせ，参拝者の心を明るくウキウキさせるのは，今ではライトアップ，昔でいえば万灯籠であろうか．

　灯籠は小さな堂のような姿をしていて，上から見ると，ふつう，互いに仲良く並びやすい偶数多角形の4角，6角，8角となっている（図2）．そのためもあってか，万灯籠では何千個，何万個の4角や6角や8角の灯籠が住宅団地のように整然と並べられる．それに向かって熱心に祈る大群衆を見ると，日本人は幾何学

四角灯籠(京都・壬生寺)　　　　六角灯籠(京都・万福寺)　　　　八角灯籠(京都・祇園)

図2　さまざまな偶数角形の灯籠

を好まないという定説が疑わしくなる．

その一方で，各社寺を象徴するモニュメントとして，あるいは庭園などを飾るアクセントとして，一つだけの灯籠が伽藍や庭園の目立つところに立てられることも多い．目立つためにはかわったかたちの方が望ましく，ときには3角形や5角形の灯籠も作られて，持ち主の自慢になっている（図3）．たとえば京都を代表する桂離宮や清水寺には，上から見ると正三角形になった三角灯籠が江戸時代に立てられ，風流な庭園の一風変わったアクセントになっている．また関東を代表する日光東照宮では巨大な九角灯籠が陽明門を照らし，近くの大猷院（たいゆういん）には古びた十一角灯籠が撮影禁止の重要品扱いで保管されている．いずれも明治時代にオランダから贈られたという．東京の湯島天神の軒下には，昭和も末になったころ大量生産された五角灯籠がずらっと吊り下げられている．

とはいえ，なぜか七角灯籠だけは，今も昔も，ないようである．

| 三角灯籠
（桂離宮） | 五角灯籠
（東京・湯島天神） | 九角灯籠
（日光東照宮） | 十一角灯籠
（日光大猷院） |

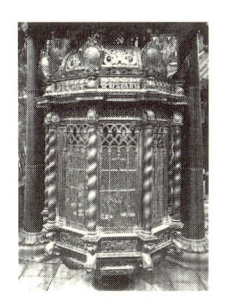

図3　さまざまな奇数角形の灯籠

●焼香台　寺院には死体が付きもので，その死体を清めるため，要所要所に，上から見ると丸や四角の焼香台が置かれている．ところがそれを下で支える足は，たとえ4本足の動物の足のかたちをしていても，たいていは3本足になっている．東京の浅草寺の山門の近くにあって，香の煙をかぶると頭がよくなるという，日本で最も有名な焼香台に至っては，足の配置だけでなく，焼香台本体も上から見れば丸みを帯びた正三角形になっている（図4左端）．

なぜ3本足か．その禅問答に答えて，たいていの高僧は科学とは無縁であることを誇りにしているにもかかわらず，胸を張って，4本なくても3本あれば地面に置くとき安定する，と科学的にいう．そんなことはない．3本で安定するのは神や仏の世界にしかない完全な平面の上に置くときに限るのであって，人間が土や石で造った凸凹だらけの昔の地面の上に置くときは4本足がいる．

それに気づいてかどうか，あるいは伝統に逆らってか，凸凹した山腹にある鎌倉の建長寺などには4本足の焼香台もある．といっても正倉院宝物にある5本足

3本足（浅草寺）　　4本足（建長寺）　　5本足（正倉院）
図4　さまざまな焼香台

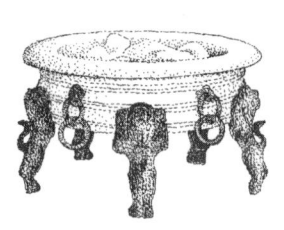

の焼香台になると，どんなに立派な机の上に置いても，よほどのことがない限り1本の足は宙に浮いて見苦しい．秘宝にして人に見せないに限る．
●**水がめ**　灯籠や焼香台では火を使う．それに備えるためもあってか，昔は，防火用水を丸い桶に入れ，三角形に積んで境内各所に置いてあった（図5）．それしか置きようがなかったともいえるが，三角で象徴される火を退治する気持ちの表れもあったかもしれない．

　変幻自在に姿を変える水は丸い容器に入れるに限るが，人間のもつ知恵の力を見せつけるためか，ときには，四角や六角や八角といった多角形を見せる手水鉢や水がめや井戸に入れられる．変わったものでは，東京の清土鬼子母神の三角井戸は，子供を食べるのをやめたおかげで神になったという鬼子母神が中から出てきたというので有名になっている（図6）．無理に探せば，正五角形の井戸や正七角形の水がめも見つかる．

図5　浅草寺の防火用水　　三角井戸（東京・清土鬼子母神）　　五角井戸（徳島・矢野神山）　　七角水がめ（滋賀・旭野神社）
図6　さまざまな井戸と水がめ

●**塔婆**　寺院に付き物は，何といっても墓石や，仏を讃えるための供養塔，つまり塔婆である．

　塔婆には，五重塔や三重塔，多宝塔や宝塔のほか，図7のような五輪塔や宝篋印塔，無縫塔（卵塔）や石幢があって，いずれも，○△□や六角，八角といった整った幾何学図形で飾られる．

　その中の五輪塔は，下から，仏教でいう宇宙の構成要素としての地水火風空をその順で意味する正方形（立方体），円（球），三角（屋根形），半円（半球），宝

珠形（玉ねぎ形）を積んだ姿をしている．ただし古形には火の部分が，屋根形でなく正三角形4枚からなる正四面体になっている三角五輪塔がある（図8）．

もっと特殊なものには，長野市松代町で見つかった6体の仏陀の名前と建立年号を七面に分けて書いた七角柱の塔婆がある．また塔婆に似たものに，五体の神の名前を記した正五角柱の道標あるいは石碑も多い（図9）．

●神輿　灯籠にしろ焼香台や塔婆にしろ，社寺の施設は，上から見るとたいてい四角，六角，八角という偶数角形になっているが，ときには奇数多角形のものも作られて参拝者を驚かす．

その中にあって，絶対に偶数角形でなければならない神具が神輿である．原型は古代中国の貴人用の乗り物にあるとされ，それが奈良時代に日本に伝わって，神が鎮座する小さな堂を2本の棒の上にのせて練り歩くようになった．同時に堂の平面形は，いかにも神の乗り物にふさわしく，ふつうの人間は使わない正多角形になったが，2本の棒で担ぐため必然的に正方形，正六角形，あるいは正八角形といった偶数角形になった．

京都の八坂神社の主祭神は病気をはやらせたり災害をもたらしたりする暴れ者のスサノオ命で，そのスサノオに命乞いをする行事が山鉾巡行で知られる祇園祭である．ところが実は山鉾巡行の陰で，伝統を守る黄金の正八角形，正六角形，正方形の神輿が練り歩く（図10）．この三基は，その順に，子供の八王子用，スサノオ命自身用，妻のクシナダ姫用とされているが，むしろ八角形は，古事記などで数字の八に取り囲まれているスサノオ用，六角形は八角形を陰で支えるクシナダ姫用，一番小さい正方形は八王子用とすべきかも知れない．　　　　　　　　　　［宮崎興二］

図7　さまざまな塔婆
五輪塔　宝篋印塔　無縫塔　傘塔婆

図8　三角五輪塔（兵庫・小野浄土寺蔵）

図9　徳島・矢野神山の正五角柱の石碑

図10　祇園祭に使われる黄金の神輿：平面形は，左から，正八角形，正六角形，正方形

星形城址

　地球上で正方形を越える最も大きな正多角形といえば，中世から世界各地に残る巨大な星形正多角形状の城址に違いない．

●**五稜郭とカステレット城**　明治維新の大政奉還を潔しとしない江戸幕府と新撰組の残党は1868年に戊辰戦争を引き起こし，北に逃れた末に函館（箱館）の五稜郭に立てこもった（図1）．榎本武揚と土方歳三がそれぞれの大将だった．

　この城は，もともとは幕府が蝦夷地の統治と外国の軍艦の攻撃に備えて1866年に完成したばかりのものだが，西洋流の鋭角な稜堡の考えを日本の築城技術が巧みに取り入れてできたものである．星形正五角形つまりペンタグラムの五つの尖った縁取りにややふくらみをもたせたうえに，一か所だけ小さな3角の半月堡が突き出ているので，正確には五ではなく六稜郭になっている．それはともかく，四方八方からの敵の攻撃に対して死角のない火線を備えるだけでなく，城壁の先端以外のくぼんだ大部分の場所を攻めて来た敵には左右からの集中砲火を浴びせることができる．しかし結局は1週間ほどの戦いで榎本も降伏してしまう．

　じつは，この五稜郭は，その200年ほど前にできたデンマークのコペンハーゲン港の入り口を守るカステレット要塞とほとんど同じかたちをしている（図2）．3角の半月堡が一つ突き出ているところまでそっくりである．現在，どちらの城跡も観光名所として賑わっていることも共通している．

図1　函館の五稜郭　　　図2　コペンハーゲンのカステレット城

●**星形要塞**　星形五角形の城に限らず，14,5世紀のころからヨーロッパの諸国ではいろいろな星形多角形の城がたくさん造られるようになっていた．これらはまとめて星形要塞といわれる．

　函館の五稜郭は簡単に落城してしまったが，多くの星形要塞は，大型の大砲や

フォート・カレ（フランス，16世紀） 　アルメイダ（ポルトガル，14世紀）

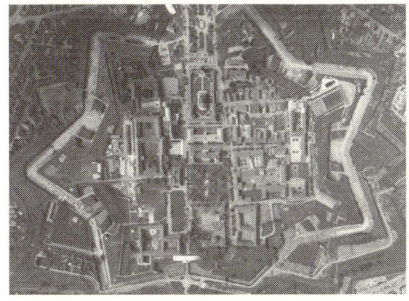

アルバ・ユリア（ルーマニア，17世紀） 　ヌフ・ブリザック（フランス，17世紀）

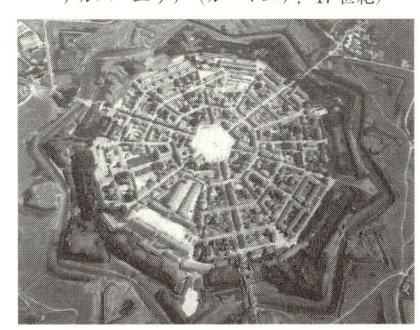

パルマノヴァ（イタリア，16世紀） 　ナールデン（オランダ，16世紀）

図3　いろいろな星形要塞

飛行機の発達する以前の戦争においてはかなり強固な砦としての機能を果たしていた．

　現在，インターネット上で，たくさんな星形要塞の航空写真が見られるので，それらの中から選んでいろいろな多角形のものを図3に紹介する．このようにきれいな光景は昔の設計者も建造した城主たちも，はたまた現代の観光客も，自分の目で見ることのできない貴重なものであることを念頭に置いて鑑賞してほしい．

［細矢治夫］

現代建築

　20世紀以後の近代から現代にかけての建築には，流行するデザインの違いのほか，技術や材料の進歩もあって，さまざまなかたちが見られるが，そのかたちを決めるほとんどすべての要素や部分には平面充填正多角形（正三角形，正方形，正六角形）が利用されている．その前提に立って，ここでは建物の全体形が正多角形に依存している事例をあげる．

●**マサチューセッツ工科大学（MIT）クレスギ講堂**　1955年，曲面を使った建築で知られるアメリカのエーロ・サーリネンが設計した講堂（図1）．球面正三角形を，円の中に置いた球状ドームになっている．平面形は，球面正三角形を地面に投影して決められていて，ルーローの三角形の各辺を円弧でなく楕円の弧に置き換えたかたちを見せる．

図1　MITクレスギ講堂の鳥瞰(左)と接地点部分の詳細(右)

●**ユーソニアン・ハウス**　アメリカの近代から現代にかけての建築の生みの親の一人であるフランク・ロイド・ライト（1867-1959）が1935年から約60件設計した一連の住宅．後期の作品では，大小の正三角形を重ねた設計手法を展開している．四角い既成家具はそぐわないので，家具もすべて正三角形を基準に特注された．結果として，部分が相似形で大きくなったり小さくなったりして連続していく再帰的な図形処理つまりフラクタル幾何学を見せるが，それがまだ知られていなかった時代に，ライトは自然観察と直感からこの幾何学に気付いていたようである．1952年に建設が始まったクラウス邸（米国ミズーリ州）の場合は，未完のまま1956年に入居され，ライトの死後もライトの弟子やパートナーの支援を得て詳細設計と工事が継続された（図2）．現在は非営利団体が管理，公開している．

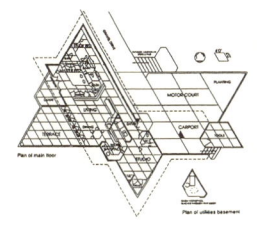

図2　クラウス邸の平面図(左)とインテリア[1](右)

●**グラン・アルシュ（グランダルシュ）**　パリ近郊のラ・デファンス地区にある新凱旋門（英語ではグランド・アーチ）として知られる記念碑的高層ビル（図3）．国際設計コンクールで最優秀賞を取ったデンマークの建築家オットー・フォン・スプレッケルセンの案により1989年完成した．平面は1辺が約100 mの正方形で，高さも約100 mあり，3次元の立方体のように見えるが，じつは4次元超立方体（正八胞体）を4次元透視図によって3次元空間に写し取ったかたちとして設計された．中央の雲の彫刻が置かれた吹き抜けは未来への門を意味するといわれる．外形から窓形状までガラス張りの正方形が多用された建物でもある．

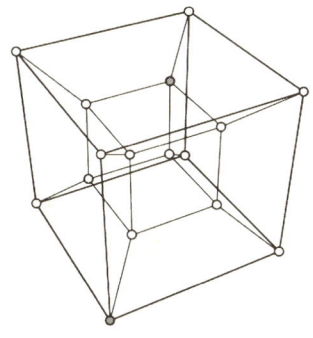

図3　グラン・アルシュの外観(左)と4次元超立方体の4次元透視図(右)

●**バス・ハウス**　正方形は正円とともに古典建築の基本図形であるが，自由な設計を標榜する近代や現代の建築にはなじみにくい．それに対して19世紀的古典建築の教育をうけたアメリカの建築家ルイス・カーン（1901-74）は現代建築にも古典建築手法を活用した．バス・ハウス（屋外プール更衣室，1955年，米国ニュージャージー州）はその起点として建築史上名高い（図4）．実際はブロックと木造の質素なあずま屋で，建設後，永く荒廃したままだったが，2010年，保全工事が実施され復活した．1個の正円を囲む大小の正方形格子の上に12面の長方形のブロック壁が4棟の正四角柱を作るように立てられ，その上に4個の木造ピラミッドが置かれている．

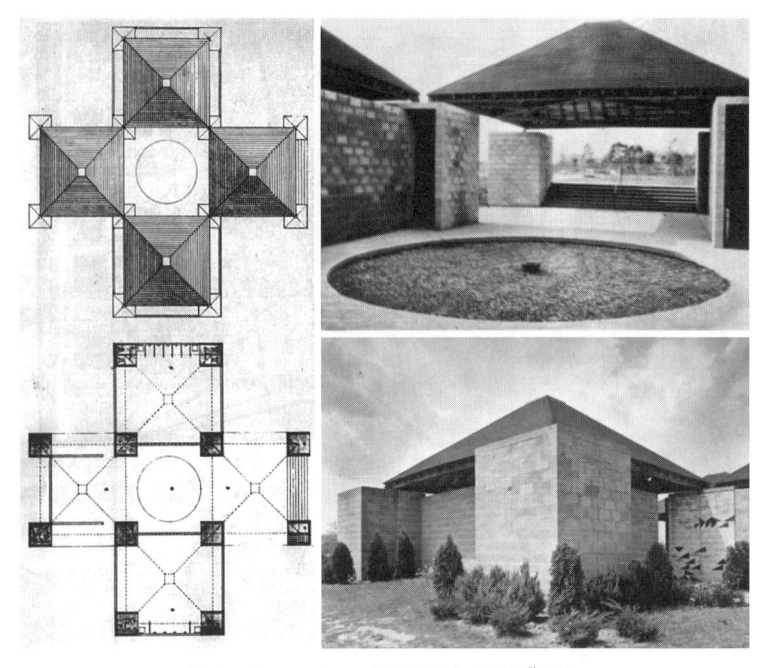

図4　バス・ハウスの平面図(左)と外観[2](右)

●アメリカ国防総省本庁舎　建物平面が正五角形つまりペンタゴンであることから，建物の名称もアメリカ国防総省の組織自体も「ペンタゴン」と呼ばれている（図5）．

　第2次世界大戦参戦前ではあったが戦時需要に備え，1941年7月17日木曜日に設計を開始し，五日後の月曜日には4万人収容，40万平米，4階，エレベーターなしの変形五角形の基本配置がまとまった．その後，歴史景観上の理由で現在の敷地に変更され，5階，5重の正五角形平面が放射状廊下で結ばれ，多数のエスカレーターと斜路，空調設備と八千台収容の駐車場を備えた設計となった．1941年9月11日に着工，1942年4月に部分使用を開始し，1943年1月に当時世界最大の床面積をもつ建築物として竣工した．工兵隊の支援で通常工期4年が16か

図5　アメリカ国防総省ペンタゴン
（© Google Map）

月に短縮されている．完工後の一時期，中庭の中央にバックミンスター・フラーの正五角形を頂上にもつフラー・ドームが置かれたことがある．着工から60年後の2001年9月11日にテロによる旅客機墜落で甚大な損害を受けた．

●ベルリン・テーゲル空港ターミナルA
1975年，ドイツのゲルカン＆マルグ建築事務所（GMP）によって設計された1辺120 mの巨大正六角形平面の空港（図6）．中心部にある地下駐車場から最短距離で移動する動線計画から生まれた形態となっている．当初の設計コンクール当選案では，鉄道駅をはさんで同じ形状のターミナルが計画されていた．2016年以後は空港機能移転に伴い高度研究地区の中核施設として再生利用されることになっている．

図6　ベルリン・テーゲル空港ターミナルA（© Google Map）

●ケルン／ボン空港　1970年，ポール・シュナイダー・エスレベンが設計．正六角形平面のサテライト・ターミナルが二つある．外周には正三角形が付けられて六芒星となり，先端に搭乗ブリッジが配されている（図7）．

●ポンピドー・センター（メス市分館）
2010年，日本の坂茂が設計．正六角形の平面を，有機的な形態のカゴメ（籠目）木構造で支えられた膜屋根が覆っている（図8）．

図7　ケルン／ボン空港（© Google Map）

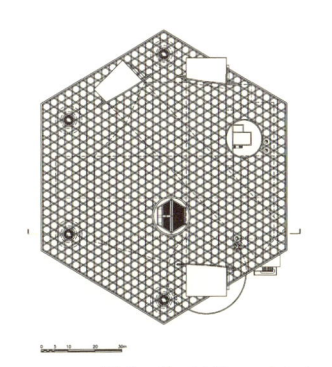

図8　ポンピドー・センター（メス市分館）の平面図(左)と外観[3](右)

●キューブ・ハウス　1984年，オランダのピエト・ブロムが設計．ロッテルダムにある集合住宅で，外観は，立方体を頂点が真上にくるように傾けた基準ユニット39個で構成されている（図9）．この外観からは想像しにくいが，正六角形平面を内包している．つまり，正方形の階段室を幹とした木のようなツリー・ハウス状構造になっていて，下層の居室階は正六角形を見せる．各ユニットが接している箇所には正六角形の階段室があり，上層部には正三角形の平面も現れる正多角形建築である．現在，一部がホテルとして利用されている．

●キモスフィア邸　ロサンゼルスの斜面に降り立った空飛ぶ円盤のような正八角形平面の住宅（図10）．1960年，アメリカのジョン・ラトーナーが設計．20世紀中ごろのいわゆるミッド・センチュリーの名作として名高い．正16角形のコンクリート支柱と八本の支持鋼材，八本の曲線集成材で支えられていて，インテリアも八角形に沿った仕切りが基本となっている．現在は国際美術書出版社タッシェンのゲストハウスになっている．

図9　キューブ・ハウスの平面図(左)と外観(右)

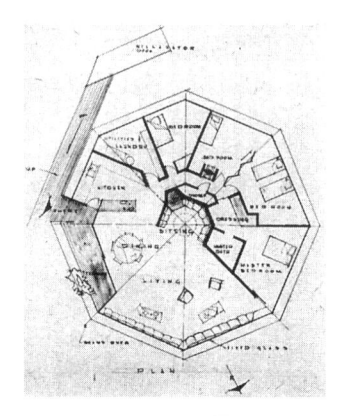

図10　キモスフィア邸の平面図(左)と外観[4](右)

Ⅲ・3 多角形に住む ④　　　　　　　　　　241

●ロータス・テンプル　ニュー・デリーにあって全宗教の信者をうけいれるバハーイー教の礼拝堂（図11）．1986年，ファリボズ・サバが設計．世界有数の観光名所にも数えあげられている．九芒星を象徴とするバハーイー教は，19世紀半ばにイランでバハーウッラーが創始した一神教で，世界八ヶ所に正九角形平面の礼拝堂を建設している．図の場合は，インドの多様な伝統宗教を共通に象徴するハス（ロータス）の花を正九角形で表現するようなシェル構造を見せる．

図11　ロータス・テンプル

●ロトンダ　円形平面の建物を一般にロトンダといい，中には平面回転するものもある．このロトンダには構造体が辺数の多い正多角形になっているものが多い（図12）．回転する建物には好適であり多数の事例がある．たとえばカリフォルニアの保養地パーム・スプリングス近郊には，1963年フロイド・ダンジェロが企画，分譲した，八芒星状平面を基準として外壁が三角錐で構成された回転住宅が残っている（図13）．　　　　　　　　　　　　　　　　　　［宮本好信］

図12　ロトンダの構造体の例[5] 　　図13　フロイド・ダンジェロが分譲した回転住宅[6]

1) http://www.ebsworthpark.org/／2) https://classconnection.s3.amazonaws.com/1416/flashcards/678373/png/presentation-014-008.png／3) http://www.archdaily.com/490141/centre-pompidou-metz-shigeru-ban-architects/／4) http://www.nytimes.com/slideshow/2009/10/09/movies/1009-acoustic_3.html?_r=0／5) http://decojournal.com/solaleya-the-green-rotating-home/／6) http://modernhomesla.blogspot.jp/2012/11/the-dangelo-house-futuristic-desert.html

花

自然界に見る正多角形といえば，万葉の昔から人々が愛したサクラ，タチバナ，カキツバタといった，可憐な花ばなに違いない．ではなぜ花は正多角形を好むのだろうか．

●**5角のキャベツ** しっかりと葉の巻いたキャベツには，しばしば五角に見えるものがある（図1）．根元の方向から見て1番手前の葉①に対し2番目の葉②が約144°の開度で生える，つまり葉の配置が360°の2/5（2/5葉序）ずれるらせんに近いために，このように見えるといわれる．植物ができるかぎり多くの葉や花をつけようとするとき，しばしばこうしたらせんに近い配置となる（図2,3）．

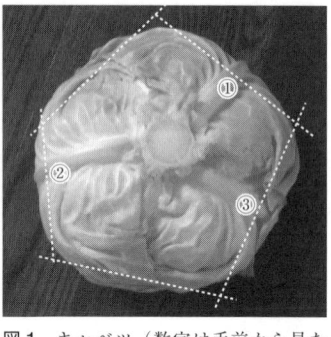

図1 キャベツ（数字は手前から見た葉の番号）

この葉序に多いタイプは1/2, 1/3, 2/5, 3/8, 5/13で，フィボナッチ数列1, 1, 2, 3, 5, 8, 13, …，に登場する数からなることが指摘されている．芽同士が互いに避け合おうとした結果，間隔が最適化されて，葉序がエネルギー最少の状態つまり開度＝フィボナッチ数列の隣り合う数の比＝黄金比となるのだ，とする説もある．

図2 キツネノテブクロ（ジキタリス）：右図のようにラセン状に花をつける

●**花に見る多角形** 咲いた花のかたちを星形多角形に見立てるなら，花は多角形の宝庫である．西山豊は『牧野新日本植物図鑑 改訂増補』（北隆館）に掲載された種子植物門219科について，花びらの数で0, 1, 2, 3, 4, 5, 6, 7枚以上，

図3 ツルバラ：花弁約40枚はフィボナッチ数列に従っているだろうか

III・4 多角形に見る ①

図4 エンレイソウ（外花被片3，雄しべ6，子房3室，花柱3）

図5 チューリップ（花被片6，雄しべ6，柱頭3）

図6 スイセン（花被片6，雄しべ6（右上），下位子房室は3室）

図7 ユリノキ（がく片3，花弁6）

図8 アブラナ（がく片4，花弁4，雄しべは6本のうち4本が長い）

図9 キンモクセイ（花冠4深裂，がく4裂，雄しべ2）

不明，の9種に分けてそれぞれに何科ずつが属するか統計をとった．それによれば，3〜6枚のものが72%でほぼ全体を占めるとされる．

がく片，花弁，雄しべ，雌しべなどがnまたはその倍数からなるものを「n数性」といい，三数性，四数性，五数性という分類が可能である．花びらを6枚もつものは三数性に属する．三数性は単子葉植物の花に多い（図4〜6）．ただし双子葉植物に属するモクレン科は例外的に三数性である（図7）．一方，四数性または五数性は双子葉植物の花に多い（図8〜11）．

四，五数性の境界は，比較的曖昧なようである．キキョウは正五角形の蕾をもち，星形五角形の花を咲かせる典型的な五数性（図10左列）という印象が強いが，四数性で正方形の蕾をもつものもかなりの頻度で見つかる（図10右列）．ガクアジサイは，中心付近に咲く多数の両性花のがく片は5（図11右上）だが，周囲の装飾花のがく片は4である（図11右下）．コスモスは，花びらと呼ばれる8枚の

図12　コスモス：舌状花8と多数の筒状花（管状花とも呼ばれる）とから構成される．5裂の筒状花は星形に開花し，中に黒い雄しべが見えている

図10　キキョウ：多くは花冠が五つに分かれ，雄しべ5（左列）だが，それぞれ4のものも見られる（右列）

図11　ガクアジサイ：中の両性花のがく片は5（拡大右上），周囲の装飾花のがく片は4（拡大右下）

内側に多数の星形五角形の筒状花を咲かせる（図12）．

●**花にはなぜ五弁が多いか**　種子植物門219科の花弁数の科数比はおよそ三数性：四数性：五数性＝1：1：2である．最多の五数性の形成機構について，西山は以下のような仮説を打ち出している．

葉のように花も芽から出発する．花の芽はほんの数個の始原細胞からなる「原基」で，その数個の細胞が分裂を繰り返すことで花弁やしべへと成長し，将来の花の形をなしていく．とすれば「原基」での個々の始原細胞の配置が，花の幾何形状を決めていくであろう．もしも原基が平面状なら，その構成員である始原細胞は，平面を隙間なく埋めつくす6角形からなるコロネン型（図13(a)）となる．しかし現実の花では，花弁やしべは単一方向に向いているのではなく，四方八方に突出して立体的である．これを鑑みれば原基は平面状ではなく，むしろドーム状と考えるのが自然である．ドーム状凸面は，6角形だけでは充填できない．しかし5角形を取り入れることでそれは可能になる．

炭素原子を6角網状に敷き詰めた平面が幾重にも重なり結晶構造となったものがグラファイト（黒鉛）であるが，1985年のアメリカライス大のスモーリー教授らの発見した炭素構造「フラーレン C_{60}」は6角形20枚に，5角形12枚が加わり構成され，これは平面でなく立体のサッカーボール形である．おそらく「原基」のドーム状凸面は，フラーレンの骨格の一部，5角形の周囲を五つの6角形が取り囲んだ「コランニュレン」型（図13(b)）の始原細胞で構成されているのではないか．このコランニュレン型の始原細胞の配置を基本に，6角形を取り囲む5角形の面を起点に細胞分裂を繰り返して花の要素が形成されていくので，五数性の花が形成されるのではないか，というのがこの仮説である．

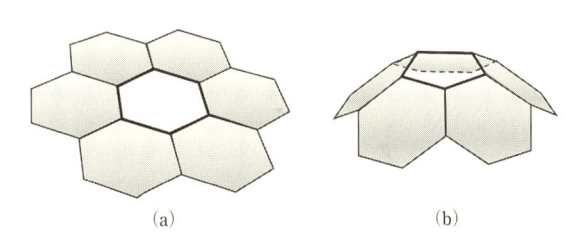

図13　コロネン(a)は平面状だが，コランニュレン(b)は凸面状

●**多角形の力**　以上，花に見られる多角形と，その形成に関わるいくつかの仮説を紹介した．これらは仮説ではあるが，多角形が，植物の発生機構と密接に関与し，場合によってはその機能をも支配していることを，示唆するのかも知れない．

［斎藤幸恵］

西山　豊『自然界にひそむ「5」の謎』ちくまプリマーブックス（1999）／牧野富太郎『原色牧野日本植物図鑑コンパクト版1』北隆館（1985）／マリオ・リヴィオ（斉藤隆央訳）『黄金比はすべてを美しくするか？』ハヤカワ文庫（2012）

草　木

　自然に存在する多角形といえば絢爛豪華に咲き誇る花であるが，それを支える茎幹の多くは円柱になっている．ところが注意深く観察すると，茎幹にも多角形が見えることがある．

●**茎に見る多角形**　田の畦道や道端に生える「カヤツリグサ」という名のイネ科の草がある（図1(a) 左）．この草の茎の断面は，鈍角3角形である（図1(a) 中央）．茎から根元と穂先を切り落とした長い3角柱の両端に，互い違いに120°の角をなすよう切り込みを入れて，軸に沿うよう両端から裂くと，「蚊帳」のようなかたち（図(a) 右）になる．これが「蚊帳吊り草」という名の由来といわれる．一方，赤や青，紫などの花を咲かせ野趣を添える花としてガーデニングに人気の「サルビア」には，手折るとよい香りのするものも多いが，茎の断面も注意深く見てほしい．正方形に近い4角形（図1(b)）をしていることが多い．
　なぜ3角や4角なのか，理由は明らかでない．しかし，カヤツリグサは頂に3枚の包葉が付き，サルビアでは葉や枝が対生で上段の対が下段の対に対して90°をなすように付く．こういったつくりに，茎の断面形状は関連しているのではないかと思われる．

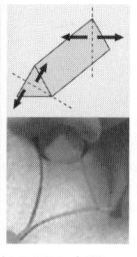

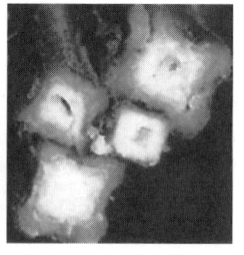

(a) カヤツリグサは茎の断面は鈍角3角形（中央）で，右上図の点線のように茎の両端から切れ込みを入れて矢印方向に割くと，その下の蚊帳のようなかたちになる．

(b) ベニバナサルビアの茎の断面は正方形状

図1　茎に見る多角形

●**幹に見る多角形**　木の細胞は「形成層」で生まれ木部に蓄えられられて，幹は年ごとに太る．形成層は樹皮と木質部の隙間にある，数層のごく薄い細胞帯である．規則正しく「接線面分裂」を繰り返すので，娘細胞は分裂した順に一列に並んで中心方向へ送られていく．形成層活動は冬にいったん停止し，春になると一斉に開始される（ちなみにこの形成層活動のリズムが細胞壁厚・径に反映されて，年輪構造をなす）．木の切り株断面を拡大すると，4, 5, 6角形の細長ストロー状

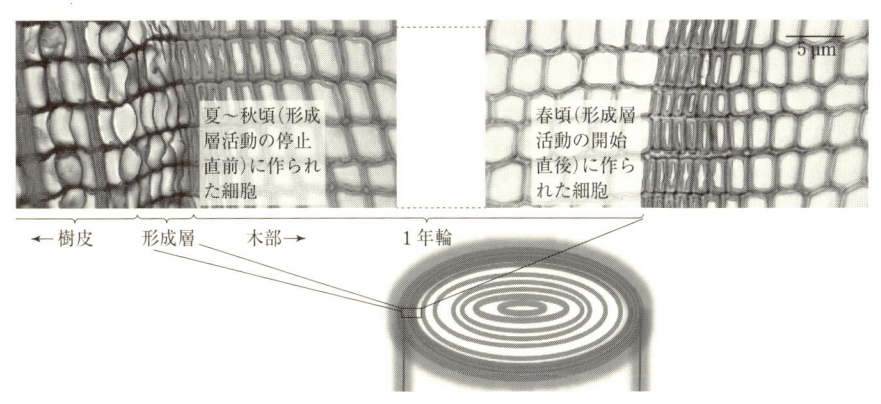

図2 樹木幹の光学顕微鏡像と横断面模式図(写真:ヒノキ横断面,山本篤志氏撮影)

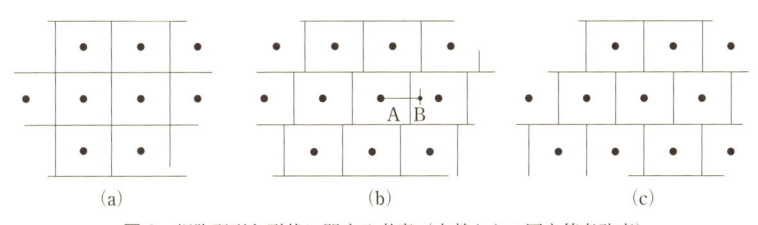

図3 細胞配列と形状に関する考察(文献からの図を筆者改変)

(アスペクト比つまり長さ方向と幅方向の寸法比が100オーダー)の細胞で埋めつくされているのが見える(図2).

この細胞形状に関して,緑川・藤田の画像処理を用いた詳細な解析があるので以下に紹介する.

形成層で分裂直後にできた娘細胞らは方眼状に配置するので4角形状になる傾向が強いであろう(図3(a)).その後,拡大・固定するまでの間に,時を経て配列にずれが生じて交互配置に移行することで,6角形に近づくと考えられる.その結果,同径の細長い細胞が隙間なしに束ねられると六方格子となる.各細胞の断面形が正六角形だと最少の周囲長をもって最も安定するからである.しかし実際には細胞相互の接線壁が剥がれにくく,六角化を妨げたり,B/A(図3(b))が小さいため非対称となったりする.こうした事情により4,5,6角が入り混じったパターンが形成されると考えられる.

生育環境なども大きな変動要因となるのでさらなるデータ集積が必要だが,将来,画像処理を用いてこの例のような細胞形状の特徴から瞬時に樹種識別することが可能となるかもしれない. [斎藤幸恵]

📖 緑川葉子,藤田 稔,木材学会誌 **51**, 218 (2005)

生 物

　生物は細胞でできているから，生物に見る多角形としては細胞の多角形がまず思い浮かぶ．しかし生物の多角形は細胞ばかりではない．細胞より小さなタンパク質などの巨大分子も集まって多角形をつくる．細胞の集まりも多角形を作るし，生物個体が物を細工して多角形を作ることもある．また個体の集団も多角形になり，さらには動きまわる生物の社会も多角形を作る．ここではこうした生物の極微の世界から大きなスケールの世界までを概観する．

●巨大分子が作る多角形　細胞は細胞膜にかこまれた袋であるが，外から物質を取り込むときには図1(a) に示すように，細胞膜は小さな凹みをつくり，その凹みが深くなりついには小胞とよばれる袋になる．このとき細胞膜に裏打ち構造ができる．この裏打ち構造はクラスリンとよばれる巨大タンパク質でできた籠である．クラスリンは図1(b) に示すような3本の突起でできており，これが絡まって6角形や5角形の多角形でできた籠になる（図1(c)）．

　また，ウイルスは生物の一員であるが自分だけでは増殖できない．自分を作るための設計図であるゲノムをもっていて，細胞を乗っ取って細胞の中で，細胞の資材や装置を使って自分と同じウイルスをたくさん作る．そのうちの球状ウイルスは多面体の殻がゲノムを包み込んでいる．その一つ，ポリオウイルスは殻が正十二面体の対称性をもっている（図2(a)）．正十二面体は12個の正五角形をもつが，一つの正五角形は五つの3角形からなっている（図2(b)）．各3角形は3種類のタンパク質サブユニットからなっており，正五角形の3×5個のサブユニットは平面から盛り上がっている．

　一方，細胞が多角形の辺になっているものもある．たとえば，顕微鏡で水たまりの藻類を見ると，細胞が集まって網目や多角形を作っているものがある．アミミドロは遊走子と呼ばれる球形細胞だったのが，球が細長くなり両端にそれぞれ接着点ができて，周辺の細長くなっ

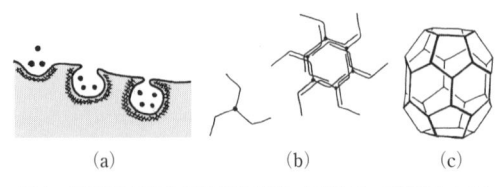

図1　細胞膜の凹みの裏打ち構造（文献1）の図6.8より）

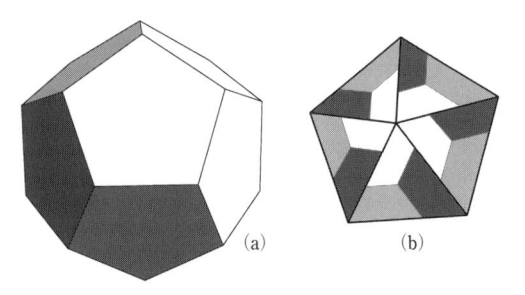

図2　ポリオウイルスがもつ正十二面体対称性

図3 (a) アミミドロ（文献[2] の幡野恭子 1323 図 3 e, f, g より）と (b) ビワクンショウモ（文献[4] より）

た細胞とつながり，6角形や5角形などの網目を作る（図3(a)）．網目全体は立体的な袋になっていて，すくいあげると泥のようである．アミミドロの名前はこれに由来するのだろう．また，ビワクンショウモは遊走子である球形細胞の16個とか32個，64個の集まりが平面に並んで，勲章のようなかたちになる．形成にあたっては，球形の細胞がそれぞれ2点の接点をもって数珠状の列を作り，列は何重かの同心円になる．そのあと細胞に第三の接点ができて網目を作るが（図3(b)），外周の細胞では第三がツノになり，全体として勲章のようなかたちになる．いずれも親細胞がふくらんでできた袋の中で遊走子が混み合いながら形成されている．

多細胞動物が示す多角形パターンについては，多細胞動物体の表面は細胞が集まってできた袋で包まれ[1,3]，その袋は上皮細胞とよばれる細胞が平らに敷き詰まったシートからできている．わかりやすい例としてウニやヒトデの胞胚を図4(b)に示した．ここではシートが球面を形成している．このシートが仕切りになり体の内からの漏れがないよう，外から余計な物が入り込まないようになっている．シートの表面をみると多角形が敷き詰まっている．シートは細胞1個の厚みであることが多く，そのとき個々の細胞は多角柱になる．このシートの形成は，球細胞の1層の敷き詰めからはじまる（図4(a)）．球の敷き詰めがやがて多角形の敷き詰めになり，この多角形細胞同士がきっちりと接着した境界を作ったあと境界が収縮してシート面が張りつめる．これを上皮シートといい体中の器官の表面になっている．

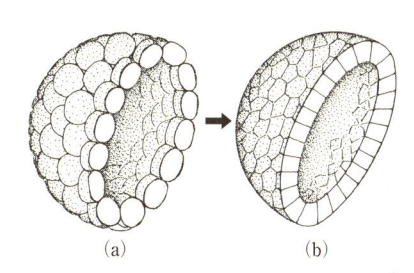

図4 棘皮動物ヒトデの胞胚形成（文献[1]の図 1.1 c, d より）

●組織・器官が作る多角形　組織・器官が作る多角形の一つにウシの胃がある．ウシなど草を食べる反芻動物の胃は一つではない．直列につながっている胃の第二番目は特殊な内壁をもち，内壁のヒダは図5にみるように多角形のドメインを形成している．食べた草のセルロースを分解する微生物やバクテリアが棲み込ん

で共生しているのだが，これらはこのドメインにいるのだろう．料理の食材であるハチノスはこの胃のことである．

こうした動物の体の中にある多角形パターンである毛細血管網は器官であって，網目の一つ一つは多角形になっている．この網目の形成のはじまりは，将来血管になる細胞（血管内皮細胞）が増殖してできた細胞塊である．塊の中に細胞の分泌液や赤血球などの浮遊細胞が溜まる．これが血液であり赤血球があるため赤い．塊は血液のはいった袋，血島となる．血島は突起を伸ばして隣の血島とつながり，これが次々と起こりついには網目，毛細血管網ができる（図6(a)）．この後，心臓のポンプが働きだして毛細血管網に血液が流れ始める．よく流れる毛細血管は発達し流れの悪い毛細血管は廃れ，血管網が分岐パターンにかわって血管分岐系ができる（図6(b)）．

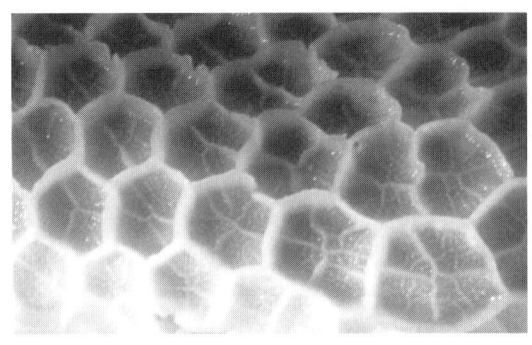

図5 草食動物の第二胃の内壁のヒダ（食料市場・アテネにて）

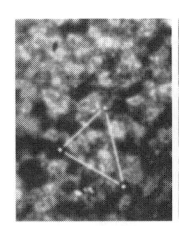

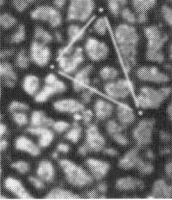

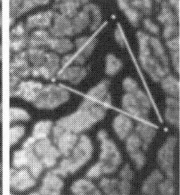

(a) 孵卵後49時間　(b) 孵卵後64時間　(c) 孵卵後72時間
図6 ウズラ卵黄上での血管系の形成（文献[5] Fig.2 より）

もともと生物体が成長するのには二つの方式がある．柔らかい体で相似的に大きくなるものと，貝殻のように，いまある物に次々付加して大きくなるものである．カメの甲羅は，成長は相似的なのに成長方法は付加方式をとるという一見困難なことを行っている．甲羅は細胞が分泌したケラチン質でできていて硬い．それにもかかわらず甲羅が均等に大きくなるのは，甲羅が多角形のドメインで組み立てられていて，ドメインの隙間に新しいケラチンなどが付加するからである．このように全体を小分けした部分部分が付加成長し全体としては相似的に大きくなる．甲羅の多角形には，（図7(a)）に示すように，成長の跡である縞が年輪のようにできている．

生物が見せる多角形パターンとして，シマウマやトラ，ヒョウなどの哺乳類の毛皮模様がよく知られているが，それとともにキリンの割れ目模様が古くから注目されている．毛皮模様は胎児のごく小さなときに決定され，その後，体の伸長とともに拡大する．パターンを描く色は皮膚の色ではなくそこから生えている毛の色である．キリンの割れ目模様（図7(b)）は田んぼなどの泥が乾燥したとき

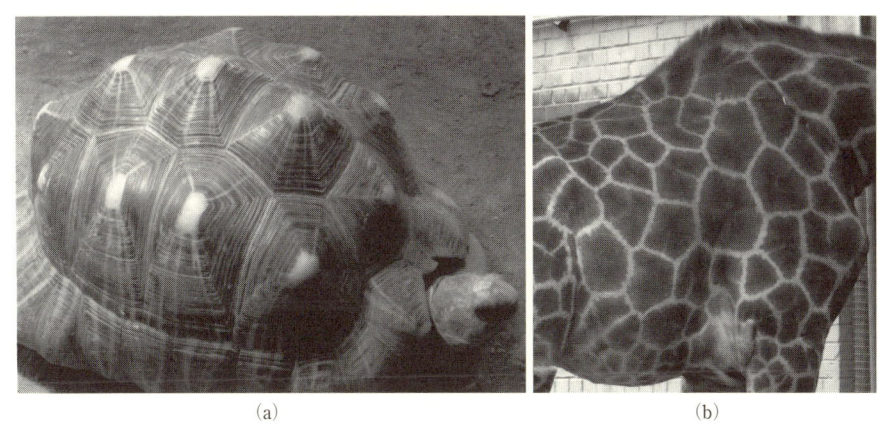

図7 (a) リクガメ科のカメの甲羅(札幌・円山動物園にて).(b) キリンの割れ目模様(中国・北京動物園にて)

の割れ目模様と似ているから,物理化学的な原理でできるパターン形成と似た機構があると考えられている.

植物では樹皮表面の割れ目が多角形模様を見せる.樹木は先に述べた付加方式で生長する.つまり樹木の幹の直径は,樹皮のすぐ内部にある形成層が生長して大きくなる.樹皮は硬く死んだ組織でもはや成長しないから,中身が拡大すると表面にひび割れが起こる.つまり柱状の幹が太るときには幹

図8 トックリランの樹皮(東京・新宿御苑大温室にて)

の軸に平行な縦方向の割れ目が生じる.しかしもし球状に拡大したら球の表面に多角形の割れ目を生じるはずである.トックリランの表面では二つのタイプの割れ目が一目で見られる(図8).上部の柱状表面の割れ目は縦方向だが,下部の球表面の割れ目は多角形になっている.

●**個体が作る多角形**　生物自体のかたちではないが生物が体外の物を細工して構造物を作り,それが多角形であるものがある.一般にはクモの巣とよばれるクモの網がそうである.円網とよばれる網の例を図9に示す.中央付近では,正確に言えばらせん状だが,17角形を形作っている.張力が背景にある多角形パターンである.縦糸(径方向の糸)と横糸(接線方向の糸)は十文字にクロスして多角形をつくる.昆虫などの獲物を捕るのは粘着性がある横糸であり,縦糸はその

図9 クモの網（奈良市春日山原始林にて）

図10 キクメイシ科サンゴの骨格（沖縄県恩納村茶谷海岸にて）

支えになる．
　海の中の多細胞生物であるサンゴも多角形を見せる．サンゴの1個体は口が一つだけ開いた構造になっている．この構造が集まって群体となり1層に並んでいる．サンゴ礁を作るサンゴでは群体の下部で分泌による石灰質の石が沈着し，石の厚みが増して群体は全体的に盛り上がる．キクメイシ科のサンゴでは1個体のそれぞれの底の石に凹みがあり，これが多角形である（図10）．珊瑚礁近くの海岸に転がっているサンゴの石ころはこの生物の死骸である．
　ハチの巣に見る多角形はミツバチやアシナガバチ，スズメバチでよく知られている．ミツバチの巣作りではハチは蜜ろうを分泌して次々に付着するのだが，このとき自分のからだを入れる空間を確保しながらこれを行うから，自分が入り込める穴を作っていることになる．不思議なことに穴は6角柱が並ぶようになる（図11）．この点を解明すべく造巣の詳しい観察がなされている[6,7]．この穴の底は向こう側の穴の底と接し，ここには多面体構造が見られる．図11のそれぞれの6角形の中央部にそれが見えている．見えているのは同じ菱形ばかり12枚でできる菱形十二面体の三つの面やその切頂型のようだ．
　カモメやサカナの縄張りも多角形である．群れをなすトリが海岸の平地に混み合って巣をつくるとき，巣を持つ隣りあったトリ同士は縄張りを主張し合う．隣りあった巣のほぼ中間が縄張りの境界である．巣が平地に密集するとき一つの巣のまわりに数個の巣が境界を持ちながら集まるから縄張りは多角形になる．この縄張りがカモメの一種で実際に観察されている[8]．縄張りの境界は二つの巣の中間，2点を結ぶ線分の垂直二等分線と考えるのが妥当で，これはボロノイ多角形として知られているパターンに対応し詳しく解析されている．ボロノイ多角形はこの他にもいろいろなところで見られる．多細胞生物の球状の細胞が詰まって多角形になるときもボロノイ多角形を見せる[1,3]．

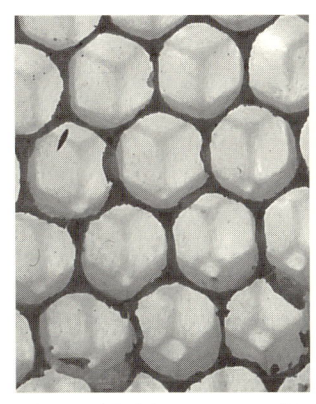

図11 形成途中のミツバチの巣（関西学院大学大崎浩一研究室提供）

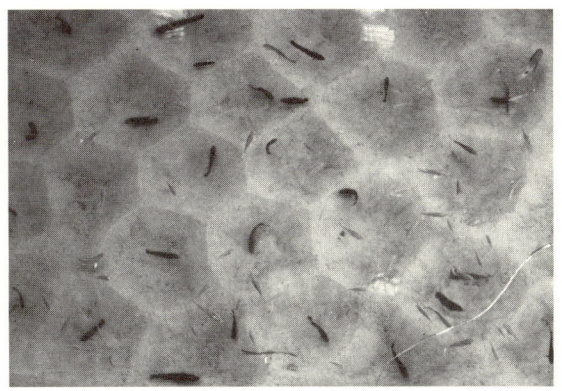

図12 口内保育魚（*Tilapia mossambica*）が砂地に作った縄張り（文献[9]のPlate XIV より）

　より明確な縄張りの多角形が水底のサカナ（口内保育魚）で見られる．サカナは自分の巣を作るのに砂を巻きあげ凹みを掘るが，そのとき隣の凹みとの境に土手ができる．この土手は明瞭な多角形パターンを構成する（図12）．

●**生物に見る多角形まとめ**　以上のように，生物の世界ではいろいろなところで多角形が見られるが，構成している素材が多角形の辺であったり，素材そのものが多角形であったり，さらには素材そのものでなく素材と素材の隙間が多角形の辺であったりする． ［本多久夫］

1) 本多久夫『シートからの身体づくり』中公新書（1991）／2) 形の科学会編集『形の科学百科事典』朝倉書店（2004）／3) 本多久夫『形の生物学』NHK ブックス（2010）／4) Honda, *J. Theor. Biol.*, **42**: 461-481（1973）／5) Honda & Yoshizato, *Develop. Growth and Differ.*, **39**: 581-589（1997）／6) 上道賢太ら，兵庫生物，**14**: 185-189（2012）／7) 平坂優衣ら，兵庫生物，**14**: 313-320（2014）／8) Tanemura & Hasegawa, *J. Theor. Biol.*, **82**: 477-496（1980）／9) G. W. Barlow, *Animal Behaviour*, **22**: 876-878（1974）

【コラム】　ウイルスに見る正多角形

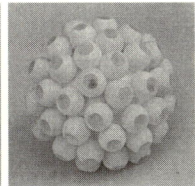

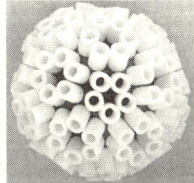

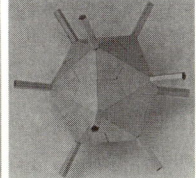

各所に正五角形や正六角形が現れている　　　（模型制作：宮崎興二）

海洋生物

海中のを泳いで暮らす魚類を主体とする生き物たち（ネクトン）の流線型で柔軟な体には正多角形はおろか歪んだ多角形も見つけにくい．ハコフグの体などは角張っているが断面は緩い台形である．しかし，海底にべったりくっついて生活する生物（ベントス）の中には神様が創った正多角形を見つけることができる．

●**ヒトデ：整った星形**　ゴカクヒトデは海底に敷いたオレンジ色のコースターのようである（図1(a)）．ヒトデ類はウニ・ナマコ類とともに棘皮動物門の一員で，この棘皮動物の基本体制が五放射対称であることはヒトデ類が海星（Sea-star）といわれるように星形なのを見れば明らかであろう（図1(b)）．

一般の生き物と違って，ヒトデやウニには背側，腹側，それに体の前・後がなく，海底に接する下面と海面に向かう上面とがある．その下面の中心に口があり，上面の中央に肛門があるので，それぞれ「口側」と「反口側」と呼ぶ．星形に出ている腕の口側には溝がありここにヒトデの運動器官である管足が並んでいて，この管足を使って方向自在に歩く．

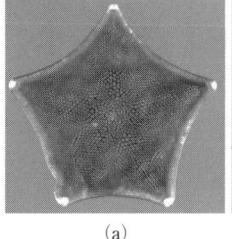

図1　(a) ゴカクヒトデ（*Ceramaster japonicus*）（木暮陽一撮影），(b) ハダカモミジ（*Dipsacaster pretiosus*）（筆者撮影）

●**ウニ：多角形小骨板のモザイク**　殻全体がほぼ丸いのでわかりにくいが，ウニも5放射対称で，管足を出す孔が子午線上に「歩帯」という5条の帯となって並んでいる．ウニにはヒトデのようなはっきりした正多角形を見せる仲間はいない．しかし堅い殻は多数の多角形の小骨板の精巧なモザイクになっている．その中に正多角形のものは滅多にないが，ウニの仲間のタコノマクラの歩帯の一部の小骨板にほぼ正五角形や正六角形のものが見られる．それにタコノマクラの反口側のてっぺんにある5枚の生殖多孔板が融合してほぼ正五角形を形作っていて，頂角にあたるところには小孔が開口している（図2）．このようなこまごました特徴は生きてトゲの生えている時期にはいささか見つけにくい．

図2　タコノマクラ（*Clypeaster japonicus*）：反口側にある5個の生殖多孔板を結ぶと正五角形になる（重井，1986に矢印を加筆）

●**ウミユリとナマコ：太古からの正五角形**　古生代から生き永らえて化石にもよく見られるウミユリ類は，ちょっと見ると植物のようであるがじつは原始的な棘

皮動物で，やはり5放射対称の体をしている．内臓の入っている本体は「萼（がく）」と呼ばれ，上から見ると多くの種類では正五角形になっている（図3）．

トリノアシに代表されるゴカクウミユリ科に含まれる種はもっと顕著で，科の名前のとおり草の茎のように見える柄の断面は正五角形である（図4）．

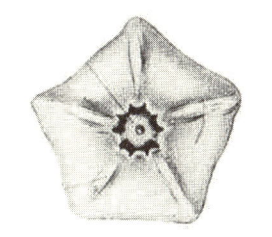

図3　ウミシダ類の1種の萼（Clarke, 1931）

同じ棘皮動物でも，ナマコは軟らかい体をしていて，その構造と姿勢は，硬い外骨格に包まれているヒトデやウニなどとは大いに異なる．口はまともに体の前端にあり，肛門は後端ある．軟らかい皮膚の中には，顕微鏡で見ないとわからないような骨片が多数含まれているが，それらは花紋形だったり，車形，C字形，錨形（いかり），櫓状（やぐら）だったりして多角形のものは見あたらない．

図4　トリノアシ(*Metacrinus rotundus*)：柄の断面は正五角形（大路，1991）

●イカとタコ：電子顕微鏡で吸盤を見る　体の軟らかいイカやタコについては，肉眼で見る限り多角形は見つからない．

イカの吸盤は，あたかもワイングラスのように杯状の吸盤に柄が付いたかたちをしている．杯の内側には角質でトゲの生えた環がはまっていて，これで獲物を逃さないようにしがみつく．コウイカ類やダンゴイカ類の吸盤角質環の外側を電子顕微鏡で見ると，あたかも多角形のブロックを敷きつめたような外環域がある．種によってこのブロックのかたちと配列はさまざまでおおむね歪んだ多角形をしているが，中にはほぼ正多角形のものも見つかる（図5）．これがイカの体にある唯一の正多角形であろう．

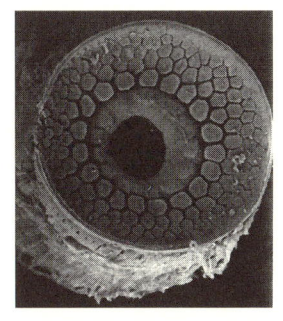

図5　ボウズイカの一種(*Roossia* sp.)の吸盤：角質環の外環域は多数のブロックからなるが，中には正多角形のものもある（Reid, 1991）

タコの吸盤には柄も角質環もない．吸盤には放射状と同心円状に走る筋肉がありこれで餌にぺたりとくっつく．放射状筋を電子顕微鏡で見るとさらに微小な吸盤が並んでいるから驚く．

●クラゲ，イソギンチャク，サンゴ：無理に多角形を捜す　海の生き物の体は一般に水分に富み柔軟であるのに，動物学の教科書には模式的に正多角形に描かれた図がある．といっても生きている姿は軟らかく幾何学的多角形からは程遠い．たとえば刺胞動物のアンドンクラゲなど箱虫類（立方クラゲ）の傘の断面は名前

のとおり模式的には四角いが実際の四隅は丸くて，とても多角形とはいいがたい．
　イソギンチャク（花虫類）はクラゲと同じ刺胞動物であるが，こちらはクラゲのように海中を漂うことなく，岩などにしっかりくっついている．円盤状の「口盤」の周囲には多数の触手が花のように生えていて放射対称といえるが，触手の数は基本的には6の倍数となっている．
　深海に棲むアカサンゴやモモイロサンゴのような，いわゆる"宝石サンゴ"の仲間はイソギンチャク類とはグループ（亜綱）を異にし，個虫の触手は8本の星形をしている．一つ一つの触手には刷毛のように触毛が生えているところもイソギンチャク類とは異なるところである．

●プランクトン：ミクロの正多角形　図鑑を見ると微細な"原生生物"の中に放散虫類や太陽虫類などが星形のように描かれているが，実際には立体的なものなので多角形とはいいがたい．
　しかし浮遊性（プランクトン）の珪藻類の珪酸質の殻には幾何学的な正多角形がある．特にトリケラチウム属のトリケラチウム・ファヴスは1辺の長さがおよそ85〜100 μm（1 μmは千分の1 mm）の正三角形で，トリケラチウム・レヴァレは1辺が140〜180 μmの正四角形である（図6）．
　同じく黄金色藻類（有色鞭毛藻類）のディステファヌス属は同様に珪酸質の多角形の枠のような框状構造で囲まれている．中でもディステファヌス・スペキュルムは径20 μmくらいの正六角形であるが，その変種オクトナリウムは正八角形で各頂角から鋭いトゲが出ている（図7）．
　1980年のネイチャー誌にはシナイ半島の塩湖から正方形の浮遊性のバクテリアが発見されたという記事があるから，正多角形の海産生物は肉眼的なサイズのものよりミクロの世界のサイズのものを優先的に好むのかもしれない．

[奥谷喬司]

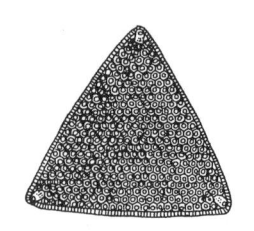

(a) トリケラチウム・ファヴス
（*Triceratium favus*）

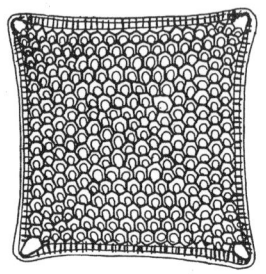

(b) トリケラチウム・レヴァレ
（*T. revale*）

図6　正多角形の珪藻（山路，1966）

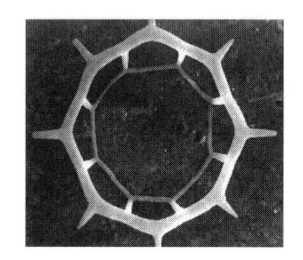

図7　正星形の黄金色藻：ディステファヌス・スペキュルムの変種オクトナリウム（*Distephanus speculum var. octonarium*）（鳥海 in 千原・村野，1997）

【コラム】 ヘッケルの海洋微生物図

生物学者エルンスト・H・ヘッケル（1834-1919）が哲学的審美眼を使って描写した正多角形を見せる放散虫などの海洋微生物（プランクトン）．("Kunstformen der Natur"（1904）より抜粋（構成：宮崎興二）

有機化合物

有機化学は炭素を中心とした化合物を取り扱う研究分野だ．炭素はお互いに強くつながり合い多彩な化合物を作りうる．このため炭素を含む化合物（有機化合物）の数は，他の元素からなる化合物（無機化合物）をすべて合わせたものをはるかに上回る．

こうした有機化学分野のアイコンといえば，やはりベンゼン環のかたち，いわゆる「亀の甲」ということになるだろう．炭素原子と水素原子が六つずつ，完全な正六角形に配列したその姿は，分子の作り出す美の象徴ともいえる（化学の用語では，このような6個の原子からなる環を「六員環」と称する）．

ここでは，まず，このベンゼン環に基づいて有機化合物を図形的に見るテクニックを説明し，そのあと有機化合物に現れるいろいろな正多角形を見ていく．

●**かたちで見るベンゼン環**　ベンゼン環の構造は，正しくは炭素を表す「C」と水素を表す「H」を使って図1の左のように示されるが，煩雑さを避けるために炭素のCを省いて図1の右のように線のみで表すことが多い．炭素は結合の腕を4本もつので，一つの頂点から線が3本以下しか描かれていない場合，そこには足りない線の数の水素が省略されている．のちに述べる有機化合物の構造もこの方式に従って表記する．

六員環であるこのベンゼンが正六角形であることについては，少し解説が必要だ．

炭素と炭素の結合には，図2のように単結合，二重結合，三重結合の3種類があり，図ではそれぞれ1〜3本線で描き表される．これらはそれぞれ結合距離が異なる．条件によっても変動するが，単結合は約154 pm（ピコメートル），二重結合は約133 pm，三重結合は約120 pm程度だ（1 pmは1兆分の1 m：10^{-12} m）．また，標準的な結合角もそれぞれ異なる．単結合している炭素は，正四面体型の配置をとり，結合角は約109.5°が最も安定となる．二重結合では結合角が120°の平面配置，三重結合では180°（一直線）の配置が最安定だ．そのうち単結合は，C–Cの軸を中心にくるくると回転しうる．このため，単結合のみでできた環はペコペコと変形してしまい，三員環以外は基本的に平面に収まらない．しかし二重結合は回転できないため，これを含む環は大きく動きを制限される．

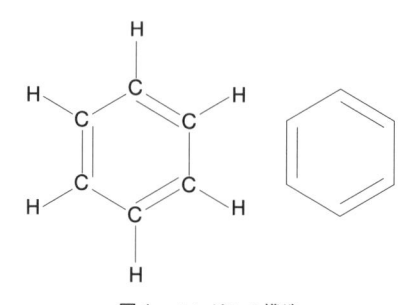

図1　ベンゼンの構造

(a) 単結合　　　　　　(b) 二重結合　　　　　　(c) 三重結合

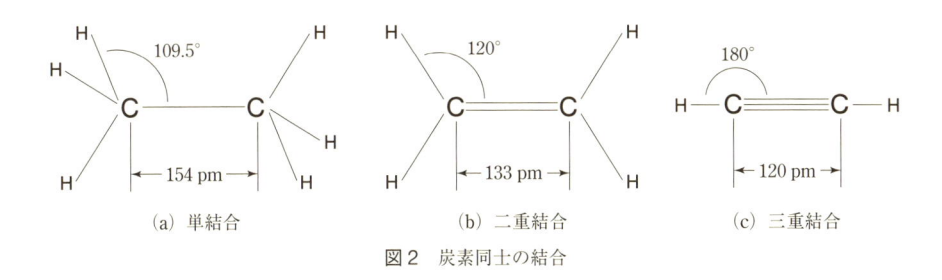

図2　炭素同士の結合

　ベンゼンは，単結合と二重結合が交互に並んで六員環をなしているから，変形はできず平面を保つ．また，二重結合の結合角は120°だから，正六角形の内角と一致する．ところが，単結合と二重結合では結合長が違うから，正六角形にはならないのではないかと思うところだ．実は，ベンゼンにおいては特殊な事態が起きている．ベンゼンの炭素同士をつなぐ6本の結合では，単結合と二重結合が互いに入り混じり，いわば1.5重結合というべきものになっているのだ．これによって分子全体に均等に電子が行きわたり，安定化される．ベンゼンの炭素−炭素の結合は，すべて単結合と二重結合の中間の長さ（約139 pm）となっており，間違いなく正六角形構造といえるのだ．

　以上のことから，ベンゼンの構造は伝統的に図3(a) のように描かれるが，実際にはこれは正しいとはいえない．(b) のように，点線で1.5重結合6本を表現するのが，実情に近いといえる．また六つの電子が全体に行きわたっていることを示すため，(c) のように正六角形の中に丸を描く形で表記することもある．

　こうしたベンゼンのような化合物群は，「芳香族」と称される．この芳香族性というものの存在が，有機化学をぐっと奥深く，複雑なものにしている．「亀の甲」が有機化学の象徴とされているのは，こうした理由のためでもある．

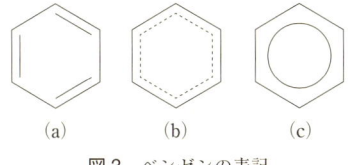

図3　ベンゼンの表記

●**正三角形の分子**　炭素原子が作り出す多角形は，ベンゼン環のような正六角形ばかりではない．たとえばシクロプロパンは，三つの炭素が正三角形を成して集まる分子で，周辺に六つの水素原子が結合している（図4）．物質としてのシクロプロパンは，無色で沸点−33℃の気体として存在する．麻酔作用があるため，吸入麻酔薬として用いられたこともあったが，引火性・爆発性があるので近年では使用されなくなっている．

　天然に存在する化合物にも，この三員環を含むものがあ

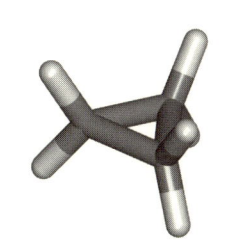

図4　シクロプロパン
（灰色が炭素，白は水素原子）

図5 菊酸

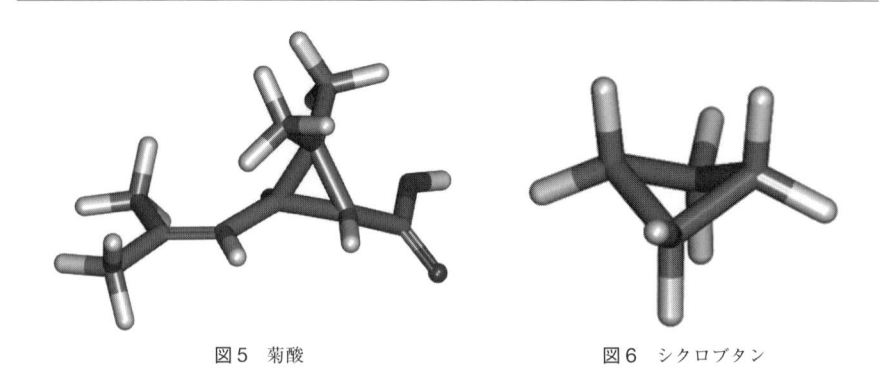

図6 シクロブタン

る．たとえば殺虫剤の成分である「菊酸」は，三員環を部分構造として含む（図5）．蚊取り線香を焚くと，この化合物を含んだ成分が空気中に舞い上がり蚊を退治してくれる．

　四員環以上の場合では，単純に四角形以上の正多角形となるのではなく，三角形が連結したようなかたちをみせることがある．分子にはさまざまな力がはたらき，そのバランスの上でもっとも安定なかたちへ落ち着くためだ．たとえば四員環のシクロブタンは平面の正方形にはならず，横から見るとやや「く」の字型に折れ曲がった構造をとる（図6）．

●**正方形の分子**　単結合と二重結合が交互に並んだ四員環は，ベンゼン同様，正方形の芳香族分子になるのだろうか．実は「ならない」というのが正解だ．四員環に二つ二重結合を含む分子（シクロブタジエン）は，きわめて不安定であり，合成してもすぐさま壊れて他の分子に変化してしまう（図7）．

　これは，四員環は芳香族として安定化されず，逆に「反芳香族」として不安定化されてしまうためだ．環を作る原子（正確には，原子が提供する電子の数）が

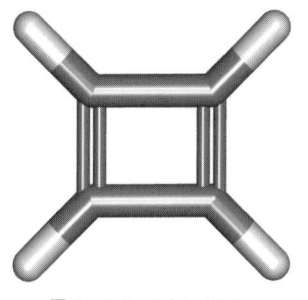

図7 シクロブタジエン

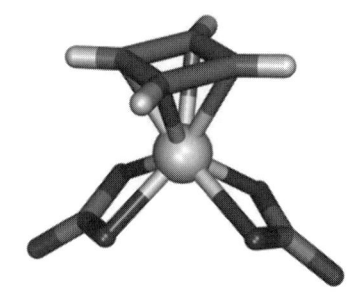

図8 シクロブタジエン（上の正方形）と金属（中央の球）が結合した「錯体」の例

$4n+2$ 個（n は整数）だと芳香族として安定化されるが，$4n$ 個だと逆に反芳香族として不安定化されてしまうのだ．その後，さまざまな工夫によってシクロブタジエンの合成は達成されているが，解析の結果，分子は正方形でなく長方形であることがわかっている．

では炭素が四つで正方形を作る分子は存在しないのかというと，そんなこともない．シクロブタジエンに金属元素が結合すると，安定な正方形分子になる．これは，金属元素からシクロブタジエン環に電子が二つ流れ込み，ベンゼンと同じ6電子となって芳香族性を示すためだ．この場合，4本の結合はすべて等価となり，四員環は正方形となる（図8）．

また先ほど，単結合のみでできた四員環は「く」の字型に折れ曲がって，平面の多角形にならないと書いた．しかし，分子構造を工夫して，変形できないようにがっちりと固めてしまうと，単結合のみの四員環も正方形になる．図9に示す，テトラアステランやペリスチランはその例だ．

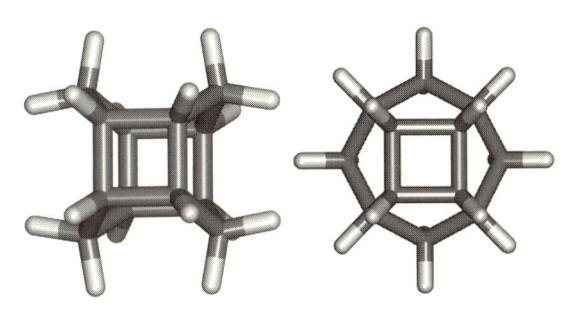

図9　テトラアステラン(左) とペリスチラン(右)

●正五角形の分子　先ほど述べたとおり，単結合の炭素の結合角は，約109.5°が最も安定になる．正五角形の内角は108°であってこれに近いから，すべて単結合からなる五員環は大変安定だ．自然界や医薬品などの化合物中にも，五員環は六員環の次に多く見られる．

ただし，最も単純な五員環であるシクロペンタンは，正五角形にはならない（図10）．原子同士のぶつかり合いを避けるため，やや折れ曲がった構造が最も安定になるためだ．

ただしこれも，構造をしっかり固めてしまえば正五角形になりうる．図11に

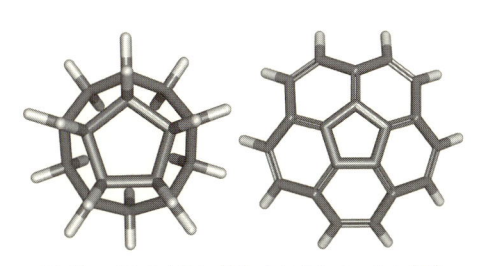

図10　シクロペンタン　　図11　ペリスチラン(左) とコランニュレン(右)

図12 ヘテロ環の例（フラン、ピロール、チオフェン）

図13 アミノ酸の一種ヒスチジン（a）と、DNA の構成単位の一つデオキシアデノシン（b）

図14 シクロペンタジエニルアニオン

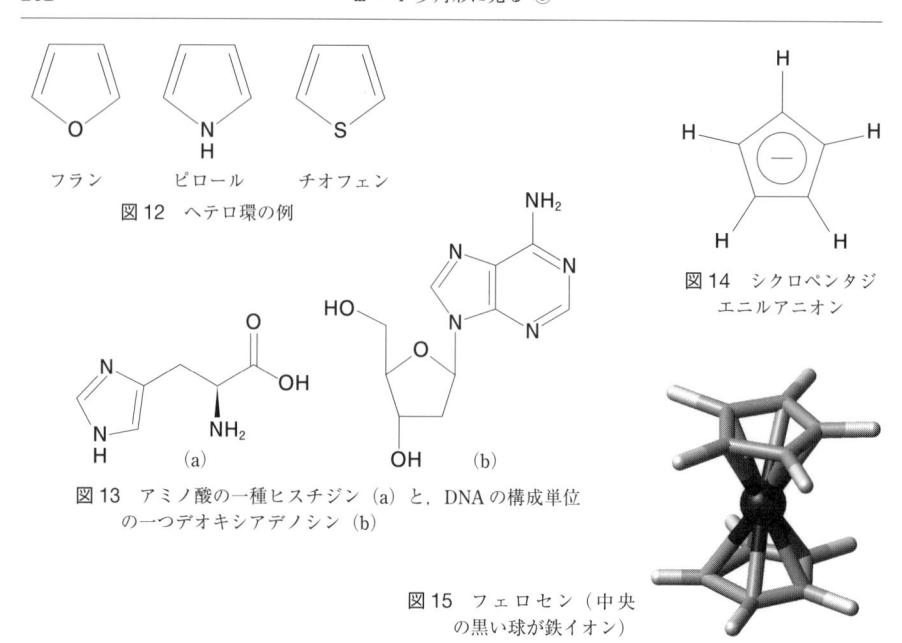

図15 フェロセン（中央の黒い球が鉄イオン）

示すペリスチランや，コランニュレンと呼ばれる化合物がそれにあたる．これらはそれぞれ，多面体化合物としてよく知られるドデカヘドランやフラーレンの一部を切り出したかたちにあたる．

芳香族性をもった五員環というものもある．窒素や酸素，硫黄などの元素をどれか一つと，炭素四つからなる図12のような環は，芳香族性をもつのだ．これらは平面となるので，5角形分子の一種に数えられる．ただし結合の長さや結合角はそれぞれ異なるため，正五角形とはならない．

こうした，炭素以外の元素（ヘテロ元素という）を含んだ環を「ヘテロ環」と呼ぶ．生命を支える重要物質であるアミノ酸にも，これらのアミノ酸を含むものがある（図13）．また DNA や RNA の構成単位である核酸塩基は，4種のヘテロ環の組合せだ．数十億年にわたって生命の遺伝情報を伝えてきたのは，これら5角形・6角形の分子たちであるわけだ．また医薬品にも，各種ヘテロ環を含むものは多い．

炭素のみからなる正五角形の芳香環もあり，シクロペンタジエニルアニオンというものが，それに相当する（図14）．名前はややこしいが，要するに炭素と水素が五つずつで正五角形を作り，全体としてマイナス1価の電荷を帯びたものだ．

このシクロペンタジエニルアニオンが，鉄イオンをサンドイッチする形で結びついた分子がフェロセンだ（図15）．ちょうど「つづみ」に似た構造をもつ．1951年にこの化合物が報告される以前には，こうした構造はまったく知られて

いなかったため，フェロセンの発見は大きな衝撃をもって迎えられた．炭素と金属が直接結びついた化合物を扱う「有機金属化学」は，これをきっかけに大発展することとなる．

やはり正五角形を含んだフラーレンの発見は，新たな炭素材料の時代をもたらした．5回回転対称を基礎とする「準結晶」は，結晶とガラス（非晶質）に続く「第三の固体」として，多くの学問分野に衝撃を与えている．正五角形というかたちは，ときに物質科学に大きな変革を与える存在として登場してくるようだ．

●正六角形の分子　冒頭でも述べたとおり，ベンゼン分子の正六角形は有機化学の基本というべき存在であり，人工・天然を問わず多くの化合物が，このベンゼン単位を含む．また，ベンゼンをいくつもつないだ分子も存在している．たとえばベンゼンを二つ辺でつないだかたちの分子がナフタレンであり，防虫剤として身近でも使われる．

この要領で多数のベンゼン環がつながり合い，全体として正六角形構造をとる分子も多数存在する．たとえばベンゼン環が七つ集まった化合物は，その形が太陽のコロナを連想させるため，「コロネン」の名が付けられている（図16）．

コロネンは，石油やコールタールの成分として見つかるほか，石油のクラッキング（接触分解）の際などにも生成する．またウクライナなどに産する「カルパチア石」（Karpatite）は，主成分がコロネンという珍しい鉱石だ．また，コロネンに対してさらにベンゼン環が6個結合したかたちのヘキサベンゾコロネンは，液晶材料への応用など，材料科学の分野で注目を受けている（図17）．

ベンゼンの正六角形構造を解き明かしたのは，アウグスト・ケクレというドイツの化学者だ．蛇が自分の尻尾を嚙んで輪になっている姿を夢に見て，ベンゼンの環状構造を思いついたというエピソードはよく知られている．そのケクレの名を記念した「ケクレン」

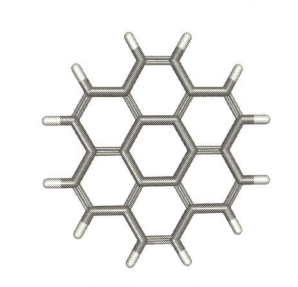

図16　コロネン

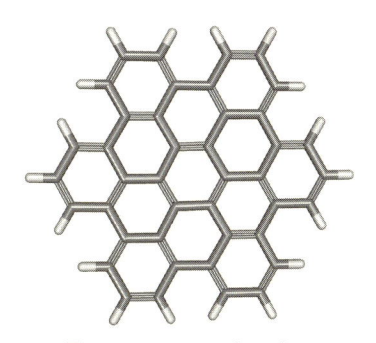

図17　ヘキサベンゾコロネン

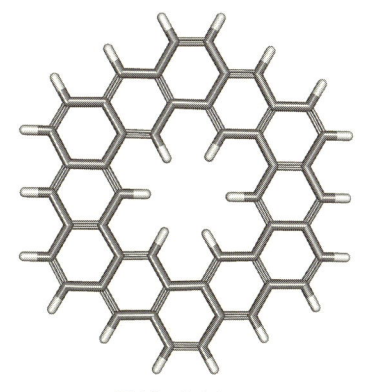

図18　ケクレン

という分子がある（図18）．ご覧のとおり，ベンゼン環12個が連結して大きな正六角形を成した分子だ．この見事な構造は，非常な苦労の末，1978年に合成された．「ベンゼン環でできたベンゼン」とでも称すべきこの化合物には，天国のケクレも拍手を惜しまないことだろう．

●**正七角形の分子**　自然・人工を問わず，7角形はめったに見られないかたちだ．分子の世界においても，五員環や六員環に比べて，七員環はずっと数少ない．5角形や6角形の内角は，炭素本来の結合角に近いために五員環や六員環は安定だが，七員環はひずみが大きくなってしまうためだ．

珍しい正七角形の化学種として，トロピリウムカチオンがある（図19）．これは炭素が七つ環を作り，全体として1価の陽イオンになったものだ．こうした，炭素と水素のみでできた化合物はイオンになりにくいが，トロピリウムカチオンは芳香族性をもつため，非常に安定に存在できる．

天然から得られる数少ない七員環分子として，タイワンヒノキの木から発見されたヒノキチオールがある（図20）．発見者の野副鉄男（東北大学名誉教授）はこの研究を発展させ，七員環芳香族化合物の化学を切り拓いたことで知られる．

炭素と水素のみからなる化合物のほとんどは無色だが，図21の化合物は珍しく濃青色を示す．この化合物アズレンは，七員環と五員環が連結した構造をもつ．アズレンの仲間には，炎症を鎮める作用をもつものがあり，医薬品に配合されることがある．青い色の胃薬を見かけたら，おそらくこのアズレンが含まれている．

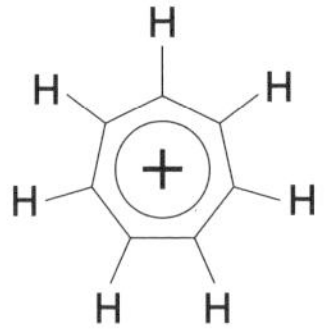

図19　トロピリウムカチオン 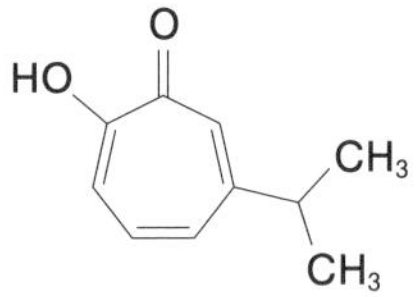　　図20　ヒノキチオール 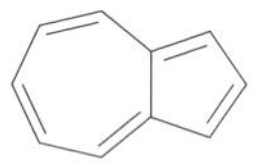　　図21　アズレン

●**正八角形の分子**　単結合と二重結合が交互に配置された八員環（シクロオクタテトラエン）は，ベンゼンとは異なり正八角形にはならない．シクロブタジエンのところで，電子が$4n$個の場合反芳香族性となり，不安定化すると述べた．シクロオクタテトラエンは電子が8個であるため，やはり反芳香族性となってしまうのだ．分子全体が平面的でなくなると，この不安定さを緩和できるため，シクロオクタテトラエンは鞍状に変形している．

しかし，ここに二つの電子を加えてやると，電子数が10個となって芳香族性を示すようになり，安定化する．この状態では，平面の正八角形配置をとることが知られている．フェロセンのケース同様，この正八角形の陰イオンが金属イオンをサンドイッチした化合物が合成されている．図22に示すウラノセンはその一例だ．

図22 サンドイッチ化合物の一つウラノセン（黒い球はウラン原子）

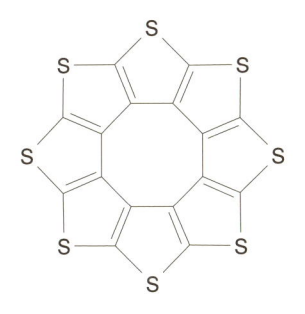

図23 サルフラワー

　2006年には，中性の正八角形分子も合成された．硫黄を含む五員環・チオフェンを八つ環状につなげた，ひまわりの花のような分子だ．硫黄を意味する「sulfur」と，花の意味の「flower」をくっつけて，「サルフラワー」の名が付けられている（図23）．

●**正九角形以上の分子**　正八角形より大きな環状分子も，紙の上ではいくらでも考えられる．しかし，大きな環になるほど，120°という二重結合の炭素の結合角から離れてしまうため，安定な平面にはなりにくくなる．とはいえ，サルフラワーのように環のまわりを小さな環で固めてしまえば，安定に保てる可能性が出てくる．

　たとえば十員環の辺に五員環を配した，図24のような分子が考えられる．これは［10.5］コロネンの名があり，古くから理論的興味が持たれてきたものの，いまだ合成は達成されていない．

　また十二員環のまわりに六員環と四員環を交互に配した，図25のような分子も考えられる．この化合物にはすでに「アンチケクレン」の名が先に付けられているが，やはり今のところ合成例がない．理論的に合成は難しいとの予測もあるが，さまざまな見地から興味深い化合物だ．

　炭素化合物の世界はさらに拡大を続けており，新たな多角形分子が今後も登場してくるだろう．その中にはフェロセンやフラーレンのように，物質科学の新たな地平を切り開く分子も，必ずや存在しているに違いない．

［佐藤健太郎］

図24　［10.5］コロネン

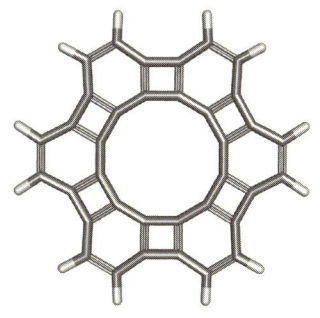

図25　アンチケクレン

無機化合物

　化学の世界での平面多角形の問題は，いろいろとおもしろい話題を含んでいるが，その多くは有機化合物を対象としたものである．正六角形分子のベンゼンは，別に化学を専門とする人間でなくとも「亀の甲」としてすっかりお馴染みで，ときには「受験時代の悪夢を思い出すから」と逃げ腰になる向きも少なしとしない．

●**正多角形の分子・化学種**　無機化合物の世界では，有機化学ではお馴染みの「分子」をつくらないもの（塩類や錯イオンその他）の方が主である．そのために「分子」とこれらを一括して「化学種」というのだが，近隣の分野ではこれら一切を「分子」と呼ぶことが多い．

　これらの化学種の形状は，ケクレのベンゼン構造モデルと相前後して，19世紀の末頃からいろいろと論じられてきた．もちろんまだレントゲンによるX線の発見以前だし，ラウエによる結晶解析などもどこを探したってない時代である．そのために「目にも見えない化合物の構成単位の形状を論じるなんて，空理空論の極みである！」と，新しい若手のアイディアに声高にケチをつけたがる大権威が多数存在した．それでも手探りに近い状態ながら，先人の労苦の集積としてかなり的確に真実を掴んでいた実例は結構豊富にあり，その一部はここに紹介するのに十分であろう．

　ところで，いわゆる「正多角形の化学種」には大きく二通りのものがある．第一のグループは多角形の辺自体が化学結合の骨格をなしているもの．第二のグループは中心原子から伸びた化学結合の終端が正多角形を構成しているものである．もちろん電子雲の衣を着せてみると，この両方にはそれほどの違いはないともいえるのだが，骨格だけで比較するとずいぶん違っているように見える．もっとも各頂点から外に伸びる化学結合の末端を結べばいずれにしてもやはり正多角形になる．

　有機化合物の多角形分子は，ベンゼンやシクロプロパンのように第一のグループに属するものが少なくない（むしろその方が普通）のだが，無機化学の世界ではこちらの方はどちらかというと少数派である．平面構造の分子よりも3次元的なかたちとなって，多面体構造のフラグメントとも見えるもの（たとえば一部のボラン類や金属カルボニル）の方がむしろ馴染み深いといえるかもしれない．

●**正三角形の分子・化学種**　われわれの宇宙は，観測可能の範囲の半径がおよそ450億光年の球状だとされている．この空間の質量の大部分は「ダークエネルギー」と「ダークマター」から構成されていて，われわれに身近な「元素」の中では水素が大部分，その他，ヘリウムやその他の元素が微々たる割合で存在していることになっている．このうち，最大の原子数を誇る水素の割合すら，いろい

ろな測定結果があるのだが，最近のところでは質量に換算して4%程度しかないと推算されている．

これらの宇宙空間における原子の存在密度は，平均してみると $1\,cm^3$ あたりにして高々10個程度だとされている．だが，広大な宇宙全体ではその総量は著しいものである．水素も大部分は原子状水素のかたちをしていて，水素分子となっているものは概略のところそのうちの1%内外ということになっている．さらに3個の水素原子が結合して出来る三水素陽イオン「H_3^+」の存在も以前から示唆されていたのだが，実際に星間空間で検出されたのは比較的最近のことである．

この「H_3^+」は最初1911年にJ. J. トムソンによって，水素の放電スペクトル中に存在する通常の水素の3倍の質量をもつ粒子として，質量スペクトルを利用して検出されたのだが，分光学的な研究はなかなか進まなかった．ようやく1980年になって「H_3^+」の赤外線スペクトルの測定が，シカゴ大学の岡武史教授によって成功し，宇宙空間における探索が開始された．分光学測定によって，たとえ宇宙の果てに存在する分子やイオンでもその存在を検知できれば，得られる知見はぼう大なものとなる．実験室外（つまり地球の外）では，最初は木星などの巨大惑星の大気上層（熱圏）からの3〜5 μm（波数にして3300〜2000 cm^{-1}）領域の輝線（これは三水素陽イオンの非対称伸縮振動に起因する．中心は2500 cm^{-1} 付近にあるが，振動回転スペクトルの微細構造による広がりがあるためこのぐらいの広い領域になっている）が1989〜1990年に相次いで観測された．次いで暗黒星雲（1996），星間ガス雲（1998）での存在も報告され，宇宙空間に普遍的に豊富に存在する分子の一つとして数えられるようになった．

宇宙空間においては，分子状水素「H_2」は上述のように中性水素原子のおよそ1%ほど存在するというデータがあるが，この三水素陽イオンはその水素分子のさらに百分の1から千分の1程度存在していると推定されている．とすれば数にして水素原子の一万分の1から10万分の1に当たるわけだが，広大な宇宙空間を考えると，その質量はざっと $1.65 \times 10^{51}\,g$，つまり $1.65 \times 10^{45}\,t$ にあたる．これは太陽質量のおよそ 10^{18} 倍，われわれの銀河系質量の約10万倍となる．この宇宙で一番大量に存在している正三角形分子ということになるだろう．

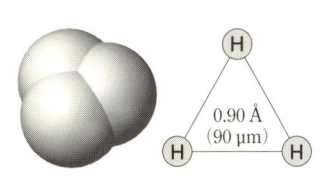

図1　三水素陽イオン

●**第一のグループに属する3角形分子**　このグループに属する化学種は，前述の三水素陽イオンを別にすると，無機化学の世界での実例は少ないが，それでも3個の同一元素の原子が金属間結合で連結した結果生じる「三核クラスター」の中には，正三角形の骨格をもつものがいくつか知られている．この中で明確な正三角形構造を含むものとしてはレニウムクラスター「Re_3」やキーニクラスター「Pt_3」が比較的有名である．

まずレニウムクラスターとしては，いろいろなレニウム化合物の合成原料でもある三塩化レニウムが1932年に始めて報告された（図2）．だがこの分子構造がF. A. コットンの手によって解明されたのはずっと遅れて1967年のことであった．これは3個のレニウム原子が正三角形状に結合し，その辺上に架橋塩素原子が計3個，各頂点のレニウム原子にそれぞれ2個

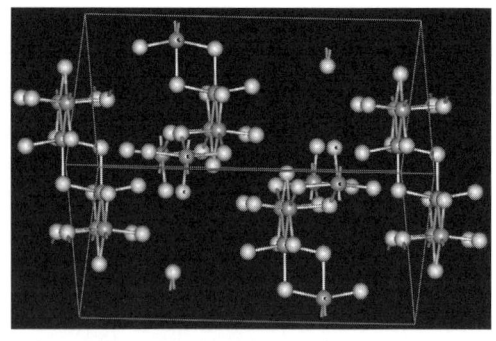

図2 三塩化レニウム（実際は三量体の九塩化三レニウム）の構造（©Materialscientist）

の塩素原子が結合した図のようなかたちをとっている．つまり三量体の分子で，ある意味では金属クラスター化合物として最初に世人が認識したものかもしれない．半世紀ほどを経た現在でこそクラスター化学はナノ粒子との橋渡しともなる重要な分野となったのだが，当時は現在の定義からすると超ミニサイズのクラスターに属するものの研究が始まったばかりであった．

一方，キーニ（Chini）クラスターは一連の白金カルボニル化合物あるいはその構成成分（最小単位）を指す．この単位は図3のような平面構造で，正三角形のクラスターに6個の一酸化炭素分子が結合している．

この一連のクラスター化合物は，強アルカリ性にした塩化白金酸ナトリウムのメタノール溶液に一酸化炭素を多量に通じることで得られる．最初に合成されたのは1969年だったのだが，ミラノ大学のキーニ（P. Chini）によって

図3 一番簡単なキーニクラスター

構造が定められたのは1976年のことであった．以来「キーニクラスター」と呼ばれるようになった．三塩化レニウムと同じように，比較的単純な組成なのに，現実には複雑な構造の分子として存在することが判明するには結構時間がかかったという例であろう．

そのほか，有機金属化合物の中には，組成から考えると金属原子の正三角形骨格を含んでいそうに思える化合物（たとえば鉄カルボニルの一つ $Fe_3(CO)_{12}$ など）が少なくないのだが，これらの大部分は「く」の字形，もしくは直線状に3個の金属原子が配列した構造をとっていて，単純な正三角形骨格を含む例はむしろ珍しいといえる．

●第一のグループに属する4角形分子　第一グループに属するもので，正方形タイプの金属クラスターを含む化学種となるとさらに珍しくなり，正四面体構造のものの方が普通になる．それでも比較的最近注目を浴びるようになったものに

平面正方形白金（Pt_4）クラスターがある．有機白金化合物も他の元素の場合と同じように，4核ではあっても正四面体構造か，バタフライ構造（3角形の一辺のみを共有している）の方がよく見られるし，直線構造の四量体も合成されているのだが，この酢酸白金(II)四量体は，白金-白金結合と架橋アセタト配位子を含む分子で図4のような構造をとっていると報告されている．

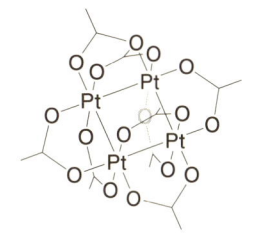

図4 酢酸白金(II) 四量体（大阪大学基礎工学部真島和志研究室Webページを基に作図）

● **第一のグループに属する6角形分子** ボラジン（$B_3N_3H_6$）は，その昔にはボラゾールと呼ばれた時代もある（図5）．ベンゼンの呼称がドイツ語風にベンゾールであったころのことである．化合物命名法が改定されて，平面構造の六員環の化合物は「-ine」を語尾とするように定められたためボラジンとなった．分子模型を見るとわかるのだが，この分子はベンゼンと等電子構造である．別名を「無機ベンゼン」ともいうのだが，分子量，蒸気圧などまさにベンゼンと酷似している化合物である．ただ，ベンゼンならば炭素六原子骨格であるが，こちらはホウ素と窒素が一つおきに並んでいるから3回対称軸は存在するが，6回対称軸はないので「近似的正六角形分子」となる．

同じく無機ベンゼンと呼ばれることもある化合物に，平面六員環を含むホスホニトリル三量体（環状トリホスファゼンともいう）がある．最近では難燃性エラストマーのホスファゼンポリマー（アポロ宇宙船に使われて有名となった）の原料として工業的にも大量に生産されるようになった．ホスファゼンポリマーは耐熱性と，特に耐寒性（これはそれまでの主流であったシリコーン系のエラストマーよりはるかに優れている）に優れているので，宇宙観測材料としてははるかに優秀な性質を兼ね備えているといえよう．

この六員環化合物は別名を「ホスホニトリル三量体」ともいう．よく知られているものは二塩化ホスホニトリルの三量体（$P_3N_3Cl_6$）（図6）で，組成からするとヘキサクロロベンゼンと同構造をとっているように思われるが，リン原子に2個の塩素原子が結合したかたちなので，ボラジンと同じように「無機ベンゼン」を名乗るのは少し筋違いかも知れない．いろいろな置換体も，みんな各リン原子

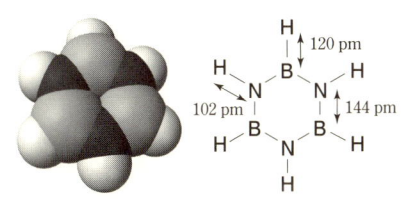

図5 ボラジンの分子

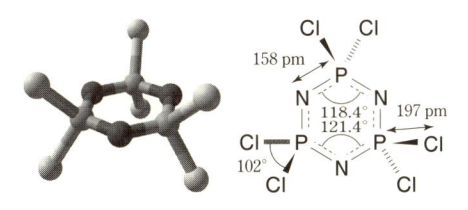

図6 二塩化ホスホニトリル三量体：ヘキサクロロシクロトリホスファゼン

上に2個の割合で結合したものがほとんどである．詳しくは梶原鳴雪北海道大学名誉教授による総説「ホスファゼン化学の基礎」(シーエムシー出版，2002)を参照してほしい．

キッチンや風呂場のヌメリ取り用として多くの家庭でお馴染みの白色の錠剤の成分は，シアヌール酸の塩素置換体（ジクロロイソシアヌール酸ナトリウムおよびトリクロロイソシアヌール酸）である（図7）．尿素3分子が縮合して平面の六員環構造となったシアヌール酸の骨格をもっている．もっともこれは考え方によってはsym-トリアジンの誘導体でもあるが，トリクロロ置換体やジクロロ置換体のナトリウム塩は分子内にC−C，C−H結合のいずれも含んでいない（どちらかを含むことが有機化合物の条件であるらしい）のでここに取り上げてみた．ラクタム-ラクチム異性を考慮すると，この平面六員環にも多少の芳香族性があっても良さそうに思えるのだが，実際には平面であること以外にはあまりそれらしき性質は顕著には認められない．

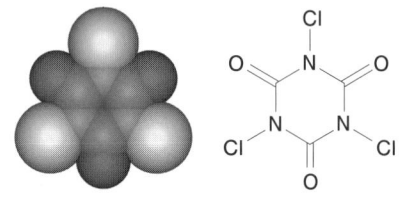

図7　トリクロロイソシアヌール酸

●**第二のグループに属する3角形分子**　第二グループに属する化合物，つまりMX$_3$タイプの分子やイオンなどの化学種は多数知られているが，その大部分は予想と違って正三角形の分子ではない．たとえば塩化アルミニウムは，通常は二量体（Al$_2$Cl$_6$）のかたちであり，液相，あるいは気相でもこちらが主となるが，かなりの高温下でようやく解離が起きて単量体分子となる．このモノマーは三フッ化ホウ素と同じような正三角形分子である（図8）．

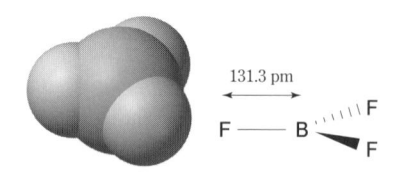

図8　三フッ化ホウ素

正三角形骨格を含む陰イオンは，第二周期のホウ素，炭素，窒素など，中心原子のイオン半径が小さいオキソ酸のものに限られる（BO$_3^{3-}$，CO$_3^{2-}$，NO$_3^{-}$）．それ以外では，組成こそ正三角形平面分子を思わせるが，実際の構造は縮合した正四面体構造の単位の連結したもの（いわゆる「メタ○○酸」）がほとんどである．

三フッ化塩素や三フッ化臭素などのハロゲン間化合物も，一見すると正三角形分子のように思えるが，実際にはT字形の分子である．これらはVSEPR（価電子殻対反発原理）の好例みたいなもので，二組ある孤立電子間の反発が大きいために，最も電子対間の反発が小さくなるような構造をとっている．電子対の反発力の大きさは，

孤立電子対-孤立電子対＞孤立電子対-結合電子対＞結合電子対-結合電子対

の順なのである．アンモニアやホスフィンなどの3角錐タイプの分子の構造も，それぞれ窒素やリンの原子のもつ孤立電子対と結合電子対との反発の折り合いの付くところで形状が定まっているといえる．

電子対不足の化合物はいわゆる「ルイス酸」にほかならないのだが，この提案者である G.N. ルイスが当初考えた「酸」は，実は正三角形分子の三ハロゲン化ホウ素のみであったといわれる．後に現在用いられている「ルイス酸」の意味に拡張されて，便利なこともあってこちらが普及したらしい．

●**第二のグループに属する4角形分子**　ファントホッフとル・ベルによる炭素原子の正四面体構造の根拠の一つとなったものに，「メタンの二置換体（塩化メチレンつまりジクロロメタンなど）に異性体が存在しない」という説得力のある事実があったことはよく知られている．同じように MA_2B_2 タイプの同一元素組成の錯塩であるのに，明らかに異なった性質を示す物質の存在がかなり以前から知られていた．その中でも有名なのはペイローヌ塩とレイセ塩（ライセット塩）と呼ばれる一対の錯塩で，ヴェルナーの金属錯塩の配位説の根拠の一つともなった重要な化合物である．このタイプの化合物に異性体が存在可能なのは，炭素とは逆に，正四面体ではなく平面正方形構造の場合のみと考えるほかはない．

ペイローヌ塩は，制癌剤として今日とみに有名な「シスプラチン」そのものであるが，発見者の M. ペイローヌはイタリア（まだ統一以前だったので，サヴォワ王家治下のサルデーニャ王国）出身の化学者で，ギーセンのリービッヒの研究室に留学していた当時（1843），この新しい化合物の合成に成功した．彼の合成したのは，それより以前（1830）に G. マグヌスが合成していた，今日でも彼の名で呼ばれる「マグヌス緑色塩」と同一の分析値を与えるので，当時より十数年以前（1827），リービッヒとヴェーラーの間での大激論のタネとなった雷酸銀とシアン酸銀の問題（互いに異性体の関係にある）がようやく解決してまだそれほど年月が経過していなかった時代だから，また新しい異性体の例だとかなりの話題になったという．

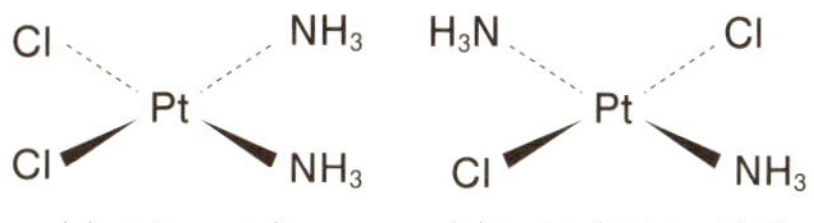

これより1年ほど前，パリのコレージュ・ド・フランスのペルーズのもとで研究していたJ.レイセ（ライセットとも）が，やはりマグヌス緑色塩と同組成なのに色調も溶解性もまったく異なる別の白金化合物を合成していた．レイセはペイローヌの報告をなかなか信用せず，何かの間違いだろうと主張していた．

(a) ペイローヌ塩　　(b) レイセ（ライセット）塩

図9　$[Pt(NH_3)_2Cl_2]$ の構造式

もちろん当時は今日風の構造化学的な考察などまだ不十分の極みであったのだが，現代風に見るとマグヌスの緑色塩は $[Pt(NH_3)_4][PtCl_4]$，ペイローヌ塩とレイセ塩はどちらも $[Pt(NH_3)_2Cl_2]$ である．これらはいずれも平面正方形方錯体の典型といえるもので，構造式を書いてみると図9のようになる．　　　[山崎　昶]

結晶と準結晶

　多角形を研究するとノーベル賞がもらえる．たとえば正五角形や正十角形の研究が実を結んで，準結晶という未来の物質を生む結晶を発見したイスラエルのシェヒトマンは 2011 年度ノーベル化学賞を手にした．では準結晶とは何なのだろうか．正五角形と準結晶はどんなふうに結び付いているのだろうか．

●結晶　「準結晶」の生みの親は，名前からもわかるようにだれでも知っている「結晶」である．

　この世の中はいろいろな原子で構成された物質でできている．その原子は，非晶質（アモルファス）のように原子が無秩序に並んでいる物質を除けば，かならず何らかの規則にしたがって並んでいて，その中でも特に原子が規則正しく並ぶ物質の代表が結晶である．だから結晶という文字を見ると，すぐ，何らかに整った「形（かたち）」を連想させる．たとえば日常生活でおなじみのきれいな立方体の「塩」や正六角形の「雪」が結晶であることはよく知られている．規則正しい原子配列は表面まで続いているので，結晶の外形もこうした原子配列に対応するきれいなかたちをもつのである．

　もう少し専門的に言えば，結晶とは，原子が規則正しく周期的に繰り返して並んでいる物質である．この繰り返しの最小パターンを単位格子と呼ぶ．正方形や正三角形のような一つのかたちだけで平面を埋めつくせるものはその単位格子の典型例である．これを 3 次元的に積み重ねると結晶物質となる．したがって結晶のかたちがその結晶における原子の並び方を反映していることは容易に想像できる．たとえば，立方体の姿をした立方晶という結晶では原子が縦にも横にも正方形状に並んでいる．

●鉱物の結晶　結晶に関する研究は鉱物に始まった．なぜなら，昔は X 線や電子顕微鏡などの手法がなく，目に見える鉱物のさまざまなきれいなかたちからその結晶の構造を想像したのである．そのため，鉱物のバラエティーに富んだ結晶形態が最もなじみの深い結晶として知られるようになった．

　たとえば，最もふつうの硫化物の一つとして，さまざまな金属鉱床の中に見つかる黄鉄鉱は，多くの異なる結晶形態を示す．その中で特によく見られる基本形態は，図 1 に示すような立方体，正八面体，正十二面体である．黄鉄鉱は食塩と同じ面心立方構造（立方体の側面の中心に原子をもつ構造）という立方体状の結晶構造をもっていて，立方体の側面に平行な正方形の断面上と，立方体の中心を通る対角線に直交する正三角形や正六角形の断面上での原子密度が高く，この二つの面に平行な面が安定な面として発達しやすい．そのうち正方形の面が発達した場合は立方体になり，正三角形の面が発達した場合は正八面体になるが，両者

図1 黄鉄鉱に見られる正八面体，立方体とそれらの競合で形成される正十二面体（写真提供：門馬綱一）

の競合によって正五角形の側面をもつ近似的な正十二面体になることもある．ただし結晶構造の対称性を考えた場合，正十二面体の平衡形態をとることはあり得ないので，この場合は鉱物のまわりの物質の成分や冷却の環境に強く影響を受けることで上記のような結晶面成長の競合が生じると判断できる．

こうした競合の度合いは，地殻の温度や圧力によってさまざまに変化し，それによって，上記の3種類を組み合わせたかたちが形成されて，結果として産地ごとに異なる形態の鉱物が発見されることになる．

●金属の結晶　鉱物以外の，金属や酸化物などの無機物質や多くの有機物質については，実験室で水溶液や融体の中から育成される結晶にさまざまなかたちが見られる．この場合，結晶と液体との間はある程度平衡状態に達しているので，安定な面が発達し，結晶構造を反映する形態が現れやすい．また，結晶成長に際して溶液の濃度によって結晶粒のサイズが違うものの，かたちが大きく変わることはない．

そのかたちを決めるのは，構成元素の間の結合状態と結晶成長の温度である．図2に金属融体の中でゆっくり成長させた金・スズ・ガドリニウムの金属間化合物（$Au_{65}Sn_{22}Gd_{13}$）（この式は通常の化学式ではなく，全原子を100％としたときの各元素の分率を表していて，各化合物の構造の複雑さを示している．以下の他の式も同じ）の結晶形態とその模式図を示す．この金属間化合物は体心立方構造（立方体の頂点と体心に原子をもつ構造）という菱形十二面体状の結晶構造をし

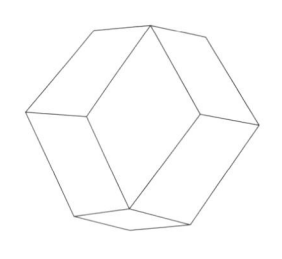

(a) 近似結晶　　　　　　(b) 模式図

図2　融液から育成された $Au_{65}Sn_{22}Gd_{13}$

ており，単位格子あたり158個の原子から構成されている．この菱形十二面体の結晶形態（約0.8 mm）の安定している面は，対角線の長さの比が$1:\sqrt{2}$になった菱形面である．鉱物の中で，同じ体心立方構造を有する灰鉄柘榴石もこのような菱形十二面体を示すことで知られている．金属や鉱石を問わず，見かけ上，原子密度の高い菱形面が安定していることは興味深い．

●準結晶　科学者たちが結晶構造の研究に励んでいた1980年代に発見されシェヒトマンのノーベル化学賞に結び付いたのが「準結晶」である．これは結晶と異なる秩序で記述される物質であり，結晶にない対称性をもっているため，特有なかたちの形成されることが予想された．

　実際，結晶のかたちを決める重要な因子には，原子の並び方だけではなく，結晶を構成する原子の種類や組成および結晶が育つ環境（温度，圧力）などがあり，それに従う結晶のかたちには，熱力学的な平衡状態に対応する平衡形態と，優先成長方位の競合の結果として決まる成長形態がある．前者は結晶の固有のかたちを見せ，後者は凝固条件によって変わる．そこに，結晶とは一線を画する準結晶の特殊な構造とそれに関係する特殊な形態が生まれる素地がある．たとえば結晶は一つの単位格子の繰り返しで記述されるため必然的に周期性が生まれるが，準結晶は周期性をもたない．

●正十角形準結晶　周期性をもたない準結晶の幾何学的な準周期構造については図3のペンローズ・パターンを用いて説明することができる．この図形は，鋭角がそれぞれ$36°$と$72°$で，1辺の長さと対角線の長さが黄金比$\tau:1$または$1:\tau$（$\tau = (1+\sqrt{5})/2 = 1.6180\cdots$）になっている2種類の菱形によるタイル貼り図形となっている．ただし図3を構成するには，これらによるタイル貼りを厳格な規則に沿って行わなければならない．その場合，2種類の菱形の数の比も$\tau:1$になる（詳しくは『非周期的タイル貼り』（II・2 ④）参照）．

　実際の準結晶の構造はペンローズ図形を骨組みとして原子を配置することで構築される．図3には，ペンローズ・パターンに，アルミニウム原子（灰丸）とニッ

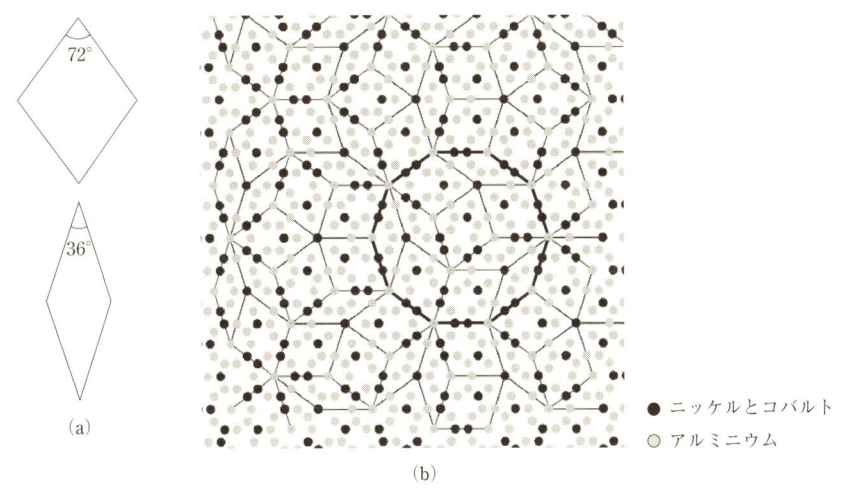

図3 ペンローズ・パターン（a）とそれを構成する2種類の菱形（b）（図には，アルミニウム・ニッケル・コバルト正十角形準結晶の構造モデルを重ねて示してある）

ケルあるいはコバルト原子（黒丸）を配置したアルミニウム・ニッケル・コバルト準結晶構造の二つの原子面を重ねて示してある．ある原子面と，これを180°回転したものを，紙面に垂直な方向に沿って（等間隔的に）交互に積み重ねると準結晶の構造が構成されるが，その場合，原子面の垂直軸を回転軸とする10回回転対称性が見られるので，この準結晶を正十角形準結晶と呼ぶことがある．実際に図でも，多くの原子が，たとえば太線でつないだように，準周期構造を見せながら原子面上に並ぶ大小の正十角形を作っている．ただし，垂直軸方向には周期をもって重なっているため，2次元準結晶と呼ばれることがある．

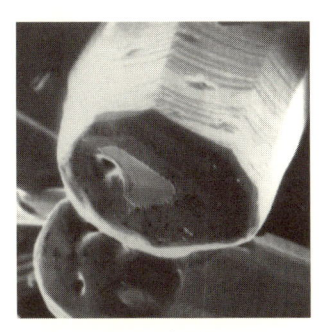

図4 溶解炉で自然凝固した $Al_{70}Ni_{15}Co_{15}$ 正十角形準結晶

図4はアルミニウム・ニッケル・コバルト正十角形準結晶（$Al_{70}Ni_{15}Co_{15}$）が溶解凝固したあとの，自然凝固に特徴的なかたちを示す．凝固速度が比較的速いが，それでも直径が約0.1 mm程度の準結晶が成長している．もともとこの準結晶は異方性が強いため，平衡形態と成長形態はだいたい同じになっている．ほぼ正十角形の面は図3の原子面に対応していて原子密度が最も高く安定しているため，正十角柱のようなかたちが形成された．

●正二〇面体準結晶　正二〇面体準結晶は3次元の準周期構造をもつ準結晶で，2種類の菱面体から構築される．いずれの菱面体も，対角線の長さの比が黄金比

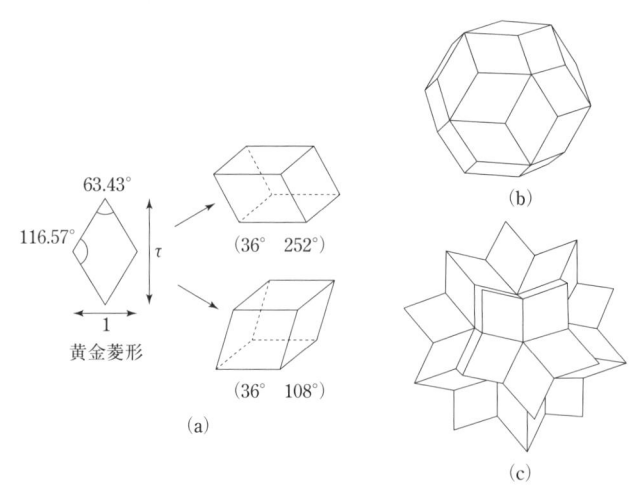

図 5 (a) 黄金菱形と黄金菱形で構成される 2 種類の菱面体，(b) 菱面体で構成される菱形三〇面体 (c) 星形の 60 面体

$1:\tau$ になった黄金菱形と呼ばれる菱形で構成され，主になる稜の 2 面角はそれぞれ $72°$（鋭角）と $144°$（鈍角）になっている．この 2 種類の菱面体は，面同士を共有し合って並びながら，隙間なく空間を充填する．その途中，図 5 に示すように，10 個ずつの 2 種類の菱面体で菱形三〇面体を，20 個の鋭形菱面体で星形の 60 面体を構成する．空間での原子構造を考える場合，個々の菱面体よりこのような空間の充填形による方が想像しやすく，その中の対称性の高い多面体の中に原子を配置すると正二〇面体準結晶の原子構造が構築しやすい．結果として，準結晶には多くの対称性の高い原子集団（原子クラスター）が存在することが容易に想像される．

●**正二〇面体準結晶の実例**　これまで唯一その構造が結晶と同じ高い精度で完全に解かれた準結晶はカドミウム・イッテルビウム準結晶（$Cd_{84}Yb_{16}$）である．その構造モデルを図 6 に示す．基本的には対称性の高い正二〇面体クラスターから構成されている．このクラスターは，図 6(a) に示すように，4 個のカドミウム原子からなる 4 面体を中心に置いて，その外側を，20 個のカドミウム原子からなる正十二面体，12 個のイッテルビウム原子からなる正二〇面体，そしてさらに 30 個のカドミウム原子からなる十二・二〇面体（正三角形 20 枚と正五角形 12 枚で構成される多面体）が取り囲む，といったかたちでだんだん大きくなる殻（シェル）が重なる多重殻構造を有している．最外殻では，菱形三〇面体の 32 個の頂点と 60 本の稜の中点に，合わせて 92 個のカドミウム原子がある．けっきょく菱形三〇面体のクラスター全体は 158 個の原子で構成される．

図 6(b) に，この菱形三〇面体クラスターの空間分布を示す．3 次元ネット

ワークを形成していて，白球は一つの菱形三〇面体クラスターを表す．白球自身が十二・二〇面体（小さい白いボンド）を形成し，さらにこの十二・二〇面体がもう一回り大きい十二・二〇面体（太いボンド）を作る．大きい十二・二〇面体と小さい十二・二〇面体の辺長の比は τ^3 となっており，クラスターは無理数で決められるフラクタル的配置になっている．しかし，このような配置の場合，クラスターだけでは隙間が残るので，空間を埋めつくすのに図6(c) のような原子をもった鋭形菱面体が必要となる．実にこの準結晶構造全体の原子の約94%が菱形三〇面体クラスターに含まれており，残り約6%の原子はこの菱面体の中にある．一見極めて複雑な構造であるが，クラスター単位で見た場合シンプルに見えるところに準結晶構造の醍醐味がある．

図7に，これまで観察された正十二面体と菱形三〇面体の2種類の正二〇面体

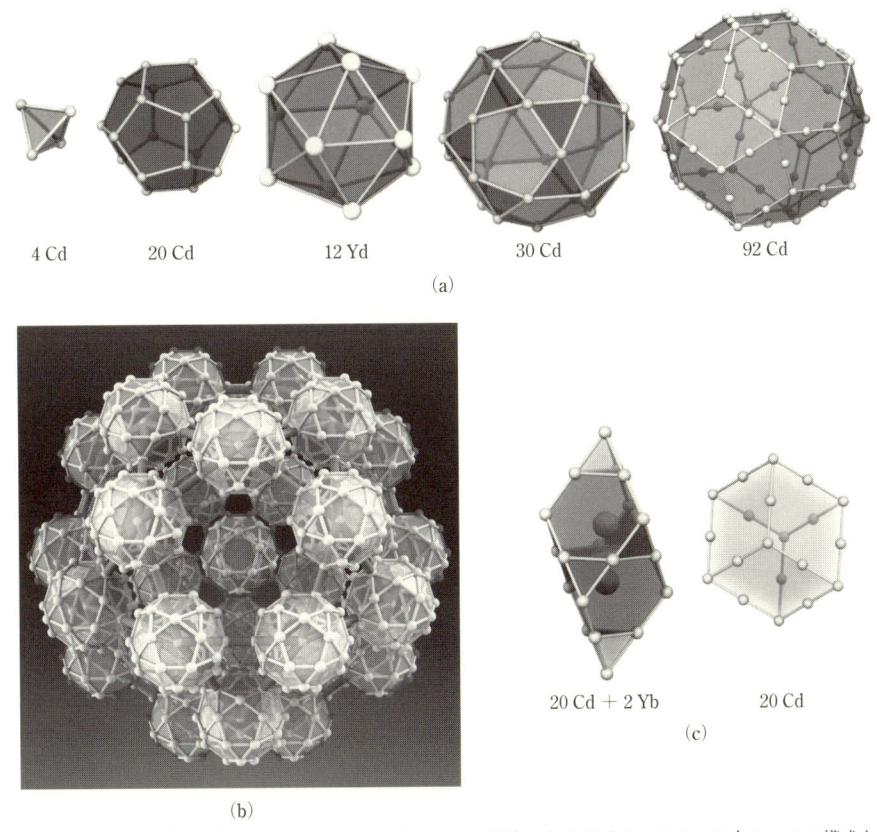

図6 $Cd_{84}Yb_{16}$ 準結晶の構造モデル：(a) 158個の原子で形成される原子クラスターの各シェルの構成とその原子配置，(b) (a)のクラスターを白球で表した空間配置，(c) クラスターをつなぐ2種類のユニットとその中の原子配置（図中の4Cdなどは原子層が4個のCd原子で構成されていることを表す）

準結晶の平衡形態を示す．いずれも5回，3回および2回対称軸を有して正二〇面体の対称性を示している．そのうち菱形三〇面体は，図5に示したように，2種類の菱面体10個ずつで構成されている．

このような準結晶の構造は，図6に示したように，正二〇面体の対称性を有する一連の原子クラスターで記述されるので，原子クラスターのかたちと準結晶の外形との相関は容易に想像できる．実際に図6に示した構造既知のカドミウム・イッテルビウム準結晶を含めて，ほとんどの正二〇面体準結晶は正十二面体の形態をとっていて，融液中でこのかたちのままで数ミリまで成長したものもある．まれな場合，たとえばアルミニウム・リチウム・銅準結晶と亜鉛・マグネシウム・スカンジウム準結晶は菱形三〇面体の形態をとっている．つまり基本的には，準結晶の平衡形態はその構造の対称性を反映して，5回，3回および2回対称軸を示すが，原子構造によって図7の2種類のかたちのどちらかを選択して，通常の結晶成長法を用いれば，1cm以上の大きな単準結晶粒も得られる．

いずれにしても準結晶の成長機構は，結晶の場合と同様に，成長時の固体・液体界面の安定性によって決まることになる．

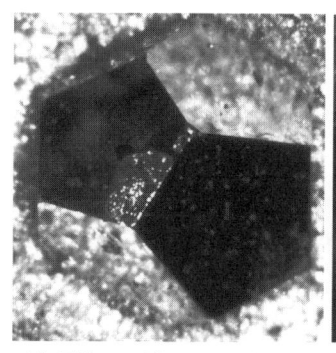

(a) 亜鉛・マグネシウム・ジスプロシウム準結晶の正十二面体

(b) アルミニウム・リチウム・銅準結晶の菱形三〇面体

図7 正二〇面体準結晶でよく観察される2種類の平衡形態（写真提供：A.R. Kortan 博士）

●近似結晶　図8(a)は，融体中，ゆっくり成長させた銀・インジウム・イッテルビウム正二〇面体準結晶（$Ag_{41}In_{43}Yb_{16}$）を示す．サイズは大きいものでは1cm以上にもなり，大きな5回対称を見せる面が現れている．図8(b)は，わずかに組成が違う銀・インジウム・イッテルビウム結晶（$Ag_{39}In_{46}Yb_{15}$）の形態である．この結晶は前出の金・スズ・ガドリニウム結晶（$Au_{65}Sn_{22}Gd_{13}$）と同じ構造を有しており，図6(a)に示した正二〇面体原子クラスターの体心立方型の配置を見せる．元素の組合せよって，一方では菱形十二面体を，他方では立方体を示すことになる．つまり，前者に比べて後者では融点の高い元素（Au）の含有

量は後者に比べて多いことで，結晶が凝固する温度は高くなっており，融体の表面張力の影響が小さいために，原子密度の高い面で凝固し，菱形十二面体が形成される．このように準結晶と同じ原子クラスターから構成され，しかもその組成が準結晶にきわめて近い結晶は，準結晶の構造を理解する上で非常に重要な結晶として「近似結晶」と呼ばれている．

近似結晶を急速凝固させると準結晶になることが多い．たとえば最初に発見されたアルミニウム・マンガン準結晶安定相である近似結晶は準安定であって，急速凝固を施した状態に限って準結晶が形成される．金・スズ・イッテリビウム合金（$Au_{60}Sn_{27}Yb_{13}$）の平衡状態もこのような近似結晶の一つであるが，成長速度が十分に速い場合，準結晶として図9(a)に示すように樹枝状に成長し，その先端に同図右のような多くの正十二面体が観測される．

結晶構造の中に正二〇面体原子クラスターが存在する場合，融液状態からある程度速い凝固速度が与えられることで，準結晶構造が形成されることはしばしばある．高温では正二〇面体原子クラスターは準結晶のような配置が安定であり，冷却速度が十分に速い場合，その構造がそのまま室温まで保存されるのである．しかし，それが熱せられると時間が経つに連れて元の結晶へ変わっていく．

もう一つ極端な例はアルミニウム・マンガン近似結晶（Al_6Mn）である．図10は，液体急冷法（1秒間に100万度の冷却速度）によって作られたアルミニウム・マンガン合金（$Al_{96}Mn_4$）を特殊な溶液中で電解研摩したあとの走査電顕写真である．基地のアルミが選択的に研摩されて得られた図中の白い花のように見えるものは準結晶で，図7とは異なり成長形態となっている．拡大して見ると，一つの花は20枚の花びらから構成されることがわかる．1枚ずつの花びらは粒径約数百 nm（ナノメーター）（$1\ nm = 10^{-9}m$）の準結晶粒に対応するが，もはや正十二面体のかたちは保っていない．むしろ，優先的に3回対称軸を見せるように成長することと花びら形であることを考えると，図5に示した星形の60面体が

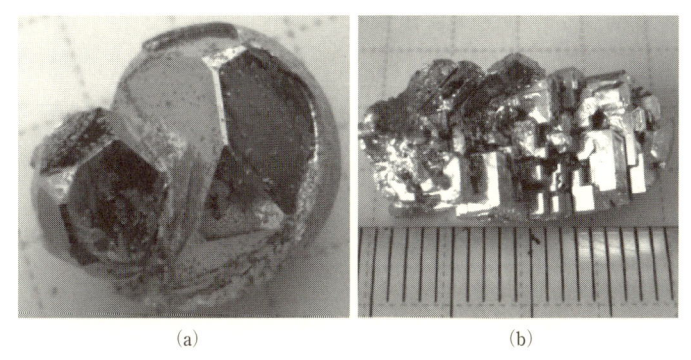

図8　金属融体中でゆっくり成長させた $Ag_{41}In_{43}Yb_{16}$ 正二〇面体準結晶（a）と $Ag_{39}In_{46}Yb_{15}$ 近似結晶（b）（C. Cui, A.P. Tsai, *J. Alloys & Comp.* 536：91(2012) より）

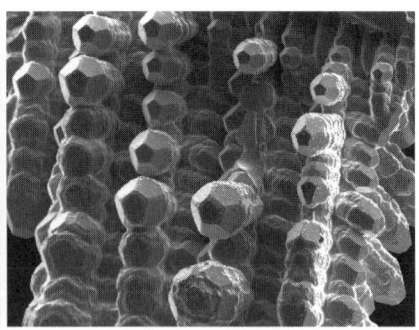

(a) 光学顕微鏡写真　　　　(b) 走査電子顕微鏡写真

図9　金属融体中で（速い冷却速度で）成長させた $Au_{60}Sn_{27}Yb_{13}$ 合金の顕微鏡写真

(a) 3回対称方向から撮影　　(b) 5回対称方向から撮影

図10　単ロール液体急冷法で作製された $Al_{96}Mn_4$ 合金の電解研摩後の走査電顕写真

形成されていることがわかる．基本的に見れば正十二面体が一方向へ優先的に成長することによって変形したものになっている．このような変型多面体を20個並べれば，星形の60面体が得られる．また，花の中心に準結晶の核に相当するようなものが存在することが推察できる．

●準結晶のエッチ・ピット　最後に腐食によって得られるかたちを紹介する．

通常，結晶の単結晶を特殊な溶液で腐食させると，結晶面によっては，その結晶の構造に対応する形態をもつピット（くぼみ）が，規則正しい原子配列にずれが生じた場所での結晶欠陥として現れる．欠陥のまわりの原子がより不安定になり，腐食の過程でその近傍の原子が優先的に溶けてしまうためである．一度腐食が始まると，不安定な原子が次々と溶出され，結果として安定な結晶面が残ってピットの形態を形成する．この形態は結晶構造に強く依存していて，一般に結晶面の対称性を反映する．そのため結晶面の決定にあたって，腐食によるくぼみとしてのエッチ・ピットを作る方法が用いられる．

準結晶にもこのようなエッチ・ピットが観察されている．たとえば，アルミニウム・パラジウム・マンガン正二〇面体準結晶（$Al_{70}Pd_{20}Mn_{10}$）の単結晶を腐食させたものは，その5回対称面に図11のような菱形三〇面体（a）および切頂十二・二〇面体(b)．十角形，五角形と正方形からなる多面体）の形態を示すピットを見せている．いずれもサイズは約 0.01～0.05 mm 前後で5回対称性を示している．

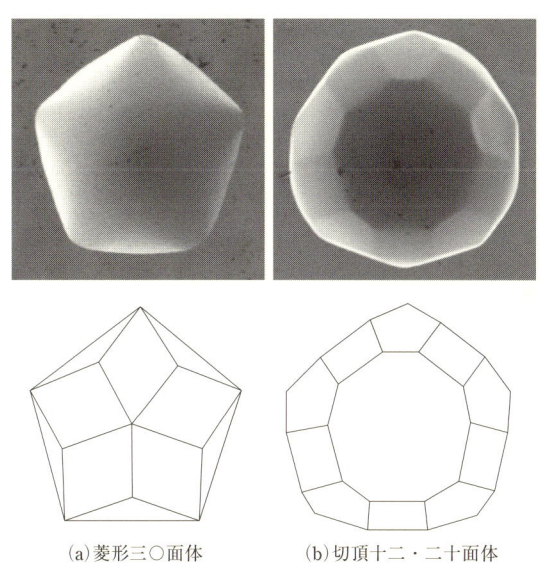

(a)菱形三〇面体　　(b)切頂十二・二十面体

図11　準結晶の5回対称面を腐食させたあとに現れるピット（上）とその模式図（下）

以上で紹介した結晶や準結晶の例は典型的なものであり，ほんの一部だけである．そのうち準結晶は限られた合金で形成され，しかも実験室でしか得られないので，鉱物のような外界からの影響が少なく，外形はよくその構造を反映している．中でも，ここで取り上げた準結晶は，いずれも黄金比 τ に関係する正十角形ないしは正五角形から構成された美しい形態を見せていて，どこか芸術にも通じる数学の美しさを感じさせる．自然界には存在しないものの，準結晶構造が生み出す美しさは自然の造形美と言っても過言ではない．

本項目では紙面の制約上，準結晶の詳細についての十分な説明はできていない．それについてもっと理解したい場合は参考文献を参照していただきたい．

最後に，本項目についての資料を提供していただいた国立科学博物館の門馬綱一博士に謝意を表する．　　　　　　　　　　　　　　　　　[蔡　安邦]

📖 竹内　伸，枝川圭一，蔡　安邦，木村　薫『準結晶の物理』朝倉書店（2012）

物理現象

　自然界を左右する物理現象と，人間の知恵から生まれる多角形，特に正多角形とは，両極端にあって関係しにくいように思われるが，どちらも数学がベースになっているため，基本的な面では意外に深く結びついている．ここではその実例を，振り子，波と振動，光の反射の中に見てみる．

●**振り子**　物理現象に見る正多角形として，まず振り子を紹介する．
　図1のように，重りを斜めの位置で離すと，まず重りは重力で加速する．最下点で最高速度になり，その後減速，反対側で最初と同じ高さに到達すると速度0となり，逆方向に戻っていく．重りが左右を往復し，元の位置に戻るまでの時間を周期というが，振り子は一定の周期で運動を繰り返すことから，柱時計などで時を刻む機構としてよく用いられた．

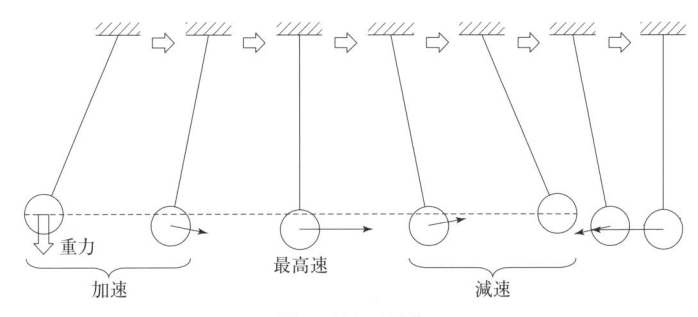

図1　振り子運動

　ここで，重りを離すと同時に，図1の紙面垂直方向に速度（初速）を与える場合を考える．そうすると，図2のように，初速による遠心力と重力がつり合うとき，重りは一定速度で円運動する．次に，初速を半分にすると，初速による遠心力が弱いため，重りは重力で中心に引き寄せられ，軌道は楕円になる．しかも図3のように，楕円を一周して帰ってきた重りは最初の位置に戻らず少しずつずれていく．ここで初速をうまく与えれば，楕円が何回か回転して元に戻ると同時に重りが最初の位置に戻る．このとき，重りの軌道は，正多角形の対称性をもつトロコイド（小さな円を大きな円に接するようにおいて転がすとき，小さな円の上の1点が描く奇跡）のような閉曲線となる．

　図4はトロコイド様の閉曲線になるように調整した場合の重りの軌道である．初速を円運動の (a) 約半分，(b) 約1/10，(c) 約1.5倍にしてある．それぞれ，正十六角形，正四一角形，正七角形の対称性を見せる美しい曲線をしているが，

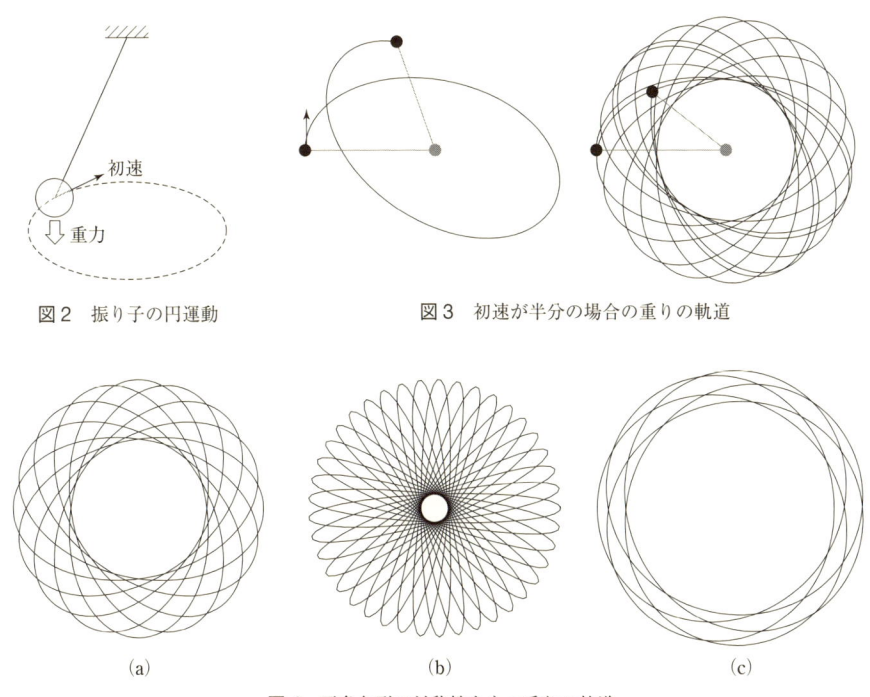

図2 振り子の円運動　　図3 初速が半分の場合の重りの軌道

(a)　　(b)　　(c)

図4 正多角形の対称性をもつ重りの軌道

　初速を変えるといろいろな正多角形の対称性にすることができる．懐中電灯を天井から吊るし，カメラで長時間撮影すると，このような軌跡が得られる．子供の自由研究にどうであろうか．

●**波と振動**　ピアノやバイオリンなど，楽器にも使われる弦の振動にも正多角形に関係する物理現象が見られる．

　弦と一口にいっても，楽器や弾き方によって，いろいろな音色が生まれる．それだけに，一見，弦は複雑なパターンで振動していると思われがちであるが，どんなに複雑なパターンも，じつは，基本的な振動状態の組合せで表される．この基本的な振動状態を振動モードと呼ぶ．弦の場合は図5に示す正弦波となり，現れる山と谷の数をモードの次数という．高次のモードほど振動が速く高音になり，

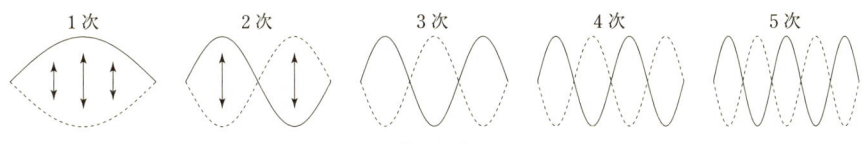

1次　　2次　　3次　　4次　　5次

図5 弦の振動モード

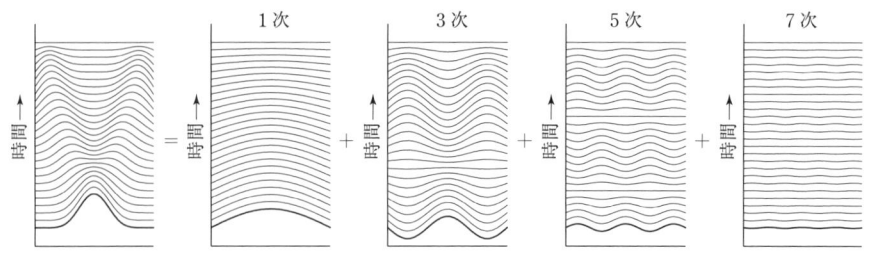

図6 波動（左端）とその分解

　音色は，ベースとなる1次モードに対してどの高次モードがどれくらいの割合で含まれるかで決まる.

　いま弦の中央を弾くと，中央にできた波（パルス）は，時間とともに左右に広がっていく．この波の振動つまり波動を示したのが図6の左端である．時間とともに変化する弦のかたちを，少しずつ上にずらしながらプロットしている．この場合の波動は，振動モードの組合せで表現することができ，この例では図6の右に示すように1, 3, 5, 7次モードの足し合わせとなる．上下に振動するだけの振動モードから，左右に動きのある波動が再現できるところがおもしろい．

　弦に限らず，板の振動，さらには音や光など，あらゆる振動には振動モードが存在する．その場合の振動の特徴付けに，振動モードの評価が重要となってくるが，詳しい話は専門書に任せ，以下では円板の振動モードのかたちに絞って紹介する．

　円板は2次元形状のため，山と谷の数に相当するモード次数も，半径方向と円周方向の2方向で整理され，その振動モードは図7のように2次元に広げて示される．各図は，山と谷の等高線を表しており，白いところが山，黒いところが谷である．左上が最低次数のモードで，対角線を右下に行くと半径方向に次数が増え，さらに対角線から右もしくは下方向に離れるほど円周方向に次数が増えるようになっている．円周方向の次数が増え，山の数が3個になると山の並びが正三角形，4個になると正方形になることがわかる．さらに次数が増えると，正五角形や正七角形などのモードも存在する．

　等高線では立体的なかたちがわかりにくいので，図8に，二つの振動モードについて見取り図を示す．図7のどのモードに相当するかわかるだろうか．答えは，右上とその下（もしくは左下とその右隣）である．

●光の反射　これまでの振子や振動の例は，現象そのものが正多角形であったが，ここでは正多角形を利用した光の反射現象を紹介する．

　代表例は，正三角形で多重反射を利用する万華鏡である．図9(a)は，万華鏡の向こう側の物体から出た光が，2回反射した後，目に入る様子を表している．まず1回目の反射（反射1）で，その反射面の鏡面対称の位置に，実物の虚像（虚

III・4 多角形に見る ⑧　　　285

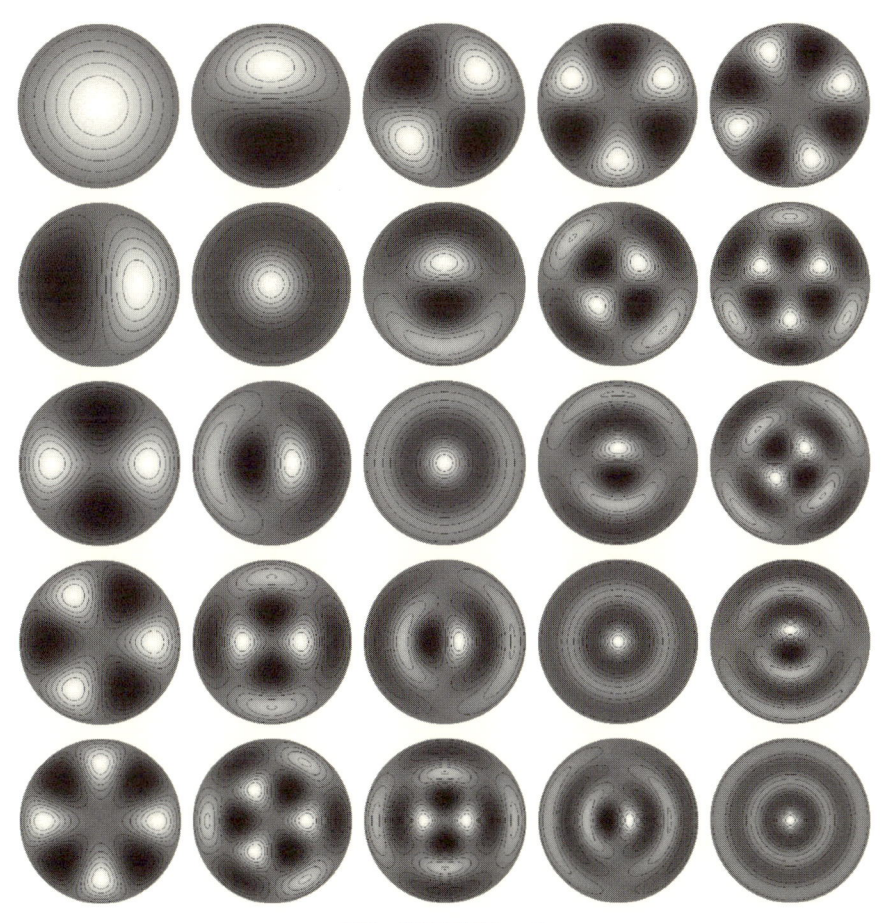

図7　円板の振動モード

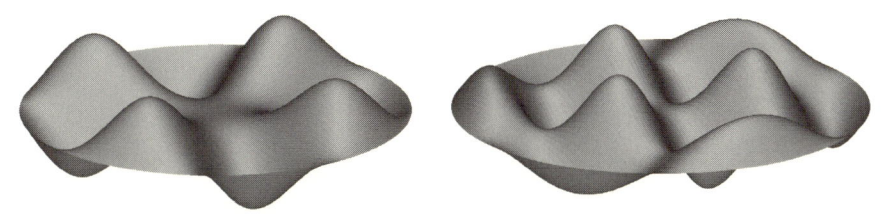

図8　円板の振動モードの見取り図

像1)ができる．同様に2回目の反射で，虚像1の虚像（虚像2）ができ，観察者からは物体が虚像2の位置に見える．物体の位置や光線の方向が変われば，いろいろな面で反射しながら多数の虚像が発生し，最終的に観察者からは，図9(b)のように模様が周期的に埋めつくされたように見える．

この万華鏡はふつう正三角形であるが，ここでは少し遊んで，正多角形の万華

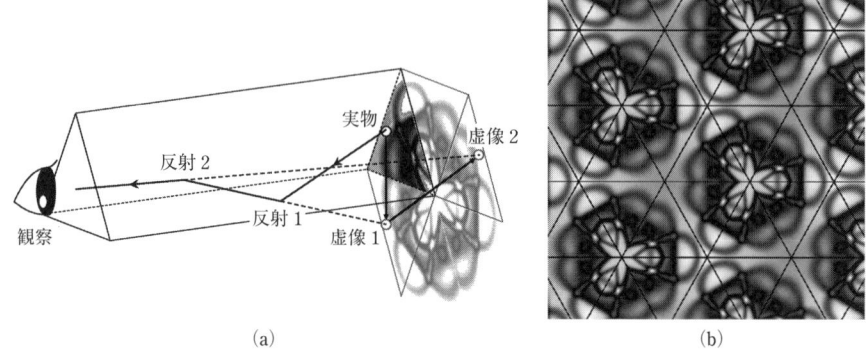

図9 正三角形の万華鏡の原理(a) と見える模様(b)

鏡を紹介する．

図10は，正方形，正五角形，正六角形，正十角形，正二〇角形，そして円形の万華鏡の見え方を表している．平面を隙間なく埋め尽くすことができる正方形は，正三角形と同様，模様が綺麗に並んでおり，一方，埋めつくすことができない正五角形などは，ところどころ模様が切れていることがわかる．ここでおもしろいのが正六角形(図10(c))で，もともと隙間なく埋めつくすことができるのに，たとえば辺AXなど，上下で模様がつながっていない．これは，点ABCを含む実物の正六角形に対し，点Xは，左側の模様では点Cの虚像，左上の模様では点Bの虚像となり，同じ点Xでも元の点が異なるためである．正十角形，正二〇角形と辺が増えていくと，こういった模様の切れ目も，周方向に細かくなる．最終的に円形になると，中心から離れるほど，中央の模様が周方向に引き伸ばされたようなおもしろいかたちとなる．

そのほか正多角形を利用した反射現象には図11に示すコーナーキューブもある．すべての面が正方形の鏡からできていて，真正面から見ると，図11(b)のように立方体の角が，正六角形による平面埋めつくし模様を見せるように周期的に並んでいる装置である．

このコーナーキューブは，来た光をまったく正反対の方向に反射するおもしろい特性をもっている．図11 (c) はコーナーキューブの要素であるXY面・XZ面・YZ面の三つの鏡での反射の様子を表している．光線Aは，まずX軸に垂直

III • 4 多角形に見る ⑧　　　287

(a) 正方形　　(b) 正五角形　　(c) 正六角形

(d) 正十角形　　(e) 正二〇角形　　(f) 円形

図 10　正多角形の万華鏡

(a)　　(b)　　(c)

図 11　コーナーキューブ

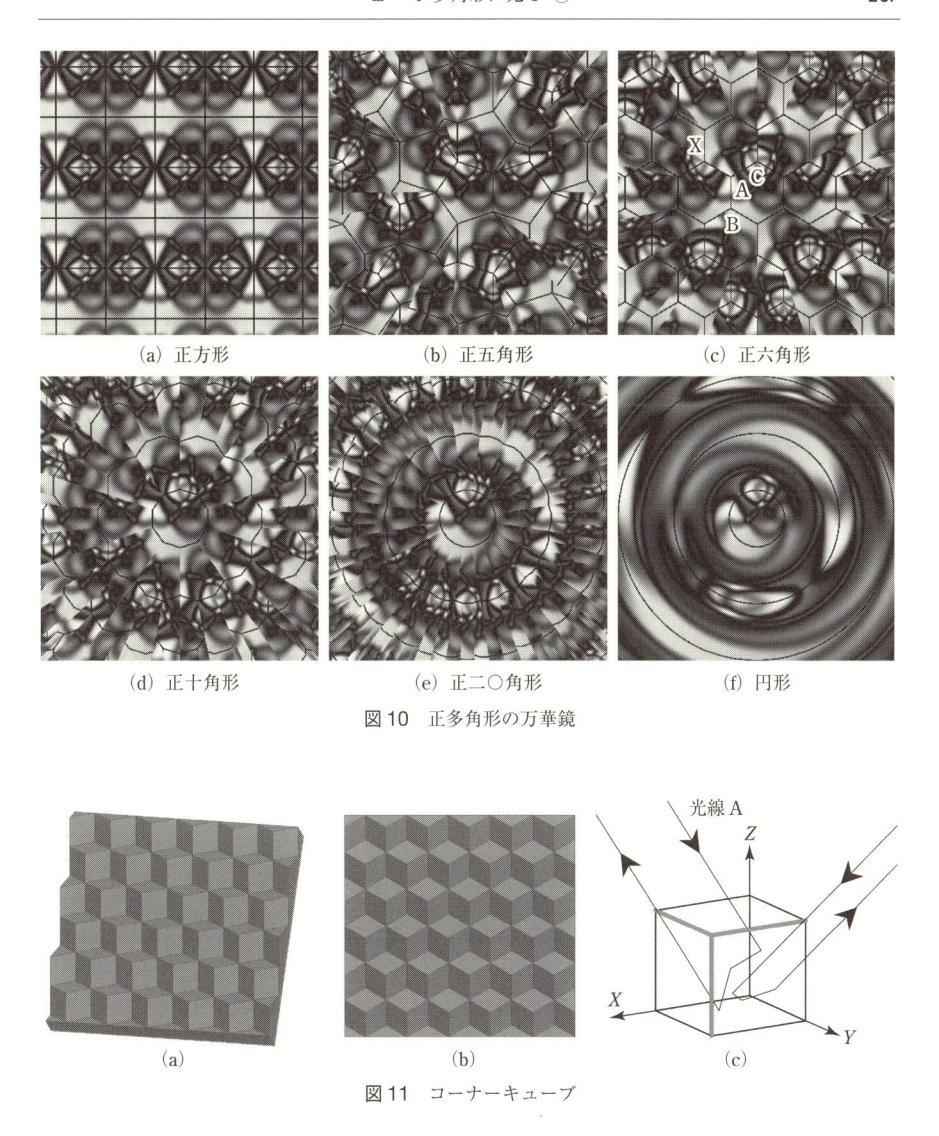

な YZ 面で反射し，光線の向きの X 成分のみ逆転する．ついで XZ 面の反射で Y 成分が，XY 面の反射で Z 成分が逆転し，最終的に X, Y, Z の3成分とも逆転するため完全に正反対の方向に光が戻る．

　実は，車のヘッドライトの光を運転手に戻すため視認性が良いので，ガードレールなどの反射鏡として広く用いられている．正多角形が人の命を救う例かもしれない．

[塩崎　学]

番外編

七角神巡り（髙木隆司）　290
ピタゴラス襲来（宮崎興二）　294
漱石，お前もか（細矢治夫）　296

七角神巡り

　平面を同形同一サイズの正多角形で敷きつめることは，正三角形，正方形，正六角形に限って可能である．正五角形の場合は，他の多角形を混ぜれば可能になる．これは，アルブレヒト・デューラーやヨハネス・ケプラーがすでに試みている．ところが，正七角形と他の多角形を混ぜて平面を敷きつめることは，筆者の知る限り見たことがない．ここで，その一例として筆者が最近試みたことを紹介しよう．

●**星形七角形のタイル**　動機は，2005年ごろ，ウズベキスタンの古都サマルカンドの博物館で展示されていた，図1に示すような星形七角形のタイルを見たことである．多少欠損した部分もあるが，表面に描かれた花柄模様から7回対称性をもつことはまちがいなかろう．博物館ではこの1枚だけが展示されていて詳しい説明は何もなかったので，他のタイルとあわせて敷きつめがなされたのかどうかは不明である．以下では，ふつうの（星形でない）正七角形に他の多角形を組み合わせることにより可能になる敷きつめについて考えよう．もちろん，ここで示すもの以外に多くの可能性があるだろう．その探検は，興味をもたれた読者にゆだねることにしたい．

図1　星形正七角形のタイル（サマルカンドの博物館にて，筆者撮影）

●**正七角形と5角形による敷きつめ**　正七角形6個を並べて閉じた輪を作ると，その内部に凹部をもつ8角形が現れる．これにより近似正七角形と8角形による敷きつめが可能といえるが，見た感じはあまり美しくない．そこで，8角形を2等分して，図2(a) に示すような正七角形と5角形による敷きつめと見なすことにしたい．ここに現れる5角形は，正五角形ではなく少しゆがんでいる．頂角の計算はむずかしくないので，読者に任せよう．

　図2(a) に示したものは，周期的な敷きつめであるが，実は非周期的な敷きつめも可能である．それに触れる前に，図2(b)に示すように，6個の正七角形の輪を，それらの中心をつないでできる6角形で置き換えて表現することを提案しよう．図中の角度は，$\alpha = 6\pi/7$，$\beta = 4\pi/7$ である．すると，(a) に示した周期的敷きつめは，(c) のように6角形の敷きつめとして表現することができる．ここで，6角形の各頂点には，α の角が1個，β の角が2個集まっていることを注意して

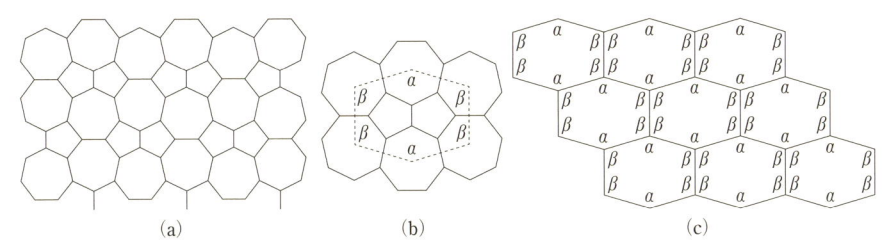

図2 (a) 正七角形と5角形による周期的敷きつめ，(b) 敷きつめられた正七角形の中心でできる輪の6角形表現，(c) その6角形による敷きつめの表現

おく．

● **正七角形と5角形による非周期的敷きつめ** 図2(c)では，6角形が常に同じ姿勢になるように並べた．一方，それらの各頂点に α，β がそれぞれ1個，2個集まるようにできれば，6角形の姿勢を変えてもよい．図3はその例である．図2(c) に示した場合と同じ姿勢をとる列をA列，異なる姿勢をとる列をB列と名づけた．すると，A列もB列も，その隣にA列B列のどちらが来てもよいので，その並べかたによって，たとえばABABを繰り返す周期的な配列，ABABBのように繰り返しのない非周期的な配列がどちらも許される．こうして，正七角形と5角形による敷きつめは，周期的なもの，非周期的なもののどちらも可能となる．

なお，非周期的といっても，図3の矢印の方向には常に周期性が保たれる．ここで，平面上のどの方向でも非周期であるような敷きつめが可能かどうかという問題が生じる．しかし，これはむずかしそうなので，まだ検討していない．少なくとも，図2(b) の6角形を配置する方法に基づく限り，それは不可能ではないかと思われる．

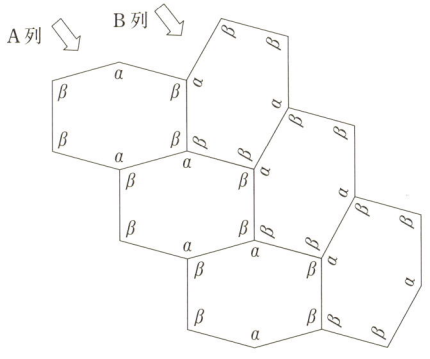

図3 非周期的な敷きつめをするための準備：A列では6角形が図2(c) と同じ姿勢をとり，B列ではそれと異なる姿勢をとる

● **7回以上の素数回対称性をもつ文様** 正七角形にこだわっているうちに，写真集などで7以上の素数にかかわる回転対称性をもつ文様が目につくようになった．それらのいくつかを以下に紹介しよう．なお，器物がもつ回転対称性の種類によって分類しながら示すのが合理的であろうが，紙面の見栄えを考えると器物の種類によって分類する方がよいようだ．以下は，その方式で紹介していく．

中央アジアの日用品の装飾文様として，7回対称性と17回対称性をもつ例を図4に示す．どちらも，出典はウズベキスタンの書物である[1]．

奈良の古い寺院の軒瓦には，6回や8回対称の文様をもつものが多いが，たまに7以上の素数の回転対称性をもつものもある．図5にその例を示す．(a)の瓦を出土した坂田寺は，かって明日香村にあり，現在はその跡だけが残っている．また，ある百貨店で染色用の伊勢型紙の展示

(a) 鳥の模様の皿　　(b) 盆 (11世紀)
図4　中央アジアの食器

を見ていたときに，偶然にも図6に示すような11回と13回対称性をもつ模様を見つけた．その中で下側の花は11回対称性をもつ．上側の花には，白い花弁が，外側に8枚，内側に13枚ある．

図7には，コインの周辺のかたちが素数の回転対称性をもつ例を二つ示す．特にイギリスのコインは，7本の辺が直線ではなくルーローの曲線（ルーローとは，このかたちを考案した技術者の名前である．詳しくは『曲線多角形』（Ⅰ・4②）参照）になっている．この外周を平行な2本の直線ではさむと，その間隔が常に一定になるため自動販売機にも使える．図8は，ライプツィヒ市のショッピングモールにあるガラスドーム内の床であり，中央の金属板のまわりに17回対称性をもつように敷石が置かれている．この金属板には，ガラスドームの天井が写っている．また，金属板の中央には，ガラスドームを横からに見た姿らしい線刻がなされている．

(a)　　(b)
図5　(a) 坂田寺の軒瓦 (7回), (b) 飛鳥寺の軒瓦 (11回)（文献[2]から筆者模写）

図6　伊勢型紙（部分）：上の花には8回と13回対称性，下の花には11回対称性がある（筆者撮影）

●**素数多角形の謎**　昔のデザイナーたちは，なぜ7以上の素数をもとにした回転対称性を選んだのだろうか．ピタゴラスの時代から，素数の存在はすでにわかっ

図7 コインの回転対称性：(a) イギリスの50ペンスコイン (7回), (b) 米国のスーザン・アントニーの1ドルコイン (11回) ((b)は文献3)から筆者模写)

図8 ライプツィヒのガラスドーム内の床の敷石 (17回) (文献[3])から筆者模写)

ていたはずであるが，このような素数をもとにしたデザインをもつ器物はそれほど多くはない．問題は7以上の素数から美しいものが生まれるかどうかであろう．ここで，「美しい」の意味は，この言葉が「いつくしむ」から来ているという説があるように，一般には「馴染みやすい」と解釈しておくのが無難と思われる．では，素数をもとにしたデザインは馴染みやすいであろうか．3や5という小さな素数であれば，確かになじみやすい．ところが，7以上の素数となると，身近かにも自然の中でも簡単に見つからないので，決して馴染みやすくはない．松ぽっくりにはヒマワリらせんと呼ばれる8本や13本の，黄金比に関係するフィボナッチ数といわれる数を見せるらせんが見られるが，これは回転対称にはなっていない．

素数でない大きな数の場合，たとえば12や16などは，この数の要素を円周上に並べた場合，中心を挟んで向かい合う点が並ぶ反転対称性がすぐ見えるし，その点を3個や4個のグループに分けて見ることもできるので，比較的馴染みやすいといえるだろう．やはり，7以上の素数を用いることはかなりの冒険だったのではなかろうか．数学が得意な買い手，あるいは好事家や変わり者にアピールしようとしたのかもしれない．

ついでながら筆者は13回対称の文様を探すのに苦労した．図6の伊勢型紙が，私がもっている唯一の資料である．読者が他に好例をご存知であれば，ぜひ教えてほしい．ところで，13という数は嫌われるのであろうか．キリスト教徒ならそれもわかるが，アジアでもなかなか見つからないのはなぜだろうか．

なお，ここで引用した文献3)の『美しい幾何学』は，カラフルで美しい幾何学図形に満ちていて楽しい本である．いちど手にとって見ることを勧めたい．

［高木隆司］

1) ガリーナ・プガチェンコーワ『中央アジアの傑作』ガフラグリャマ社（ウズベキスタン, 1986）(書名ほか和訳) / 2) 奈良国立文化財研究所-飛鳥資料館『古代の形―飛鳥藤原の文様を追う』関西プロセス社 (2005) / 3) Eli Maor & Eugen Jost "Beautiful Geometry", Princeton University Press (2014)（高木隆司監訳『美しい幾何学』丸善出版, 2015）

ピタゴラス襲来

　紀元前6世紀ごろ，古代ギリシアのピタゴラスは，同じかたちの正多角形ばかりで平面を埋めつくすパターンには正三角形，正方形，正六角形を使う3種類しかないことに気付いていた．これを正タイル貼りあるいはピタゴラスのタイル貼りという．このタイル貼りが鎌倉時代の蒙古人よりまだずっと前に日本へ襲来していた．

●**江戸時代前**　昔からの日本では，正タイル貼りは，鱗紋，碁盤目，亀甲紋などといった愛称で個別に愛用されたようで，ピタゴラスから千年後の古墳時代の北九州に多い装飾古墳は，絢爛豪華に彩色された3角，4角，6角で壁面は埋めつくされている（図1）．それだけに日本文化が飛鳥・奈良時代に花開くと同時に，正タイル貼りが，壁紙や衣装などの模様として，図形的な意味とは別に自由自在に使われたであろうことは，現代に伝わる伝統模様からも容易に想像できる（図2）．奈良の談山神社で室町時代から続く嘉吉祭では，彩色された米粒を豪華な模様で積み上げた供物が供えられるが，そこにしばしば正タイル貼りが姿を見せる（図3）．

碁盤目（熊本・チブサン古墳）　　鱗紋・亀甲紋（福岡・王塚古墳）

図1　装飾古墳に見る正タイル貼り

鱗紋　　碁盤目　　亀甲紋

図2　伝統的な布模様

図3　奈良・談山神社の嘉吉祭に見る正タイル貼り

●**江戸時代後**　やがて伝統文化の中心は江戸に移る．同時に日本独特の数学である和算が生まれいろいろな多角形に関する問題が作られたが，なぜか正タイル貼

りには関心がもたれなかったようである．

その一方で戦国時代から支配者層の間で愛用されてきたきわめて幾何学的で正タイル貼りそのものを見せることもある家紋が，庶民の間でも使われるようになった（図4）．江戸町火消しの半纏(はんてん)の柄はその家紋を引き立てている（図5）．

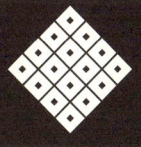

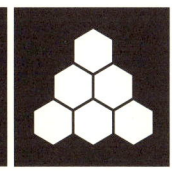

そのほか，江戸小紋，江戸切子などといった江戸職人自慢の繊細な工芸品には，美しさを求めてというより工作上の制限もあって，江戸時代前の古都には見られなかったほど豪華な正タイル貼り模様が豊富に見られる．それに影響されてか，古都でも非幾何学的な和風美を誇る場所を，幾何学的に整理された巨大な正タイル貼りで飾って存在感をアピールすることもあったようで，その伝統は現代も続いている（図6）．

　　　　　鱗紋　　　　　碁盤目　　　　　亀甲紋
図4　正タイル貼りを見せる家紋

図5　江戸町火消しの半纏に見る正タイル貼り

　鱗紋を見せる三十三間堂の釣鐘　　碁盤目を見せる東福寺庭園　　亀甲紋を見せる角屋床板
　　　　（現代）　　　　　　　　　　　（現代）　　　　　　　　（江戸時代初期）
図6　京都に見る派手な正タイル貼り

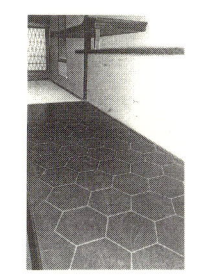

しかし明治維新を迎えるまで，正タイル貼りについての，3種類しかないとか，鱗紋と亀甲紋は互いに頂点と多角形を置き換えた双対関係にある，などといった幾何学的意味に気づかれた形跡はない．ここには，幾何学図形を使いながらも幾何学にうとかった，といわれる伝統的な日本人の気質が現れているようである．

［宮崎興二］

漱石，お前もか

　多角形，特に正多角形は，どちらかというと文学の正反対にある数学に近い領域に置かれることが多い．したがって，もし多角形と文学が結び付けば，それは水と油が溶け合うことを意味する．この奇妙な現象が実はときどき有名小説の中で起こっている．

●八木節　文学の素地の一つは庶民の間に伝わる民間伝承にある．その民間伝承の一つである盆踊り歌として有名な，栃木県足利市の八木にその名を由来する八木節は，

　　♪ハアー，ちょいと出ました三角野郎が
　　四角四面の櫓(やぐら)の上で
　　音頭とるとはおそれながら
　　国の訛りや言葉の違い
　　お許しなさればオオイサネー♪

という歌詞で日本中に知られている．一部の歌詞の違いや，この歌の発生と伝承については諸説があるが，ここではそれに目をつぶり，3角と4角にこだわりたい．

　まず，「三角野郎」とはどういう男か．国定忠次という説もあるが，インターネット上のいろいろなつぶやきの方がおもしろい．どこででも，誰に対しても角(かど)をたててトラブルを起こしそうな武骨な男性のことを指すとか，義理を欠く，人情を欠く，恥を掻くの「三かく」だというシャレもある．

●二葉亭四迷・坪内逍遥　「四角四面」は，二葉亭四迷が「浮雲」（1887-89）で，
　　「お勢の前ではいつも四角四面に喰ひしばって…」

のようなかたちで使っていて，それが現代にも続いている．物事を何でも堅苦しく考え，融通がきかないとか，規則通りで例外を認めない，という感じである．しかし，数学的に考えると，4面体というのは3角形が4枚というものしかないので，「四角四面」という幾何学的物体は存在しない．それを知っている者にとっては悩ましいことではある．

　その悩みを抱えてかどうか，二葉亭四迷は「平凡」（1907）で，
　　「やあ，僕の理想は多角形で光沢があるの，やあ，僕の神経は錐の様に尖がって来たから…」

のように，「多角形」を作品の中で使いこなしている．

　多角形となると3角と4角の次の5角や6角も出てきそうであるが，そうはうまくいかず，5や6については，ふつうは数字遊びの対象になる．現代の日常生活の中でも，

　　「四の五の言わずに，さっさとやれ．」

というような乱暴な口利きをする人もまだいるであろう．「四の五の」イコール「つべこべ」である．

坪内逍遥の「当世書生気質」（1885）には，主人公の野々口清作のだらしない生き方を
> 「質に鉢を入れ，苦に渋を重ねる．」

というシャレた表現で描写しているところがある．

●**織田作之助** 数字遊びがはやる一方で「多角形」という言葉の意味を正しく理解して忠実に使っていたのが織田作之助である．たとえば「郷愁」（1946）では，
> 「現実を三角や四角と思って，その多角形の頂点に鉤をひっかけていた新吉には，もはや円形の世相はひっかける鉤をも見失って…多角形の辺を無数に増せば，円に近づくだろう．」

と書き，「夜の構図」（1946）では，
> 「人間を円にたとえてみれば，われわれはたいていの場合，この円を多角形に歪めて考えることが多い．多角形の辺を増せば円に近づくごとく，…」

という．極め付きは，「文楽的文学観」（1943）である．旧題名はさらに凝っていて「多角形的小説の流行−小説の思想と小説の中の思想」というものだった．その中で，
> 「しかしいくら小説の中にある思想を引き出しても，それで小説を語りえないのは，たとえてみれば，多角形の辺を無数に増しても円にしようとする努力と同じである．小説の思想というものはいうならば，小説という第二の自然，あるいは第二の人生の独自の世界を作ろうという思想である．だからかなる思想もこの中に包含し得る．つまり円がいかなる多角形をも包含し得るというのと同じだが，多角形は円ではない．ところが最近の文学界を見ると極めてややこしい形をした多角形的小説が横行している．…多角形，即ち小説の中にある思想が，しっかりしたものであるならば…」

などと書いている．

●**平林初之輔・中里介山** 織田とほとんど同じように，平林初之輔は「探偵小説壇の諸傾向」（1920年代）という評論の中で，
> 「…非連続的であり，多角的である．円を描くのにコンパスを用いないで，どこまでも多角形の角の数を増していって円に近づこうとするといった風である．」

のように正しく理解をした使い方をしている．

びっくりするのは「大菩薩峠」（1913–41）の中里介山である．この 43 巻に及ぶ未完の大作の中の「年魚市の巻」で，ある登場人物が即興の歌を歌うのだが，その中の文句に，
> ♪その理屈を知る前に皆さんは，三角形の内角の和は常に百八十度であるということと，多角形の外角の和は常に三百六十度であるということを，知っておかなければなりません．♪

などという，たいていの人が忘れてしまっている数学の定理が出てくる．著者はよほど数学好きなのか，あるいは何かのトラウマに捕われているのか，どちらかだ．

調べてみると，題名に「多角形」が入っている小説は案外多いようだ．日影丈吉という探偵小説作家（1908-91）が1986年にそのものズバリの「多角形」という表題の「探偵小説」を書き，今でも徳間文庫に収録されている．その内容のどこが多角形なのか説明が難しいが，日本人の作品としては，これより古いのは見つからない．この翌年には，綾辻行人の「十角館の殺人」という推理小説が出たが，これは多角形に詳しい犯人の巧みなトリックがかぎとなっている．

外国人ならば，これより古く韓国の李光洙の「愛の多角形」(1930)やアルジェリアのカテブ・ヤシーンの「星の多角形」(1966)などの作品があるが，残念ながら中身はわからない．

しかし最近になると，男女の恋愛の「三角関係」をさらに広げた「多角関係」の意味での「多角形」という言葉が，アニメや漫画の世界にも浸透してきているようである．

●夏目漱石　現代の文学界の探索はこれぐらいで止めて明治の時代に逆戻りすることにすると，何といっても夏目漱石に目が向く．

漱石が，数学や物理学などに興味をもつだけでなく，かなり正確な知識をもちあわせていたらしいということは，デビュー作の「我が輩は猫である」から十分にうかがえる．

苦沙弥先生の家にしょっちゅう出入りする物理学士水島寒月が，「首縊りの力学」という学術論文の発表を「理学協会」でするので，その練習を聞いてアドバイスがほしいと，もう一人の食客である美学者の迷亭と苦沙弥先生に頼みこんだ．そのやりとりの一部をそのままここに紹介する．

「『さて多角形に関する御存じの平均性理論によりますと，下のごとく十二の方程式が立ちます．$T_1 \cos a_1 = T_2 \cos a_2 \cdots\cdots$ (1) $T_2 \cos a_2 = T_3 \cos a_3 \cdots\cdots$ (2) $\cdots\cdots$』『方程式はそのくらいで沢山だろう』と主人は乱暴なことを言う．」

漱石は小説の中に物理の数式をそのまま持ち込んでいるのだが，肝心の「平均性理論」が何を意味するのかは永遠の謎である．しかし，西洋の絞首刑の歴史についての問答が，この後数ページにわたって続くのだから，漱石もかなりこの問題に気持ちを入れ込んでいるのである．

数日後，この寒月の口から

「私の証拠立てようとするのは，この鼻とこの顔は到底調和しない．ツァイシングの黄金律を失しているということなんで，それを厳格に力学上の公式から演繹して御覧に入れようというのであります．先ずHを鼻の高さとします．a は鼻と顔の平面の交叉より生ずる角度であります．Wはむろん鼻の重量と御承知下さい．どうです大抵お分かりになりましたか．…」

のようなセリフを発しさせているのだが，黄金律（黄金比のこと）や変数の文字の選択など，自分の理数系の知識の深さにかなりの自信がなければ，この駆け出しの文学者が書けるはずがない．さらに，

「今もある実業家の所へ行って聞いて来たんだが，金を作るにも三角術（三角法のこと）を使わなくちゃいけないというのさ——義理をかく，人情をかく，恥をかく　これで三角になるそうだ面白いじゃないかアハハハハ．」

という別の客人の台詞もある．冒頭に紹介した「三かく」情報の出所は漱石だったようである．

さらに，

「元来円とか直線とかいうのは幾何学的のもので，あの定義に合ったような理想的な円や直線は現実世界にはないもんです．」

などという寒月の啖呵(たんか)にも脱帽である．

漱石のこの「幾何学」に対する親近感はゲーム好きにまで広がっている．「猫」の後の方で，主人公の我が輩が洗湯の窓から混雑した風呂場(せんとう)を眺めて悪口をつぶやく場面があるが，そこで，流し場にいる男の背中の灸の跡の形容に何と「十六むさし」（図1）を引き合いに出しているのである．

「猫」の次に書かれた「三四郎」は新聞の連載物として挿絵つきで登場する．ただし，残っている挿絵から推し量ると，相棒の挿絵画家との打ち合わせがきめ細かく行われたとは思われない．たとえば，第57回の「六の二」の挿絵を図2に示す．何と右半分は正七角形のような顔をしているが，左右の対称性がくずれて，全体は八角形になっている．その中には鋤(すき)のようなもので地面を掘っている農夫の姿が描かれているのだが，本文とは何の関係もなさそうだ．

といっても，この絵は，多角形と文学の関係を象徴しているようである．明治も終わろうとしているころの小説の挿絵にこんな多角形が入ってきたのは，おそらく漱石の数学好きが呼び寄せたものであろう．　　　　　［細矢治夫］

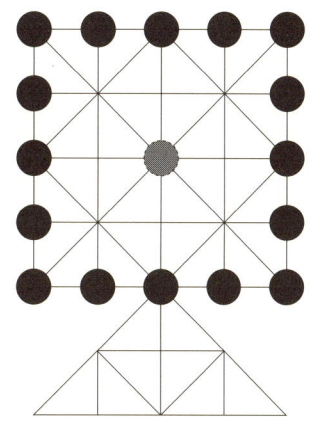

図1　十六むさし

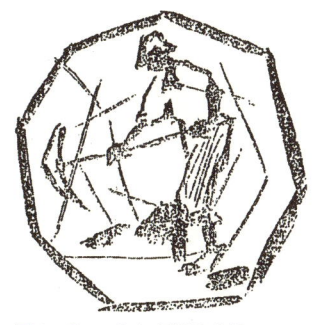

図2　「三四郎」新聞連載第57回の挿絵

📖　インターネットの電子図書館「青空文庫」

事項索引

(※索引語のページ数は各項目の初出箇所のみ掲載)

●欧文

DNA　262
IVYパズル　154
n 回回転対称性　74
n 角竪穴式住居　229
n 角形　70
n 数性　244
n 人麻雀　116
n 方陣　146
ORI-REVO　25
RNA　262
TLV鏡　204
VSEPR　270

●あ

亜鉛・マグネシウム・ジスプロシウム準結晶　278
アカサンゴ　256
空角の法　226
飛鳥寺　292
アステロイド　58
アズレン　264
阿智神社　113
アバロン　122
アバンデ　122
アブストラクト・ボードゲーム　122
アブラナ　243
アミミドロ　248
編目　28
アメリカ国防総省　238
アラベスク　161
アルキメデスのタイル貼り　156
アルキメデスの筍　150
アルバ・ユリア　235
アルミニウム・マンガン近似結晶　279
アルミニウム・リチウム・銅準結晶　278
アルメイダ　235
アンチケクレン　265
アンモナイト　31

●い

イカ　255
井桁　194, 206
囲碁将棋盤　118
伊佐爾波神社　111
石取りゲーム盤　133
出雲大社　222
伊勢型紙　292
伊勢神宮　204
イソギンチャク　255
遺題承継　113
井筒　194
一白水星　203
胃　250
陰　200, 204
インターネット図書館　88

●う

ヴァザルリ錯視　215, 219
ウイルス　248
ヴェシカ・パイシス　51
ウェブ百科全書　88
ヴォロー　122
ウシ　249
渦巻き錯視　220
渦巻タイル貼り　173
宇宙の象徴図形　80
ウニ　254
ウミシダ　255
ウミユリ　254
ウラノセン　264
鱗紋　294
上絵　193
上絵図法　194
宇和島城　226
上向き星形正五角形　213

●え

鋭角三角形　82
鋭角二等辺三角形　71
　――の切手　6
鋭角不等辺三角形　71
鋭三角　82
易経　202
エッシャーの滝　212
エッチ・ピット　280
江戸町火消　295
絵馬　206
塩化アルミニウム　270
燕几図　151
円　77, 286
円弧多角形　56
円周率(和算)　105
円錐の折り畳み　32
円錐のらせん　30
円筒の折り畳み　33
円筒のらせん　30
円の幾何学　77
円板の振動モード　285
エンレイソウ　243

●お

オイラーの公式　87
王家の谷　123
黄金鋭三角形　82
黄金三角形　82, 180

黄金色藻類　256
黄金長方形　76, 178
黄金鈍三角形　82
黄金比　21, 76, 82, 108, 174, 178, 242
　　——と正三角形　77
　　——と正方形　76
黄金菱形　276
生石神社　113
凹多角形　71
凹多辺形　71
王塚古墳　294
黄鉄鉱　272
大きさを変える多角形　214
大阪城　226
大中遺跡公園　229
オクトナリウム　256
オセロの多角形化　120
鬼洋蝶　10
重りの軌道　283
折り紙　14, 22
折紙作図　17
折り畳み　34
折り畳み模型　26
折りの公理　19
折りの操作　19
折れ線風多角形　56
鬼凧　11
陰陽道　123, 201

●か
開式新法　111
回転渦巻タイル貼り　172
外転高トロコイド　58
外転サイクロイド　57
外転サイクロイド風多角形　57
回転操作　66
回転対称性　72, 74
外転低トロコイド　58
外転トロコイド風多角形　58
カイト　10
海洋生物　254
カイロコリドール　123

カイロのタイル貼り　166
カオスタイル　124
化学種　266
鏡　204
ガクアジサイ　244
核酸塩基　262
角術　104
角柱　64
角中径　104
角度錯視　218
角の三等分折り　18
額縁ダイセクション　48
影のある多角形　215
籠目　207
風車　23
傘状パターン　54
傘の錯視　218
カージオイド　57
カステレット城　234
傾き錯視　220
カタンの開拓者たち　124
桂離宮　231
価電子殻対反発原理　270
カドミウム・イッテルビウム準結晶　276
カフェウォール錯視　220
神の目　76
亀の甲　258
亀の子モジュール　28
家紋　75, 192, 295
花紋折り　23
カヤツリグサ　246
カラー・シンメトリー　74, 142
カラーマッチングパズル　142
　　——(三角形版)　142
　　——(四角形版)　143
川崎定理　24
変わり数陣　149
変わり方陣　147
完全四方陣　149
完全情報ゲーム　128
完全魔方陣　147

坎　200
カンタベリー・パズル　47

●き
規　108
祇園祭　233
キキョウ　244
菊酸　260
規矩術　53, 109
疑似周期的タイル貼り　161
疑似正多角形タイル貼り　160
鬼子母神　232
奇数角形古建築　226
熙代勝覧　195
北野天満宮の算額　113
亀甲紋　294
切手　6
切手多角形方陣　9
切手八方陣　9
キツネノテブクロ　242
キーニクラスター　267
キモスフィア邸　240
逆正三角形(切手)　6
キャベツ　242
九角三重塔　228
九角灯籠　231
求角面　105
九紫火星　203
九星　202
キューブ・ハウス　240
鏡映軸　74
鏡映対称性　72, 74
京のへそ石　224
曲線多角形　2, 54
キリンの割れ目模様　250
畸零面　104
近似結晶　278
近似作図　51
近似正十三角形　52
近似的正六角形分子　269
金属比　78
キンモクセイ　243

事項索引　303

●く

矩　108
釘貫　153
九字　206
組討の武者　208
クモの網　252
クモの巣　251
クモの巣錯視　218
九曜紋　192
クラゲ　255
グラスホッパー　132
クラスリン　248
グラファイト　245
グラフ理論　86
グラン・アルシュ　237
ぐるぐる錯視　221
グローカルヘキサイト　124

●け

形状記述法　66
形成層　246
ケイレス　132
　　——のピン配置　132
ケクレン　263
血管系　250
結晶　272
　　金属——　273
　　鉱物——　272
　　ゲームの多角形化　118
ケルン/ボン空港　239
乾　200
けんか凧　10
研幾算法　108
研究交流サービス　90
原子クラスター　277
　　——空間配置　277
県章　190
弦の振動モード　283
見聞諸家紋　193

●こ

語彙頻度検索　89
コイン　2

——の回転対称性　293
五員環　261
鈎股弦　113
高トロコイド　58
口内保育魚　253
公務員試験問題　102
高野山根本大塔　225
五黄土星　203
五角米つき堂　227
五角地蔵堂　227
五角数　80
五角数陣　149
五角タイル貼り　166
五角竪穴式住居　229
五角亭　226
五角灯籠　231
五角升の法　227
五行　202, 206
黒鉛比　79
国際三人将棋　118
黒石寺　205
黒点　215
国立情報学研究所　89
五子十童圖　210
五重塔　232
五数性　244
コスモス　244
国旗　186
五頭十体像　209
コーナーキューブ　286
五人十人　210
五人麻雀　116
木島神社　230
コパー比　79
碁盤目　294
護符　204
五方陣　147
五芒星　107, 148, 186, 206
五目並べ　120
コランニュレン　245, 261
五竜神　124
五稜郭　234
五輪塔　232
コロネン　245, 263

坤　200
艮　200
コンタクティック　125, 129
コンヘックス　125
コンマ形の対称性　74

●さ

サイクロイド風多角形　56
坂田寺　292
サカナの縄張り　252
酒枡　103
酢酸白金四量体　269
錯視図形　218
錯視多角形　214
錯体　260
サザエの蓋　30
サッカーボール形　87
　　——の回転対称性　87
　　——のシュレーゲル図　87
佐野厄除け大師　226
サルフラワー　265
三員環　260
三塩化レニウム　268
算額　110
三角井戸　232
三角関数　60, 92
三核クラスター　267
3角形　71, 140
　　——分子　270
三角格子　156
3角錐分子　271
三角数　80
三角数陣　149
三角亭　226
三学堂　228
三角灯籠　231
三角縁神獣鏡　204
三角万華鏡　140
三角野郎　296
算木　200
サンゴ　255
　　——の骨格　252
3次元CG多角形　66

事項索引

三斜三円術　110
三斜四円術　110
三重結合　258
三十三間堂釣鐘　295
三周七星陣　148
三重像　209
三重塔　232
三四郎の挿絵　299
三水素陽イオン　267
三数性　244
算爼　105
三頭七体童図　208
三人将棋　118
三人麻雀　116
三ハロゲン化ホウ素　271
三フッ化ホウ素　270
三碧木星　203
算法闕疑抄　106
算法助術解義　109
三方陣　146, 206
算法天生法指南　107
サンマ　116
三面図　67
三楽亭　228
三羽のうさぎ　208

●し

シアヌール酸　270
ジェムブロ　125
塩竈神社　113
4角形　71
　──分子　268
四角四面　296
四角数　80
四角竪穴式住居　229
四角手水鉢　232
四角灯籠　230
四角有余　104
シクロオクタテトラエン　264
シクロブタジエン　260
シクロプロパン　259
シクロペンタジエニルアニオン　262

シクロペンタン　261
二黒土星　203
自己相似　30
自己双対　72, 162
下向き星形正五角形　213
七員環　264
7回回転対称タイル貼り　85
七角竪穴式住居　229
七角柱塔婆　233
七巧図　151
七星陣　148
七赤金星　203
七芒星　190
七面宮　228
七面堂　228
市町村章　191
七曜紋　192
七鈴鏡　204
十干　202
シブミ　125
四方陣　146
シム　128
　──のゲーム譜　129
ジャイナ教の刻文　147
社寺建築　222
十一曜紋　192
十員環　265
拾璣算法　104
周期的正多角形タイル貼り　160
周期的タイル貼り　156
周期的パターン　168, 175
周期模様風曲線　55
13回対称　293
17回対称　293
十二員環　265
十二角堂　225
十二支　202
十曜紋　192
十六むさし　299
十六角堂　225
竪亥録　104
樹皮表面の割れ目　251
手裏剣　13

シュレーゲル図　86
シュレーフリ記号　72, 156
準結晶　263, 272
　──のタイル貼り　170
準周期的パターン　174
準正タイル貼り　157, 164
焼香台　231
上皮細胞　249
上皮シート　249
四緑木星　203
シルエットパズル　36
シルバー比　78
震　200
新凱旋門　237
神具　204
塵劫記　105
新善光寺　227
振動　283
振動モード　283
神壁算法　110

●す

巣　251
スイセン　243
水素　266
数学専門百科　88
姿のない多角形　215
スクエア・イン・ザ・バッグ　136
図形形成ゲーム　131
図形の裁ち合わせ　36
ステンドグラス　139
ストマキオン　150
角屋床板　295
駿河凧　11

●せ

正一角形　72, 74
正 n 角形　72, 92
　──の近似作図　53
　──の対角線　92
　──の中心角　92
　──の内角　92
　──の内接円　93

事項索引

──の辺長　93
──の麻雀卓　117
正 n 角形風曲線　56
正奇数角形　82, 183
　──の菱形充填　183
正九角形
　1辺が与えられた──　52
　ヴェシカの中の──　51
　──以上の分子　265
　──入試問題　101
　──の県章　191
　──のコイン　4
　──の箸袋　109
　──を折る　19
正偶数角形　182
　──の菱形充填　182
正五角柱状蘇民将来　205
正五角柱道標　233
正五角形　82, 174
　1辺が与えられた──　52
　ヴェシカの中の──　51
　──（算額）　112
　──（和算）　106
　──井戸　232
　──敷石　226
　──入試問題　96
　──の折り方（和算）　109
　──の額縁　49
　──の風車　23
　──の切手　6
　──の県章　190
　──のコイン　3
　──の高密度充填　90
　──の最密充填　91
　──の作図　50
　──の作図（和算）　108
　──の縮小と拡大　174
　──の対角線　77
　──のダイセクション　39
　──の凧形による分割　176
　──の等脚台形による分割　176

──の二等辺三角形による分割　176
──のねじり折り　22
──の箸袋　109
──の菱形充填　183
──の非周期的連結　175
──の分割　176
──の分子　261
──の麻雀卓　117
──の万華鏡　286
──の紋　197
──の連結　174
──パズル　154
──パターン　174
──を折る　17
正三角形　71, 82
　1辺が与えられた──　52
　ヴェシカの中の──　51
　──（和算）　110
　──入試問題　94
　──の風車　23
　──の切手　6
　──の県章　190
　──の作図　50
　──の対角線　77
　──のダイセクション　36, 42
　──のねじり折り　22
　──の盤　118
　──の分子　259, 266
　──の麻雀卓　116
　──の升　118
　──の万華鏡　286
　──の紋　195
　──のらせん配置　179
　──を折る　14, 82
正三〇角形の対角線　90
正四角形
　──の折り畳み　34
　──の麻雀卓　116
　──の紋　196
正七角形　82, 290
　1辺が与えられた──　52
　ヴェシカの中の──　51

──入試問題　101
──の風車　23
──の切手　7
──の県章　190
──のコイン　4
──の最密充填　91
──の作図（和算）　108
──の数理　84
──の対角線　85
──の菱形充填　183
──の分割　84
──の麻雀卓　117
──の紋　197
──水がめ　232
──路盤　229
正十角形
　1辺が与えられた──　52
　ヴェシカの中の──　51
　──のコイン　4
　──の準結晶　274
　──の対角線　77
　──の万華鏡　286
正四面体　86
　──構造　268
正十一角形コイン　5
正十五角形
　──のコイン　5
　──の作図　50
正十三角形
　──のコイン　5
　──の作図　50
　──を折る　20
正十二角形
　──の折り畳み　34
　──の紙　24
　──のコイン　5
正十二面体　86
正十四角形コイン　5
星条旗　188
清少納言知恵の板　153
星陣　148
正タイル貼り　156, 294
　──の双対　162
正多角形　72

事項索引

―（和算） 104
―タイリング 90
―データ集 92
―ネット情報 88
―の化学種 266
―の額縁 49
―の紙 22
―の珪藻 256
―の作図 50
―の酒枡 103
―の充填 91
―の対称性 74
―のダイセクション 36
―の凧 12
―の頂点めぐり 139
―の包み込み 135
―の詰め込み 134
―の等分 138
―の中の菱形 197
―の箱 20
―の箸 103
―の比例 76
―の分割 137
―の分子 266
―の紋 198
―の連結 121
―の連凧 12
正多角形風曲線 54
篝竹 200
青銅比 79
清土鬼子母神 232
正二角形 72, 172
　　―折り畳み 34
正二〇角形（万華鏡） 286
正二〇面体準結晶 275
正八角柱状蘇民将来 205
正八角墳 205, 223
正八角形
　1辺が与えられた― 52
　ヴェシカの中の― 51
　　―入試問題 100
　　―の額縁 49
　　―の風車 23

―の紙 25
―の切手 7
―の県章 191
―のコイン 4
―の高密度充填 90
―の最密充填 91
―の対角線 77
―の凧 12
―の不正充填 91
―の分子 264
―の麻雀卓 117
―の御輿 233
―方位盤 202
―を折る 14
正八面体状モジュール 28
正方形 72
　1辺が与えられた― 52
　ヴェシカの中の― 51
　　―（算額） 111
　　―入試問題 94
　　―の風車 23
　　―の紙 22
　　―の切手 6
　　―の県章 190
　　―のコイン 3
　　―の対角線 77
　　―のダイセクション 37
　　―のバクテリア 256
　　―の八方陣 9
　　―の分子 260
　　―の万華鏡 286
　　―の御輿 233
　　―のらせん配置 178
正方格子 156
正星形の黄金色藻 256
晴明桔梗 107, 206
精要算法 112
正六角柱状蘇民将来 205
正六角墳 223
正六角形
　1辺が与えられた― 52
　ヴェシカの中の― 51
　　―（算額） 113
　　―入試問題 98

―の額縁 49
―の風車 23
―の紙 25
―の県章 190
―のコイン 3
―の対角線 77
―のダイセクション 40
―のねじり折り 22
―の盤 118
―の分子 263
―のベンゼン 258
―の麻雀卓 117
―の升 118
―の万華鏡 286
―の御輿 233
―の紋 196
―の六角陣 9
―を折る 15
赤鉄比 79
石幢 232
切頂正多角形 73
浅草寺宝塔 225
浅草寺六角堂 224
先天八卦図 201

●そ

双偶数 104
装飾古墳 294
双対 162
双対タイル貼り 162
双対パターン 170
双対半正タイル貼り 164
双対半正多角形 73
素数回対称性をもつ文様 291
素数多角形 292
蘇民将来 205
巽 200

●た

兌 200
太極 201
太極旗 201
太極図 75

事項索引　　307

台形　72
　——の切手　6
台形分割正五角形　176
第三の固体　263
対称2枚貼り折紙　26
体心立方構造　273
大石寺十二角堂　226
ダイセクション　36, 42, 48
ダイヤモンド形コイン　3
ダイヤモンドゲーム　126, 132
タイル貼り　156
　——の一般化　159
　——の切断変形　162
　——のねじり変形　163
互いに双対　162
多角数　80
多角数陣　149
多角らせん　178
多角形　70
　——（巨大分子）　248
　——（茎）　246
　——（細胞）　248
　——（残像）　217
　——（生物）　248
　——（生物社会）　248
　——（花）　242
　——（幹）　246
　——の額縁　49
　——のコイン　2
　——の凧　11
　——のチェス盤　118
多角形化　118
高御座　223
武田菱　197
タコ　255
凧　10
凧形　10, 72
凧形らせん配置　178
タコノマクラ　254
多重像　208
裁ち合わせ　36
竪穴式住居　229
畳紙　23

ダビデの星　132, 148, 186, 213
多辺形　70
多宝塔　225, 232
だまし絵　208
多面体　26
単位格子　272
単偶数　104
タングラム　36, 151
単結合　258
談山神社嘉吉祭　294
単純多面体　86
炭素　258
炭素原子　271
タンポポ　30

●ち

チェッカー　120
知恵の板　150
知恵の正多角形板　154
知恵の正方形板　150
チオフェン　265
逐索奇法　105
茅の輪　205
チブサン古墳　294
チャイニーズ・チェッカー　132
中・高等学校入試問題　94
中心つき四角数　81
中心つき多角数　81
中心つき六角数　81
中尊寺金色堂　222
チューリップ　243
蝶几譜　151
手水鉢　232
頂点　70
長八角形の切手　8
長方形　72
　——の切手　6
直角二等辺三角形　71
　——の切手　6
　——の紋　195
直角不等辺三角形　71
直弧紋鏡　204

●つ

筒形　26
剣　204
ツルバラ　242

●て

定位盤　202
ディステファヌス・スペクルム　256
低トロコイド　58
定幅曲線　2, 54
定和　146
デオキシアデノシン　262
手続き記述法　66
テトラアステラン　261
テトラクティス　80
デューラー配置　123
デルトイド　58
天円地方　204
天元術　112
電子対　270
天武・持統合葬稜　223

●と

塔　222
等角らせん　30
等脚台形　72
銅鏡　204
銅剣　204
塔婆　232
東福寺庭園　295
灯籠　230
時計数陣　149
閉じた多辺形　71
トックリラン　251
凸五角形によるタイル貼り　166
凸多角形　70
凸多辺形　71
凸でない多角形　71
トップイット　125
ドデカヘドラン　262
都道府県章　190

トポロジー的対称性　87
トライオミノス　125
ドラフツ　120
鳥居　230
鳥居観音三蔵塔　226
トリクロロイソシアヌール酸　270
トリケラチウム・ファヴス　256
トリケラチウム・レヴァレ　256
トリノアシ　255
トロピリウムカチオン　264
トロコイド　282
鈍角過小視　218
鈍角三角形　82, 140
鈍角二等辺三角形　71
　——の切手　6
鈍角不等辺三角形　71
鈍三角　82

●な

内角　70
内行花紋鏡　204
内接円　72
内転高トロコイド　58
内転サイクロイド　57
内転サイクロイド風多角形　57
内転低トロコイド　58
内転トロコイド風多角形　58
七金三パズル　21
ナフタレン　263
ナマコ　254
波　283
ナールデン　235
縄張り　252

●に

二塩化ホスホニトリル三量体　269
2角形　70
二重結合　258
ニッケル比　79

日光東照宮　231
二頭の犬　208
二頭の馬　208
二等辺三角形　172
　——の紋　195
　——のらせん配置　179
日本家紋総鑑　192
二面斜　104
ニンビ　133
　——の石配置　133

●ぬ

ヌフ・ブリザック　235

●ね

ネッカーの立方体　210
ねじり折り　17, 22
　——正三角形　16
　——正方形　17
　——正六角形　17
ネッカーの立方体　213

●の

野鶏頭　30
ノートルダム　126

●は

バガンの仏塔　181
白銀長方形　78
白銀比　76
函館五稜郭　226
箱虫類　255
箸　103
　——袋　109
バス・ハウス　237
長谷寺銅板法華説相図　223
はた　10
八角九重塔　223
八角五重塔　223
八角五重稜　223
八角三重塔　223
八角手水鉢　232
八角堂　222
八角灯籠　230

ハチの巣　252
八曜紋　192
白金クラスター　269
八卦　200
　——の作法　200
　——の2進数　200
八白土星　203
波動　284
　——モード　284
ハート貝　30
花柄パターン　54
花矢車　20
ハーマングリッド　215
バラ曲線　59
パラメータによる生成　66
バラモン凧　10
パリンプセスト　150
パルテノン　78
ハルマ　131
パルマノヴァ　235
半正十角形　73
半正タイル貼り　156
　——の関係図　165
　——の双対　162
盤　118
半正多角形　73
半正八角形　73
半正六角形　73
汎対角和　147
判断推理　102
半纏　295
反芳香族　260

●ひ

光の反射　284
菱形　72
　——による渦巻タイル貼り　172
　——による回転タイル貼り　173
　——の切手　6
　——のコイン　3
菱形三〇面体　276
菱形充填正多角形　182

菱紋　196
非周期的タイル貼り　168
非周期的パターン　169, 174,
ヒスチジン　262
ピタゴラス三角形　137
　　——の切手　6
ピタゴラスのタイル貼り
　　156, 294
ヒトデ　249, 254
一人麻雀　116
ヒノキチオール　264
ヒマワリ　30
　　——の小花　34
開いた多辺形　71
平織り　17, 23
ピラミッド形　87
ビワクンショウモ　249

●ふ

不安定な多辺形　214
フィボナッチ数　83, 293
フィボナッチ数列　76, 242
風車形　141
フェルマ素数　51
フェロセン　262
フォート・カレ　235
不可能な四角形　216
不可能な多辺形　211, 216
不可能立体　213
武鑑　193
不完全五星陣　148
複合正多角形　73
複合正八角形　73
複合正六角形　73, 186
二つ星の国旗　187
二人対戦型ゲーム　128
二人麻雀　116
不等辺五角形(和算)　108
不等辺五角形の切手　7
不等辺四角形　72
フラーレン　245, 262
プランクトン　256
振り子　282
振り子運動　282

ブール演算　62
フレーム化　69
ブロックス　126
ブロンズ比　79
分子　259, 266
分度余術　112

●へ

平行四辺形　72
　　——の切手　6
平行対称性　168
米国数学学会　91
平中径　104
平中率　112
ペイローヌ塩　271
ヘキサベンゾコロネン　263
×印　207
ヘックス　126, 129
ヘックス数　81
ヘックス盤　119
ヘックスボード盤　129
ヘッケルの海洋微生物図
　　257
ヘテロ環　262
ヘテロ元素　262
ベニバナサルビア　246
ヘリウム　266
ペリスチラン　261
ベルリン・テーゲル空港
　　239
辺　70
　　——が交差する多辺形
　　71
ベンゼン　258
ペンタグラム　213
ペンタゴン　238
ペンローズの三角形　211,
　　216
ペンローズの凧形　177
ペンローズの矢形　177
ペンローズ・パターン　169,
　　175, 177, 274
　　矢形と凧形による——　175
　　菱形による——　175

●ほ

方位占い　200
包括方陣　148
包括魔方陣　147
宝篋印塔　232
方形の升　118
芳香族　259
方丈　222
北条鱗　195
方丈記　222
方陣　9
ボウズイカ　255
宝石サンゴ　256
宝塔　225, 232
法隆寺　78, 222
法隆寺五重塔　222
法隆寺夢殿　223
北辰旗　190
星入り正五角形　82
星形
　　——のバラ窓　213
　　——の60面体　276
　　——を加えたタイル貼り
　　160
星形正 n 角形　55, 73
星形正九角形風曲線　55
星形正五角形　73, 82, 174
　　——の国旗　186
星形正七角形　73, 85, 203,
　　213
　　——の国旗　189
　　——のタイル　290
　　——風曲線　55
星形正多角形　73
　　——の国旗　186
　　——の城址　234
星形正多角形風曲線　55
星形正八角形　73
星形要塞　234
星の正多角形配置　187
ホスホニトリル三量体　269
ボードゲーム　118, 122, 128
　　——の多角形化　118

哺乳類の毛皮模様　250
ホームベース形五角形　7
ボヤイ・ゲルヴィンの定理　49
ボラジン　269
ポリアモンド　121
ポリオウイルス　248
ポリオミノ　121
ポリゴニー　154
ポリゴン　129
ポリヘックス　121
ボロノイ多角形　252
ポンゾ錯視　215
ポンピドー・センター　239

●ま

前川定理　24
巻貝模型　28
巻き取り収納　35
マクマホン　142
マクマホン・カラータイル　142
マサチューセッツ工科大学　236
麻雀　116
麻雀卓　116
升　118
松かさゲーム　133
　──の石配置　133
松下社　207
マーベル・サイケス　139
魔方陣　146
魔除け　207
マルコ山古墳　224
マルファッチの問題　110
万華鏡　140, 286
万華正五角形　61
万華正三角形　61
万華正方形　61
万華正六角形　60
万華多角形　60
万灯籠　230

●み

神輿　233
水がめ　232
ミツバチの巣　252
三つ葉結び　213
三つ輪　213
三柱鳥居　230
三囲神社　230

●む

無機化合物　266
無機ベンゼン　269
無縫塔　232

●め

メランコリアI　146
メランコリアの四方陣　147
面心立方構造　272

●も

毛細血管網　250
モモイロサンゴ　256
紋章　193
紋章上絵師　193

●や

矢　104
八木節　296
八雲神社　112
八坂神社　233
八咫鏡　205
矢野神山　227
ヤバラス　127
矢祭神社　111

●ゆ

有機化合物　258
ユークリッド原論　89
湯島天神　231
ユーソニアン・ハウス　236
ユニオンジャック　188
ユニット折り紙　20
弓　104

夢殿　205, 222
ユリノキ　243

●よ

陽　200, 204
楊輝算法　146
葉序　242
曜紋　192
四次完全魔方陣　147
吉田神社大元宮　224
ヨシムラパターン　31
四畳半　222
四人麻雀　116
四貝環　260
四喜童　208
四数性　244
四頭の馬　209

●ら

らせん　30
らせん円錐　35
らせん円筒　35
らせん配置　178
らせん模型　28
ラッキースター　18

●り

離　200
立体
　──の差　63
　──の積　63
　──のブール演算　62
　──の和　63
立体折り　26
立体多角形　62
立方クラゲ　255
立方体　86
　──の体積倍増折り　17
リポジトリ　89
龍文切手　6
両義図形　210
菱面体　276

●る

ルイス酸　271
$\sqrt{n}$ 長方形　79
$1/\sqrt{n}$ 長方形　79
ルーロー
　――の曲線　292
　――の五角形　3, 55
　――の三角形　2, 54
　――の多角形　2
　――の七角形　3, 55

●れ

レイセ塩　271
レニウムクラスター　267
連珠　120
連生貴子圖　209
連生童子像　209

連凧　12
レンダリング　67

●ろ

六員環　258
六地蔵巡り　224
六十四卦　201
六星陣　148
六芒星　124, 148, 186, 207
六曜紋　192
ロータス・テンプル　241
6角形分子　269
六角格子　156
六角三重塔　223
六角陣　9, 148
六角数　80
六角竪穴式住居　229
六角手水鉢　232

六角堂　222
六角灯籠　224, 230
六角トライアングル盤　119
六角二重墳　224
六角ヘックス盤　119
六角方陣　149
六喜童　208
六白金星　203
ロトンダ　241
ロングラム　154

●わ

和算　104
和凧　10
割算書　105
割れ目　251

人名索引

●あ行

阿部義雄　149
天照大神　205
有馬頼僮　104
アルキメデス　150
アルベルス　210

石黒信由　105
磯村吉徳　107
一猛斎芳虎　210
一勇齋國芳　208
今村知商　104

ヴァサレリ　210
ウェルズ　166

エッシャー　209

大橋栄二　12
岡倉天心　225
岡田保造　206
小黒三郎　154
織田作之助　297

●か行

ガウス　50
戈泅　152
カーシュナー　166
ガードナー　81, 209
鎌田俊清　106
鴨長明　222
川北朝鄰　108
カーン　237
環中仙　153
キーニ　268

クヌース　154
グリュンバウム　121, 159
クレーテンハート　159

ケプラー　174, 290

黄伯思　151
五湖貞景　210
コットン　268
小林壽雄　149

●さ行

サットン　52
サバ　241
サーリネン　236

ジェイムス三世　166
シェパード　121, 159

シェヒトマン　272
シュナイダー　51
聖徳太子　222

スサノオ命　205, 233
スピナーデル　78
スプレッケルセン　237

関 孝和　104

薗部光伸　20

●た 行

平 清盛　224
高木貞治　147
建部賢弘　104

ツァイジング　76
坪内逍遥　296

デュードニー　43, 132
デューラー　146, 174, 290

ドーソン　118

●な 行

中里介山　297
南雲夏彦　119
ナッシュ　126
夏目漱石　298

ネッカー　210

●は 行

ハイン　125, 129
坂 茂　239
坂東秀行　85

ピタゴラス　80, 174, 186, 294
平林初之輔　297

ファザウアー　155
ファントホッフ　271
フィボナッチ　78
フェヒナー　77
藤田貞資　110
藤田文章　18
藤田稔　247
布施知子　20
二葉亭四迷　296
ブロム　240

ペイローヌ　271
ヘッケル　257
別宮利昭　149
ベル　271
ペンローズ　175, 211

ポールエスレベン　239

●ま 行

松宮俊仍　112

マルファッチ　110
緑川葉子　247
村松茂清　105

毛利重能　105
モンクス　131

●や 行

谷ケ崎治助　118

ユークリッド　50

楊 輝　146
芦ヶ原伸之　154
吉田光由　105

●ら 行

ライス　166
ライト　236
ラインハルト　166
ラトーナー　240

リッチモンド　50

レイセ　271
レウテシュヴェド　212

●わ 行

和久井 孝　149

多角形百科	
	平成 27 年 6 月 30 日　発　　　行
	平成 29 年 4 月 25 日　第 2 刷発行

編　者　　細　矢　治　夫
　　　　　宮　崎　興　二

発行者　　池　田　和　博

発行所　　丸善出版株式会社
　　　　　〒101-0051 東京都千代田区神田神保町二丁目17番
　　　　　編集：電話(03)3512-3264／FAX(03)3512-3272
　　　　　営業：電話(03)3512-3256／FAX(03)3512-3270
　　　　　http://pub.maruzen.co.jp/

Ⓒ Haruo Hosoya, Koji Miyazaki, 2015

組版・有限会社 悠朋舎／印刷・三美印刷株式会社
製本・株式会社 松岳社

ISBN 978-4-621-08940-8 C 1540　　　　　Printed in Japan

JCOPY 〈(社)出版者著作権管理機構 委託出版物〉
本書の無断複写は著作権法上での例外を除き禁じられています。複写される場合は，そのつど事前に，(社)出版者著作権管理機構（電話 03-3513-6969，FAX 03-3513-6979, e-mail: info@jcopy.or.jp）の許諾を得てください。